天然气处理厂检修规程

（检修技术篇）

张维智　曾　强　王得胜　张　迪　何树全　王国强　等编著

石油工业出版社

内 容 提 要

《天然气处理厂检修规程》丛书分为检修管理篇、检修技术篇、检修范例篇3个分册。

本书为检修技术篇，对天然气处理厂检修技术方面的规程进行了系统阐释，主要内容包括：静设备、动设备、自动控制设备、电气设备、分析化验设备、防腐工程、绝热工程等检修规程。

本书可供从事天然气处理相关工作的技术人员、科研人员及管理人员参考使用，也可供高等院校相关专业师生参考阅读。

图书在版编目（CIP）数据

天然气处理厂检修规程．检修技术篇/张维智等编著．—北京：石油工业出版社，2023.1

ISBN 978-7-5183-5430-6

Ⅰ.①天… Ⅱ.①张… Ⅲ.①天然气加工厂–检修–技术操作规程–中国 Ⅳ.① F426.22-65

中国版本图书馆CIP数据核字（2022）第099496号

出版发行：石油工业出版社
（北京安定门外安华里2区1号楼 100011）
网　　址：www.petropub.com
编 辑 部：（010）64523687　图书营销中心：（010）64523633
经　　销：全国新华书店
印　　刷：北京晨旭印刷厂

2023年1月第1版　2023年1月第1次印刷
787×1092毫米　开本：1/16　印张：24
字数：580千字

定　价：240.00元
（如出现印装质量问题，我社图书营销中心负责调换）
版权所有，翻印必究

《天然气处理厂检修规程》
编 写 组

组织单位： 中国石油油气和新能源分公司

主编单位： 中国石油西南油气田公司

参编单位： 中国石油长庆油田公司

　　　　　　中国石油塔里木油田公司

　　　　　　中国石油大庆油田

组　　长： 张维智

副 组 长： 傅敬强　宋　彬　李曙华　孟　波

编写人员：（按姓氏笔画排序）

万义秀	马宏才	马淑芝	王　军	王　建	王　超	王国强
王举才	王晓东	王得胜	王嘉彦	计维安	孔令峰	艾国生
东静波	叶华伦	朱　琳	任越飞	刘　芳	刘　岩	刘　蔷
刘文祝	刘君富	刘博昱	闫建业	闫高伦	安　超	许　勇
孙洪亮	杜　璨	李双林	李可忠	李林峰	李茜茜	李显良
李　攀	杨春林	吴　宇	何　军	何树全	宋美华	宋跃海
张　迪	张　昆	张　燕	张　镨	张小兵	张卫朋	张少龙
张世虎	张治恒	张宝良	张春阳	张晓东	张爱良	张雪梅
陈　星	陈思锭	陈冠杉	范　锐	林国军	钟　华	保吉成
段雨辰	宫彦双	柴海滨	翁军利	高晓根	唐　岩	彭　云
曾　萍	曾　强	温艳军	赖海涛	綦晓东	戴　仲	

统　　稿： 张春阳　刘　蔷

序

天然气作为清洁低碳能源，是实现国家"双碳"目标和"美丽中国"的重要保障。中国石油按照"大力提升油气勘探开发力度"和"能源的饭碗必须端在自己手里"的要求，积极推动清洁低碳天然气对煤炭等传统高碳化石能源的存量替代，2021年天然气产量达到1378亿立方米，占全国天然气产量的66.4%，降低了进口依存度，有效保障了能源安全。

原料天然气含有游离水、液烃、固体颗粒等杂质，部分天然气还含有硫化氢、二氧化碳等有毒有害物质，不满足商品天然气的要求，需要进行净化处理。检修是保障天然气供应，实现天然气处理厂"安稳长满优"运行的关键工作之一。随着技术发展以及完整性管理和精益生产要求的不断提升，检修技术从人工检修向自动化、智能化检修过渡，检修方式也从被动检修转变为预防检修，检修管理日趋成熟。

川渝气田是国内天然气工业的发源地，1966年在四川建设了全国第一套天然气处理装置。编写组以川渝气田检修技术和经验为基础，融合长庆油田、塔里木油田、大庆油田等多个天然气生产企业典型处理装置的检修成果，严格遵循国内外最新的标准规范，将实践经验与技术成果深度融合，编著形成了《天然气处理厂检修规程》丛书（3个分册）。丛书从管理、技术和实际操作三个维度，详细阐述了检修流程、技术规范、具体做法和验收标准等内容，涵盖检修工作的各环节，充分体现了检修工作的科学性、实用性和可操作性，对从事天然气处理工作的管理和现场操作人员具有很好的学习、借鉴和指导作用，也可作为高等学校辅导用书。

相信《天然气处理厂检修规程》丛书的出版，将有力推动天然气处理厂检修工作的标准化、制度化、规范化，为装置检修技术发展和水平提升作出积极贡献！

前　言

全球能源消费结构正在向更加绿色和低碳发展方向转型，天然气作为一种可靠、清洁、可承受的能源，对优化国家能源结构、改善生态环境、提升居民生活品质，发挥着至关重要的作用。

受"煤改气"政策和环保驱动工业用气的推动，天然气消费持续快速增长，2020年全国天然气消费量约为3200亿立方米，国内天然气产量为1925亿立方米，天然气在油气结构中占比首次超过50%。中国石油的国内天然气产量达到1306亿立方米，约占全国产量的67.8%。

中国石油把天然气作为战略性、成长性业务，持续加大天然气勘探开发力度，加快提高油气自给率。确保天然气快速上产，是夯实立足国内保障国家能源安全的基础，是推进中国石油稳健发展、建设世界一流综合性国际能源公司的需要。

天然气处理厂是天然气工业链中十分重要的地面工程，具有易燃、易爆、有毒、腐蚀、高温、低温、高压等风险。所以，天然气处理厂的正常运行显得更加重要和迫切，而检修则是保证装置安全平稳运行的关键。检修管理和检修技术的水平将直接影响天然气的安全平稳供应。

在中国石油油气和新能源分公司的精心组织下，参编人员在大量收集资料、文献、标准的基础上，总结提炼历年来中国石油各油气田公司天然气处理厂的检修管理经验，并对关键技术对标梳理，编写了这套《天然气处理厂检修规程》，以期规范天然气处理厂检修工作，确保检修工作系统、受控、高效。

《天然气处理厂检修规程》分为检修管理篇、检修技术篇、检修范例篇3个分册。检修管理篇由总则、检修计划、检修准备、检修实施管理、检修总结及考核5章构成。检修技术篇由静设备检修规程、动设备检修规程、自动控制设备检修规程、电气设备检修规程、分析化验设备检修规程、防腐工程检修规程、绝热工程检修规程、其他装置检修规程构成。检修范例篇介绍了含H_2S天然气处理厂、不含H_2S天然气处理厂、含凝析油天然气处理厂、轻烃回收天然气处理厂4个具有典型代表的天然气处理厂停开工方案。

本套书由张维智担任编写组组长，傅敬强、宋彬、李曙华、孟波担任副组长。

《天然气处理厂检修规程·检修管理篇》第1章由张春阳、范锐编写，宋彬、李曙华、翁军利、闫建业、张宝良审核；第2章由刘蔷编写，张宝良、戴仲、何树全、闫高伦审核；第3章由李林峰编写，党晓峰、张迪、叶华伦、王军审核；第4章由曾强、李林峰编写，王军、张维智、张宝良、戴仲、杨春林、孟波审核；第5章由曾强编写，张维智、杨春林、孟波、万义秀审核；附录A由曾强编写，范锐审核；附录B由曾强、李林峰、任越飞、张迪、宫彦双、唐岩、张治恒编写，由范锐、张春阳、曾强、张维智、张宝良、戴仲、刘刚、刘君富、孟波、杨春林审核。

《天然气处理厂检修规程·检修技术篇》第1章由孔令峰、李林峰、张治恒、赖海涛、曾萍、王慧、陈星、王建、张春阳、安超、张治恒、曾强、吴宇、张镭、陈冠杉、高晓根编写，刘蔷、张春阳、张迪、叶华伦、闫建业、翁军利、李攀、刘刚、蒋成银、艾国生、唐岩、张治恒、王晓东、宋跃海审核；第2章由王得胜、张卫朋、张少龙、张世虎、马淑芝、张治恒、林国军编写，由宫彦双、王得胜、蒋成银、马淑芝、张芝恒、张燕、叶华伦、温艳军审核；第3章由王国强、刘岩、钟华编写，刘建宝、张小兵、李显良、张雪梅审核；第4章由张爱良、彭云编写，杜璨、计维安审核；第5章由曾强编写，艾国生、刘文祝审核；第6章由何树全、刘蔷编写，沙敬德、李超审核；第7章由何树全、刘蔷编写，闫建业、温艳军审核；第8章由赖海涛、曾萍、张卫朋、曾强编写，艾国生、吴志华、张迪审核。

《天然气处理厂检修规程·检修范例篇》第1章由李林峰编写，张春阳、曾强、范锐、王军审核；第2章由张世虎、王嘉彦编写，李攀、许勇、张迪、李曙华审核；第3章由宫彦双编写，艾国生审核；第4章由张治恒编写，刘刚、唐岩审核。

本套书整体由张春阳、刘蔷统稿，傅敬强、宋彬、李曙华、孟波初审，张维智审定。

本套书在编写过程中，得到了中国石油青海油田、中国石油辽河油田、中国石油规划总院、中国石油西南油气田天然气研究院等相关单位、专家及技术人员的大力支持和帮助。谯华平、綦晓东、何军、陈思锭、东静波、保吉成、柴海滨、李可忠等专家在本书编写及审稿过程中提出了许多宝贵的意见，在此一并表示衷心感谢。

此外，向本套书的所有参编人员、会务协调人员谢珊，以及书中所引用文献与资料的作者表示深深的谢意。

尽管我们已尽全力，但天然气处理工艺、检修管理及技术复杂、多样，鉴于编者的水平有限，书中难免有疏漏及不当之处，敬请各位专家、同行和广大读者批评指正。

目 录

1 静设备检修规程 ... 1

1.1 钢制固定式压力容器和工业管道 ... 1
1.1.1 钢制固定式压力容器 ... 1
1.1.2 工业管道 ... 9

1.2 塔类设备 ... 21
1.2.1 适用范围 ... 21
1.2.2 工作原理及设备结构 ... 21
1.2.3 编写依据 ... 22
1.2.4 检修准备 ... 22
1.2.5 检修内容 ... 23
1.2.6 验收标准 ... 24
1.2.7 质量验收表 ... 30

1.3 罐类设备 ... 33
1.3.1 立式储罐 ... 33
1.3.2 球形储罐 ... 39

1.4 热交换器 ... 43
1.4.1 管壳式热交换器 ... 43
1.4.2 板式热交换器 ... 52
1.4.3 空冷式热交换器 ... 57

1.5 过滤器 ... 63
1.5.1 适用范围 ... 63
1.5.2 工作原理及设备结构 ... 63
1.5.3 编写依据 ... 64
1.5.4 检修准备 ... 64
1.5.5 检修内容 ... 64
1.5.6 验收标准 ... 65
1.5.7 质量验收表 ... 65

1.6 分离器 ... 66
1.6.1 适用范围 ... 66
1.6.2 工作原理及设备结构 ... 66
1.6.3 编写依据 ... 68
1.6.4 检修准备 ... 68
1.6.5 检修内容 ... 68
1.6.6 验收标准 ... 69

		1.6.7 质量验收表	70
1.7	炉类		71
	1.7.1	蒸汽锅炉	71
	1.7.2	导热油加热炉	83
	1.7.3	燃烧炉	88
	1.7.4	水套炉和真空相变加热炉	92
1.8	反应器		102
	1.8.1	固定床反应器	102
	1.8.2	吸附塔/器	105
1.9	火炬		108
	1.9.1	适用范围	108
	1.9.2	工作原理及设备结构	108
	1.9.3	编写依据	108
	1.9.4	检修准备	109
	1.9.5	检修内容	109
	1.9.6	验收标准	109
	1.9.7	质量验收表	110

2 动设备检修规程 112

2.1	泵		112
	2.1.1	离心泵	112
	2.1.2	磁力泵	121
	2.1.3	屏蔽泵	124
	2.1.4	往复泵	128
	2.1.5	齿轮泵	135
	2.1.6	螺杆泵	140
	2.1.7	计量泵	145
	2.1.8	旋涡泵	148
2.2	压缩机		150
	2.2.1	往复式压缩机	150
	2.2.2	离心式压缩机	156
	2.2.3	螺杆式压缩机	160
2.3	风机		164
	2.3.1	罗茨鼓风机	164
	2.3.2	离心式鼓风机	167
	2.3.3	轴流式风机	172
2.4	膨胀机		175
	2.4.1	适用范围	175
	2.4.2	工作原理及设备结构	175
	2.4.3	编写依据	176

        2.4.4　检修准备 ········· 176
        2.4.5　检修内容 ········· 176
        2.4.6　验收标准 ········· 179
        2.4.7　质量验收表 ········· 179

3　自动控制设备检修规程 ········· 181

3.1　检测仪表 ········· 181
        3.1.1　压力检测仪表 ········· 181
        3.1.2　温度检测仪表 ········· 182
        3.1.3　流量检测仪表 ········· 185
        3.1.4　液位检测仪表 ········· 196

3.2　调节阀 ········· 201
        3.2.1　气动调节阀 ········· 201
        3.2.2　电动调节阀 ········· 203
        3.2.3　附件 ········· 204

3.3　在线分析仪 ········· 208
        3.3.1　硫化氢在线分析仪、二氧化碳在线分析仪 ········· 208
        3.3.2　水含量在线分析仪 ········· 209
        3.3.3　比值在线分析仪 ········· 210
        3.3.4　CEMS 在线分析仪 ········· 211
        3.3.5　COD 在线分析仪 ········· 213
        3.3.6　氨氮在线分析仪 ········· 214

3.4　过程控制系统 ········· 215
        3.4.1　适用范围 ········· 215
        3.4.2　编写依据 ········· 216
        3.4.3　检修准备 ········· 216
        3.4.4　检修内容 ········· 216
        3.4.5　验收标准 ········· 217
        3.4.6　控制系统输入输出通道精度 ········· 221
        3.4.7　质量验收表 ········· 222

3.5　固定式报警仪 ········· 224
        3.5.1　适用范围 ········· 224
        3.5.2　编写依据 ········· 224
        3.5.3　检修准备 ········· 224
        3.5.4　检修内容 ········· 225
        3.5.5　验收标准 ········· 225
        3.5.6　质量验收表 ········· 225

4　电气设备检修规程 ········· 226

4.1　变电设施 ········· 226

	4.1.1 油浸式变压器	226
	4.1.2 干式变压器	237
4.2	配电设施	242
	4.2.1 电压互感器和电流互感器	242
	4.2.2 电力电容器	248
	4.2.3 电抗器	251
	4.2.4 高压真空断路器	253
	4.2.5 SF_6 断路器	256
	4.2.6 高压负荷开关	261
	4.2.7 高压隔离开关	263
	4.2.8 高低压配电柜（含控制、保护盘）	266
	4.2.9 框架式自动空气开关	269
	4.2.10 电缆线路	272
4.3	用电设施	274
	4.3.1 防爆型异步电动机	274
	4.3.2 防爆电器	282
	4.3.3 照明装置	286
	4.3.4 UPS 及 EPS 装置	291
	4.3.5 直流电源装置	293
	4.3.6 蓄电池	296
4.4	防雷设施	299
	4.4.1 接地装置	299
	4.4.2 避雷线（网）及避雷针塔	303
	4.4.3 金属氧化物避雷器	304
	4.4.4 过电压保护器	306

5 分析化验设备检修规程 309

5.1	适用范围	309
5.2	编写依据	309
5.3	检修准备	309
5.4	检修内容	309
	5.4.1 一般要求	309
	5.4.2 气相色谱仪	310
	5.4.3 原子吸收分光光度计	310
	5.4.4 紫外可见分光光度计	310
	5.4.5 微库仑总硫分析仪	311
	5.4.6 精密水露点分析仪	311
	5.4.7 电位滴定仪	311
	5.4.8 红外分光测油仪	311
	5.4.9 化学需氧量（COD）测定仪	312

	5.4.10 生物化学需氧量（BOD_5）测定仪	312
	5.4.11 酸度计	312
	5.4.12 浊度计	312
	5.4.13 溶解氧分析仪	312
5.5	验收标准	313
	5.5.1 气相色谱仪	313
	5.5.2 原子吸收分光光度计	313
	5.5.3 紫外可见分光光度计	314
	5.5.4 微库仑总硫分析仪	315
	5.5.5 精密水露点分析仪	315
	5.5.6 电位滴定仪	316
	5.5.7 红外分光测油仪	317
	5.5.8 化学需氧量（COD）测定仪	317
	5.5.9 生物化学需氧量（BOD_5）测定仪	317
	5.5.10 酸度计	317
	5.5.11 浊度计	318
	5.5.12 溶解氧分析仪	318
5.6	质量验收表	318

6 防腐工程检修规程 — 322

6.1	适用范围	322
6.2	编写依据	322
6.3	检修准备	322
6.4	检修内容	323
	6.4.1 检修流程	323
	6.4.2 表面处理及质量检查	323
	6.4.3 防腐施工及质量检查	323
6.5	验收标准	323
	6.5.1 表面处理及质量检查	323
	6.5.2 防腐施工及质量检查	324
	6.5.3 质量验收表	327

7 绝热工程检修规程 — 328

7.1	适用范围	328
7.2	编写依据	328
7.3	检修前的准备工作	328
7.4	检修内容	329
	7.4.1 绝热效果评价	329
	7.4.2 绝热层结构完整性	329
	7.4.3 绝热系统中的支架、吊架等部件检查	329

7.5 验收标准 ... 330
   7.5.1 绝热效果 ... 330
   7.5.2 绝热层结构完整性 ... 330
   7.5.3 绝热系统中的支架、吊架等部件 ... 331
   7.5.4 质量验收表 ... 331

8 其他装置检修规程 ... 334

8.1 变压吸附（PSA）制氮装置 ... 334
   8.1.1 适用范围 ... 334
   8.1.2 工作原理及结构 ... 334
   8.1.3 编写依据 ... 334
   8.1.4 检修准备 ... 335
   8.1.5 检修内容 ... 335
   8.1.6 验收标准 ... 335
   8.1.7 质量验收表 ... 336

8.2 消防系统 ... 337
   8.2.1 适用范围 ... 337
   8.2.2 编写依据 ... 337
   8.2.3 检修准备 ... 337
   8.2.4 检修内容 ... 338
   8.2.5 验收标准 ... 342
   8.2.6 质量验收表 ... 345

8.3 硫黄造粒机和包装机 ... 350
   8.3.1 适用范围 ... 350
   8.3.2 工作原理及结构 ... 350
   8.3.3 编写依据 ... 352
   8.3.4 检修准备 ... 352
   8.3.5 检修内容 ... 352
   8.3.6 验收标准 ... 355
   8.3.7 质量验收表 ... 359

8.4 储罐机械清洗 ... 361
   8.4.1 适用范围 ... 361
   8.4.2 编写依据 ... 361
   8.4.3 检修准备 ... 361
   8.4.4 检修内容 ... 363
   8.4.5 验收标准 ... 365
   8.4.6 质量验收表 ... 366

参考文献 ... 367

1 静设备检修规程

1.1 钢制固定式压力容器和工业管道

1.1.1 钢制固定式压力容器

1.1.1.1 适用范围

本节适用于天然气处理厂对天然气和凝析油及其他介质进行储存、分离、过滤、热交换等钢制固定式压力容器的检修和验收。

钢制固定式压力容器应具备下列条件:

（1）最高工作压力不小于0.1MPa。

（2）内直径（非圆形截面指其最大尺寸）不小于150mm，且容积不小于$0.03m^3$。

（3）盛装介质为气体、液化气体或最高工作温度不低于标准沸点的液体。

1.1.1.2 工作原理及设备结构

钢制固定式压力容器可用于天然气处理厂对天然气和凝析油及其他介质进行储存、分离、过滤、热交换等，如卧式容器（图1.1）。

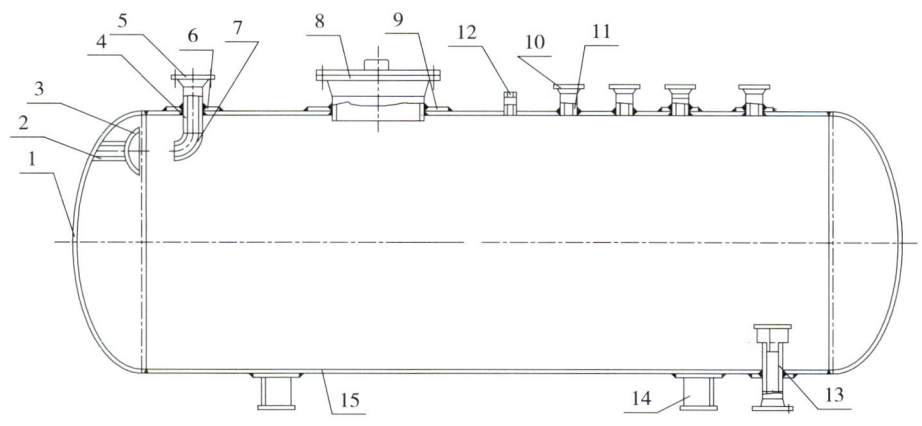

图1.1 卧式容器结构示意图

1—椭圆封头；2—支管；3—折流碗；4, 11, 12—接管；5, 10—法兰；
6, 9—补强圈；7—弯头；8—人孔；13—出液口；14—鞍座；15—筒体

1.1.1.3　编写依据

（1）GB 150《压力容器》。

（2）GB/T 151《热交换器》。

（3）GB/T 5779.1《紧固件表面缺陷　螺栓、螺钉和螺柱 一般要求》。

（4）GB/T 5779.3《紧固件表面缺陷　螺栓、螺钉和螺柱 特殊要求》。

（5）GB/T 30583《承压设备焊后热处理规程》。

（6）GB 50126《工业设备及管道绝热工程施工规范》。

（7）HG/T 20592～20635《钢制管法兰、垫片、紧固件》。

（8）JB 4732《钢制压力容器分析设计标准》。

（9）NB/T 47013《承压设备无损检测》。

（10）NB/T 47015《压力容器焊接规程》。

（11）SY/T 6499《泄压装置的检测》。

（12）SY 4201.3《石油天然气建设工程施工质量验收规范 设备安装工程 第3部分：容器类》。

（13）SY/T 6507《压力容器检验规范 在役检验、定级、修理及改造》。

（14）TSG 08《特种设备使用管理规则》。

（15）TSG 21《固定式压力容器安全技术监察规程》。

（16）TSG R7001《压力容器定期检验规则》。

1.1.1.4　检修前准备

（1）检修方案已经按要求审批完成；

（2）图纸、技术资料、相关记录表格已备齐；

（3）备齐机具、量具、材料和劳动保护用品；

（4）检修前交底工作已完成；

（5）需要在检修前抽查、复验、强度试验的材料已按规定检查完毕；

（6）检修设备已与系统隔离，并上锁挂牌，检修盲板清单及盲板图已示例；

（7）介质已排放干净，水洗、蒸汽蒸煮完成，内部吹扫、置换干净，各项检测指标符合有关安全要求后，方可进行检修作业；

（8）高含硫装置的设备经吹扫置换后，内部残留的硫化亚铁遇空气会引起自燃，必须在吹扫（蒸煮）后用水清洗；

（9）含汞装置的设备经蒸煮置换后，达到检修条件；

（10）按照相关标准要求办理作业许可票，现场监护及安全措施已经落实；

（11）检修专用工器具已准备齐全；

（12）施工现场符合有关安全规定；

（13）其他需要准备的工作。

1.1.1.5　检修内容和检验、检测

1.1.1.5.1　检修内容

（1）检查容器内部污垢、堵塞情况，对容器内部进行清理、清洗；

（2）对内构件进行清洗，检查容器内构件的变形、腐蚀、裂纹和损坏情况，对不能满足设计要求的应进行更换；

（3）检查容器各部件焊接情况，必要时对焊缝进行无损检测；

（4）检查容器内部衬里的变形、腐蚀、裂纹和损坏情况；

（5）检查容器各连接部位是否存在渗漏，密封面是否完好、紧固件是否有损伤，对受压部位的螺柱、螺母进行逐个检查、清洗；

（6）检查安全附件、仪表、铭牌等外部附件完好情况，根据检修实际进行清洗或更换；

（7）检查容器是否存在变形、凹陷、鼓包等缺陷，检查防腐层、绝热层有无老化、腐蚀、脱落的现象；

（8）检查设备基础是否存在裂纹、破损、倾斜和下沉，地脚螺栓有无松动；

（9）对壁厚进行检测，记录检测数据，并分析腐蚀速率。

1.1.1.5.2　检验、检测

检验、检测应由特种检验机构实施，按 TSG 21《固定式压力容器安全技术监察规程》做好资料准备，提供现场检验条件，并根据检验结论确定维护、维修方案。

1.1.1.6　验收标准

1.1.1.6.1　一般要求

（1）压力容器检修的质量要求除满足各单位安全生产的需要外，还应符合 GB 150《压力容器》和制造技术文件的要求；

（2）检修所使用的材料，必须与原设计制造所选用的材料相同，改代材料应征得原设计单位同意和书面批准。

1.1.1.6.2　厚度检测

壁厚测定，一般采用超声波测厚方法。测定位置应当具有代表性，有足够的测点数。测定后标图记录，对异常测厚点做详细标记；壁厚测定时，如果发现母材存在分层缺陷，应当增加测点或采用超声波检测，查明分层分布情况，以及母材表面的倾斜度，同时作图记录。根据壁厚测定的数据进行统计对比，计算容器的腐蚀速率，腐蚀速率的确定应符合 SY/T 6507《压力容器检验规范　在役检验、定级、修理及改造》的规定，并记录在相应的表单中。厚度测定点的位置，一般选择下列部位：

（1）液位经常波动部位；

（2）易腐蚀、冲蚀部位；

（3）两种介质相交界处；

（4）制造成型时，壁厚减薄部位和使用中易产生变形的部位；

（5）表面缺陷检查时，发现的可疑部位；

（6）接管部位。

1.1.1.6.3　腐蚀的处理

（1）腐蚀量的计算：原始壁厚—实测壁厚＝腐蚀量。

（2）腐蚀速率的计算：（原始壁厚—实测壁厚）÷检测时间间隔（a）＝腐蚀速率（mm/a）；

（3）对于均匀性腐蚀，如按剩余的平均壁厚（应扣除至下一次检验期的腐蚀量）校核

强度合格，可不作处理；非均匀性腐蚀，如按最小剩余壁厚（应扣除至下一次检验期的腐蚀量）校核强度合格，可不作处理。否则，应据具体情况作降压使用、焊补、更换或判废处理。如腐蚀严重、强度校核不合格者，难于修复或已达使用寿命者，应考虑予以报废。对可能引起金属材料的金相组织变化的容器，必要时应进行金相检验。

（4）依据 SY/T 6507《压力容器检验规范 在役检验、定级、修理及改造》的规定对腐蚀和容器的最小壁厚进行评估，对符合下列条件分散的点腐蚀可不作处理：

①坑的腐蚀深度不超过壁厚（不含腐蚀裕量）的 1/2；

②在直径为 200mm 的圆面积范围内，点腐蚀总面积不超过 45cm^2；

③沿直径为 200mm 的范围内，沿任一直径的点腐蚀长度之和不超过 50mm。

（5）器壁局部腐蚀凹陷及流体介质冲刷造成的局部壁厚减薄，当腐蚀区域超过（4）中的要求时，可用金属堆焊的方法修复；对于临时性修理，可采用特殊的环氧基材料填补腐蚀坑以阻止进一步腐蚀，但材料应在使用环境下抗腐蚀。

1.1.1.6.4 缺陷处理

根据压力容器年度全面检验和检修维护性检验的结果，制订缺陷处理方案，并按方案严格实施，缺陷的处理原则和质量标准除符合 SY/T 6507《压力容器检验规范 在役检验、定级、修理及改造》的规定外，还应满足以下要求。

（1）机械损伤、工卡具焊迹、电弧擦伤、弧坑等缺陷，一般可打磨消除或打磨消除后补焊。

（2）焊缝气孔、错边、棱角等缺陷，要进行检查和测量，属一般性超标者，可做打磨处理或不做处理；属较严重者，一般应在该部位增加焊缝的内外部无损检测，确认是否还有其他缺陷，如果有裂纹、未熔合、未焊透的，应消除缺陷或补焊修复。对于错边和棱角严重者，应通过应力分析，作出能否继续使用的结论。

（3）裂纹的处理。

①对表面裂纹应打磨消除，如裂纹消除后压力容器的实际壁厚不小于设计厚度、磨除深度不大于名义厚度的 5% 且不超过 2mm，可不补焊。但为减少应力集中，要求磨削部位光滑，并圆滑过渡，侧面斜度应不大于 1∶3。对于复合钢板的成形件、堆焊件以及金属衬里层，其修磨深度不应大于复合层、衬里层厚度的 30%，且不大于 1mm，否则应予焊补。如打磨深度较深，剩余厚度小于设计允许的最小壁厚时，则应采取严格的焊补措施修复。

②焊缝的内部裂纹可以通过在裂纹的整个长度和深度上预开"U"形或"V"形坡口，按照原制造文件的要求，用焊接方法进行修复。

③容器壁或封头的裂纹可用刨削、火焰、电弧或机械加工方法去除或将裂纹从头至尾打磨掉，然后焊接。使用火焰或电弧处理时应小心，因为热量会使裂纹扩展、伸长。如裂纹完全穿透板层，合理的方法是从板的两侧割开一道槽。任何情况下，在焊接前，完全消除裂纹是极其重要的，应采用磁粉或渗透方法确保裂纹被完全消除。如某一节板出现数处裂纹，最好更换整节板，焊接修复的裂纹应仔细检查，如果缺陷修复后，剩余金属能保证足够的强度和抗腐蚀性，则不必进行焊接修复，将沟槽边缘圆滑过渡就可以完成修复工作。

（4）采用焊接方法对压力容器进行修理或改造时，还应符合以下要求。

①焊接修补除满足制造技术文件的规定外，还应符合 SY/T 6507《压力容器检验规范 在役检验、定级、修理及改造》的规定。

②根据介质使用情况，制定焊补的焊接工艺时应考虑焊接前除氢处理，同时，焊接工艺应按制造技术文件的要求执行。

③焊接材料及焊接要求按 NB/T 47015《压力容器焊接规程》的规定执行。

④当焊件温度低于 0℃时，应在施焊处 100mm 范围内预热到 15℃左右。

⑤缺陷清除后，一般均应进行表面无损检测，确认缺陷已完全消除。完成焊接工作后，应再做无损检测，无损检测按原设计文件要求进行，确认修补部位符合质量要求。

⑥按 GB 150.4《压力容器 第 4 部分：制造、检验和验收》的规定，焊缝同一部位（指焊补的填充金属重叠的部位）的返修次数不宜超过 2 次。超过 2 次以上的返修，应经施工单位技术总负责人批准，并应将返修的次数、部位、返修后的无损检测结果和技术总负责人批准字样记入压力容器修理技术资料中。

⑦返修的现场记录应详尽，其内容至少包括坡口形式、尺寸、返修长度、焊接工艺参数（焊接电流、电弧电压、焊接速度、预热温度、层间温度、后热温度和保温时间、焊材牌号及规格、焊接位置等）和施焊者及钢印等。

⑧要求焊后热处理的压力容器，应在热处理前焊接返修；如在热处理后进行焊接返修，返修后应再做热处理。

⑨压力试验后需返修的，返修部位必须按原要求经无损检测合格；主要受压元件返修深度大于 1/2 壁厚的压力容器，还应重新进行压力试验。

⑩有抗晶间腐蚀要求的高合金钢制容器，焊接接头返修部位仍需保证原有要求。

⑪有防腐要求的高合金钢及复合钢板制容器的表面，应进行酸洗、钝化处理。

（5）动火修补的焊缝接头外观应符合以下规定。

①焊接的坡口表面不得有裂纹、分层等缺陷。施焊前应将焊接接头表面的氧化物、油污、熔渣及其他有害杂质清除干净。

②容器焊缝上的焊渣和两侧的飞溅物必须清除，焊缝和热影响区表面不得有裂纹、气孔、弧坑和夹渣等缺陷；焊缝与母材应圆滑过渡。

③焊缝咬边应符合：使用抗拉强度规定值下限不小于 540MPa 的钢材及铬钼低合金钢材制造的压力容器、奥氏体不锈钢材、钛材和镍材制造的压力容器、低温压力容器以及焊缝系数取 1.0 的压力容器，其焊缝表面不得有咬边；其他容器的咬边深度不得大于 0.5mm，咬边连续长度不得大于 100mm。焊缝两侧咬边总长不得超过该焊缝长度的 10%。

④对接焊接接头的余高应按原设计要求。角焊缝焊脚高度在图纸未规定时，取施焊件中较薄者的厚度。补强圈的焊脚不小于补强圈厚度的 70%，且不小于 8mm。

⑤为消除焊接接头表面缺陷或机械损伤而打磨的焊接接头厚度应不小于母材的厚度。

（6）衬里可采用更换已完全腐蚀或断裂的部位来进行修复。金属衬里的修理需要焊接。对于焊缝质量的检验，将焊缝熔渣打掉后进行目测检验，必要时采用射线、渗透、磁粉或其他焊缝的检验方法。

（7）疲劳设计的压力容器补充规定。

①按 JB 4732《钢制压力容器分析设计标准》的规定，检修检查过程中发现或造成的钢板表面的机械损伤、尖锐划伤应进行修磨并使修磨范围内的斜度至少为 1：3。修磨处的厚度应不小于设计厚度。超出以上要求时应按 JB 4732《钢制压力容器分析设计标准》的要求进行焊补。

②不锈钢容器的表面如果有局部伤痕等影响耐腐蚀性能的缺陷应予以清除，修磨范围内的斜度至少为 1：3，修磨处的厚度应不小于设计厚度。对复合钢板复层，其修磨深度不大于复层厚度的 30%，且不大于 1mm。超出以上要求时应按 JB 4732《钢制压力容器分析设计标准》的规定进行焊补。

③公称直径大于 M48 的螺柱和螺母，应符合 JB 4732《钢制压力容器分析设计标准》的规定外，且螺柱应进行磁粉检测，不得存在裂纹。

1.1.1.6.5 无损检测要求

压力容器的无损检测按 NB/T 47013《承压设备无损检测》的规定和设计要求执行。

1.1.1.6.6 热处理要求

（1）按 GB 150.4《压力容器 第 4 部分：制造、检验和验收》的规定，如在热处理后进行返修，当返修深度小于钢材厚度的 1/3，且不大于 13mm 时，可不再进行焊后热处理。返修焊接时，应先预热并控制每一焊层厚度不得大于 3mm，且应采用回火焊道。在同一截面两面返修时，返修深度为两面返修的深度之和。

（2）回火焊道焊接应满足 SY/T 6507《压力容器检验规范 在役检验、定级、修理及改造》的规定，焊后热处理除符合要求外，还应满足 GB 150《压力容器》和 GB/T 30583《承压设备焊后热处理规程》的相关规定。

1.1.1.6.7 检修试验要求

（1）一般规定。

①压力容器试验的项目和要求，应按设计图样、GB150.1《压力容器 第 1 部分：通用要求》、SY 4201.3《石油天然气建设工程施工质量验收规范 设备安装工程 第 3 部分：容器类》的要求进行；施工单位根据设备属性、材质等制订施工方案，按方案实施。

②有下列情况之一的压力容器，在改造与重大修理施工过程中应当进行耐压试验：

a. 用焊接（粘接）方法更换或者新增主要受压元件的。

b. 主要受压元件补焊深度大于二分之一实测厚度的。

c. 改变使用条件，超过原设计参数并且经过强度校核合格的。

d. 需要更换衬里的（耐压试验在更换衬里前进行）。

e. 用焊接方法修理或更换主要受压元件的压力容器，经检验合格后应做耐压试验。

（2）液压试验的要求。

①以水为介质进行液压试验，其所用的水必须是洁净的。奥氏体不锈钢压力容器用水进行液压试验时，应严格控制水中的氯离子含量不超过 25mg/L。试验合格后，应立即将水渍去除干净。

②碳素钢、Q345R 和 07MnMoVR 制压力容器液压试验时，液体温度不得低于 5℃；其

他低合金钢压力容器，液体温度不得低于15℃。如果由于板厚等因素造成材料无延性转变温度升高，则需相应提高液体温度。其他材料制压力容器液压试验温度按设计图样规定。低温压力容器在液压试验时，液体温度应高于壳体材料和焊接接头两者夏比冲击试验规定温度的高值再加20℃。

③压力容器充满液体，滞留在压力容器内的气体必须排净，压力容器外表面应保持干燥，当压力容器壁温与液体温度接近时，才能缓慢升压至设计压力；确认无泄漏后继续升压到规定的试验压力，保压不少于30min，然后降至设计压力，保证足够的时间检查。检查期间压力应保持不变；容器无渗漏，无可见的变形和异常声响为合格。

④换热压力容器液压试验程序按GB/T 151《热交换器》的规定执行。

（3）气压试验的要求。

①由于结构或支承原因，不能向压力容器内充灌液体，以及运行条件不允许残留试验液体的压力容器，可按设计图样规定采用气压试验。

②气压试验所用气体，应为干燥、洁净的空气、氮气或其他惰性气体。

③气压试验时，试验单位的安全部门应进行现场监督。

④应先缓慢升压至规定试验压力的10%，保压5min，并对所用焊缝和连接部位进行初次检查；如无泄漏可继续升压到规定的试验压力的50%；如无异常现象，其后按每级为规定试验压力的10%逐级升压，直至试验压力，保压10min；然后降至设计压力，保压足够时间进行检查，检查期间压力应保持不变。

⑤对于气压试验，容器无异常声响，经肥皂液或其他检漏液检查无漏气，无可见的变形为合格。

（4）气密性试验要求。

①介质毒性程度为极度、高度危害或设计上不允许有微量泄漏的压力容器，必须进行气密性试验。

②气密性试验所用气体，应符合气压试验介质的规定。

③压力容器进行气密性试验时，一般应将安全附件装配齐全。

④试验时压力应缓慢上升，达到规定压力后保持足够长的时间，对所有焊接接头和连接部位进行泄漏检查。无泄漏为合格，如有泄漏，应在修补后重新进行试验。

（5）泄漏试验要求。

①容器需经耐压试验合格后方可进行泄漏试验。

②泄漏试验包括气密性试验、氨检漏试验、卤素检漏试验和氦检漏试验，应按设计文件规定的方法和要求进行。

1.1.1.6.8　其他要求

（1）容器内部应无污物，各管路通畅无堵塞，内件清洗标准满足原设计文件或安全生产的要求；容器内部的机械清洗和化学清洗优先执行施工单位技术文件，无要求时参照本书相应的部分执行。

（2）内件安装质量应符合设计文件的要求。

（3）容器内部衬里和防腐层检修后应满足设计要求，不得有剥离、裂纹和鼓包等缺陷，质量标准参照本书相应的部分执行。

（4）压力容器及其接管的法兰密封面不得有径向划痕、腐蚀斑点等影响密封性能的损伤。拆卸和吊装时，应注意避免碰撞密封面，已拆开检修的密封面应涂润滑油保护。压力容器的接管采用螺纹连接的，其螺纹表面不得有裂纹、凹陷等缺陷。法兰不得强行连接。

（5）对容器的密封面及重复使用的密封元件，当出现影响密封效果的划痕时，可采用研磨予以清除。

（6）压力容器密封垫片表面不得有径向划痕。高温状态下使用的设备非金属垫片两侧是否涂防咬合剂应按设计图样的要求。

（7）压力容器规格大于M36（含M36）的主螺栓逐个清洗干净后，检查其损伤和裂纹情况，必要时应做磁粉或渗透检测，确认螺纹根部无裂纹。用于高温的螺栓是否应涂防咬合剂按设计图样的要求；对于公称压力 PN ≥ 10.0MPa 的全螺纹螺柱应逐根按 NB/T 47013《承压设备无损检测》进行磁粉探伤，符合 I 级要求；等长双头螺柱和全螺纹螺柱表面缺陷的判定和处理应执行 GB/T 5779.1《紧固件表面缺陷 螺栓、螺钉和螺柱 一般要求》和 GB/T 5779.3《紧固件表面缺陷 螺栓、螺钉和螺柱 特殊要求》；安全附件的检修、检测按 TSG 21《固定式压力容器安全技术监察规程》和 SY/T 6499《泄压装置的检测》的相关要求进行。

①检查安全阀的出厂合格证和性能校验报告。对逾期未校验或检验报告可疑者，应安排校验。校验项目应至少包括起跳压力。

②属下述情况之一的安全阀或爆破片，不得安装使用：

a. 无产品合格证者；

b. 性能不符合《固定式压力容器安全技术监察规程》要求者；

c. 逾期未经检查、校验的安全阀；

d. 超期使用的爆破片。

（8）液位计、仪表、阀门等设备附件的检验和检修要求优先执行设计文件和生产厂家的技术文件；如无要求时可参考本书相应的部分执行。

（9）排放管线和其他连接接头的检修可参照第1.1.2节"工业管道"的相关要求执行。

（10）容器外部防腐层的检修质量应符合原设计标准或第6章"防腐工程检修规程"的要求。

①设备绝热检修质量应符合 GB 50126《工业设备及管道绝热工程施工规范》和第7章"绝热工程检修规程"的要求。

②对存在裂纹、未熔合、未焊透（超标）等缺陷而无法处理的压力容器，需经安全评定分析"准予使用"后才能使用。

③钢制常压容器的检修质量应符合设计文件和 NB/T 47003.1（JB/T 4735.1）《钢制焊接常压容器》的规定，无规定时可按照本书执行。

1.1.1.7 质量验收表

钢制固定式压力容器质量验收表见表1.1。

表 1.1 钢制固定式压力容器质量验收表

检修内容		验收标准	备注
容器内部宏观检查	污垢、堵塞情况	清理、清洗完成，无污垢、堵塞等情况	
	内构件及连接件	清洗完成，无变形、腐蚀、裂纹和损坏等缺陷，满足设计要求；紧固件无损伤，牢固可靠	
	内部衬里或防腐层	无变形、腐蚀、裂纹和损坏等缺陷	
容器外部宏观检查	容器外观	无变形、凹陷、鼓包等缺陷	
	连接件及密封面	各连接部位无渗漏；密封面完好；紧固件无损伤；受压部位的螺柱、螺母检查，清洗完成	
	防腐层、绝热层	无老化、腐蚀、脱落等缺陷	
	安全附件、仪表、铭牌等外部附件	完好，无损伤；符合TSG 21《固定式压力容器安全技术监察规程》和SY/T 6499《泄压装置的检测》的相关要求	
	设备基础	无裂纹、破损、倾斜和下沉等问题；地脚螺栓紧固无松动	
厚度检测		对壁厚进行检测，记录检测数据，并分析腐蚀速率，满足设计要求。厚度检测应符合TSG 21《固定式压力容器安全技术监察规程》、SY/T 6507《压力容器检验规范 在役检验、定级、修理及改造》的规定	
腐蚀处理		如需进行腐蚀处理，腐蚀处理完成，满足SY/T 6507《压力容器检验规范 在役检验、定级、修理及改造》的规定要求	
缺陷处理		如需进行缺陷处理，缺陷处理完成，应满足SY/T 6507《压力容器检验规范在役检验、定级、修理和改造》要求	
无损检测		符合压力容器的无损检测按NB/T 47013《承压设备无损检测》的规定	
热处理		符合SY/T 6507《压力容器检验规范 在役检验、定级、修理及改造》、GB 150《压力容器》、GB/T 30583《承压设备焊后热处理规程》的相关规定	
检修试验		符合设计图样、GB 150《压力容器》、SY 4201.3《石油天然气建设工程施工质量验收规范 设备安装工程 第3部分：容器类》、NB/T 47003.1（JB/T 4735.1）《钢制焊接常压容器》的相关规定	

1.1.2 工业管道

1.1.2.1 适用范围

本节适用于同时具备下列条件的工艺装置、辅助装置以及界区内公用工程所属的工业管道。

（1）最高工作压力不小于 0.1MPa；

（2）公称直径大于 25mm。

（3）输送介质为气体、蒸汽、液化气体、最高工作温度高于或者等于其标准沸点的液体或者可燃、易爆、有毒、有腐蚀性的液体。

1.1.2.2 编写依据

（1）GB/T 5777《无缝和焊接（埋弧焊外）钢管纵向和/或横向缺欠的全圆圈自动超声检测》。

（2）GB 50016《建筑设计防火规范（2018年版）》。

（3）GB 50183《石油天然气工程设计防火规范》。

（4）GB 50184《工业金属管道工程施工质量验收规范》。

（5）GB 50236《现场设备、工业管道焊接工程施工规范》。

（6）GB 50316《工业金属管道设计规范（2008年版）》。

（7）GBZ 230《职业性接触毒物危害程度分级》。

（8）SY/T 0460《天然气净化装置设备与管道安装工程施工技术规范》。

（9）TSG 08《特种设备使用管理规则》。

（10）TSG D7005《压力管道定期检验规则——工业管道》。

（11）TSG D0001《压力管道安全技术监察规程——工业管道》。

1.1.2.3 检修前准备

（1）完成检修方案审批。

（2）备齐图纸、技术资料、相关记录表格。

（3）备齐机具、量具、材料和劳动保护用品。

（4）设备已与系统隔离并上锁挂牌，介质已排放干净，清洗完成，氮气置换、空气吹扫合格。

（5）检修前各项检测指标符合有关安全要求。

（6）完成检修前交底工作。

（7）办理作业票据，落实安全措施。

（8）其他需要准备的工作。

1.1.2.4 检修内容

1.1.2.4.1 总体检查

（1）根据检修前的泄漏情况制定检修方案实施检修。

（2）检查管道组成件有无损坏，有无变形，表面有无裂纹、皱褶、重皮、碰伤等缺陷。

（3）检查绝热层有无破损、脱落等情况，防腐层是否完好。

（4）检查管道有无异常振动情况。

（5）检查管道的位置是否符合相关规范和标准的要求，管道之间及管道与相邻设备之间有无相互碰撞及摩擦，管道是否存在挠曲、下沉以及异常变形等。

（6）检查焊接接头（包括热影响区）是否存在宏观的表面裂纹。

（7）检查管道是否存在明显的腐蚀，管道与管架接触处等部位有无局部腐蚀。

（8）检查管道标识是否符合国家现行标准的规定。

1.1.2.4.2 支吊架检验

（1）检查管道的支吊架间距是否合理。

（2）检查转导向支架间隙是否合适，有无卡涩现象。

（3）检查恒力弹簧支吊架转体位移指示是否越限，变力弹簧支吊架是否异常变形、偏斜或失载。

（4）检查阻尼器、减振器位移是否异常，液压阻尼器液位是否正常。

（5）检查支吊架是否存在脱落、变形、腐蚀损坏或焊接接头开裂现象。

（6）检查刚性支吊架状态是否异常，吊杆及连接配件是否损坏或异常。

（7）检查承载结构与支撑辅助钢结构是否有明显变形，主要受力焊接接头是否有宏观裂纹。

（8）检查支架与管道接触处有无积水现象。

1.1.2.4.3　阀门检查

依据介质、压力等级、公称尺寸、材质或在工艺中的重要程度等要素确定需要检查的阀门范围。

（1）检查阀门表面是否存在腐蚀现象。

（2）阀体表面是否有裂纹、严重缩孔等缺陷。

（3）阀门连接螺栓是否松动。

（4）阀门操作是否灵活。

1.1.2.4.4　法兰检查

（1）对管道打开的法兰进行检查。

（2）法兰是否偏口，紧固件是否齐全并符合要求，有无松动和腐蚀现象。

（3）法兰面是否发生异常翘曲、变形。

1.1.2.4.5　膨胀节检查

（1）波纹管膨胀节表面有无划痕、凹痕、腐蚀穿孔、开裂等现象。

（2）波纹管波间距是否正常、有无失稳现象。

（3）铰链型膨胀节的铰链、销轴有无变形、脱落、损坏等现象。

（4）拉杆式膨胀节的拉杆、螺栓、连接支座有无异常现象。

1.1.2.4.6　保护装置检查

（1）对有阴极保护装置的管道，检查阴极保护装置是否完好。

（2）对有蠕胀测点的管道，检查其蠕胀测点是否完好。

（3）对输送易燃、易爆介质的管道采取抽查的方式进行防静电接地电阻和法兰间的接触电阻值的测定：管道接地电阻不得大于 100Ω，法兰间的接触电阻值应小于 0.03Ω；抽查比例不少于 50%。

（4）检查安全保护装置运行是否良好。

1.1.2.4.7　壁厚检测

（1）需重点管理的管道或有明显腐蚀和冲刷减薄的弯头、三通、管径突变部位及相邻直管部位应采取定点测厚或抽查的方式进行壁厚测定。

（2）定点测厚发现问题时，应扩大测厚范围，根据测厚结果，可缩短定点测厚间隔期或采取监控等措施。

（3）管道的弯头、三通和直径突变处部位的抽查比例如下：GC1 级管道 ≥ 30%，GC2 级管道 ≥ 20%，GC3 级管道 ≥ 10%。上述被抽查的每个管件，测厚位置不得少于 3 处。

（4）上述被抽查管件与直管段相连的焊接接头的直管段一侧应进行厚度测量，测厚位置不得少于3处。不锈钢管道、介质无腐蚀性的管道可适当减少测厚抽查比例。

1.1.2.4.8　无损检测

无损检测由检验机构在压力管道定期检验时实施。

（1）以下管道应该进行表面无损检测：

①绝热层破损或可能渗入雨水的奥氏体不锈钢管道；

②处于应力腐蚀环境中的管道；

③长期承受明显交变载荷管道的焊接接头和容易造成应力集中的部位；

④检验人员认为有必要时，应对支管角焊缝等部位进行表面无损检测抽查。

（2）GC1级、GC2级管道的焊接接头一般应进行超声波或射线检验抽查。GC3级管道如未发现异常情况，一般不进行其焊接头的超声波或射线检验抽查。

1.1.2.4.9　理化检测

（1）合金钢管道及高温高压管道螺栓材质不明的，应采用化学分析、光谱分析等方法确定材质。

（2）下列管道一般应选择有代表性的部位进行金相和硬度检验抽查：

①工作温度＞370℃的碳素钢和铁素体不锈钢管道；

②工作温度＞450℃的钼钢和铬钼合金钢管道；

③工作温度＞430℃的低合金钢和奥氏体不锈钢管道；

④工作温度＞220℃的输送临氢介质的碳钢和低合金钢管道。

（3）对于工作介质含硫化氢或介质可能引起应力腐蚀的碳钢和低合金钢管道，一般应选择有代表性的部位进行硬度检验。

（4）对于使用寿命接近或已经超过设计寿命的管道，检验时应进行金相检验或硬度检验，必要时应取样进行力学性能试验或化学成分分析。

1.1.2.4.10　强度校验和应力分析

（1）管道的全面减薄量超过公称厚度的10%时应进行耐压强度校验。耐压强度校验参照GB 50316《工业金属管道设计规范（2008年版）》的相关要求进行。

（2）管道应力分析。对下列情况之一者，必要时应进行管道应力分析：

①无强度计算书，并且 $t_0 \geq D_0/6$ 或 $p_0/[\sigma]^t > 0.385$ 的管道。其中，t_0 为管道设计壁厚（mm），D_0 为管道外径（mm），p_0 为设计压力（MPa），$[\sigma]^t$ 为设计温度下材料的许用应力（MPa）。

②有较大变形、挠曲，法兰经常性泄漏、破坏。

③管段应设而未设置补偿器或补偿器失效。

④支吊架异常损坏，严重的全面减薄。

1.1.2.4.11　压力试验

管道检修完毕后，新安装的管道或检验机构要求进行压力试验的管道应根据GB 50235《工业金属管道工程施工规范》相关规定进行压力试验和泄漏性试验。

1.1.2.5 验收标准
1.1.2.5.1 管道组成件检验
（1）管道组成件应符合原管道设计规定。
（2）管道组成件必须具有质量证明书，无质量证明书的产品不得使用。
（3）管道组成件的质量证明书应包括以下内容：
①产品标准号；
②产品型号或牌号；
③炉罐号、批号、交货状态、重量和件数；
④品种名称、规格及质量等级；
⑤各种检验结果；
⑥制造厂检验标记；
⑦化学成分和力学性能；
⑧合金钢锻件的金相分析结果；
⑨热处理结果及焊缝无损检测报告。
（4）管道原设计有低温冲击值要求的，其材料产品质量证明书应有低温冲击韧性试验值，否则应按 GB/T 229《金属材料 夏比摆锤冲击试验方法》的规定进行补项试验。
（5）有晶间腐蚀要求的材料，产品质量证明书应注明晶间腐蚀试验结果，否则应按 GB/T 4334《金属和合金的腐蚀 奥氏体及铁素体—奥氏体（双相）不锈钢晶间腐蚀试验方法》中的规定进行补项试验。
（6）介质毒性程度为极度危害和高度危害的 GC1 级管道用管子材料应按 GB/T 5777《无缝和焊接（埋弧焊除外）钢管纵向和/或横向缺欠的全圆周自动超声检测》的规定逐根进行超声波检测。
（7）管道组成件应进行外观检查，其表面质量应符合以下要求：
①内外表面不得有裂纹、折叠、发纹、扎折、离层、结疤等缺陷；
②表面的锈蚀、凹陷、划痕及其他机械损伤的深度，不应超过相应产品标准允许的壁厚负偏差；
③端部螺纹、坡口的加工精度及粗糙度应达到设计文件或制造标准的要求；
④焊接管件的焊缝应成型良好，且与母材圆滑过渡，不得有裂纹、未熔合、未焊透、咬边等缺陷；
⑤螺栓、螺母的螺纹应完整，无划痕、毛刺等缺陷，加工精度符合产品标准要求。螺栓螺母应配合良好，无松动和卡涩现象；
⑥有符合产品标准的标识。
（8）阀门及安全附件的技术条件应符合设计图纸要求。
（9）高压管子、管件及紧固件除应做第（1）至第（8）检查外，还应做如下检查。
①高压管子在管子两端测量外径及壁厚，其偏差参见表 1.2。

表 1.2 高压管子外径和壁厚偏差

偏差	外径偏差		壁厚偏差	
	外径D（mm）	偏差（mm）	壁厚S（mm）	偏差（%）
冷拔（冷轧）	<35	±0.20	≤3	+12 / −10
	35～57	±0.30	3～20	±10
	>57	±0.80%D	<20	+15 / −10
热轧	≤159	>20		±10（外径<168mm时）
	>159			+15 / −10（外径≥168mm时）

②高压管子没有出厂无损检测结果时，应逐根进行无损检测。如有无损检测结果，但经外观检查发现缺陷时，应抽查10%。如仍有不合格者，则应逐根进行检测。表面缺陷可打磨消除，但壁厚减薄量不得超过实际壁厚的10%，且不超过管子的负偏差。

③高压管道的螺栓、螺母应抽检硬度，其值参见表1.3要求。

表 1.3 高压管道螺栓、螺母硬度值

钢号	硬度值（HB）	依据标准
25	≤170	GB/T 699《优质碳素结构钢》
35	≤197	GB/T 699《优质碳素结构钢》
50	≤241	GB/T 699《优质碳素结构钢》
40Mn	≤229	GB/T 699《优质碳素结构钢》
30CrMo、35CrMo	≤229	GB/T 3077《合金结构钢》
25CrMoV	≤241	GB/T 3077《合金结构钢》
25CrMo1V	≤241	GB/T 3077《合金结构钢》
20CrMolVTiB	211～274	DJ 5190.5《电力建设施工技术规范 第5部分：管道及系统》
20CrMolNbB	236～278	DJ 5190.5《电力建设施工技术规范 第5部分：管道及系统》

④螺栓、螺母每批各取两件进行硬度检查，若有不合格，须加倍检查；如仍有不合格则应逐件检查。

⑤螺母硬度不合格者不得使用。

⑥螺栓硬度不合格者，应取该批中硬度值最高、最低者各一件校验其力学性能。若有不合格，再取硬度最接近的螺栓加倍校验，如仍有不合格，则该批螺栓不得使用。

（10）焊接材料要求。

①焊接材料应具有出厂质量合格证，并按有关规定进行复检。

②材料无锈蚀，药皮无变质受潮，合金钢焊条标志清晰。

③焊接材料的化学成分、力学性能应与母材匹配。对于非奥氏体不锈钢的异种钢材的焊接材料，宜选择强度不低于较低强度等级、韧性不低于较高材质的焊条。而一侧为奥氏体不锈钢时，焊接材料镍含量较该不锈钢高一等级。

1.1.2.5.2 利旧管道拆卸

（1）工作温度高于 250℃的管道当温度降至 150℃时，应在需拆卸的各螺栓上浇机械油或消锈剂。

（2）拆卸的高压螺栓、螺母应清洗干净并逐个检查。

（3）拆卸时应保护各部位的密封面，敞口法兰应予以封闭保护。

（4）拆卸管道应做好支撑，以防脱落和变形。

1.1.2.5.3 管道预制

（1）管子切割要求。

①坡口表面应平整，无毛刺、凸凹、缩口、熔渣、氧化铁等。

②管端切口平面与管子轴线的垂直度小于管子直径的 1%，且不超过 3mm。

③合金钢管、不锈钢管、公称直径小于 50mm 的碳素钢管，以及焊缝射线检测要求等级为Ⅱ级合格的管道坡口，一般应用机械切割。如采用气割、等离子切割等，必须对坡口表面打磨修整，去除热影响区，其厚度一般不小于 0.5mm。有淬硬倾向的管道旧坡口应 100%PT 检查，工作温度不高于 -40℃的非奥氏体不锈钢管坡口 5% 探伤，不得有裂纹、夹渣等。

④清除坡口表面及边缘 20mm 内的油漆、污垢、氧化铁、毛刺及镀锌层，并不得有裂纹、夹层等缺陷。

⑤为防止黏附焊接飞溅，奥氏体不锈钢坡口两侧各 100mm 范围内应刷防飞溅涂料。

⑥手工电弧焊及埋弧自动焊的坡口型式和尺寸应符合 GB 50236《现场设备、工业管道焊接工程施工规范》的要求。

⑦不等壁厚的管子、管件组对，较薄件厚度小于 10mm、厚度差大于 3mm，以及较薄件厚度大于 10mm，厚度差大于较薄件的 30% 或超过 5mm 时，如图 1.2 所示规定削薄厚件的边缘。

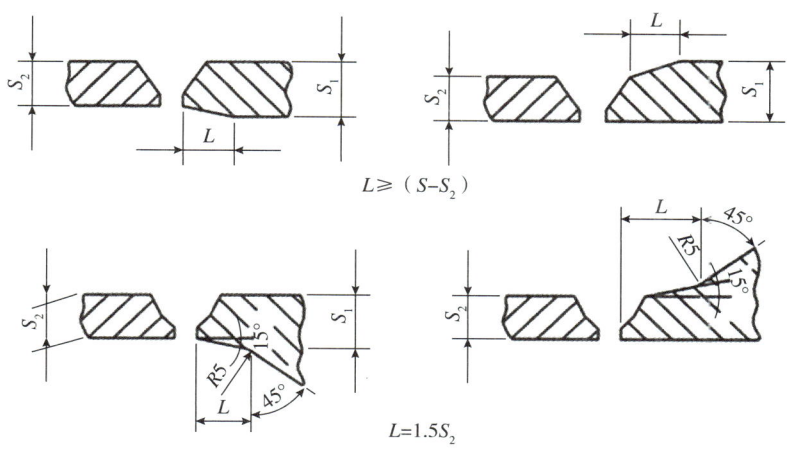

图 1.2 不等壁厚管子、管件组对坡口

⑧高压钢管或合金钢管应有标记。

（2）管子弯制要求。

①弯管最小弯曲半径参见表1.4。

表1.4 弯管最小弯曲半径

管道设计压力（MPa）	弯管制作方式	最小弯曲半径
<10	热弯	$3.5D_w$
<10	冷弯	$4.0D_w$
≥10	冷弯、热弯	$5.0D_w$

注：D_w为管子外径。

②弯曲的钢管表面不得有裂纹、划伤、分层、过热等现象，管内外表面应平滑、无附着物。

③弯管制作后，弯管处的最小壁厚不得小于管子公称壁厚的90%，且不得小于设计文件规定的最小壁厚。弯管处的最大外径与最小外径之差，应符合：GC1级管道应小于弯制前管子外径的5%；GC2、GC3级管道应小于弯制前管子外径的8%。

④弯曲角度偏差：高压管不得超过1.5mm/m，最大不得超过5mm；中低压管对冷弯管不超过3mm/m，最大不得超过10mm；对热弯管不得超过5mm，最大不得超过15mm。

⑤中低压管弯管内侧波高的允许值参见表1.5，波距应不小于4倍波高。

表1.5 中低压管弯管内侧波高允许值

管子外径（mm）	≤114	133	159	219	273	325	377	426
波高（mm）	4	5	6	6	7	7	8	8

⑥褶皱弯管波纹分布均匀、平整、不歪斜。

⑦碳素钢管、合金钢管在冷弯后，应按规定进行热处理。有应力腐蚀倾向的弯管（如介质为苛性碱、湿硫化氢环境等），不论壁厚大小，均应做消除应力热处理。常用钢管冷弯后热处理条件参见表1.6。常用管子热弯温度及热处理条件参见表1.7。

表1.6 常用钢管冷弯后热处理条件表

钢种或钢号	壁厚（mm）	弯曲半径	热处理要求
Q235-A、B、C 10、20、20G 16Mn	≥36	任意	600~650℃退火
Q235-A、B、C 10、20、20G 16Mn	19~36	$5D_w$	600~650℃退火
Q235-A、B、C 10、20、20G 16Mn	<19	任意	600~650℃退火
12CrMo 15CrMo	>20	任意	680~700℃退火
12CrMo 15CrMo	13~20	$3.5D_w$	680~700℃退火
12CrMo 15CrMo	<13	任意	680~700℃退火

续表

钢种或钢号	壁厚（mm）	弯曲半径	热处理要求
12Cr1MoV	>20	任意	720~760℃退火
	13~20	$3.5D_w$	
	<13	任意	
0Cr19Ni9、0Cr18Ni9、0Cr18Ni10Ti、Cr25Ni20	任意	任意	按设计条件要求

注：D_w 为管子外径。

表1.7 常用管子热弯温度及热处理条件表

钢种或钢号	热弯温度（℃）	热处理要求
Q235-A、B、C 10、20、20G	750~1050	热弯温度小于900℃，且壁厚不小于19mm时，进行600~650℃回火
16Mn	900~1050	
12CrMo 15CrMo	800~1050	900~920℃正火
12Cr1MoV	800~1050	980~1020℃正火加720~760℃回火
1Cr5Mo 1Cr9Mo	800~1050	850~875℃完全退火或725~750℃高温回火
0Cr19Ni9、0Cr18Ni9、0Cr18Ni10Ti、Cr25Ni20	900~1200	1050~1100℃固溶

⑧对有晶间腐蚀要求的奥氏体不锈钢管，热处理后应从同批管子中取两件试样做晶间腐蚀倾向试验。如有不合格，则应全部重新热处理，热处理次数不得超过3次。

⑨高压管子弯制后，应进行无损探伤，如需热处理，应在热处理后进行。

1.1.2.5.4 管道焊接

（1）焊工须按规定取得相应资格证。施焊后在每道焊缝结尾处打上焊工印记。不允许打钢印的管道应在竣工图上记载。

（2）焊接接头不得强行组对，对口内壁应平齐，其错边量偏差对射线检测Ⅰ级、Ⅱ级为合格的焊缝不应超过管子壁厚的10%，且不大于1mm；对射线检测Ⅲ级合格的焊缝不应超过管子壁厚的20%，且不大于2mm。

（3）焊接时必须采用经评定合格的焊接工艺，否则应采取防护措施。

（4）不得在焊件表面引弧或试验电流，低温管道、不锈钢及淬硬倾向较大的合金钢焊件表面不得有电弧擦伤等缺陷。

（5）焊接在管子、管件上的组对卡具，其焊接材料及工艺措施应与正式焊接相同。卡具拆除不应损伤母材，焊接残留痕迹应打磨修整。有淬硬倾向的母材，应作磁粉或着色检查，不得有裂纹。

（6）对GC1、GC2级管道和对管内清洁度要求高的管道、机器入口管道及设计文件规定的其他管道的单面焊焊缝,应采用氩弧焊打底。

(7)管道焊接接头不得有焊渣、飞溅物等。焊缝成型良好,焊缝宽度以每边盖过坡口边缘2mm为宜。角焊缝的焊脚高度应符合设计规定。外形应平缓过渡,不得有裂纹、气孔、夹渣、凹陷等缺陷。焊缝咬边深度不应大于0.5mm,低温管道焊缝不得咬边。

(8)管材焊前预热及焊后热处理应按GB 50236《现场设备、工业管道焊接工程施工规范》的有关规定进行。常用管材焊前预热及焊后热处理工艺条件参见表1.8。

表1.8 常用管材焊前预热及焊后热处理工艺条件表

钢种	焊前预热		焊后热处理	
	壁厚(mm)	温度(℃)	壁厚(mm)	温度(℃)
Q235—A、B、C 10、20、20G	≥26	100~200	>30	600~650
16Mn	≥15	150~200	>20	600~650
15MnV				560~590
12CrMo				650~700
15CrMo	≥10	150~250	>10	650~700
12Cr1MoV、12Cr2Mo	≥6	200~300	>6	700~750
Cr5Mo、Cr9Mo		250~350	任意	750~780

(9)焊缝无损检测比例及合格等级应符合设计要求,评定标准执行NB/T 47013《承压设备无损检测》相关规定。

(10)对同一焊工所焊同一规格同一级别管道的焊缝按比例抽查,但探伤长度不得少于一道焊口。如有质量等级不合格者,应对该焊工所焊同类焊缝,按原定比例加倍探伤,如仍有此类缺陷,应对该焊工所焊全部同类焊缝进行无损探伤。

(11)焊缝同一部位返修次数,对碳素钢管一般不超过3次;对合金钢管、不锈钢一般不超过两次。对仍不合格的焊缝,如再进行返修,应经单位技术负责人批准,返修的次数、部位和无损探伤结果等,应作记录。

(12)焊缝经热处理后,应对焊缝、热影响区和母材进行硬度抽查,其抽查比例:当公称直径超过50mm时,为热处理焊口总量的10%以上;当公称直径小于50mm时,为热处理焊口总量的5%以上。其硬度值对碳素钢管不应大于母材最高硬度的120%,且硬度值不高于200;对合金钢管应不超过母材最高硬度的125%,且硬度值不高于225。

(13)马鞍管焊缝应由焊接工艺保证,且按要求着色检查。

1.1.2.5.5 管道安装

(1)中低压管道。

①脱脂的管子、管件和阀门,其内外表面不得被油迹污染。

②法兰、焊缝及其他连接件的设置应便于检修,并不得紧贴墙壁、楼板或管架。管道穿过墙、楼板或其他建筑物时应加套管。套管内的管段不许有焊缝。穿墙套管长度应小于

墙的厚度。穿楼板的套管应高出地面 20～50mm。必要时在套管与管道间隙内填入石棉或其他不燃烧的材料。

③管道安装前管内不得有异物。管道安装后,不得使设备承受过大的附加应力。与传动设置连接的管道一般应从设备一侧开始安装,其固定焊口应远离设备。管道系统与设备最终连接时,应在设备上安设监视位移的仪表,转速大于 6000r/min 时,其位移值应小于 0.02mm;转速小于或等于 6000r/min 时,其位移值应小于 0.05mm。需预留位移伸缩的管道与设备最终连接时,设备不得产生位移。

④输送可燃气体、易燃或可燃液体的管线不得穿过仪表室、化验室、变电所、配电室、通风机室和惰性气体压缩机房。可燃气体放空管应加静电接地措施,并需在避雷设施之内。

⑤安装垫片时,应将法兰密封面清理干净,垫片表面不得有径向划痕等缺陷,并不得装偏;高温管道的垫片两侧涂防咬合剂,同一组密封垫不应加两个垫。

⑥螺栓组装要整齐、统一,螺栓应对称紧固,用力均匀,螺栓必须满扣。

⑦管段对口时,对接的管子应平直,在距对口 200mm 处测量,允许偏差 1mm/m,但全长的最大累计允许偏差不得超过 10mm。

⑧法兰密封面不得有径向划痕等影响密封性能的缺陷,密封面间平行度偏差不大于法兰外径的 1.5‰,密封面间隙应略大于垫片厚度,螺栓应能自由穿入。

⑨对不锈钢和合金钢螺栓螺母,或管道工作温度高于 250℃时,螺栓、螺母应涂防咬合剂。

⑩有特殊要求的管道须经化学清洗,其中不锈钢管道还需钝化合格。

⑪阀门手轮安装方位应便于操作,禁止倒装;止回阀、截止阀、调节阀和疏水阀应按要求安装,走向正确;安全阀安装不得碰撞;阀门与管道焊接时,阀门应处于开启状态。

⑫采用螺纹连接的管道,拧紧螺纹时,不得将密封材料挤入管内。

⑬埋地管道须经试压合格,并经防腐处理后方能覆盖。

⑭管子间净距允许偏差 5mm,且不妨碍保温(冷);立管垂直度偏差应不大于 2‰,且不大于 15mm。

⑮有热(冷)位移的管道,在开始热(冷)负荷运转时,应及时对各支架、吊架逐个检查,应牢固可靠、移动灵活、调整适度、防腐良好。

⑯高温或低温管道的螺栓在试运时若需热紧或冷紧,紧固要适度,热(冷)紧温度参见表 1.9。

表 1.9　高温或低温管道螺栓热紧或冷紧温度表

工作温度(℃)	一次热紧、冷紧温度(℃)	二次热紧、冷紧温度(℃)
250～350	工作温度	—
>350	350	工作温度
-70～29	工作温度	—
-70	-70	工作温度

（2）高压管道。

高压管道的检修质量标准除包括上述低压管道的全部内容外，还应满足下列要求：

①管道支架、吊架衬垫应完整、垫实、不偏斜。

②螺纹法兰拧入管端，管端螺纹倒角应外露。

③安装前，管子、管件的内部及螺栓、密封件应清洗。密封件涂以密封剂，螺纹部分涂以防咬合剂。

④合金钢管材质标记清楚准确。

（3）管道试验。

管道试验应符合 GB 50235《工业金属管道工程施工规范》的规定。

1.1.2.6 质量验收表

工业管道质量验收表见表 1.10。

表 1.10 工业管道质量验收表

检修内容	验收标准	备注
防腐、绝热层检查	完好，无破损、脱落等情况，满足设计要求；无明显的腐蚀，管道与管架接触处等部位无局部腐蚀	
支吊架	（1）无脱落、变形、腐蚀损坏或焊接接头开裂现象； （2）导向支架间隙合适，无卡涩现象； （3）恒力弹簧支吊架转体位移指示未越限，变力弹簧支吊架无异常变形、偏斜或失载； （4）阻尼器、减振器位移无异常，液压阻尼器液位正常； （5）刚性支吊架状态正常，吊杆及连接配件无损坏或异常； （6）承载结构与支撑辅助钢结构无明显变形，受力焊接接头无宏观裂纹	
阀门	（1）阀门表面无腐蚀现象； （2）无裂纹、严重缩孔等缺陷； （3）连接螺栓紧固，不松动； （4）阀门操作灵活	
法兰	（1）法兰无偏口，紧固件齐全并符合要求，无松动和腐蚀现象； （2）法兰面未发生异常翘曲、变形	
膨胀节	（1）表面有无划痕、凹痕、腐蚀穿孔、开裂等现象； （2）波纹管波间距正常、无失稳现象； （3）铰链型膨胀节的铰链、销轴无变形、脱落或损坏现象； （4）拉杆式膨胀节的拉杆、螺栓、连接支座无异常现象	
安全附件	安全阀、爆破片、紧急切断装置、阻火器、附属仪器仪表等安全保护装置检验合格，满足 TSG D0001《压力管道安全技术监察规程——工业管道》和 TSG D7005《压力管道定期检验规则——工业管道》中规定要求	
保护装置	（1）检查阴极保护装置完好； （2）对有蠕胀测点的管道，检查其蠕胀测点完好； （3）输送易燃、易爆介质的管道防静电接地电阻和法兰间的接触电阻值满足要求； （4）安全保护装置运行正常	

续表

检修内容	验收标准	备注
壁厚检测	管道弯头、三通、变径等易腐蚀部位要求比例检测壁厚满足设计要求	
管道检验、检测	压力管道年度检查、全面检验合格,参照TSG D0001《压力管道安全技术监察规程——工业管道》和TSG D7005《压力管道定期检验规则——工业管道》执行	
管道预制、安装、焊接	管道预制、安装、焊接合格,参照GB 50236《现场设备、工业管道焊接工程施工规范》、GB 50235《工业金属管道工程施工规范》执行	
无损检测	管道无损检测合格,符合GB 50184《工业金属管道工程施工质量验收规范》的规定	
管道试验	管道试验合格,符合GB 50235《工业金属管道工程施工规范》的规定	

1.2 塔类设备

1.2.1 适用范围

本节规定了天然气处理厂生产装置的塔类设备的检修前准备、检修内容与验收标准。适用于操作压力低于10.0MPa(包括真空)、设计温度为 –20 ~ 200℃的钢制板式塔和填料塔;其他有特殊要求的塔类设备根据设计要求,参考本节执行。

1.2.2 工作原理及设备结构

(1)板式塔有一定数量的塔板,气体以鼓泡或喷射形式与塔板上液层相接触进行物质传递。板式塔结构如图1.3所示。

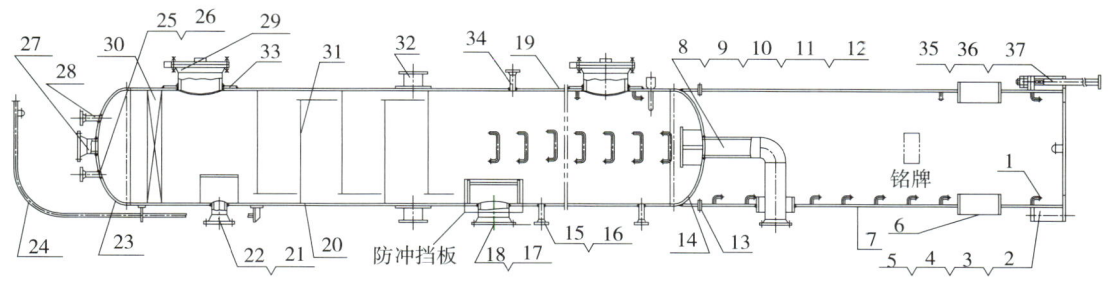

图1.3 板式塔结构示意图

1—爬梯;2—底座环;3—筋板;4—盖板;5—垫板;6—检查孔;7—裙座壳;
8,15,17,21,26—法兰;9—横管;10—弯头;11—立管;12—防涡流板;
13—排气管;14,23—椭圆封头;16,18,22,25,27,28,34—接管;19—壳体2;
20—壳体1;24—塔顶吊柱;29—垂直吊盖人孔;30—内件;31—塔盘;32—吊耳;
33—补强圈;35—地脚螺栓;36—六角螺母;37—垫圈

（2）填料塔内装有一定高度的填料，液体沿填料自上向下流动，气体由下向上同液膜逆流接触，进行物质传递。填料塔结构如图1.4所示。

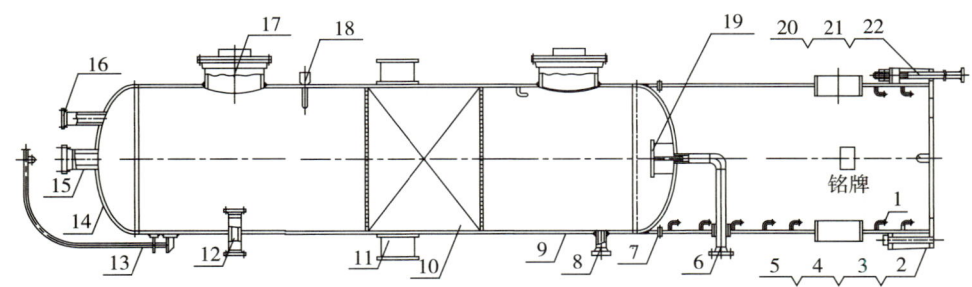

图1.4 填料塔结构示意图

1—爬梯；2—基础环；3—筋板；4—盖板；5—垫板；6—液体出口；7—通风口；8—液位计口；9—壳体；
10—填料；11—吊耳；12—塔顶回流口；13—塔顶吊柱；14—椭圆封头；15—气相出口；16—压力表口；
17—人孔；18—温度变送器口；19—防涡流板；20—地脚螺栓；21—垫圈；22—六角螺母；

1.2.3 编写依据

（1）GB 150《压力容器》。
（2）GB 50461《石油化工静设备安装工程施工质量验收规范》。
（3）HG/T 20592～20635《钢制管法兰、垫片、紧固件》。
（4）NB/T 10557《板式塔内件技术规范》。
（5）NB/T 47041《塔式容器标准释义与算例》。
（6）SH/T 3098《石油化工塔器设计规范》。
（7）SY 4201.2《石油天然气建设工程施工质量验收规范 设备安装工程 第2部分：塔类》。
（8）TSG 21《固定式压力容器安全技术监察规程》。
（9）TSG R7001《压力容器定期检验规则》。

1.2.4 检修准备

（1）完成检修方案审批。
（2）备齐必要的图纸、技术资料。
（3）备齐机具、量具、材料和劳动保护用品。
（4）确认完成系统隔离，介质已排放干净，清洗完成，氮气置换、空气吹扫合格，检修作业期间需连续通入工厂风。
（5）检修前各项检测指标符合有关安全要求。
（6）办理作业票据，落实安全措施，完成检修前交底工作。

1.2.5 检修内容

1.2.5.1 外部宏观检查

（1）检查塔体绝热层是否变形、潮湿/跑冷、破损、脱落，保护层接合处有无翘边、开裂现象。

（2）防腐层有无起皮、粉化、脱落等缺陷。

（3）螺栓/柱、螺母、垫片等密封元件是否严密、齐全，检验其损伤和裂纹情况，必要时进行无损检测。更换拆卸过的密封垫片。

（4）支承、支座或基础有无下沉、倾斜、开裂，以及其地脚螺栓、垫铁等有无松动、损坏。

（5）检查设备外壁、接管法兰有无腐蚀、泄漏、鼓包、变形和机械损伤。

（6）检查接地装置是否完好、有效。

（7）检查进出口阀门、平台梯子、铭牌等外部附件是否齐全、完好。

1.2.5.2 内部检查与检修

（1）从上至下逐只拆卸、打开人孔，并进入塔内检查、拆卸内件。

（2）检查、清洗或更换出口丝网除沫器。

（3）板式塔内件检查及检修

①打开通道板或可拆卸式塔盘，对塔盘零件部件应编号和标识，做到一一对应，以便组装。

②检查塔盘的污垢、堵塞等情况；清除塔盘污垢，并进行清洗。

③检查塔板、支承结构的腐蚀变形及牢固情况；塔盘、鼓泡元件、塔盘上溢流堰、受液盘、降液管各构件的尺寸是否符合图纸及标准。

④对于各种浮阀、条阀塔盘，检查浮阀、条阀的灵活性，是否有卡死、变形、冲蚀等现象。

（4）填料塔内件检查及检修。

①检查分配器、集油箱、喷淋装置、除沫器、塔内换热器（若有）等部件的堵塞、结垢、腐蚀、破损情况，必要时进行清洗或修复。

②检查填料的腐蚀、结垢、破损、堵塞情况；清除填料污垢，并进行清洗。必要时进行修复、更换。

（5）清洗塔内件、内壁、塔底的污物和脏垢。

（6）检查塔体腐蚀、变形、壁厚减薄、裂纹及各部件焊接情况；筒体有内衬的还应检查内衬腐蚀和焊缝情况。

（7）清洗、疏通所有连接管（压力表接管、液位计接管、变送器接管、安全阀接管、现场排空管、溶液进出口管、处理介质进出口管和底部排污管等）。

1.2.5.3 定点测厚

对塔的筒体及接管等主要受压元件进行定点测厚。

1.2.5.4 安全附件与仪表的检查与检修

（1）检查安全阀、压力表等安全附件是否在有效期内，具体按相应的阀门检修规程进行检修、校验。运输和吊装不得碰撞。

（2）清洗或更换塔液位计。

1.2.6 验收标准

1.2.6.1 验收总体要求

1.2.6.1.1 外部宏观检查

（1）绝热层完好，无破损、脱落、无凸起或凹陷，干燥；金属保护层固定件安装牢固，无松动和脱落，外观整洁美观。绝热层经修补和更换的，其质量要求详见第 7 章"绝热工程检修规程"。

（2）设备主体整洁，防腐层完整美观，无起皮、粉化、裂纹、脱落等缺陷。涂层进行修补或重新防腐的，其质量要求详见第 6 章"防腐工程检修规程"。

（3）螺栓/柱、螺母、垫片等密封元件严密、齐全。

（4）支承、支座或基础无下沉、倾斜、破损、裂纹；地脚螺栓、垫铁等无松动、损坏，连接螺栓满扣、齐整、紧固，无锈蚀。

经修补或更换的，其质量应符合设计文件和 GB 50461《石油化工静设备安装工程施工质量验收规范》等的规定。

（5）设备外壁应无腐蚀、泄漏、鼓包、变形和机械损伤。

（6）接地装置完好。

（7）进出口阀门、平台梯子、铭牌等外部附件完好。

1.2.6.1.2 内部检查与检修

（1）塔内清洗后塔内件、塔壁等应无锈垢，手触摸塔壁等应平整、光滑；从塔底冲洗出来的水应干净、无杂质。

（2）塔体无裂纹、明显坑蚀，腐蚀程度在设计要求的规定范围内。对腐蚀区域采取有效防护措施。

（3）板式塔内件检修验收。

①塔盘、塔内构件坚固牢靠，无松动现象。

②受液盘、塔盘板平整，塔盘边缘不应有尖锐毛刺。

③塔盘板排列和开孔方向、塔盘板和塔内构件（塔盘上溢流堰、受液盘、降液管等）的连接方式、尺寸和密封填料符合图纸及标准。

④塔盘、鼓泡元件和塔内构件等受腐蚀、冲蚀后，其剩余厚度应保证至少能使用到下个检修周期。

⑤塔盘上的浮阀、条阀开启灵活，开度一致，无卡涩、变形、脱落现象。

⑥塔盘溢流堰高度符合图纸和工艺要求，受液盘上"泪眼"未堵塞。

（4）填料塔内件检查及验收。

①填料应干净，不得含泥沙、油垢和污物。填料无变形，填充量符合设计要求。

②填料支撑结构件、液体分布装置等部件的剩余厚度保证能使用到下个检修周期，更换的结构件及液体分布装置符合设计要求。

③塔内部支撑件、液体分布装置等的位置和尺寸满足第 1.2.6.2.4 节的要求。

（5）检修中更换的所有零件材料、规格及安装均应符合设计要求。

1.2.6.1.3 定点测厚

记录检测数据，并分析腐蚀速率。

1.2.6.1.4 安全附件与仪表的检查与检修

（1）安全阀、压力表在有效期内，铭牌等附件安装齐全。

（2）液位计显示真实有效，控制阀门无内漏。

1.2.6.2 塔内件回装要求

板式塔和填料塔的内件安装应符合原设计文件的规定，并应满足 SY/T 4201.2《石油天然气建设工程质量验收规范 设备安装工程 第二部分：塔类》相关规定，如无要求可参照本书执行。

1.2.6.2.1 总体要求

（1）内件安装前，应清除表面油污、焊渣、铁锈、泥沙及毛刺等杂物。

（2）塔盘安装前宜进行预组装，预组装时在塔外按组装图把塔盘零部件组装一层，调整并检查塔盘是否符合图样要求。

（3）安装塔盘人员应遵守下列规定：

①塔内施工人员须穿干净的胶底鞋或鞋套，且不得将体重加在塔板上，应站在梁上面或木板上。

②人孔及人孔盖的密封面及塔底管口应采取保护措施，避免砸坏或堵塞；搬运和安装塔盘零部件时，要轻拿轻放，防止碰撞，避免变形损坏。

③施工人员除携带必需工具和紧固件外，严禁携带多余的部件；每层塔盘安装完毕后，必须进行检查，不得将工具等遗忘在塔内。

（4）内件安装应在塔体压力试验合格并清扫干净后进行；内件安装时，应严格按图样规定施工，以确保传质、传热时气液分布均匀。

1.2.6.2.2 塔盘构件的回装要求

（1）塔盘构件安装宜按下列顺序进行：支承点测量；降液板安装；横梁安装；受液盘安装；塔盘板安装；溢流堰安装；气液分布元件安装；通道板拆装；清理杂物；检查人员最终检查；通道板安装；人孔封闭；填写封闭记录。

（2）塔盘支撑圈的安装规定。

塔盘支撑圈上表面应平整，整个支撑圈上表面水平度符合图纸要求；相邻两层支撑圈的间距尺寸偏差为 ±3mm，任意两层支持圈间距尺寸偏差在 20 层内为 ±10mm。塔盘支撑圈水平度和间距质量检验标准见表 1.11。

（3）降液板安装的规定。

①降液板的长度、宽度尺寸允许偏差应符合设计图样要求，降液板的螺孔距离允许偏差为 ±1mm。

表 1.11 塔盘支撑圈间距质量检验标准

检查项目		允许偏差（mm）	每层最少测量点数量
支撑圈和支撑梁水平度	$D_i \leq 1600mm$	3	6
	$1600mm < D_i \leq 4000mm$	5	8
	$4000mm < D_i \leq 6000mm$	6	12
	$6000mm < D_i \leq 8000mm$	8	12
	$8000mm < D_i \leq 10000mm$	10	12
	$D_i > 10000mm$	12	12
支撑圈间距	相邻两层之间	±3	$D_i \leq 4000mm$ 时为4
	20层中任一两层之间	±10	$D_i > 4000mm$ 时为6

注：D_i 为塔内径。

②降液板安装位置要求：

a. 降液板底端与受液盘上表面的垂直距离允许偏差为 ±3mm。

b. 降液板与受液盘立边或进口堰边的水平距离允许偏差为 ±（3~5）mm。

c. 降液板至塔内壁通过设备中心的垂直距离允许偏差为 ±6mm。

d. 中间降液板间距允许偏差为 ±6mm。

③固定在降液板上的塔板支承件，其上表面与支持圈上表面应在同一水平线上，允许偏差在 –0.5~+1mm 之内。

（4）梁安装的规定。

①梁上表面的平面度在 300mm 长度内不得超过 2mm，总长弯曲度允许偏差为梁长度的 1/1000，且不得超过 5mm。

②梁安装的中心位置与图示尺寸的偏差不得超过 2mm。

③梁安装后，其上表面与支持圈上表面应在同一水平面上；梁的水平度允许偏差见表 1.11。

（5）受液盘的安装规定。

①受液盘板的长度、宽度尺寸允许偏差应符合设计要求。

②受液盘的局部水平度在 300mm 长度内不得超过 2mm，当受液盘长度不大于 4m 时不得超过 3mm，长度大于 4m 时不得超过其长度的 1/1000，且不得大于 7mm。

③受液盘其他安装要求与塔盘板相同。

（6）分块式塔盘的安装规定。

①塔盘板两端支承板间距允许偏差为 ±3mm。

②塔盘板局部不平度在 300mm 长度内不得超过 2mm，塔盘板在整个板面内的弯曲度符合图样规定。

③塔盘板的安装应在降液板、横梁的螺栓紧固后进行，先组装两侧弓形板，再由塔壁两侧向塔中心顺序组装塔盘板。

④塔盘板安装时，先临时固定，待各部位尺寸与间隙调整符合要求后，再用卡子、螺栓予以紧固。

⑤每组装一层塔盘板，即用水平仪校准塔盘水平度，水平度合格后，拆除通道板放在塔板上。

（7）塔盘板水平度测量方法及合格要求。

①塔盘板水平度测量方法、位置及数量：将水平仪的刻度尺下端放在塔盘板各测点上，其玻璃管液面计数的差值即为水平度偏差值；塔盘安装后的水平度见表1.12。

表1.12 塔盘安装质量检验标准

检查项目			允许偏差（mm）	每层最少测量点数量
塔盘上表面水平度		$D_i \leq 1600mm$	4	6
		$1600mm < D_i \leq 4000mm$	6	10
		$4000mm < D_i \leq 6000mm$	9	10
		$6000mm < D_i \leq 8000mm$	12	10
		$8000mm < D_i \leq 10000mm$	15	10
		$D_i > 10000mm$	17	10
溢流堰	堰高	$D_i \leq 3000mm$	±1.5	6
		$D_i > 3000mm$	±3	6
	上表面水平度	$D_i \leq 1500mm$	3	4
		$1500mm < D_i \leq 2500mm$	4.5	6
		$D_i > 2500mm$	6	8

注：D_i为塔内径，塔盘板包括筛板塔盘、浮阀塔盘、泡罩塔盘、舌形塔盘等。

②安装在塔盘板上的卡子、螺栓的规格、位置、紧固度应符合图样规定。

③板样排列、板孔与梁距离、板与梁或支持圈搭接尺寸及密封填料等应符合图样规定。

（8）整块式塔盘安装前检测。

①检测塔体在塔盘处的不圆度应符合要求，并核对塔体最小内径与塔盘外径的尺寸。

②塔体内壁在塔盘处应光滑平整，接管伸入塔内或焊缝金属等的凸出物（设计规定除外）应磨平。

③塔节支座螺孔与塔盘底座螺孔尺寸应符合图样要求；

④定距管、拉杆、螺栓、填料的压板、压圈、填料等的规格尺寸、材质应符合图样要求。

（9）溢流堰的安装规定。

①溢流堰（出口堰及进口堰）安装应符合图样规定。

②组装可调进口堰时，进口堰与降压板的间隙用进口堰进行调整，进口堰固定后，在其两端安装调整板并用螺栓固定；进口堰与塔壁应无间隙。

③溢流堰安装后的质量检验标准见表1.12。

1.2.6.2.3 塔盘气液分布元件的回装要求

（1）F_1型浮阀安装应符合下列规定。

①安装时，宜检查浮阀的重量，并且测浮阀腿的高度、弯曲度、伤痕、表面毛刺等情况。

②浮阀安装后浮阀腿在塔板孔内的连接情况、浮阀腿煨弯长度及角度（或铆固）情况（宜用专用工具）应符合设计要求；手从下边托浮阀时，应能上下活动，开度一致，没有卡涩现象。

注：其他型号的浮阀安装，可参照本条规定进行。

（2）筛板安装应符合下列规定。

①筛板质量应符合 NB/T 10557《板式塔内件技术规范》的规定。各层筛板的孔径与孔距均应符合图样要求。

②筛板孔边应无毛刺，孔中应无杂物。

（3）舌形塔盘安装应符合下列规定。

①舌形塔盘板质量应符合 NB/T 10557《板式塔内件技术规范》的规定，固定舌片在任何方向上的弯曲度不得超过 0.5mm。

②每层安装的舌形塔板的规格及舌片方向应符合图样规定。

（4）浮动喷射塔盘安装应符合下列规定。

①托板梯形孔、浮动板两端凸出部分的质量应符合图样规定。

②托板、浮动板的弯曲度允许偏差不大于 1mm，托板、浮动板的表面应无毛刺。

③托板安装后，梯形孔底面的水平度允许偏差不大于 2D/1000；托板平行度及间距允许偏差不大于 1mm。

④浮动板安装后，应作转动和负荷试验；用手轻轻转动浮动板便可开启，开度一致，没有卡涩现象；浮动板在气液介质操作条件下，不得有弯曲脱落现象。

（5）圆泡罩安装应符合下列规定。

①圆泡罩质量应符合 NB/T 10557《板式塔内件技术规范》的规定。

②圆泡罩安装时，应调节泡罩高度，使同一层塔盘所有泡罩齿根到塔盘板上表面的高度符合图样规定，其允许偏差不得超过 ±1.5mm。

③圆泡罩安装后，泡罩与升气管的不同心度不超过 3mm。

（6）条形泡罩安装应符合下列规定。

①条形泡罩、升气槽板的质量应符合 NB/T 10557《板式塔内件技术规范》规定。

②相邻升气槽板中心距离，允许偏差不得超过 ±3mm；任意中心距离允许偏差不得超过 ±6mm。

③条形泡罩安装时，应调节泡罩高度，使同一层塔盘所有泡罩齿根到塔盘板上表面的高度符合图样规定，其允许偏差不得超过 ±1.5mm。

④条形泡罩安装后，泡罩与升气管的同心度偏差不得超过 3mm。

⑤泡罩上角钢的螺栓孔与塔盘板螺栓孔位置应一致，允许偏差不得超过 1mm。

（7）"S"形泡罩安装应符合下列规定。

①"S"形泡罩的质量应符合图样规定。

②"S"形泡罩可拆件安装时，应先将"L"形槽板用螺栓固定在降液板上，两端用卡子将

其与支持圈固定，然后顺次安装"S"形元件，并用卡子将其紧固于支持圈上，最后安装边帽。

③相邻"S"形泡罩安装中心允许偏差不得超过 3mm。

④边帽与支持角钢的连接螺孔为长孔，可用于调整"S"形泡罩的安装误差，尺寸允许在一定范围内变动。

⑤"S"形泡罩安装时，应调整泡罩高度，使同一层塔盘所有泡罩齿根到塔盘板上表面的高度符合图样规定，其允许偏差不得超过 ±5mm。

（8）塔盘安装后检查。

塔盘全部安装完成后，检查人员应会同有关人员依据塔盘安装规范进行检查。在最终检查之前，应清除塔盘上及塔底的杂物；最终检查之后安装塔盘通道板、人孔盖，并进行封闭。

（9）泡罩塔盘安装后，如需进行充水试验与鼓泡试验时，应符合下列规定。

①塔盘充水试验时，应将所有泪孔堵死，充水后 10min 内水面下降不超过 5mm 为合格，合格后应将泪孔穿通。

②鼓泡试验时，应将水不断地注入受液盘内，在塔盘下部通入空气，风压应在 100mm 水柱以下，风量不宜过大，要求所有齿缝都均匀鼓泡，且泡罩不得有乘动现象。

1.2.6.2.4　填料塔内件的回装要求

（1）填料支承结构安装应符合下列规定。

①填料支承结构安装后应平稳、牢固。

②填料支承结构的通道孔径及孔距应符合设计要求，孔不得堵塞。

③填料支承结构安装后的水平度（指规整填料）不得超过 $2D/1000$，且不大于 4mm。

（2）颗粒填料（环形、鞍形、鞍环形及其他）安装应符合下列规定。

①颗粒填料应干净，不得含有泥沙、油污和污物。

②颗粒填料在安装过程中应避免破碎或变形，破碎变形者必须拣出。塑料环应防止日晒老化。

③颗粒填料在规则排列部分应靠塔壁逐圈整齐正确排列。

④乱堆颗粒填料也应从塔壁开始向塔中心均匀填平，鞍形填料及鞍环形填料填充的松紧度要适当，避免架桥和变形，杂物要拣出，填料层表面要平整。

⑤颗粒填料的质量、填充体积应符合设计要求。

（3）填料床层压板安装应符合下列规定。

①填料床层压板的规格、重量、安装中心线及水平度应符合设计要求。

②在确保限位的情况下，不要对填料层施加过大的附加力。

（4）液体分布装置安装应符合下列规定。

①液体分布装置（分布管、分布盘、莲蓬喷头、溢流盘、溢流槽、宝塔式喷头）的质量应符合下列要求：

a. 喷雾孔径（液流管）的大小和距离应符合图样要求；

b. 溢流槽支管开口下缘（齿底）应在同一水平面上，允许偏差为 2mm；

c. 宝塔式喷头各个分布管应同心，分布盘底面应位于同一水平面上，并与轴线相垂直、盘表面应平整光滑、无渗漏。

②液体分布装置位置安装允许偏差应符合规定。

③喷头及其他分布装置安装应牢固，在操作条件下不得有摆动现象；液体分布装置安装后应作喷淋试验，喷淋试验时，塔截面内喷淋应均匀，喷孔不得堵塞。

注：液体收集—再分布装置的安装要求与塔盘安装要求相同。

（5）除沫器安装应符合下列规定。

①除沫器如不是整体供货，丝网结构应按设计规定铺设，如设计无规定时可采用平铺，每层之间皱纹方向应相错一个角度；分块的丝网安装时彼此之间及与器壁之间均应挤紧。

②除沫器安装的中心、标高及水平应符合设计规定。

（6）要求热紧或冷紧的高温或低温塔，在运行时宜按规定进行热紧或冷紧。

（7）现场拆装的螺栓，安装时应符合下列规定。

①以下情况，螺栓与螺母应涂以二硫化钼、石墨机油或石墨粉：

a. 不锈钢、合金钢的螺栓与螺母。

b. 设计温度高于100℃或低于0℃的法兰及接管法兰上的螺栓、螺母。

c. 露天装置，有大气腐蚀、介质腐蚀的法兰及接管法兰上的螺栓、螺母。

②螺栓的紧固应对称均匀、松紧适度、紧固后的螺栓与螺母宜齐平。

（8）塔安装完毕后，均应进行清扫，清除内部的铁锈、泥砂、灰尘、木块、边角料和焊条头等杂物；对无法进行人工清扫的设备，可用蒸汽或空气吹扫，但吹扫后必须及时除去水分；对因受热膨胀可能影响安装精度及损坏构件的塔，不得用蒸汽吹扫；清扫检查合格后，及时进行封闭，并填写"清理、检查、封闭记录"。

1.2.7 质量验收表

1.2.7.1 板式塔

板式塔质量验收表见表1.13。

表1.13 板式塔质量验收表

检修内容		验收标准	备注
打开通道板或可拆卸式塔盘，清洗塔盘、降液板和受液盘、塔壁及塔底；对塔盘零件部件应编号，以便组装		塔壁、塔盘、降液槽及塔底清洁，无污垢、脏物；冲洗水应干净、无杂质	
检查、清洗或更换出口丝网除沫器		除沫网干净无明显杂质，更换的捕雾网满足设计要求	
清洗、疏通液位计；疏通相关导压管、排污管		液位计清洁，无缺陷，气相、液相畅通；导压管、排污管通畅无堵塞	
修理或更换塔内构件。安装通道板或可拆卸式塔盘		剩余厚度保证能使用到下个检修周期。更换的塔盘和内构件符合设计要求，其安装质量应符合SY 4201.2《石油天然气建设工程施工质量验收规范 设备安装工程 第2部分：塔类》的规定	
塔内部支撑件	支撑圈和支撑梁水平度	安装质量应符合SY 4201.2《石油天然气建设工程施工质量验收规范 设备安装工程 第2部分：塔类》的规定	
	支撑圈间距		
	支撑梁平面度和中心线位置		
	降液板的支持板	安装质量应符合SY 4201.2《石油天然气建设工程施工质量验收规范 设备安装工程 第2部分：塔类》的规定	

续表

检修内容			验收标准		备注
降液板、塔盘支撑件	底部与受液盘上表面距离K		其安装质量应符合SY 4201.2《石油天然气建设工程施工质量验收规范 设备安装工程 第2部分：塔类》的规定		
	立边与受液盘立边的距离D				
	中间降液板间距B				
	通过设备中心至塔内壁的距离A				
	固定在降液板上的塔盘支撑件与支持圈的水平度偏差				
	固定在降液板上的塔盘支撑件间的距离E				
塔盘	塔盘板		表明平整，塔盘边缘不应有尖锐毛刺	其安装质量应符合SY 4201.2《石油天然气建设工程施工质量验收规范 设备安装工程 第2部分：塔类》的规定	
	受液盘				
	塔盘上表面水平度		300mm范围内的平面度		
	溢流堰		复核堰高		
			复核上表面水平度		
	浮动喷射塔盘		复核梯形孔底面的水平度		
			复核托板、浮动板平面度		
	圆形、条形泡罩		与升气管同心度		
			齿根到塔盘表面距离		
气液分布元件	浮阀	更换损坏浮阀，补齐短缺浮阀，调整浮阀	浮阀质量符合NB/T 10557《板式塔内件技术规范》规定；浮阀的浮动板应上下活动灵活，无卡涩现象		
	泡罩	更换损坏泡罩，补齐短缺泡罩，调整泡罩	圆泡罩质量符合NB/T 10557《板式塔内件技术规范》规定 同一层塔盘板的泡罩位置应在同一水平面上并紧固均匀、牢固		
		充水试验	试验前应将所有泪孔堵死，加水至泡罩最高液面，充水10min后，水面下降高度不大于5mm 为合格，试验后应使所有泪孔畅通		
测量溢流堰高度、受液盘泪孔尺寸			堰高符合设计或工艺变更要求；泪孔尺寸符合设计要求，泪孔不能堵塞		
保养塔盘固定螺栓			卡子安装位置准确，密封垫片搭接均匀		
更换打开的人孔垫片、拆卸过的密封垫片，保养螺母、螺栓/柱			密封元件严密、齐全，连接法兰无泄漏，螺栓/柱清洁无锈蚀		
检查修理塔基础裂纹、破损、倾斜和下沉			按GB 50461《石油化工静设备安装工程施工质量验收规范》规定执行		
检查设备腐蚀情况（塔体、塔盘、受液盘、接管）			记录数据建立台账		
设备外部除锈，防腐			设备主体整洁，防腐层完整美观，无起皮、粉化、裂纹、脱落等缺陷		
检查伴热系统接线情况，对绝热层恢复修补等			伴热系统接线良好，固定方式合理、牢固。绝热层完好，无破损、脱落、无凸起或凹陷，干燥；金属保护层固定件安装牢固，无松动和脱落，外观整洁美观		

1.2.7.2 填料塔

填料塔质量验收表见表1.14。

表1.14 填料塔质量验收表

检修内容			验收标准	备注
清洗塔壁及塔底			塔壁及塔底清洁，无污垢、脏物	
检查、清洗或更换出口丝网捕沫器			捕沫网干净无明显杂质，更换的捕雾网满足设计要求	
检查清洗、补充损失的填料			填料应干净，不得有泥沙、油垢和污物。填料无变形，填充量符合设计要求	
清洗、疏通液位计；疏通相关导压管、排污管			液位计清洁，无缺陷，气相、液相畅通；导压管、排污管通畅无堵塞	
检查修理填料支撑结构件、液体分布装置等部件			剩余厚度保证能使用到下个检修周期；更换的结构件及液体分布装置符合设计要求	
塔内部支撑件	填料支撑结构件水平度		其安装质量应符合SY 4201.2《石油天然气建设工程施工质量验收规范·设备安装工程 第2部分：塔类》的规定	
液体分布装置	喷雾孔（液流管）		喷雾孔（液流管）的大小和距离应符合设计文件要求	
	溢流槽支管		溢流槽支管开口下缘（尺底）应在同一水平面上，允许偏差为±2mm	
	液体分布装置	分布管分布盘	其安装质量应符合SY 4201.2《石油天然气建设工程施工质量验收规范 设备安装工程 第2部分：塔类》中的规定	
		莲蓬喷头宝塔喷头		
		溢流盘溢流槽		
填料	颗粒填料	检查填料的腐蚀、结垢、破损、堵塞情况	填料应干净，不得含泥沙、油垢和污物。填料无变形，填充量符合设计要求。其安装质量应符合SY 4201.2《石油天然气建设工程施工质量验收规范 设备安装工程 第2部分：塔类》中的规定	
	丝网波纹填料	检查填料的腐蚀、结垢、破损、堵塞情况	填料应干净，不得含泥沙、油垢和污物。填料无变形，填充量符合设计要求。其安装质量应符合GB 50461《石油化工静设备安装工程施工质量验收规范》中的规定	
更换打开的人孔垫片、拆卸过的密封垫片，保养螺母、螺栓/柱			密封元件严密、齐全，连接法兰无泄漏，螺栓/柱清洁无锈蚀	
检查修理塔基础裂纹、破损、倾斜和下沉			按GB 50461《石油化工静设备安装工程施工质量验收规范》规定执行	
检查设备腐蚀情况（塔体、接管、填料支撑结构件、液体分布装置）			记录数据建立台账	
设备外部除锈，防腐			设备主体整洁，防腐层完整美观，无起皮、粉化、裂纹、脱落等缺陷	
检查伴热系统接线情况，对绝热层恢复修补等			伴热系统接线良好，固定方式合理、牢固。绝热层完好，无破损、脱落，无凸起或凹陷，干燥。金属保护层固定件安装牢固，无松动和脱落，外观整洁美观	

1.3 罐类设备

1.3.1 立式储罐

1.3.1.1 适用范围

本节适用于天然气处理厂立式储罐的检修和验收。

1.3.1.2 设备结构

立式储罐结构如图1.5所示。

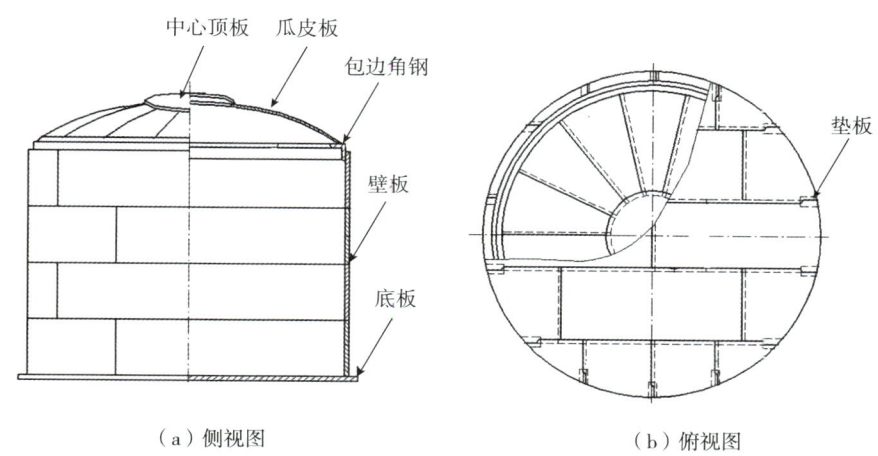

图1.5 立式储罐结构

1.3.1.3 编写依据

（1）GB 150《压力容器》。

（2）GB 50128《立式圆筒形钢制焊接储罐施工规范》。

（3）GB 50341《立式圆筒形钢制焊接油罐设计规范》。

（4）SY/T 4202《石油天然气建设工程施工质量验收规范 储罐工程》。

（5）SH 3046《石油化工立式圆筒形钢制焊接储罐设计规范》。

（6）SHS 01012《常压立式圆筒形钢制焊接储罐维护检修规程》。

（7）SY/T 5921《立式圆筒形钢制焊接油罐操作维护修理规范》。

（8）SY/T 6620《油罐的检验、修理、改建及翻建》。

1.3.1.4 检修准备

（1）检修方案已经按要求审批完成。

（2）备齐图纸、技术资料、相关记录表格。

（3）备齐机具、量具、材料和劳动保护用品。

（4）检修设备确认已与生产系统有效隔离并上锁挂牌。

（5）存储介质已排放干净，内部吹扫、置换合格，各项检测指标符合有关安全要求。

（6）已按照相关安全管理要求办理完毕作业票据，现场监护及安全措施已经落实。

（7）检修相关管理和作业人员持有效证件，已全部到位。

（8）完成检修前交底工作。

（9）其他需要准备的工作。

1.3.1.5 检修内容

（1）检查容器内部污垢、堵塞情况，对容器内部进行清理、清洗，现场做好清出物收集工作，防止污染。

（2）检查容器内构件及焊缝的变形、裂纹和损坏情况，在检查中应特别注意罐壁与罐底间的角焊缝和底层壁板的纵、横焊缝以及进出口接管与罐体的连接焊缝。

（3）检查罐内衬里有无开裂和脱落。

（4）检查、清洁密封面，检查或更换密封垫片。

（5）检查接管法兰、紧固件等连接是否紧密。

（6）检查设备及附属设施及附件变形及腐蚀情况（罐底、壳体及接管、设计的固定位置、气液两相交界部位、易腐蚀、冲蚀部位，使用中易产生变形的部位，表面缺陷检查时发现的可疑部位、接管部位），记录检测数据。

（7）检查固定顶储罐附件。

①检查量油孔孔盖与支座间密封垫是否脱落或老化，导尺槽磨损情况，盖子支架有无断裂。

②检查通风管防护网是否有污物或破损，必要时清扫干净或更换。

（8）检查浮顶储罐附件。

①检查密封、刮蜡、导向、静电导线、浮顶排水装置等是否完好，导向管滚轮有无脱落，转动是否灵活，与管子接触是否良好。

②检查浮舱内隔板、肋板和桁架等是否完好，内表面是否清洁，浮舱有无泄漏，并对泄漏部位进行补焊。

③检查浮管泄漏、骨架变形情况。

④检查导向钢丝绳松紧程度，是否断股，根据检查情况拉紧或更换。

⑤检查支柱有无倾斜，与罐底是否接触。

⑥对于浮顶罐和内浮顶罐，当发现导向管、量油孔外壁侧面有明显硬划伤或导轮、盖板、密封板、压板损坏严重时，应检查导向管、量油管的直线度和垂直度。

⑦检查罐壁通气孔金属网有无破裂，必要时清除灰尘、污垢或更换金属网。

（9）检查储罐的安全附件是否在有效期内，是否完好。

（10）清洗疏通各连接管路以及阻火器、防火网或波纹散热片等。

（11）检查外部防腐层、保温层及伴热。

（12）检查储罐盘梯、平台、抗风圈、栏杆、踏步板（或防滑条）的腐蚀程度，转动浮梯踏板是否牢固、灵活，必要时在转动部位加润滑油。

（13）检查储罐基础是否存在裂纹、破损、倾斜和下沉等。

（14）检查、保养、紧固所有连接螺栓，必要时更换。

（15）对阀门进行开关检查并保养，对问题阀门进行维修或更换。

1.3.1.6 验收标准

(1) 罐壁及罐底清洁,用手触摸罐壁、罐底等应平整、光滑无污垢、锈垢;冲洗出来的水应干净、无杂质。

(2) 罐内构件与罐壁连接牢固、可靠,无脱落现象,焊缝无变形和裂纹。

(3) 罐内衬里无开裂和脱落。

(4) 密封面洁净无变形,无径向划痕、腐蚀斑点等影响密封性能的损伤。

(5) 接管法兰和紧固件连接紧密,设备的接管采用螺纹连接的,其螺纹表面无裂纹、凹陷等缺陷,法兰无强行连接现象。

(6) 罐体无严重的凹陷、鼓包、折皱、渗漏穿孔及板材减薄等现象,罐体及附件腐蚀程度在设计图样的规定范围,应符合以下几个规定。

① 罐底板要求。

a. 边缘板腐蚀平均减薄量不大于原设计板厚度的 15%。

b. 中幅板的平均减薄量不大于原设计厚度的 20%。

c. 点蚀的最大深度不大于原设计厚度的 40%。

d. 当腐蚀深度超过以上规定的、腐蚀面积大于一块被检测板的 50%,且在整块板上呈现分散分布时,宜更换整块钢板,面积小于 50% 时,应考虑补板或局部更换新板。

e. 当罐壁板根部沿圆周方向存在带状严重腐蚀时,应考虑切除严重腐蚀部分并更换边缘板。

f. 罐底的局部凹凸变形的深度不应大于变形长度的 2%,且不应大于 50mm。但当不影响安全使用时,允许适当放宽要求。

g. 罐底钢板应无折角、撕裂。

h. 底板余厚原则上应不小于表 1.15 和表 1.16 的规定值,必要时应补焊或更换。

表 1.15 罐底中幅板规格厚度

储罐内径 (m)	中幅板规格厚度 (mm)	
	碳素钢	不锈钢
<10	5	4
10~20	6	4
>20	6	4.5

表 1.16 罐底边缘板规格厚度

底圈罐壁板厚度 (mm)	边缘板规格厚度 (mm)	
	碳素钢	不锈钢
≤6	6	同底圈壁板厚度
7~10	6	6
11~20	8	7

续表

底圈罐壁板厚度（mm）	边缘板规格厚度（mm）	
	碳素钢	不锈钢
21~25	10	—
>25	12	—

②罐壁板要求。

a. 各圈壁板的最小平均厚度不应小于该圈壁板的计算厚度加腐蚀裕量。

b. 各圈壁板上局部腐蚀区的最小平均厚度不应小于该区底部边缘处的计算厚度加腐蚀裕量。

c. 分散点蚀的最大深度不应大于原设计壁板厚度的20%，且不应大于3mm；密集的点蚀最大深度不应大于原设计壁板厚度的10%。点蚀数大于3个，且任意两点间最大距离小于50mm时，可视为密集点蚀。

d. 罐体的几何形状和尺寸应符合以下规定，但当不影响安全使用时，允许适当放宽要求（表1.17）。

表1.17 罐壁的局部凹凸变形允许值

板厚δ（mm）	罐壁局部凹凸变形（mm）
≤12	≤15
12<δ≤25	≤13
>25	≤10

储罐罐壁坑蚀深度超过表1.18规定值时，应进行修补或更换。

表1.18 坑蚀深度允许值

钢板厚度（mm）	允许坑蚀深度（mm）	钢板厚度（mm）	允许坑蚀深度（mm）
5	1.8	8	2.8
6	2.2	9	3.2
7	2.5	≥10	3.5

③浮顶要求。

a. 单盘板、船舱顶板和底板的平均减薄量不应大于原设计厚度的20%。

b. 点蚀的最大深度不应大于原设计厚度的30%。

c. 浮顶的局部凹凸变形，应用直线样板测量，不应大于15mm；单盘板的局部凹凸变形，不应明显影响外观及浮顶排水；但在不影响安全使用时，允许放宽要求。

d. 折褶的允许值见表1.19，超过允许值应进行修复。

表 1.19　折褶允许值

壁板厚度（mm）	允许折褶高度（mm）	壁板厚度（mm）	允许折褶高度（mm）
4	30	7	60
5	40	>8	80
6	50		

e. 凹陷鼓包允许值范围见表 1.20，超过允许值应进行修复。

表 1.20　凹陷鼓包允许值

测量距离（mm）	1500	3000	5000
允许偏差值（mm）	20	35	40

注：测量距离指样板弧长。

（7）固定顶储罐附件要求。

①量油孔孔盖与支座间密封良好，导尺槽磨损正常，盖子支架完好。

②通风管防护网洁净完好。

（8）浮顶储罐（或内浮顶储罐）附件要求。

①密封、刮蜡、导向、静电导线、浮顶排水装置等系统完好，导向管滚轮转动灵活无脱落，与管子接触良好。

②浮舱内隔板、肋板和桁架等完好，内表面洁净，浮舱无漏点。

③浮管无泄漏，骨架无变形。

④导向钢丝绳牢固可靠。

⑤支柱无倾斜和损坏，并能起到支撑作用。

（9）量油管和导向管的垂直度和直线度不得大于管高的 0.1%，且应不大于 10mm，附件应转动灵活，浮船升降无卡阻；转动浮梯中心线的水平投影与轨道中心线重合，偏差不大于 10mm。

（10）罐壁通气孔金属网洁净完好无破裂。

（11）安全附件完好，铭牌齐全，使用时间在有效期内，安全阀加锁或铅封，仪表反应灵敏，显示数值准确。

（12）各连接管路以及阻火器防火网或波纹散热片洁净无堵塞。

（13）伴热管线接线完好，防腐、保温层验收参见检修规程防腐、保温部分。

（14）储罐盘梯、平台、抗风圈、栏杆、踏步板（或防滑条）与塔壁焊接位置牢固，无影响其强度的腐蚀，安全可靠，转动浮梯踏板牢固、灵活。

（15）基础无裂缝、破损、不均匀下沉，地脚螺栓紧固无锈蚀。

（16）各部位螺栓齐全、紧固，安装规范。同一部位螺栓规格一致且符合原设计图纸要求，安装方向一致，紧固后的螺栓与螺母宜齐平，对受压部位的螺栓、螺母进行逐个检查、清洗，螺栓及过渡部位无环向裂纹。

（17）阀门开关灵活，无卡阻、无内漏。

1.3.1.7 质量验收表

立式储罐质量验收表见表 1.21。

表 1.21 立式储罐质量验收表

检修内容	验收标准	备注
清洗罐底及罐壁	罐壁及罐底清洁，用手触摸罐壁、罐底等应平整、光滑无污垢、锈垢。冲洗水应干净、无杂质	
检查罐类设备本体及附属设施、附件	罐类设备本体及附属设施、附件无变形、凹陷、鼓包、泄漏。若有，则凹陷鼓包、褶皱允许值参考SHS 01012《常压立式圆筒形钢制焊接储罐维护检修规程》和GB 50128《立式圆筒形钢制焊接储罐施工规范》的相关要求	
检查罐内构件与罐壁连接情况	罐内构件与罐壁连接牢固、可靠，无脱落现象	
有衬里的储罐应检查罐内衬情况	罐内衬里无开裂和脱落	
检查设备本体以及各接管连接焊缝	设备本体及各接管连接焊缝无渗透和裂纹、气孔等缺陷。焊缝质量应符合原设计文件、GB 50236《现场设备、工业管道焊接工程施工规范》、SY/T 4202《石油天然气建设工程施工质量验收规范 储罐工程》、GB 50128《立式圆筒形钢制焊接储罐施工规范》、NB/T 47015《压力容器焊接规程》的相关要求	
检查阀门、接管法兰、螺纹和紧固件	阀门连接紧密无内漏，开关良好。设备的接管采用螺纹连接的，其表面不得有裂纹、凹陷等缺陷。设备及其接管的法兰密封面不得有径向划痕、腐蚀斑点等损伤，法兰连接处无泄漏	
检查防腐层、保温层	防腐层、保温层完好，重新防腐或修补的满足SH/T 3548《石油化工涂料防腐蚀工程施工质量验收规范》。重新保温的质量满足GB 50126《工业设备及管道绝热工程施工规范》、GB 50645《石油化工绝热工程施工质量验收规范》的相关要求	
检查人孔、清扫孔、透光孔	人孔、清扫孔、透光孔完好	
检查仪表设施、液位计、取样短节和各种连接管	仪表设施完好，液位计清洁，无缺陷，取样管线短节无堵塞	
罐类设备阻火呼吸阀等安全设施、盘梯、平台、抗风圈、栏杆、踏步板（或防滑条）等附件	安全设施及附件使用良好。梯子、平台、栏杆制作安装质量满足SY/T 4202《石油天然气建设工程施工质量验收规范 储罐工程》，与塔壁焊接位置牢固，不得有影响其强度的腐蚀	
检查罐类设备腐蚀减薄情况	罐体底板、罐壁板、浮顶余厚参考SHS 01012《常压立式圆筒形钢制焊接储罐维护检修规程》、GB 50128《立式圆筒形钢制焊接储罐施工规范》和SY/T 5921《立式圆筒形钢制焊接油罐操作维护修理规范》，记录数据建立台账	
检查罐类设备基础	罐类设备基础无裂纹、破损、罐体倾斜和下沉	
清洗保养螺栓、螺母	各部位螺栓齐全、紧固，安装规范	
检查防雷和静电接地设施，并测量静电接地电阻，检查接地线	防静电、防雷设施齐全完好，导电性能符合安全技术要求	

续表

检修内容		验收标准	备注
检查伴热系统接线是否完好		伴热系统接线完好	
固定顶储罐附件	检查附件腐蚀程度，调合器喷嘴	附件腐蚀程度在设计图样的规定范围内。调合器喷嘴无堵塞	
	检查浮标液面计浮子情况、钢带或钢丝绳	浮标液面计浮子无卡涩现象，浮子内无漏入液体，钢带或钢丝绳为拉紧状态，且完好无腐蚀	
	检查量油孔孔盖与支座间密封垫、导尺槽磨损情况、压紧螺栓活动情况、盖子支架、铸铁量油孔、螺栓	量油孔孔盖与支座间密封良好，导尺槽磨损正常，盖子支架完好，螺形螺母及压紧螺栓安装整齐、紧固，无锈蚀	
	检查通风管防护网	通风管防护网洁净完好	
	检查排污阀（虹吸阀）填料函	排污阀（虹吸阀）填料函转动灵活无渗漏	
浮顶储罐附件	检查密封、刮蜡、导向、静电导线、浮顶排水装置等系统。浮盘锈蚀程度。导向管滚轮情况	密封、刮蜡、导向、静电导线、浮顶排水装置等系统完好。浮顶、浮盘腐蚀程度在设计图样的规定范围内。导向管滚轮转动灵活无脱落，与管子接触良好	
	检查浮舱及浮舱内隔板、肋板和桁架、内表面情况	浮舱内隔板、肋板和桁架等完好，内表面洁净无腐蚀，浮舱无漏点	
	检查浮盘自动通气阀	浮盘和浮顶自动通气阀完好	
	检查浮管有无泄漏，骨架是否变形	浮管无泄漏，骨架无变形	
	检查导向钢丝绳	导向钢丝绳牢固可靠、无腐蚀	
	检查支柱连接情况	支柱无倾斜和损坏，并能起到支撑作用	
	检查导向管、量油管的直线度和垂直度	量油管、导向管不直度和垂直度偏差小于15mm。附件转动灵活，浮船升降无卡阻。转动浮梯中心线水平投影与轨道中心线偏差小于10mm	
	检查罐壁通气孔金属网	罐壁通气孔金属网洁净完好无破裂	
	检查转动浮梯踏板	转动浮梯踏板牢固、灵活	

1.3.2 球形储罐

1.3.2.1 适用范围

本节内容适用于天然气处理厂用以存储各种气体、液体物料的球形储罐。

1.3.2.2 工作原理及设备结构

球罐是一种储存气体、液体（包括液化气体）的压力容器，由于它受力均匀，承载能力大，在相同的直径和工作压力下，板厚仅为圆筒形储罐的一半，且占地面积小，盛装容积大等，在各个领域广泛应用（图1.6）。

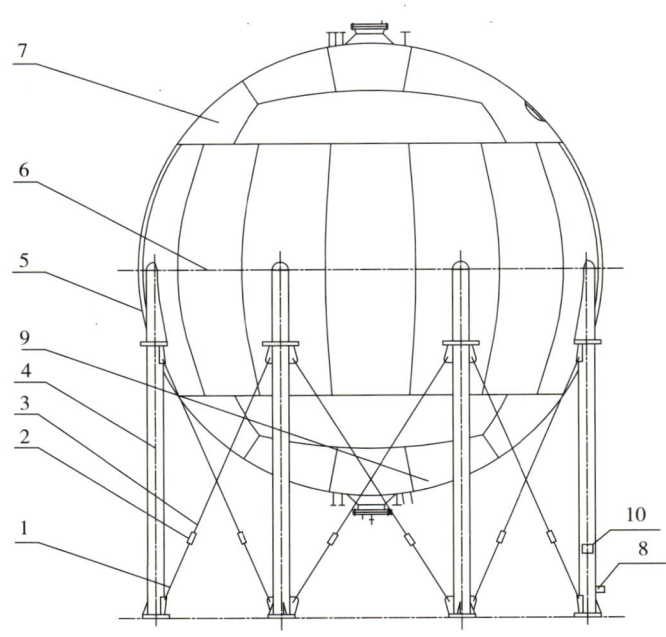

图1.6 球罐结构示意图

1—下拉杆；2—松紧螺母；3—上拉杆；4—下支柱；5—带上支柱赤道板；6—赤道板；
7—上极板；8—防静电接地板；9—下极板；10—铭牌

1.3.2.3 编写依据

（1）GB 150《压力容器》。

（2）GB 12337《钢制球形储罐》。

（3）GB 50094《球形储罐施工规范》。

（4）NB/T 47013《承压设备无损检测》。

（5）SY/T 4202《石油天然气建设工程施工质量验收规范 储罐工程》。

（6）SY/T 6507《压力容器检验规范在役检验、定级、修理及改造》。

（7）TSG 21《固定式压力容器安全技术监察规程》。

1.3.2.4 检修准备

（1）检修方案已经按要求审批完成。

（2）备齐图纸、技术资料、相关记录表格。

（3）备齐机具、量具、材料和劳动保护用品。

（4）检修设备已与系统有效隔离并上锁挂牌。

（5）存储介质已排放干净，内部吹扫、置换合格，各项检测指标符合有关安全要求。

（6）已按照相关安全管理要求办理完毕作业票据，现场监护及安全措施已经落实。

（7）检修相关管理和作业人员持有效证件，已全部到位。

（8）完成检修前交底工作。

（9）其他需要准备的工作。

1.3.2.5 检修内容

(1) 检查以宏观检查、壁厚测定、内表面检测为主,必要时可采用其他无损检测方法。

(2) 拆人孔、清洗螺栓,对有损坏的螺栓进行修复或更换。

(3) 检查内外表面的腐蚀和机械损伤。

(4) 确认罐内是否存在污物,并进行清理。

(5) 检查接管部位焊缝有无缺陷,法兰密封面有无缺陷或裂纹。

(6) 检查支腿防火层有无裂纹脱落,基础有无下沉、倾斜、开裂,地脚螺栓、垫铁等有无松动。

(7) 检查近点接地线是否损坏或缺失。

(8) 安全阀、爆破片、液位计、压力表、温度计、紧急切断装置等安全附件进行全面检查和校验。

(9) 检查保温层、隔热层、衬里有无破损。

(10) 按要求进行耐压试验和气密试验。

1.3.2.6 验收标准

(1) 球罐的检查、检测、检验的内容、方法和质量应满足 TSG 21《固定式压力容器安全技术监察规程》的要求。

(2) 腐蚀及壁厚测定的要求应满足 SY/T 6507《压力容器检验规范在役检验、定级、修理及改造》的规定,无要求时可参照本书的相关规定。

(3) 球罐主体部分检修的质量验收标准应满足原制造文件和 SY/T 4202《石油天然气建设工程施工质量验收规范 储罐工程》的规定,同时应满足 GB 150《压力容器》和 GB 50094《球形储罐施工规范》的规定。

(4) 对球罐缺陷进行焊补时,每处的焊补面积应在 $50cm^2$ 以内,如有两处以上焊补时,任何两处的净距应大于 50mm。

(5) 焊缝的内部缺陷焊补时,清除的缺陷深度不得超过球壳板厚度的 2/3。如果清除到球壳的 2/3 处还残留缺陷时,应在该状态下焊补,然后在其背面再次清除缺陷,进行焊补。焊补长度应大于 50mm。

(6) 焊缝表面不得有裂纹、气孔、咬边、夹渣、凹坑及未焊满等缺陷。焊缝表面有砂轮打磨要求时,焊缝应打磨到与球壳板呈圆滑过渡,且不应低于母材。

(7) 焊缝宽度均匀、成形美观,母材上无引弧点,焊缝两侧无飞溅物,打磨的焊缝余高均匀呈圆滑过渡。

(8) 焊缝的内部质量应符合以下规定:

①无损检测的方法及比例应符合设计要求,检测的结果合格;

②射线检测一次合格率符合各处理厂规定,同一部位的焊缝返修次数不超过两次。

(9) 焊后整体热处理质量应符合以下规定:

①测温点数量、布置及热处理曲线符合方案要求,无局部超温;

②硬度值测定全部合格。

（10）地脚螺栓应符合以下规定：
①螺母和垫圈齐全、均匀紧固、螺纹无损伤并露出螺母；
②紧固后的螺栓/柱与螺母宜齐平，外露的螺纹已涂防锈脂。

（11）球罐辅助部分（梯子、平台、护栏）检修的质量验收标准应按SY 4202《石油天然气建设工程施工质量验收规范 储罐工程》的相关要求执行。

（12）拉杆用松紧螺母均匀拧紧，拉杆与耳板螺栓紧固，零件齐全。

（13）人孔及其接管法兰密封面不得有径向划痕、腐蚀斑点等影响密封性能的损伤。

（14）球罐防腐绝热部分检修的质量验收标准应按SY/T 4202《石油天然气建设工程施工质量验收规范 储罐工程》的规定执行。

（15）安全阀调试、定压合格；有完整的校验记录。

（16）其他质量要求可参照本书相关要求执行。

1.3.2.7　质量验收表

球形储罐质量验收表见表1.22。

表1.22　球形储罐质量验收表

检修内容	验收标准	备注
管壁及内防腐层检查	罐内清理干净，防腐层无脱落、起皮、粉化等缺陷，测定涂层厚度满足设计要求	
人孔、螺栓检查	人孔、螺栓清理完成，检查合格，有损坏的螺栓修复或更换完成	
外部防腐检查	防腐层无脱落、起皮、粉化等缺陷，测定涂层厚度满足设计要求	
保温设施检查	保温层结构完整，无变形、脱落，外层铝片接合处无翘边、开裂现象。保温质量满足GB 50126《工业设备及管道绝热工程施工规范》、GB/T 50645《石油化工绝热工程施工质量验收规范》要求	
罐类设备本体以及各接管连接焊缝检查	检查焊缝有无渗透和裂纹、气孔等缺陷，并对接管做测厚；焊缝质量应符合原设计文件、GB 50236《现场设备、工业管道焊接工程施工规范》、SY 4202《石油天然气建设工程施工质量验收规范 储罐工程》、GB 50128《立式圆筒形钢制焊接储罐施工规范》、NB/T 47015《压力容器焊接规程》的相关要求	
罐内构件与罐壁连接情况检查	罐内构件与罐壁连接牢固、可靠，无脱落现象	
罐内衬里检查	罐内衬里无开裂和脱落	
与罐类设备相连接的阀门和接管法兰、螺纹、紧固件等检查	紧固牢靠；法兰密封面无径向划痕、腐蚀斑点等影响密封性能的损伤；法兰连接处无泄漏；接管采用螺纹连接的，其螺纹表面无裂纹、凹陷等缺陷；阀门连接紧密无内漏，开关良好	
检查罐类设备基础	无裂纹、破损、罐体倾斜和下沉等现象。按GB 50461《石油化工静设备安装工程施工质量验收规范》和SY/T 5921《立式圆筒形钢制焊接油罐操作维护修理规范》规定执行	
螺栓、螺母检查	各部位螺栓齐全、紧固，安装规范；对受压部位的螺栓、螺母清洗完成，检查合格，螺栓及过渡部位无环向裂纹	
静电接地电阻和接地线检查	防静电、防雷设施齐全完好，导电性能符合安全技术要求	
伴热系统接线检查	伴热系统接线完好	

续表

检修内容	验收标准	备注
球形储罐年度检查、全面检验	参照TSG 21《固定式压力容器安全技术监察规程》相关规定执行	
球罐焊接	参照SY 4202《石油天然气建设工程施工质量验收规范 储罐工程》的规范执行	
附件安装	参照SY 4202《石油天然气建设工程施工质量验收规范 储罐工程》的规定执行；安全阀调试、定压合格；有完整的校验记录	

1.4 热交换器

1.4.1 管壳式热交换器

1.4.1.1 适用范围

（1）本节适用于操作压力在20MPa及以下的固定管板式、浮头式、"U"形管式和釜式重沸器的管壳式热交换器。

（2）本节适用于设计压力在6.4MPa及以下的卧置挠性固定管板管壳式余热锅炉。

（3）受压元件的检修遵照TSG 21《固定式压力容器安全技术监察规程》。

（4）对具有特殊结构的管壳式热交换器还应符合设计规定。

（5）引进设备的检修内容和验收标准按照制造商提供的有关技术资料执行。

1.4.1.2 工作原理及设备结构

管壳式热交换器是以封闭在壳体中管束的壁面作为传热面的间壁式换热器（图1.7至图1.10）。这类换热器的特点是易于制造、选用材料的范围广、换热表面清洗比较方便、适应性强、处理能力大、能在高温高压下使用。

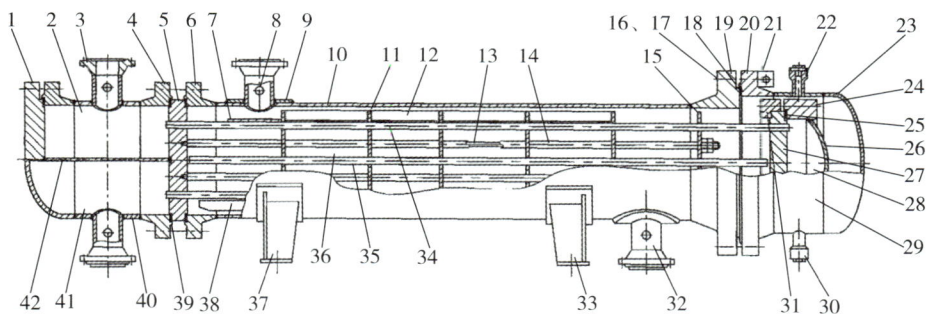

图1.7 AES、BES浮头式热交换器结构简图

1—管箱平盖；2—平盖管箱（部件）；3—接管法兰；4—管箱法兰；5—固定管板；6—壳体法兰；7—防冲板；8—仪表接口；9—补强圈；10—壳程圆筒；11—折流板；12—旁路挡板；13—拉杆；14—定距管；15—支持板；16—双头螺柱或螺栓；17—螺母；18—外头盖垫片；19—外头盖侧法兰；20—外头盖法兰；21—吊耳；22—放气口；23—凸形封头；24—浮头法兰；25—浮头垫片；26—球冠形封头；27—浮动管板；28—浮头盖（部件）；29—外头盖（部件）；30—排液口；31—钩圈；32—接管；33—活动鞍座（部件）；34—换热管；35—挡管；36—管束（部件）；37—固定鞍座（部件）；38—滑道；39—管箱垫片；40—管箱圆筒；41—封头管箱（部件）；42—分程隔板

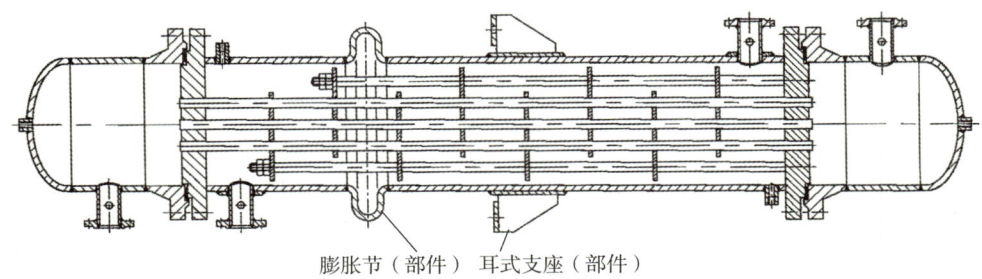

图 1.8 BEM 立式固定管板式热交换器结构简图

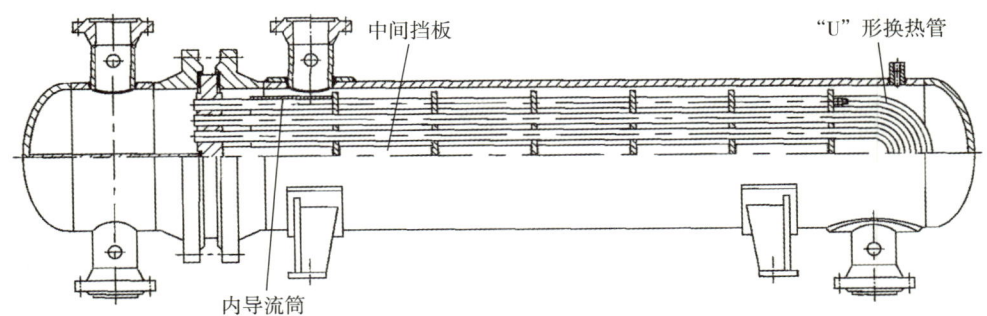

图 1.9 BEU "U" 形管式热交换器结构简图

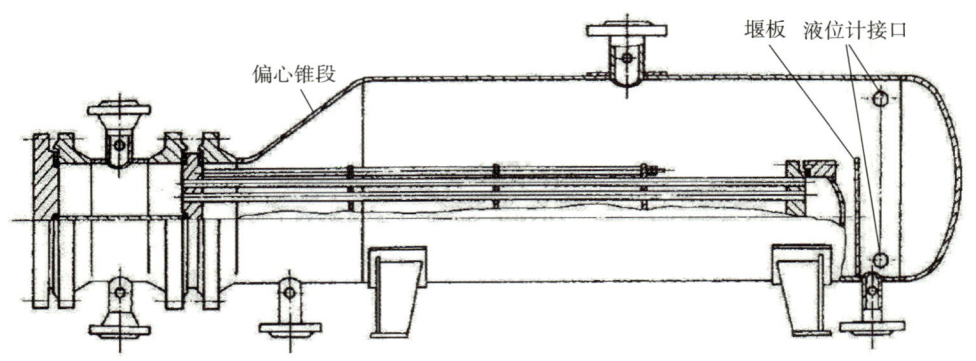

图 1.10 AKT/AKU 釜式重沸器结构简图

1.4.1.3 编写依据

（1）GB 150.4《压力容器 第4部分：制造、检验和验收》。
（2）GB/T 151《热交换器》。
（3）GB 50211《工业炉砌筑工程施工及验收规范》。
（4）GB 50461《石油化工静设备安装工程施工质量验收规范》。
（5）GB 50474《隔热耐磨衬里技术规范》。
（6）SH/T 3158《石油化工管壳式余热锅炉》。

（7）SH/T 3540《钢制冷换设备管束防腐涂层及涂装技术规范》。

（8）SH/T 3542《石油化工静设备安装工程施工技术规程》。

（9）SY/T 0319《钢质储罐防腐层技术规范》。

1.4.1.4 检修准备

（1）完成检修方案审批。

（2）备齐图纸、技术资料、相关记录表格。

（3）备齐机具、量具、材料和劳动保护用品。

（4）热交换器已与系统有效隔离并上锁挂牌，内部介质降温/升温、降压、放净、置换，必要时应清洗干净和/或蒸汽蒸煮。

（5）对于含 H_2S 介质的热交换器，在盲板或人孔开启后，应有措施避免 FeS 自燃。

（6）检修前各项检测指标符合有关安全要求。

（7）完成检修前交底工作。

（8）办理作业票据，落实安全措施。

（9）其他需要准备的工作。

1.4.1.5 检修内容

1.4.1.5.1 外部宏观检查

（1）伴热系统接线是否完好；绝热层是否变形、潮湿/跑冷、破损、脱落，保护层接合处有无翘边、开裂现象。

（2）防腐层有无起皮、粉化、脱落等缺陷，热敏漆是否变色。测定涂层厚度，根据检查结果确定是否对原涂层进行修补或重新防腐。

（3）螺栓/柱、螺母、垫片等密封元件是否严密、齐全。对高压和 M36 以上（含 M36）螺柱、螺母在逐个清洗后，检验其损伤和裂纹情况，重点检验螺纹及过渡部位有无环向裂纹，必要时进行无损检测。更换拆卸过的密封垫片。

高温、高压、有毒等容器人孔法兰、接管法兰的螺柱、螺母应进行编号，做好标识，拆装做到一一对应。

（4）支承、支座或基础有无下沉、倾斜、开裂，以及其地脚螺栓、垫铁等有无松动、损坏。

（5）检查设备外壁、接管法兰有无腐蚀、泄漏、鼓包、变形和机械损伤。

1.4.1.5.2 内部检查与检修

（1）内部拆卸与检测。

①拆卸管箱或热交换器两端封头，检查管箱法兰以及固定管板密封面情况，检查分程隔板的腐蚀情况，检查有无异物堵住换热管端部，有无垢层以及腐蚀产物在管箱内堆集，并做好记录。如有腐蚀产物，分析人员取样分析腐蚀物和结垢的化学组成。清扫管程内部及头盖积垢。

②进行管束查漏，检查换热管、管板与管头接缝的腐蚀和泄漏情况，对泄漏换热管进行标记，以确定换热管泄漏的位置和数量。必要时可采用涡流检测抽查管束内换热管的腐蚀情况。

（2）补胀、补焊、堵管。

对管束的胀口或中间部位腐蚀、泄漏或损坏的换热管进行补胀、补焊。无法胀管或补焊时可用管堵将两端堵死，标记、记录堵管的位置和数量。

（3）抽芯检查及检修。

根据壳体内部结垢情况和工艺要求，进行管束抽芯检查，并对管束、管箱、壳体内部进行清理、清洗。

①抽出管束（由设备结构决定），检查壳体、管束及构件（防冲板、折流板、管板、支持板、隔板等）腐蚀、裂纹、变形等，可采用表面检测及涡流检测的方式抽查，并做好记录。

可利用抽芯机等专用工具抽出管束，管束抽芯、装芯、运输和吊装作业中，不得用裸露的钢丝绳直接捆绑。移动和起吊管束时，应将管束放置在专用结构上，以避免损伤换热管。

②检查折流板、定距杆等有无松动和损坏。

③管束、管箱、壳体内部彻底清理、清洗。

可采用机械清理、高压水冲洗清洗、化学除垢清理等有效方法清除管束、管箱、壳体内部积存的污垢。根据检修实际选用清洗方法，清洗标准除满足工艺和安全生产的要求外，还应满足检修过程检测、试验的要求。

（4）采用内部涂层的热交换器的检查及检修。

宏观检查涂层表面是否有分层、裂纹、剥离、凹陷、鼓泡等缺陷。

如有缺陷，壳体内涂层和管束复合涂层分别按 SY/T 0319《钢质储罐防腐层技术规范》、SH/T 3540《钢制冷换设备管束防腐涂层及涂装技术规范》进行修补。

（5）管束回装。

可使用抽芯机进行回装。

（6）硫黄冷凝冷却器内件检查。

①打开设备法兰，检查丝网捕沫器和伴热盘管有无变形、缺损、固定螺栓/柱松动等现象。根据情况进行清洗、紧固或更换处理。

②检查伴热盘管有无腐蚀。

（7）余热锅炉管束高温管头瓷套管检查。

换热管高温管头应有耐热瓷套管（介质温度小于 900℃的可能选用金属保护套管），检查瓷套管是否脱落、出现裂纹和破损。每 2 年至少抽查 3~5 根耐热瓷套管，检查管头腐蚀情况并作好记录。

（8）检查检修耐火衬里。

①检查余热锅炉高温、低温管箱（进出口管箱）内壁和管板的耐火衬里、硫黄冷凝冷却器进出口管箱底部的耐火衬里：有无腐蚀、是否平整、有无脱落和贯通性及见底裂缝。

②衬里若有局部脱落、空洞或裂纹宽度大于 5mm 会引起壳体局部超温，应进行修复。

③衬里出现大面积裂纹、大片脱落或衬里厚度减薄到原厚度的 1/2，引起壳体严重超

温，则更换全部衬里。

（9）余热锅炉汽包检修。

①汽包内件、人孔检修。

a. 检查汽包内的一次分离和二次分离元件和汽包内壁的冲刷、磨损、结垢和腐蚀情况。

b. 检查给水管和连排管的铺设是否正确，管卡是否松动，排污口是否堵塞。

c. 检查人孔密封面，更换密封垫片。

②汽包外部检查。

a. 检查汽包紧固件是否齐全、有无松动、损坏。

b. 汽包表面检查，有无鼓包、变形、变色等异常现象；有无锈蚀，防腐层、保温层及设备铭牌是否良好。

c. 上升管、下降管等所有管接口焊缝检查。

1.4.1.5.3 定点测厚

对换热器的管箱、壳体及接管等主要受压元件进行定点测厚。一般采用超声波测厚方法。测定位置应当具有代表性，有足够的测点数。测定后标图记录，对异常测厚点做详细标记。

壁厚测定时，如果发现母材存在分层缺陷，应当增加测点或采用超声波检测，查明分层分布情况，以及母材表面的倾斜度，同时作图记录。

参照第 1.1 节"钢制固定式压力容器和工业管道"的相关内容执行。

1.4.1.5.4 部件复位，进行耐压试验和泄漏试验

（1）仅做拆解检查时应进行严密性试验，试验压力为工作介质的最高工作压力。

回装管程后利用壳体和假法兰（试验压环）进行壳程严密性试验并确认管束有无泄漏，管程严密性试验可结合检修后装置开工时系统的严密性试验合并进行。

（2）设备改造与重大修理后，按照设计文件要求、GB/T 151《热交换器》和 GB 150.4《压力容器 第 4 部分：制造、检验和验收》进行压力试验和泄漏试验。修理完毕后，如果检验认为必要，也应进行压力试验和泄漏试验。

（3）耐压试验。

①浮头式、釜式（浮头式管束）。

a. 用试验压环和浮头专用试压工具进行管头试验，对釜式重沸器尚应配备管头试压专用壳体。

b. 管程试压。

c. 壳程试压。

②"U"形管式、釜式（"U"形管束）。

a. 用试验压环进行壳程试压，同时检查管头。

b. 管程试压。

③固定管板式。

a. 壳程试压，同时检查管头。

b. 管程试压。

④余热锅炉。

壳程与汽包试压，同时检查换热管与管板连接接头。

（4）泄漏试验。

泄漏试验应按热交换器的设计文件规定的方法和要求进行。

1.4.1.5.5　仪表检查与检修

（1）液位仪表。

①清洗换热器液位计，并清洗疏通各连接管线。

②定期检查并校定液位变送器。

（2）压力仪表。

压力表应定期检定合格，检定标记和铅封。

（3）温度仪表。

温度仪表应定期校准。

1.4.1.5.6　安全附件检查与检修

安全附件按相应的阀门检修规程进行检修、校验，运输和吊装不得碰撞。

1.4.1.6　验收标准

1.4.1.6.1　外部宏观检查

（1）伴热系统接线良好，固定方式合理、牢固。绝热层完好，无破损、脱落，无凸起或凹陷，干燥；金属保护层固定件安装牢固，无松动和脱落，外观整洁美观。

伴热系统经修补和更换后其质量应符合 GB 50184《工业金属管道工程施工质量验收规范》、SH/T 3040《石油化工管道伴管和夹套管设计规范》、SH/T 3126《石油化工仪表及管道伴热和绝热设计规范》等的有关规定。

绝热层经修补和更换的，其质量要求详见第 7 章"绝热工程"。

（2）设备主体整洁，防腐层完整美观，无起皮、粉化、裂纹、脱落等缺陷，热敏漆无变色。外壳热敏漆变色后，在内部衬里检修后重新涂刷新漆。

涂层进行修补或重新防腐的，其质量要求详见第 6 章"防腐工程检修规程"。

（3）支承、支座或基础无下沉、倾斜、破损、裂纹；地脚螺栓、垫铁等无松动、损坏，连接螺栓满扣、齐整、紧固，无锈蚀。

经修补或更换的，其质量应符合设计文件和 GB 50461《石油化工静设备安装工程施工质量验收规范》等的规定。

（4）螺栓/柱、螺母、垫片等密封元件严密、齐全。提供高压和 M36 以上（含 M36）螺柱、螺母的清洗和检验或检测记录。

对法兰密封面有机械损伤、径向划痕、腐蚀斑点等影响密封性能的缺陷，应修复或更换，其质量要求详见第 1.1 节"钢制固定式压力容器和工业管道"。

（5）设备外壁、接管法兰应无腐蚀、泄漏、鼓包、变形和机械损伤。

提供检查记录或影像资料，如有以上缺陷，按 TSG 21《固定式压力容器安全技术监察规程》和 SY/T 6507《压力容器检验规范在役检验、定级、修理及改造》进行评定、修复或更换。

1.4.1.6.2 内部检查与验收

（1）内部拆卸与检测。

①分程隔板密封情况，异物在管板接管入口处堵塞情况，以及腐蚀产物在管箱内堆集情况应提供记录或影像资料。管箱、浮头有隔板时，其垫片应整体加工，不得有影响密封的缺陷。

②对换热管泄漏进行的标记应提供记录或影像资料。

（2）提供补胀、补焊、堵管记录。

①补胀、补焊的换热管应满足设计文件及 GB/T 151《热交换器》的要求。

②管束堵漏，在同一管程内，堵管数一般不超过其总数的 10%。在工艺指标允许范围内，可以适当增加堵管数。

③管堵的直径同管子内径，锥度 3°～5°之间，管堵的材料硬度应不大于管束材料的硬度，管堵必须焊在管子的两端。

④换热管数不能满足工艺指标时，对管束整体更换，应按设计文件或 GB/T 151《热交换器》要求进行。

（3）抽芯检查及验收。

①管束、管箱、壳体内部清洁，无污垢、脏物。

②折流板、定距杆等构件无松动和损坏。

③壳体、管束及构件腐蚀、裂纹、变形等情况提供记录或影像资料。

如有以上缺陷，按 TSG 21《固定式压力容器安全技术监察规程》和 SY/T 6507《压力容器检验规范在役检验、定级、修理及改造》进行评定、修复或更换。

（4）内部涂层表面应平整、光滑、无气泡、无划痕。

壳体和换热管的涂层修补或重新涂覆的施工与验收质量分别满足 SY/T 0319《钢质储罐防腐层技术规范》和 SH/T 3540《钢制冷换设备管束防腐涂层及涂装技术规范》等的相关规定。

（5）硫黄冷凝冷却器。

①丝网捕沫器和伴热盘管无变形、腐蚀、缺损，螺栓/柱牢固

②丝网捕沫器无粉化、燃烧痕迹、干净无明显杂质，更换的捕雾网满足设计文件要求。

（6）余热锅炉的瓷套管应无裂纹和破损。复位或更换的瓷套管伸入管板内侧的深度取 10～20mm，瓷套管与换热管内壁之间应留出 0.5～2mm 的间隙。提供管头腐蚀情况记录表。

（7）耐火衬里表面无腐蚀、平整、无脱落、无贯通和见底裂缝，衬里裂缝使用耐热陶瓷纤维毡填满。修补和更换的衬里应符合 GB 50211《工业炉砌筑工程施工及验收规范》、GB 50309《工业炉砌筑工程质量验收标准》的规定。

（8）余热锅炉汽包。

①汽包内件、人孔验收。

a. 汽包的一次分离和二次分离元件和汽包内壁的冲刷、磨损、结垢和腐蚀情况提供记录表。

b. 给水管和连排管的铺设正确，管卡无松动，排污口无杂质。

c. 人孔密封面无泄漏，螺柱清洁无锈蚀。

②汽包外部验收。

a. 更换垫片和已损坏的紧固件，配置齐全、无松动。

b. 汽包表面无鼓包、变形、变色等异常现象；除锈、防腐达到完好标准；保温层完整无损，达到完好标准；设备铭牌完好。

c. 上升管、下降管等所有管接口焊缝完好。

1.4.1.6.3 定点测厚

换热器的换热管、管箱、壳体及接管等主要受压元件定点测厚应提供标记和测厚记录数据，并建立台账。

壳体修补按第1.1节"钢制固定式压力容器和工业管道"的相关内容执行。当壳体壁厚减薄30%时，应考虑作报废处理。

1.4.1.6.4 耐压试验和泄漏试验

对热交换器按 GB 150.4《压力容器 第4部分：制造、检验和验收》和设计文件进行耐压试验和泄漏试验并合格，提供试验记录。

1.4.1.6.5 仪表

（1）液位仪表。

①各连接管线通畅、控制阀门无内漏。

②液位仪表校验合格且齐全、灵敏、好用、显示真实有效、无缺陷，其性能符合设计要求。

（2）压力仪表。

压力表定期检定合格，指示灵活准确，检定标记清晰，铅封完整。

（3）温度仪表。

温度仪表应定期校验合格，外观完整性符合规定，读数清晰、量程与测温范围匹配。

经检修的仪表施工质量验收应符合 SY/T 4205《石油天然气建设工程施工质量验收规范 自动化仪表工程》等的规定。

1.4.1.6.6 安全附件

（1）放空管通畅，防雨帽完好。

（2）安全阀校验合格，铅封完整且垂直安装，整定压力值符合设计文件要求。

1.4.1.7 质量验收表

管壳式热交换器质量验收表见表1.23。

表1.23 管壳式热交换器质量验收表

检修内容	验收标准	备注
检查管箱法兰以及固定管板密封面情况，检查分程隔板的腐蚀情况，检查有无异物堵住换热管端部	提供记录或影像资料	
换热管试压泄漏检查	对堵管标记提供记录或影像资料	
已腐蚀泄漏的换热管补胀、补焊，无法胀、补焊的堵死	补胀、补焊的换热管应满足设计及GB/T 151《热交换器》要求。堵管数在工艺指标允许范围内	

续表

检修内容			验收标准	备注
抽芯检查，清扫管束、管箱、壳程内部积存的污垢			管束、管箱、壳程内清洁，无污垢、脏物	是否抽芯由设备结构决定
检查壳体、管束及构件有无腐蚀、裂纹、变形等情况；检查折流板、定距杆等有无松动和损坏			提供记录或影像资料	
检查热交换器内部涂层有无分层、裂纹、剥离、凹陷、鼓泡等缺陷			涂层平整、光滑、无气泡、无划痕	内涂层热交换器
检查、清洗或更换出口丝网捕沫器和伴热盘管			丝网捕沫器和伴热盘管无变形、腐蚀、缺损，螺栓/柱牢固；捕沫网无粉化、燃烧痕迹、干净无明显杂质，更换的捕雾网满足设计要求	硫黄冷凝冷却器
检查余热锅炉瓷套管			瓷套管应无裂纹和破损	
检查检修耐火衬里			耐火衬里表面无腐蚀、平整、无脱落，无贯通和见底裂缝	
余热锅炉汽包		内件、人孔检修	给水管和连排管的铺设正确，管卡无松动，排污口通畅。人孔法兰无泄漏，螺栓/柱清洁无锈蚀	
		外部检查	法兰无泄漏，紧固件配置齐全、无松动。汽包表面无鼓包、变形、变色等异常现象。上升管、下降管等所有管接口焊缝完好	
对换热器的管箱、壳体、接管等主要受压元件定点测厚			记录数据建立台账	
部件复位，进行耐压试验和泄漏试验	严密性试验		试验压力为工作介质的最高工作压力，试验合格，并提供试验记录	仅做拆解检查时，只做此项
	固定管板式	壳程试压，同时检查管头	按GB 150.4《压力容器 第4部分：制造、检验和验收》试压合格，并提供试验记录	
		管程试压		
	浮头式、釜式（浮头式管束）	用试验压环和浮头专用试压工具进行管头试验，对釜式重沸器尚应配备管头试压专用壳体		
		管程试压		
		壳程试压		
	"U"形管式、釜式（"U"形管束）	用试验压环进行壳程试压，同时检查管头		
		管程试压		
	余热锅炉	壳程与汽包试压，同时检查换热管与管板连接接头		

续表

检修内容	验收标准	备注
清洗换热器液位计,并清洗疏通各连接管线	液位计显示真实有效,各连接管线通畅、控制阀门无内漏	
压力仪表检定标记和铅封	标记清晰,铅封完整	
温度仪表应定期校准	外观完整性符合规定,读数清晰、量程与测温范围匹配	
安全附件检查	放空管通畅,防雨帽完好。安全阀校验合格,铅封完整且垂直安装,整定压力值符合设计文件要求	
对高压和M36以上(含M36)螺柱、螺母应逐个清洗并检验其损伤和裂纹情况	提供检验记录	
更换拆卸过的密封垫片,保养螺母、螺栓/柱	密封元件严密、齐全,连接法兰无泄漏,螺栓/柱清洁无锈蚀	
壳体除锈,防腐	设备主体整洁,防腐层完整美观,无起皮、粉化、裂纹、脱落等缺陷,热敏漆无变色	
检查伴热系统接线情况,对绝热层恢复修补等	伴热系统接线良好,固定方式合理、牢固。绝热层完好,无破损、脱落、无凸起或凹陷,干燥;金属保护层固定件安装牢固,无松动和脱落,外观整洁美观	
检查修理支承、支座、基础、垫铁及地脚螺栓等	支承、支座、基础无下沉、倾斜、破损、裂纹,地脚螺栓、垫铁等无松动、损坏。具体按GB 50461《石油化工静设备安装工程施工质量验收规范》规定执行	

1.4.2 板式热交换器

1.4.2.1 适用范围

(1)本节规定了板式热交换器的检修内容与验收标准。

(2)本节适用于操作压力在1MPa以下的板式热交换器,其他板式热交换器可参照执行。

(3)受压元件的检修遵照TSG 21《固定式压力容器安全技术监察规程》。

(4)引进设备的检修内容和验收标准应按照制造商提供的有关技术资料执行。

1.4.2.2 工作原理及设备结构

板式热交换器是由一系列具有一定波纹形状的金属片叠装而成的一种高效热交换器。各种板片之间形成薄矩形通道,通过板片进行热量交换。板式热交换器是液—液、液—汽进行热交换的理想设备,它具有换热效率高、热损失小、结构紧凑轻巧、占地面积小、应用广泛、使用寿命长等特点。

板式热交换器的形式主要有可拆卸式和钎焊式两大类。

（1）可拆卸板式热交换器由板片（或半焊板片对）、密封垫片与支撑框架等组成（图1.11）。

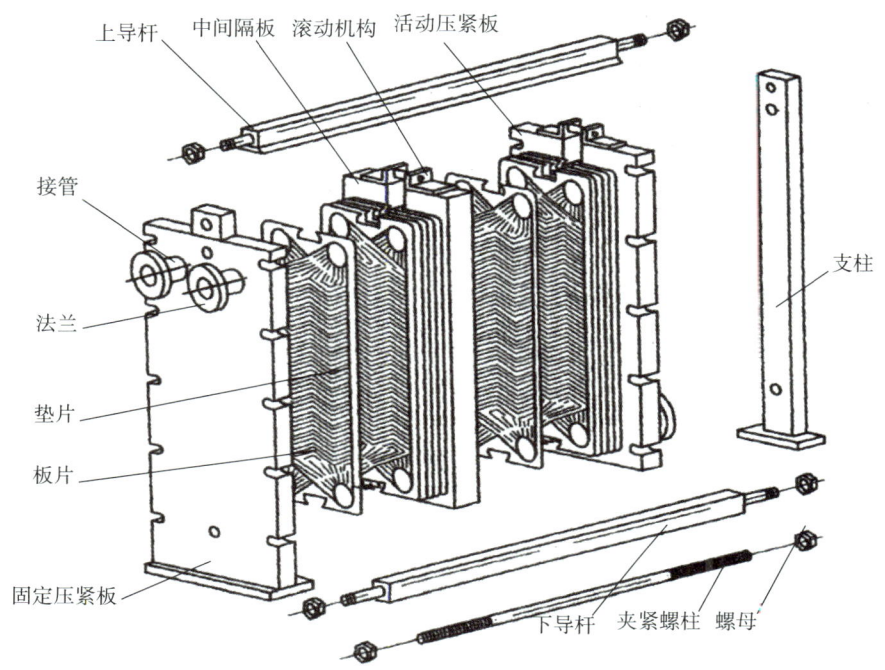

图1.11　可拆卸板式热交换器结构简图

（2）钎焊板式热交换器由板片、端板、接管或法兰在高温下经焊接形成一体的热交换器（图1.12）。

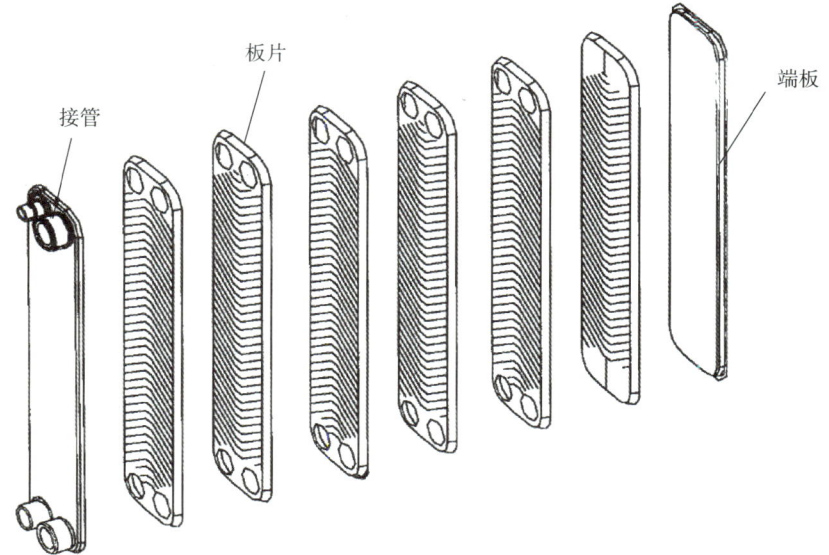

图1.12　钎焊板式热交换器结构简图

1.4.2.3 编写依据

（1）GB 150.4《压力容器 第4部分：制造、检验和验收》。

（2）GB 50461《石油化工静设备安装工程施工质量验收规范》。

（3）NB/T 47004.1《板式热交换器 第1部分：可拆卸板式热交换器》。

（4）NB/T 47045《钎焊板式热交换器》。

（5）SH/T 3542《石油化工静设备安装工程施工技术规程》。

1.4.2.4 检修准备

（1）完成检修方案审批。

（2）备齐图纸、技术资料、相关记录表格。

（3）备齐机具、量具、材料和劳动保护用品。

（4）热交换器已与系统有效隔离并上锁挂牌，内部介质降温/升温、降压、放净、置换、必要时应清洗干净和/或蒸汽蒸煮。

（5）检修前各项检测指标符合有关安全要求。

（6）完成检修前交底工作。

（7）办理作业票据，落实安全措施。

（8）其他需要准备的工作。

1.4.2.5 检修内容

（1）检查板式热交换器的四面盖板及螺柱的腐蚀情况，照相并做好记录，择差更换。

（2）检查支柱及其夹紧螺柱的腐蚀和变形情况，照相并做好记录，严重腐蚀和变形的应更换。

（3）拆卸、清洗板片（由设备结构决定）。

①为防止支柱变形，首先松开螺柱4，然后依次松开要拆卸盖板上的螺栓；拆除支柱上的螺柱3，然后拆除顶部盖板和底部盖板的螺柱1、2，如图1.13所示。

②拆卸板片前，应测量板束的压紧尺寸，做好记录（重装时按此尺寸复原）。

③密封垫片若粘在两板片间的沟槽内，用螺丝刀等专用工具将其分开，螺丝刀应先从易

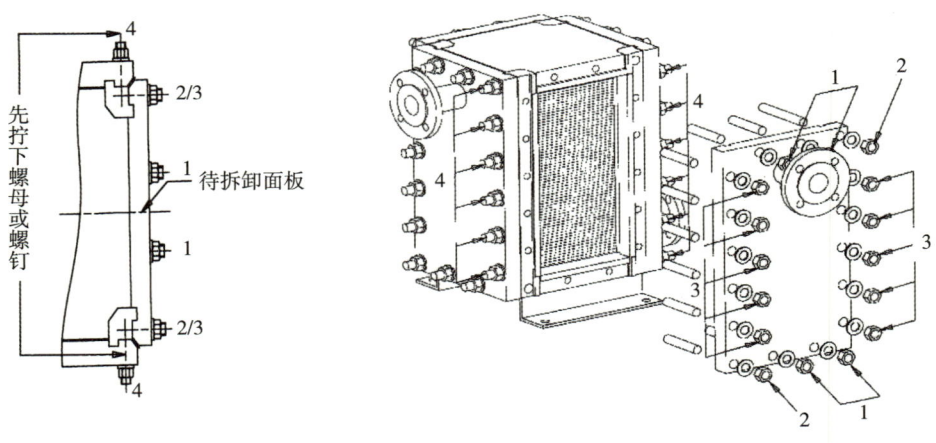

图1.13 板式热交换器拆卸示意图

剥开的部位插入，然后沿其周边进行分离，注意不可损坏换热器板片、密封垫片以及密封面。

④清洗板片时采用机械清理、化学清理等有效方法清除积存的污垢。化学清理后必须用清水冲洗干净，用布擦干，板片上不允许有异物颗粒及纤维之类的东西。

（4）检查板片是否变形、开裂，对损坏的板片进行处理。

①用着色法、透光法、单侧试压法等方法逐片检查换热器板片是否穿孔。

②检查板片是否变形、开裂，对损坏的板片进行处理或更换。

（5）检查密封垫片是否有老化、变质、裂纹等缺陷，否则应更换新密封垫片，并组装试漏。更换垫片时用有机溶剂将密封垫片沟槽擦净。再用毛刷将合成树脂结接剂均匀涂在沟槽里。

（6）清洗、疏通所有连接管，并对所有接管作测厚检查。

（7）组装板式热交换器。

①组装前，再次确认板式热交换器内腔应清洁、无杂物。

②依次正确回装各流程折流板。

③将4个盖板上的螺柱逐个插入并拧上螺母，但不要拧紧。

④调整两相对盖板，确定各盖板与设备腔处于密封预紧位置后均匀夹紧设备螺柱，依次拧紧4面盖板中心螺柱4—4，再以图1.14所示交叉的顺序（3—5，5—3，…），拧紧一面盖板螺柱后，再按此顺序拧紧对侧盖板螺柱，最后再按此顺序拧紧剩下的盖板螺柱。

⑤用液压扭矩扳手按照配套的扭矩力拧紧螺柱，完成组装。

（8）液压试验。

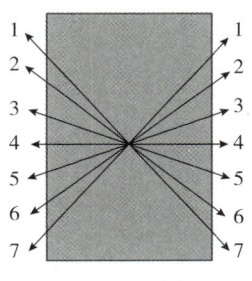

图1.14 螺柱拧紧顺序

对介质为液—液非危险性介质，耐压试验采用液压试验。

①液压试验介质采用除盐水。

②试验时应在换热器管线高处设排气口，试验过程应保持板式热交换器观察面的干燥。

③板式热交换器两侧应分别进行单侧压力试验，试验时应缓慢升压，达到规定的试验压力（设计压力的1.25倍）后，保压30min，然后降至最高工作压力，保压10min无泄漏为合格。

④如果发现泄漏，根据具体情况，查找漏点，进行维修，直至试验合格。

（9）泄漏试验。

有处理危险性介质，选用钎焊式板式热交换器时还需进行泄漏试验。

（10）检查设备碳钢防腐层有无起皮、粉化、脱落等缺陷。测定涂层厚度，根据检查结果确定是否对原涂层进行修补或重新防腐。

（11）伴热系统接线是否完好；绝热层是否变形、破损、脱落，保护层接合处有无翘边、开裂现象。

（12）检查基础有无下沉、倾斜、破损、裂纹，以及其地脚螺栓等有无松动、损坏并对其修复或更换。

1.4.2.6 验收标准

（1）四面盖板及螺柱无腐蚀、无螺纹损坏、松动等。

（2）支柱及其夹紧螺柱无螺纹损坏、松动等。

（3）装配前板片垫片槽和波纹表面应无结垢及污物。

（4）换热板片应无变形、穿孔、开裂。

（5）各换热板之间的密封垫片应无老化、划伤、断裂。垫片用粘结剂粘贴在板片垫片槽内时，垫片不应有扭曲与松脱，若采用其他非粘贴方法将垫片固定在板片垫片槽内时，亦不应有扭曲和偏离板片垫片槽等情况。

（6）重装时要测量板束的压紧尺寸，按照拆卸前的记录恢复。

（7）接管等主要受压元件定点测厚应提供标记和测厚记录数据，并建立台账。

（8）新安装板式热交换器需提供流程组合图并签字确认。

（9）液压试验两侧流路均应按 NB/T 47004.1《板式热交换器 第1部分：可拆卸板式热交换器》试压合格。

（10）泄漏试验按 NB/T 47045《钎焊板式热交换器》试验合格。

（11）设备除锈、防腐达到完好标准，设备主体整洁，防腐层完整美观，无起皮、粉化、裂纹、脱落等缺陷。

（12）伴热系统接线良好，固定方式合理、牢固。绝热层完好，无破损、脱落，无凸起或凹陷，干燥；金属保护层固定件安装牢固，无松动和脱落，外观整洁美观。

（13）基础无下沉、倾斜、破损、裂纹及其地脚螺栓、垫铁等无松动、损坏。具体按 GB 50461《石油化工静设备安装工程施工质量验收规范》的规定执行。

1.4.2.7 质量验收表

板式热交换器质量验收表见表1.24。

表1.24 板式热交换器质量验收表

检修内容	验收标准	备注
检查板式热交换器的四面盖板及螺柱的腐蚀情况	四面盖板及螺柱无腐蚀、无螺纹损坏、松动等	
检查支柱及其夹紧螺柱的腐蚀和变形情况	支柱及其夹紧螺柱无螺纹损坏、松动等	
拆卸、清洗板片	板片表面应无结垢及污物	
检查板片是否变形、开裂，对损坏的板片进行处理	换热板片无变形、穿孔、开裂	
检查密封垫片是否有老化、变质、裂纹等缺陷	各换热板之间的密封垫片无老化、划伤、断裂	

续表

检修内容	验收标准	备注
清洗、疏通所有连接管,并对所有接管作测厚检查	提供标记和测厚记录数据,并建立台账	
组装板式热交换器	按照拆卸前的记录恢复,并签字确认	
两侧分别进行单侧液压试验	按NB/T 47004.1《板式热交换器 第1部分：可拆卸板式热交换器》试压合格	
危险介质,钎焊式板式热交换器泄漏试验	按NB/T 47045《钎焊板式热交换器》试验合格	
检查伴热系统接线情况,对绝热层恢复修补等	伴热系统接线良好、绝热层完整无损,达到完好标准	
检查修理基础、垫铁及地脚螺栓等	基础无下沉、倾斜、破损、裂纹及其地脚螺栓、垫铁等无松动、损坏。具体按GB 50461《石油化工静设备安装工程施工质量验收规范》规定执行	

1.4.3 空冷式热交换器

1.4.3.1 适用范围

（1）本节要求了空冷式热交换器设备的检修内容与验收标准。

（2）受压元件的检修遵照TSG 21《固定式压力容器安全技术监察规程》。

1.4.3.2 工作原理及设备结构

空冷式热交换器是以环境空气作为冷却介质，横掠翅片管外，使管内高温工艺流体得到冷却或冷凝的设备。

（1）鼓风式空冷器是管束置于风机排风侧的空冷器（图1.15）。

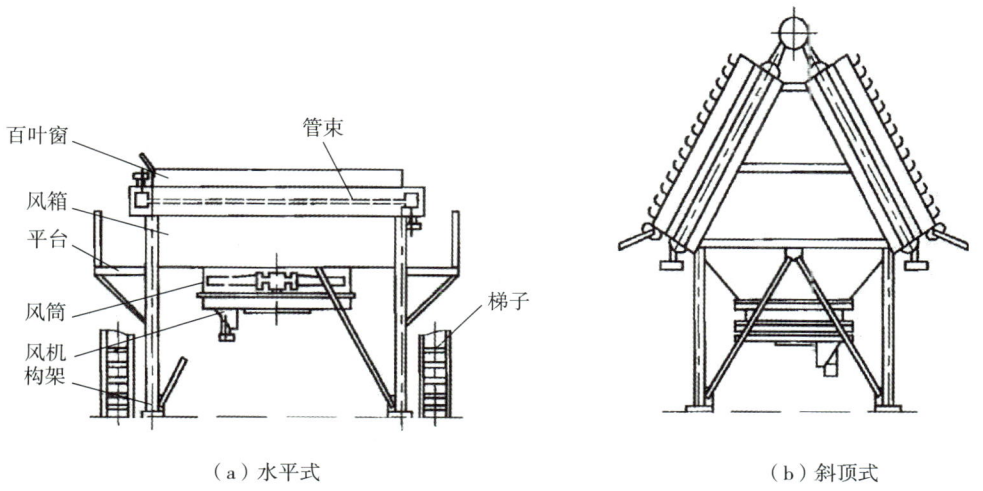

（a）水平式　　　　　（b）斜顶式

图1.15　鼓风式空冷器结构简图

（2）引风式空冷器是管束置于风机吸风侧的空冷器（图1.16）。

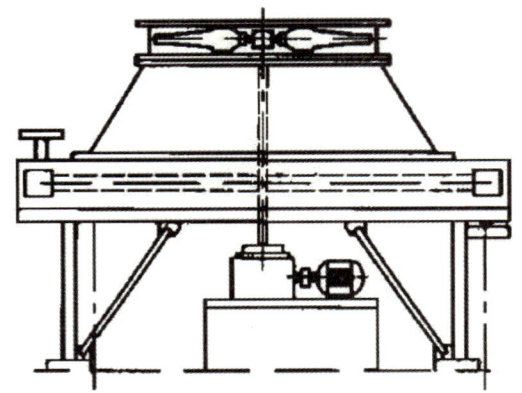

图1.16 引风式空冷器结构简图

1.4.3.3 编写依据

（1）GB/T 151《热交换器》。

（2）GB 50461《石油化工静设备安装工程施工质量验收规范》。

（3）NB/T 47007《空冷式热交换器》。

1.4.3.4 检修准备

（1）完成检修方案审批。

（2）备齐图纸、技术资料、相关记录表格。

（3）备齐机具、量具、材料和劳动保护用品。

（4）切断风机电源，排净空冷器内介质并吹扫置换干净；空冷器已与系统有效隔离并上锁挂牌。

（5）检修前各项检测指标符合有关安全要求。

（6）完成检修前交底工作。

（7）办理作业票据，落实安全措施。

（8）其他需要准备的工作。

1.4.3.5 检修内容

（1）外部宏观检查

①防腐层有无起皮、粉化、脱落等缺陷。测定涂层厚度，根据检查结果确定是否对原涂层进行修补或重新防腐。

②基础有无下沉、倾斜、开裂，以及其地脚螺栓、垫铁或调正垫片等有无松动、损坏。

③检查构架、侧梁、挡风板等构件的腐蚀及紧固件的稳固情况。

④管箱外壁、接管法兰有无腐蚀、泄漏、鼓包、变形和机械损伤。

⑤清扫、检查管箱、管束及翅片。

a. 翅片管外表面清洗。

翅片管外表面进行清洗可采用高压水、压缩空气、热蒸汽加水冲刷或化学除垢清洗等有效方法除去翅片上积存的污垢。

b. 检查管束的腐蚀，翅片板的变形、腐蚀及翅片损坏情况。

到管束表面上做检查时，应在翅片管上垫上木板或橡胶板等措施，避免损坏翅片。

铝翅片被碰到时，应用专用工具（扁口钳）扶直。

c. 检查管束支撑件等有无松动和损坏。

d. 检查管箱上丝堵的泄漏及其垫片的腐蚀情况。对可卸盖板式和可卸帽盖式，检查盖板或帽盖密封面、垫片及紧固件的腐蚀和损坏情况。

e. 检查管束热补偿装置热位移导向螺柱、支架、挡块等是否浮动灵活。

⑥检查空气流道密封片是否固定紧密。

（2）内部检查与检修。

根据换热管和管箱内部结垢情况和工艺要求，进行拆卸检查，并对管束、管箱内部清理、清洗。

①内部拆卸与检测。

a. 拆卸进出口接管法兰螺柱/螺母，打开丝堵（或拆卸可卸盖板式管箱盖板或可卸帽盖式管箱帽盖），检查管箱内、管程隔板、管子胀口及管内部腐蚀及结垢，并做好记录。如有腐蚀产物，分析人员取样分析腐蚀物和结垢的化学组成。清扫管箱内部积垢。

b. 更换腐蚀严重的管箱丝堵、管箱法兰连接紧固件，更换丝堵垫片及法兰垫片。

更换垫片时，应清除垫片槽中的杂物和消除垫片槽缺陷。

②清洗管束。

进行管束查漏，检查换热管、管板与管头接缝的腐蚀和泄漏情况，对泄漏换热管进行标记，以确定换热管泄漏的位置和数量。必要时可采用涡流检测抽查管束内换热管的腐蚀情况。

可采用机械清理、高压水冲洗清洗、化学除垢清理等有效方法清除管束、管箱内部积存的污垢。根据检修实际选用清洗方法，清洗标准除满足工艺和安全生产的要求外，还应满足检修过程检测、试验的要求。

③补胀、补焊、堵管。

对管束的胀口或中间部位腐蚀、泄漏或损坏的换热管进行补胀、补焊，但补胀次数不超过2次。无法胀管或补焊时可用管堵将两端堵死，标记、记录堵管的位置和数量。

（3）检查风筒、百叶窗等腐蚀及严密情况。

（4）检查喷水设施是否畅通。

检查喷嘴是否堵塞，更换损坏部件；检查并清洗过滤器，更换损坏过滤器；清扫喷淋水循环系统的回水罐或水池。

（5）检查修理轴流风机。

（6）定点测厚。

对管箱及接管等主要受压元件进行定点测厚。一般采用超声波测厚方法。测定位置应当具有代表性，有足够的测点数。测定后标图记录，对异常测厚点做详细标记。

壁厚测定时，如果发现母材存在分层缺陷，应当增加测点或采用超声波检测，查明分层分布情况，以及母材表面的倾斜度，同时作图记录。

参照第 1.1 节"钢制固定式压力容器和工业管道"的相关内容执行。

（7）部件复位，进行耐压试验和气密性试验。

①仅做拆解检查时应进行严密性试验，试验压力为工作介质的最高工作压力。

a. 管箱和管程严密性试验可结合检修后装置开工时系统的严密性试验合并进行。

b. 试验时应缓慢升压至最高工作压力，保压足够时间进行检查，管箱、胀口（焊口）、法兰等无泄漏为合格。

②设备改造与重大修理后，按照设计文件要求、NB/T 47007《空冷式热交换器》和 GB 150.4《压力容器 第 4 部分：制造、检验和验收》进行压力试验和泄漏试验。修理完毕后，如果检验认为必要，也应进行耐压试验和气密性试验。

a. 液压试验的保压时间应不少于 1h。

b. 气密性试验的试验压力等于设计压力，保压时间不少于 20min。

（8）仪表检查与检修。

①压力仪表。

压力表应定期检定合格，检定标记和铅封。

②温度仪表。

温度仪表应定期校准。

（9）安全附件检查与检修。

安全附件按相应的阀门检修规程进行检修、校验，运输和吊装不得碰撞。

1.4.3.6 验收标准

（1）外部宏观检查。

①设备主体整洁，防腐层完整美观，无起皮、粉化、裂纹、脱落等缺陷。

管束外表面（不包括铝翅片表面）应涂一层银灰色面漆。

涂层进行修补或重新防腐的，其质量要求详见第 6 章"防腐工程检修规程"。

②基础无下沉、倾斜、破损、裂纹；地脚螺栓、垫铁或调正垫片等无松动、损坏，连接螺栓满扣、齐整、紧固、无锈蚀。

经修补或更换的，其质量应符合设计文件和 GB 50461《石油化工静设备安装工程施工质量验收规范》等的规定。

③构架、侧梁、挡风板等构件无腐蚀、稳固。

④管箱外壁、接管法兰无腐蚀、泄漏、鼓包、变形和机械损伤。

提供检查记录或影像资料，如有以上缺陷，按 TSG 21《固定式压力容器安全技术监察规程》和 SY/T 6507《压力容器检验规范在役检验、定级、修理及改造》进行评定、修复或更换。

⑤管箱、管束及翅片外部检修。

a. 管束无腐蚀，翅片管外表面无积灰及结垢、无变形、腐蚀和损坏。

b. 管束支撑件等无松动和损坏。

c. 管箱上密封件无腐蚀和泄漏。

d. 管束热补偿装置热位移导向螺柱、支架、挡块等浮动灵活。
⑥空气流道密封片固定紧密。
（2）内部检查与检修。
①内部拆卸与检测

a. 管束内清洁，无污垢、脏物。管箱内、管程隔板、管子胀口及管内部腐蚀及结垢情况应提供记录或影像资料。

b. 更换的丝堵、管箱法兰连接紧固件和所有垫片应符合技术要求。垫片密封面不得有径向划痕、腐蚀斑点及影响密封性能的缺陷。

c. 对换热管泄漏进行的标记应提供记录或影像资料。

②提供补胀、补焊、堵管记录。

a. 补胀、补焊的换热管应满足设计文件及 NB/T 47007《空冷式热交换器》的要求。

b. 管束堵漏，在同一管程内，堵管数一般不超过其总数的10%。在工艺指标允许范围内，可以适当增加堵管数。

c. 管堵的直径同管子内径，锥度在 3°～5° 之间，管堵的材料硬度应不大于管束材料的硬度，管堵必须焊在管子的两端。

d. 换热管数不能满足工艺指标时，对管束整体更换，应符合设计文件或 NB/T 47007《空冷式热交换器》的要求。

（3）风筒、百叶窗无腐蚀、泄漏。

（4）喷水设施畅通无泄漏。

（5）轴流风机的检修详见第 2.3.3 节"轴流式风机"。

（6）换热管、管箱及接管等主要受压元件定点测厚应提供标记和测厚记录数据，并建立台账。

（7）对空冷式热交换器按照设计文件、NB/T 47007《空冷式热交换器》和 GB 150.4《压力容器 第 4 部分：制造、检验和验收》要求耐压试验和泄漏试验合格，并提供试验记录。

（8）仪表。
①压力仪表。
压力表定期检定合格，指示灵活准确，检定标记清晰，铅封完整。
②温度仪表。
温度仪表应定期校验合格，外观完整性符合规定，读数清晰、量程与测温范围匹配。
经检修的仪表施工质量验收应符合 SY 4205《石油天然气建设工程施工质量验收规范 自动化仪表工程》等的规定。

（9）安全附件。
①放空管通畅，防雨帽完好。
②安全阀校验合格，铅封完整且垂直安装，整定压力值符合设计文件要求。

1.4.3.7　质量验收表

空冷式热交换器质量验收表见表 1.25。

表 1.25 空冷式热交换器质量验收表

检修内容		验收标准	备注
检查管箱外壁、接管法兰		无腐蚀、泄漏、鼓包、变形和机械损伤	
清扫、检查管箱、管束及翅片		（1）管束无腐蚀，翅片管外表面无积灰及结垢、无变形、腐蚀和损坏。 （2）管束支撑件等无松动和损坏。 （3）管箱上密封件无腐蚀和泄漏。 （4）管束热补偿装置热位移导向螺柱、支架、挡块等浮动灵活	
拆卸、检查管箱内、管程隔板、管子胀口及管内部腐蚀及结垢情况		提供记录或影像资料	根据管箱和换热管内部结垢情况和工艺要求，进行拆卸检修
清扫管箱、管束内部		管箱、管束内清洁，无污垢、脏物	
换热管试压泄漏检查		对堵管标记提供记录或影像资料	
已腐蚀泄漏的换热管补胀、补焊，无法补胀、补焊的堵死		补胀、补焊的换热管应满足设计文件及NB/T 47007《空冷式热交换器》的要求。堵管数在工艺指标允许范围内	
更换腐蚀严重的管箱丝堵、管箱和接管法兰连接紧固件，更换拆卸过的密封垫片，保养螺母、螺栓/柱		密封元件严密、齐全，丝堵和法兰无泄漏，螺栓/柱清洁无锈蚀	
检查空气流道密封片		固定紧密	
检查风筒、百叶窗		风筒、百叶窗无腐蚀、泄漏	
检查喷水设施		喷水设施畅通无泄漏	
对热交换器的管箱、接管等主要受压元件定点测厚		记录数据建立台账	
部件复位，进行耐压试验和气密性试验	严密性试验	试验压力为工作介质的最高工作压力，试验合格，并提供试验记录	仅做拆解检查时，只做此项
	耐压试验和气密性试验	按照设计文件要求、NB/T 47007《空冷式热交换器》和GB 150.4《压力容器 第4部分：制造、检验和验收》进行压力试验和气密性试验	
检修轴流风机		见第2.3.3节"轴流式风机"	
检查构架、侧梁、挡风板等构件		构架、侧梁、挡风板等构件无腐蚀、稳固。构架的安装质量符合GB 50461《石油化工静设备安装工程施工质量验收规范》的规定	
压力仪表检定标记和铅封		标记清晰，铅封完整	
温度仪表应定期校准		外观完整性符合规定，读数清晰、量程与测温范围匹配	
安全附件检查		（1）放空管通畅，防雨帽完好。 （2）安全阀校验合格，铅封完整且垂直安装，整定压力值符合设计文件要求	

续表

检修内容	验收标准	备注
构件及管束等涂层修补除锈，防腐	设备主体整洁，防腐层完整美观，无起皮、粉化、裂纹、脱落等缺陷	
检查修理基础、垫铁或调正垫片及地脚螺栓等	基础无下沉、倾斜、破损、裂纹及其地脚螺栓、垫铁或调正垫片等无松动、损坏。具体按GB 50461《石油化工静设备安装工程施工质量验收规范》规定执行	

1.5 过滤器

1.5.1 适用范围

本节适用于天然气处理厂以滤网、滤料、管式烧结、纤维束等为滤料的过滤器检修和验收。

1.5.2 工作原理及设备结构

原料气粉尘过滤器，在内筒的上方设有由1个或多个微滤元件构成的微滤组合体。可除去气相中 0.5～10μm 颗粒的粉尘，完成原料气中粉尘过滤的目的。过滤器结构示意图如图1.17所示。

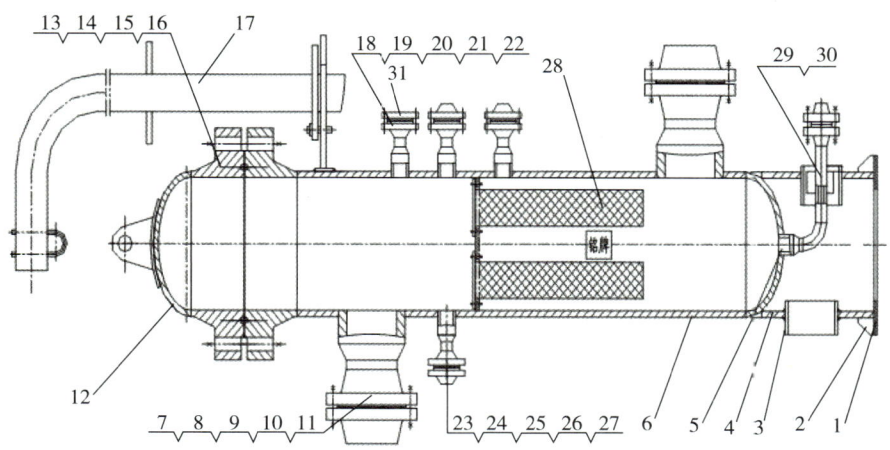

图1.17 过滤器结构示意图

1—底板；2—筋板；3—检查口；4—裙座；5—排污管接管1；6—筒体；7—接管；
8，13，19，24—法兰；9，14，20，25—全螺纹螺栓；10，15，21，26—六角螺母；
11，16，22，27—八角垫；12—椭圆封头；17—吊柱组件；18—接管；23—吹扫口接管；
28—过滤器组件；29—排污管接管2；30—弯头；31—法兰盖

1.5.3 编写依据

（1）GB 150《压力容器》。

（2）GB 50126《工业设备及管道绝热工程施工规范》。

（3）HG/T 20592～20635《钢制管法兰、垫片、紧固件》。

（4）SY 4201.3《石油天然气建设工程施工质量验收规范 设备安装工程 第3部分：容器类》。

（5）SY/T 7036《石油天然气站场管道及设备外防腐层技术规范》。

（6）TSG 21《固定式压力容器安全技术监察规程》。

1.5.4 检修准备

（1）检修方案已经按要求审批完成。

（2）备齐图纸、技术资料、相关记录表格。

（3）备齐机具、量具、材料和劳动保护用品。

（4）检修设备已与系统有效隔离并上锁挂牌。

（5）存储介质已排放干净，内部吹扫、置换合格，各项检测指标符合安全要求。

（6）已按照相关安全管理要求办理完毕作业票据，现场监护及安全措施已经落实。

（7）检修相关管理和作业人员持有效证件，已全部到位。

（8）完成检修前交底工作。

（9）其他需要准备的工作。

1.5.5 检修内容

（1）打开过滤器，取出过滤元件/填料，检查容器内部污垢、堵塞情况，对容器内部进行清理、清洗。

（2）检查容器内构件及焊缝的变形、腐蚀、裂纹和损坏情况，必要时采用无损检测抽查。

（3）清洗或更换新过滤元件/填料。

（4）检查容器内部衬里或防腐层的变形、腐蚀、裂纹和损坏情况。

（5）检查容器的腐蚀、壁厚减薄、裂纹及各部件焊接情况，必要时对焊缝进行无损检测。

（6）对壁厚进行检测，记录检测数据，并分析腐蚀速率。

（7）检查容器是否存在变形、凹陷、鼓包等缺陷。

（8）检查容器各连接部位是否存在渗漏，密封面是否完好、紧固件是否有损伤，对受压部位的螺栓、螺母进行逐个检查、清洗。

（9）检查或更换人孔、容器法兰之间、接管与接管之间相连的垫片，根据检修实际更换紧固件。

（10）对阀门进行开关检查并保养，对问题阀门进行维修或更换。

（11）检查安全附件、仪表、铭牌等外部附件是否完好、有效。
（12）检查设备基础是否存在裂纹、破损、倾斜和下沉，地脚螺栓有无松动。
（13）检查防腐层、绝热层有无老化、腐蚀、脱落的现象。

1.5.6　验收标准

（1）过滤器的检查，检测检验的内容、方法和质量要求应满足原制造文件和 SY 4201.3《石油天然气建设工程施工质量验收规范 设备安装工程 第 3 部分：容器类》的规定，同时应满足 GB 150《压力容器》和 TSG 21《固定式压力容器安全技术监察规程》的相关要求。

（2）过滤器新过滤元件/填料安装齐全、固定牢固，符合设计图纸安装要求。
（3）过滤器内部清洁无污物。
（4）内部衬里或防腐层完好。
（5）壁厚测定的要求可参照第 1.1.1 节"钢制固定式压力容器"的相关规定。
（6）容器不存在变形、凹陷、鼓包等缺陷。
（7）容器各连接部位无渗漏，密封面完好。
（8）阀门开关灵活，无卡阻、无内漏。
（9）液位计清洁、无缺陷，气相、液相畅通，显示真实有效，控制阀门无内漏。
（10）安全附件齐全，并在有效期内。
（11）基础无裂纹、无不均匀下沉，螺栓齐整、紧固。
（12）容器外观整洁，防腐、保温完整。

1.5.7　质量验收表

过滤器质量验收表见表 1.26。

表 1.26　过滤器质量验收表

检修内容	验收标准	备注
过滤器的检查、检测检验	过滤器检修的检查，检测检验的内容、方法和质量应满足 TSG 21《固定式压力容器安全技术监察规程》的要求	
容器内部污垢、堵塞情况检查	过滤器内部清洁无污物	
容器内构件及焊缝检查	无变形、腐蚀、裂纹和损坏情况，必要时无损检测抽查合格	
清洗或更换新过滤元件/填料	过滤器新过滤元件/填料安装齐全、固定牢固，符合设计图纸安装要求	
容器内部衬里或防腐层检查	内部衬里或防腐层完好，无变形、腐蚀、裂纹和损坏情况	
厚度检测及腐蚀处理	壁厚测定的要求可参照第 1.1.1 节"钢制固定式压力容器"的相关规定	
检查容器是否存在变形、凹陷、鼓包等缺陷	容器不存在变形、凹陷、鼓包等缺陷	

续表

检修内容	验收标准	备注
检查容器各连接部位、密封面、紧固件、受压部位的螺栓、螺母检查	容器各连接部位无渗漏，密封面完好	
阀门开关检查及保养	阀门开关灵活，无卡阻、无内漏	
安全附件、仪表、铭牌等外部附件检查	液位计清洁、无缺陷，气相、液相畅通，显示真实有效，控制阀门无内漏；安全附件齐全，并在有效期内	
设备基础检查	基础无裂纹、无不均匀下沉，螺栓齐整、紧固	
防腐层、绝热层检查	容器外观整洁，防腐、保温完整，无老化、腐蚀、脱落的现象	

1.6 分离器

1.6.1 适用范围

本节适用于天然气装置工艺系统中除油器、入口分离器、级间分离器、再生气分水罐、增压机出口分离器检修和验收。

1.6.2 工作原理及设备结构

1.6.2.1 分离器原理

1.6.2.1.1 重力分离

天然气中的颗粒物杂质依靠自身重力沉降作用从缓慢运动中自然沉降为基础的分离。该分离最简单，效果也最差。因气体介质处于湍流状态，故粒子即使在分离器中停留时间很长，也不能期求有效分离气体中的细微粒子。重力分离主要适用于直径大于 $100 \sim 500 \mu m$ 的粒子。

1.6.2.1.2 惯性分离

当天然气绕过某种形式的障碍物时，可以使颗粒物杂质从气流中分离出来。障碍物横断面尺寸越大，气体绕过障碍物时偏离直线方向就开始得越早，相应的悬浮在气流中杂质颗粒开始偏离直线方向也就越早，如在气流运动路径上设置挡板就是利用惯性碰撞力将部分杂质从气体中分离出来。这种设备的效率较低，通常与重力沉降设备配合使用。

1.6.2.1.3 离心分离

由于天然气快速旋转，气体中悬浮颗粒物粒子达到极大的径向迁移速度，从而使粒子有效地得到分离。离心分离方法是在旋风分离器内实现的，气体在分离器内的圆周速度大是保证分离高效率的一种途径，但超过 $18 \sim 20m/s$ 时其效率一般不会有明显改善，且压力损失增大，造成装置磨损加剧。在直径为 $1 \sim 2m$ 的旋风分离器内可以有效地捕集 $10 \mu m$ 以上的粒子。

1.6.2.1.4 过滤分离

过滤分离是一个综合效应，即重力、筛滤、惯性碰撞、钩附效应共同作用的结果。天然气中的颗粒物杂质一般由超细微粒到粗粒按一定分散度曲线分布，当含杂质的气流经过滤体时，比孔隙大的颗粒，由于重力作用沉降了或因惯性作用被滤体挡住了，比孔隙小的微粒经过滤体时被钩附在滤体的表面或是留在了滤体的孔隙中，而更微小的粒子则可能随气流一起通过滤体跑掉。滤体的材质有多种，如金属、各种纤维或陶瓷等。

1.6.2.2 分离器结构

图 1.18 中分离器共由三个单元构成，分别为重力沉降、旋风分离、中空纤维过滤。

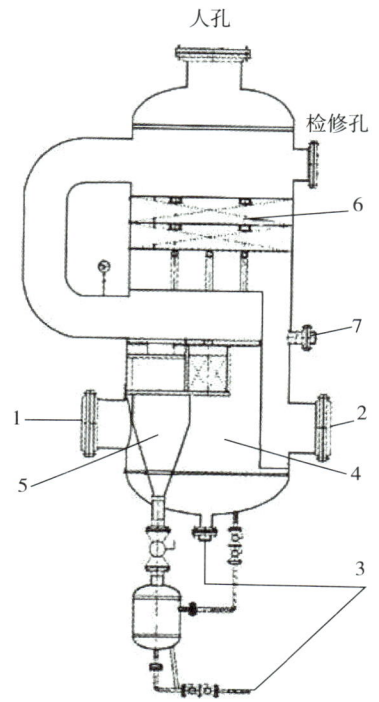

图 1.18　分离器结构简图一

1—原料气进口；2—原料气出口；3—排污口；4—沉降室；5—旋风分离器；6—滤料；7—检修孔

图 1.19 中分离器由二个单元构成，分别为重力沉降、惯性分离。

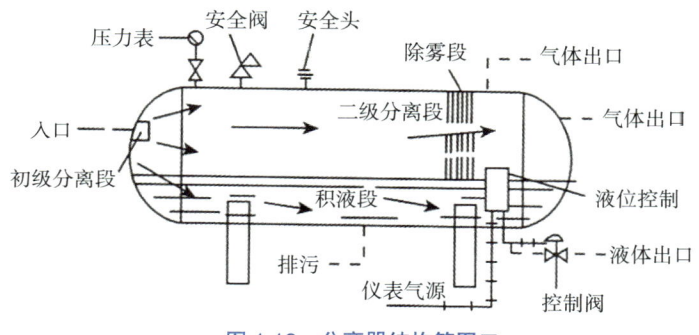

图 1.19　分离器结构简图二

1.6.3　编写依据

（1）GB 150《压力容器》。
（2）GB/T 5330《工业用金属丝编织方孔筛网》。
（3）HG/T 21618《丝网除沫器》。
（4）SY/T 0448《油气田地面建设钢制容器安装施工技术规范》。
（5）SY 4201.3《石油天然气建设工程施工质量验收规范 设备安装工程 第3部分：容器类》。
（6）TSG 21《固定式压力容器安全技术监察规程》。
（7）《石油化工设备维护检修规程（第一册）通用设备》（中国石化出版社，2008）。

1.6.4　检修准备

（1）完成检修方案审批。
（2）备齐图纸、技术资料、相关记录表格。
（3）备齐机具、量具、材料和劳动保护用品。
（4）设备已与系统隔离并上锁挂牌，介质已排放干净，清洗完成，氮气置换、空气吹扫合格。
（5）检修前各项检测指标符合有关安全要求。
（6）完成检修前交底工作。
（7）办理作业票据，落实安全措施。
（8）其他需要准备的工作。

1.6.5　检修内容

（1）检查本体完整情况，质量是否符合要求。
①检查所用材料。
②检查容器本体外观。
③检查容器结构及几何尺寸。
④检查、清洁密封面，检查或更换密封垫片。
⑤检查容器内部污垢、堵塞情况，对容器内部进行清理、清洗。
⑥依据原设计图纸检查容器内壁、内构件、过滤元件及焊缝情况，并进行清洗和疏通，对不能满足设计要求的应进行更换。
⑦检查外部防腐层、保温层及内部衬里或防腐层的损坏情况。
⑧检查容器防腐涂层外观。
⑨检查、保养、紧固所有连接螺栓。
⑩检查设备基础及地脚螺栓。
（2）附件是否齐全且灵敏好用。
①检查容器铭牌。

②检查安全附件。
③检查接地、防雷、防静电、伴热等设施。
④检查平台、梯子等外部附件。
（3）容器检查、检测情况。
①检验、检测应由特种检验机构实施，检测、检验的内容、方法和质量要求应满足原制造文件和 SY 4201.3《石油天然气建设工程施工质量验收规范 设备安装工程 第 3 部分：容器类》的规定，同时应满足 GB 150《压力容器》和 TSG 21《固定式压力容器安全技术监察规程》的相关要求。
②检查容器的腐蚀、壁厚减薄、裂纹，对壁厚进行检测，记录检测数据，并分析腐蚀速率，测定位置应当具有代表性，且要有足够的检测点数，重点检查以下部位：
a. 液位经常波动部位；
b. 易腐蚀、冲蚀部位；
c. 壁厚减薄部位和使用中易产生变形的部位；
d. 表面缺陷检查时，发现的可疑部位；
e. 接管部位。
③检查容器各部件焊接情况，必要时对焊缝进行无损检测。

1.6.6 验收标准

（1）一般要求。
①分离器检修的质量要求除满足各单位安全生产的需要外，还应符合 GB 150《压力容器》和制造技术文件的要求。
②检修所使用的材料，必须与原设计制造所选用的材料相同，改代材料应征得原设计单位同意和书面批准。
（2）本体完整，质量符合要求。
①本体无变形、裂纹、鼓包、机械损伤等表面缺陷，无超压、超温、超负荷运行现象。
②检查容器结构及几何尺寸符合原设计文件要求。
③检查容器各连接部位无渗漏，密封面完好、紧固件无损伤。
④容器内部清理、清洗后无污垢、堵塞，容器相关测量仪表连接管（压力表接管、液位计导压管、变送器接管、安全阀接管、处理介质进出口管线等）、排污管进行清理，疏通后无堵塞，能够满足使用要求。
⑤容器内壁、内构件、过滤元件及焊缝无变形、腐蚀、裂纹、脱落和损坏等情况，必要时采用无损检测抽查，对腐蚀严重的、不能满足设计要求的应进行更换。
⑥容器外部防腐层、保温层及内部衬里或防腐层无裂纹、脱落、失效等现象，绝热层材料的选取符合设计要求，填充密实、无缝隙，保温的外保护层固定牢固不松动，保温、隔热设施完整并符合规范要求，具体参照第 6 章"防腐工程检修工程"、第 7 章"绝热工程检修规程"。
⑦防腐刷漆要均匀、无漏涂，表面色泽一致，附着良好，无凝块、起皮、流痕、气泡

等现象。

⑧各部位螺栓齐全、紧固，安装规范。同一部位螺栓规格一致且符合原设计图纸要求，安装方向一致，紧固后的螺栓/柱与螺母宜齐平，对受压部位的螺柱、螺母进行逐个检查、清洗，螺栓及过渡部位无环向裂纹。

⑨设备基础无裂纹、破损、倾斜和下沉，地脚螺栓无松动。

（3）附件齐全，灵敏好用。

①产品铭牌和注册登记铭牌齐全、清晰。

②阀门、安全阀和温度、压力、液位测量仪表校验合格且齐全、灵敏、好用、显示真实有效、无缺陷，其性能符合设计要求。

③接地、防雷、防静电、伴热等设施完整、好用，能够满足装置平稳运行需要。

④装置平台、梯子等外部附件良好、齐全。

（4）容器检查、检测情况。

检测结果及相关处理意见参照第1.1节"钢制固定式压力容器和工业管道"的相关内容。

（5）经过连续72h试运考核，主要经济技术指标和生产能力达到设计要求。

1.6.7 质量验收表

分离器质量验收表见表1.27。

表1.27 分离器质量验收表

检修内容		验收标准	备注
检查设备本体	检查容器本体外观	本体无变形、裂纹、鼓包、机械损伤等表面缺陷，无超压、超温、超负荷运行现象	
	检查容器结构及几何尺寸	容器结构及几何尺寸符合原设计文件要求	
	检查、清洁密封面，检查或更换密封垫片	容器各连接部位无渗漏，密封面完好、紧固件无损伤	
	检查容器内部污垢、堵塞情况，对容器内部进行清理、清洗	容器内部无污垢，容器相关测量仪表连接管（压力表接管、液位计导压管、变送器接管、安全阀接管、处理介质进出口管线等）、排污管无堵塞，能够满足使用要求	
	依据原设计图纸检查容器内壁、内构件、过滤元件及焊缝情况，并进行清洗和疏通	容器内壁、内构件、过滤元件及焊缝无变形、腐蚀、裂纹、脱落和损坏等情况，必要时采用无损检测抽查，对腐蚀严重的、不能满足设计要求的应进行更换	
	检查外部防腐层、保温层及内部衬里或防腐层的损坏情况	容器外部防腐层、保温层及内部衬里或防腐层无裂纹、脱落、失效等现象，绝热层材料的选取符合设计要求，填充密实、无缝隙，保温的外保护层固定牢固不松动，保温、隔热设施完整并符合规范要求	
	检查容器防腐刷漆规格化	防腐漆要均匀、无漏涂，表面色泽一致，附着良好，无凝块、起皮、流痕、气泡等现象	

续表

检修内容		验收标准	备注
检查设备本体	检查、保养、紧固所有连接螺栓	各部位螺栓齐全、紧固，安装规范。同一部位螺栓规格一致且符合原设计图纸要求，安装方向一致，紧固后的螺栓/柱与螺母宜齐平，对受压部位的螺柱、螺母进行逐个检查、清洗，螺栓及过渡部位无环向裂纹	
	检查设备基础及地脚螺栓	设备基础无裂纹、破损、倾斜和下沉，地脚螺栓无松动	
检查附件	检查容器铭牌	产品铭牌和注册登记铭牌齐全、清晰	
	检查安全附件	阀门、安全阀和温度、压力、液位测量仪表校验合格且齐全、灵敏、好用、显示真实有效、无缺陷，其性能符合设计要求	
	检查接地、防雷、防静电、伴热等设施	接地、防雷、防静电、伴热等设施完整、好用，能够满足装置平稳运行需要	
	检查平台、梯子等外部附件	装置平台梯子、铭牌等外部附件良好、齐全	
容器检测		检测结果及相关处理意见参照第1.1节"钢制固定式压力容器和工业管道"的相关内容	
试运考核		经过连续72h试运考核，主要经济技术指标和生产能力达到设计要求	

1.7 炉类

1.7.1 蒸汽锅炉

1.7.1.1 适用范围

本节适用于天然气处理厂燃气蒸汽锅炉燃烧器、控制系统、锅炉本体、给水设备、省煤器的检修和验收，蒸汽锅炉重大修理必须向锅炉压力容器安全监察机构申报，检修单位必须具有相应级别的资格证书。

1.7.1.2 工作原理及设备结构

蒸汽锅炉结构图如图1.20所示。

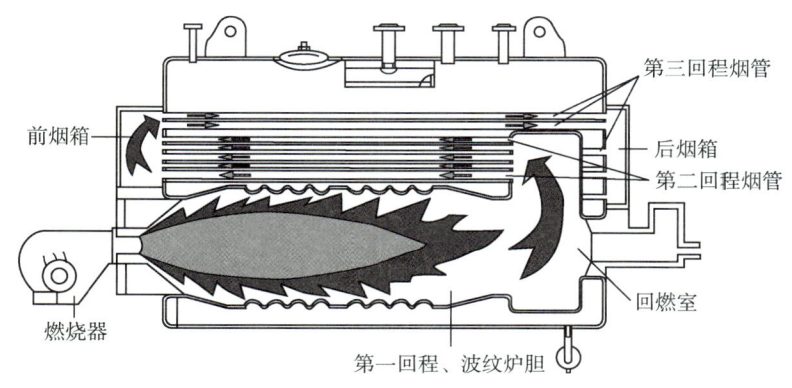

图1.20 蒸汽锅炉结构图

71

蒸汽锅炉一般由锅筒（汽包）、汽水分离装置、水冷壁、对流管束、封头、烟火管、炉胆、安全附件及支撑件等组成。

蒸汽锅炉工作过程包括三个同时进行的过程，即：燃料的燃烧放热过程，火焰和烟气向炉水和蒸汽的传热过程，水被加热、汽化的过程。

1.7.1.2.1　燃料的燃烧过程

燃料的燃烧过程是燃料在炉膛内，在一定温度下，与空气中的氧气发生化学反应放出热量的过程。燃烧过程进行是否完全，是锅炉运行是否正常的判断条件之一。燃料在炉内完全燃烧的条件有：要供给足够的空气量，燃料和空气要有良好的混合，氧化过程要有足够的时间和相当高的炉膛温度。

1.7.1.2.2　火焰、烟气向炉水和蒸汽的传热过程

传热过程是燃料燃烧后放出的热量，通过炉膛内布置的水冷壁等辐射受热面和烟气内布置的对流受热面，将热量传给炉水和蒸汽的过程。

传热过程在炉膛内主要以高温辐射的方式进行。在对流烟道内由于烟温逐渐降低，烟气向受热面的放热主要以对流的方式进行，而受热面金属内部，主要以传导的方式将热量由高温侧传到低温侧，再由炉水等工质的流动循环将热量吸收。

传热过程能否很好进行，直接影响到锅炉运行的安全性和经济性。当在受热面烟气侧有积灰和烟炱或在受热面水侧沉积水垢时，会导致受热面金属壁温升高很多而过热损坏，同时将导致锅炉热效率下降，造成燃料浪费。

1.7.1.2.3　水被加热、汽化的过程

蒸汽锅炉是指炉水从受热面金属吸收热量变成饱和水进而变为汽水混合物，并在炉内进行汽水分离，以洁净的蒸汽从锅炉出口输出的过程。因此对于蒸汽锅炉，在锅筒内应装设汽水分离装置。

1.7.1.3　编写依据

（1）GB 150《压力容器》。

（2）GB/T 1576《工业锅炉水质》。

（3）GB 50211《工业炉砌筑工程施工及验收规范》。

（4）GB 50273《锅炉安装工程施工及验收规范》。

（5）GB 50474《隔热耐磨衬里技术规范》。

（6）NB/T 47013《承压设备无损检测》。

（7）TSG G0001《锅炉安全技术监察规程》。

（8）TSG G08《特种设备使用管理规则》。

（9）TSG 11《锅炉安全技术规程》。

（10）Q/SY 1836《锅炉/加热炉燃油（气）燃烧器及安全联锁保护装置检测规范》。

1.7.1.4　检修准备

（1）完成检修方案审批。

（2）备齐图纸、技术资料、相关记录表格。

（3）备齐机具、量具、材料和劳动保护用品。

（4）停炉后按降温曲线进行降温。

（5）设备已与系统隔离并上锁挂牌，介质已排放干净，清洗完成，氮气置换、空气吹扫合格。

（6）按停车顺序做好停炉工作。

（7）打开锅筒人孔、联箱手孔和炉门使其空气对流，应启动引风机强制通风。

（8）检修前各项检测指标符合有关安全要求。

（9）完成检修前交底工作。

（10）办理作业票据，落实安全措施。

（11）其他需要准备的工作。

1.7.1.5 检修内容

1.7.1.5.1 燃烧器检修

（1）检查燃烧器铭牌、警示或指示标识。

（2）检查燃烧器电气线路。

（3）检查燃烧器的火焰检测器玻璃面是否积灰。

（4）检查燃烧器喷嘴、气道是否有变形、积灰、结垢等。

（5）检查燃烧器点火电极是否有结焦、变形。

（6）检查负荷调节器是否存在松动、位置改变、调节灵活。转向是否正常，内部接线是否松动等。

（7）检查燃气挡板、空气挡板是否灵活，机械连杆是否松动、灵活，风门等调节结构是否灵活。

（8）检查调压阀调压性能是否正常。

（9）检查管道上所有压力开关、压力表是否正常。

（10）检查主电磁阀、点火电磁阀及点火系统的工作情况。

（11）检查安全联锁保护系统，包括点火保护、熄火保护、前吹扫时间、自动检漏功能、燃气低压保护、燃气高压保护、低风压保护、超温保护、超压保护、低液位保护是否完好。

（12）检查燃烧器表面温度是否正常。

（13）检查风门执行机构是否完好，润滑和过滤器是否正常。

（14）维护清洗燃气管线的减压阀、电磁阀、过滤网。

1.7.1.5.2 控制系统检修

（1）检查控制柜柜体有无松动、过热、异味。

（2）检查控制柜端子有无变色、生锈、附着灰尘。

（3）检查控制柜各种显示灯点亮及熄灭是否正常。

（4）检查控制柜启动及停止控制程序逻辑是否正常。

（5）检查现场计量仪表（压力表、温度计）显示是否正常。

（6）检查控制器声光报警是否正常。

1.7.1.5.3 锅炉本体检修

（1）检查炉座基础是否裂缝、下沉等，螺栓是否松动腐蚀。

（2）检查炉体各管道连接处及阀门有无损伤、松动及明显腐蚀。

（3）打开锅炉炉前后端封盖，清理锅炉炉内壁和盘管表面的污垢，专业人员对炉膛内部进行检测，确保炉管内部是否畅通，内壁有无附着物；如果有积灰情况须清理并吹扫干净（炉管外壁金属层不允许出现覆盖层）。

（4）检查加热盘管及支架有无损伤、局部过热、腐蚀泄漏，对炉内盘管进行壁厚检测抽查，盘管与拉筋焊缝进行渗透检测。

（5）检查炉管腐蚀、变形、鼓包、裂纹及焊口质量情况，炉管可采用超声波测厚仪来检测炉管壁厚，核实腐蚀情况，腐蚀量在正常范围内且无上述问题时，炉管无需更换。

（6）检查盘管组与盘管组端盖处的密封情况，如有密封不严处，需进行修补，密封板是否变形，与盘管组间隙是否过大。

（7）检查耐火保温衬里，是否有脱落、烧损现象；如果有，对保温层进行修复。

（8）检查炉体保温材料外观是否出现变色、变形、脱落。

（9）检查炉体外观有无损伤、变形、过热引起变色及明显腐蚀。

1.7.1.5.4 锅炉安全附件

（1）检查压力表精度、量程选用是否符合要求，最高工作压力是否在 2/3 量程内，工作压力上下限是否标识；有无检定合格证和铅封；三通旋塞开关是否灵活，有无渗漏和锈蚀。

（2）检查安全阀的定压值设置是否符合要求，有无安全阀校验牌和铅封。

（3）检查水位计玻璃板有无水垢，水位是否清晰；磁翻板水位计是否灵活、有无卡阻；水位计和接头有无渗漏和锈蚀。

1.7.1.5.5 锅炉辅助设备

（1）水处理器。

①停运水处理设备前分析水质指标是否正常。

②检查树脂罐罐体腐蚀情况、裂纹。

③检查树脂有无泄漏，填充高度是否满足要求。

④检查控制器设定的切换时间（或出水量）与实际相符。

⑤检查溶盐罐有无泥沙、泄漏、变形。

⑥检查罐体内壁腐蚀情况，如果有内衬检查内衬是否脱落。

⑦检查罐体各连接点是否紧固，有无泄漏。

⑧检查罐体基础是否裂缝、下沉等，螺栓是否松动腐蚀。

（2）除氧器。

①检查淋水盘水平度，喷水头有无堵塞，喷水是否均匀。

②检查填料有无泥垢、装填是否均匀。

③检查再沸腾管完好状况。

④检查排空管道是否畅通，有无堵塞。

⑤检查罐体内壁腐蚀情况。

⑥检查罐体各连接点是否紧固，有无泄漏。
⑦检查罐体基础是否裂缝、下沉等，螺栓是否松动腐蚀。

（3）排污扩容罐。
①检查汽水管路是否畅通，有无堵塞。
②检查液位计管路是否畅通，有无堵塞，指示是否清晰准确。
③检查罐体内壁腐蚀情况。
④检查各连接点是否紧固，有无泄漏。
⑤检查罐体保温材料外观是否出现变色、变形、脱落。
⑥检查罐体基础是否裂缝、下沉等，螺栓是否松动腐蚀。

（4）软水箱。
①检查液位计管路是否畅通，有无堵塞，指示是否清晰准确。
②检查罐体内壁腐蚀情况，如涂有防腐层，检查防腐层是否脱落。
③检查各连接点是否紧固，有无泄漏。
④检查罐体基础是否裂缝、下沉等，螺栓是否松动腐蚀。

（5）减压阀和减温器。
①减压阀阀杆上下有无卡涩，调节是否灵敏。
②减温器喷水是否畅通，调节是否灵敏。

1.7.1.5.6　燃料气供应系统
（1）检查燃料气调压阀出口压力是否在燃烧器规定范围内。
（2）检查、清洗过滤器滤芯变形、堵塞情况。

1.7.1.5.7　烟囱与烟道
（1）分段检测烟囱焊缝区域壁厚，腐蚀严重时需要更换。
（2）检查烟道保温无过热、无漏烟。
（3）检查烟囱牵拉锚点、牵拉绳情况。
（4）检查烟囱基座连接螺栓齐全、紧固，无锈蚀。
（5）检查烟囱防腐涂层，无脱落、破损，清理烟囱底部腐蚀物。

1.7.1.5.8　省煤器
（1）检查清扫省煤器换热管壁积灰。
（2）检查省煤器换热管壁腐蚀情况，有无裂纹、凹凸不平等缺陷。
（3）检查铸铁式省煤器、鳍片管数量情况。
（4）检查支撑梁牢固情况，风冷横梁畅通情况。
（5）检查管内水垢情况。
（6）检查弯曲管弯型程度。
（7）检查固定式管箱省煤器上水管线。

1.7.1.6　验收标准

1.7.1.6.1　燃烧系统
（1）燃烧器的铭牌、警示或指示标识完好，其中铭牌信息符合 TSG 11《锅炉安全技术规程》的要求，包含产品型号、产品编号、燃烧器输出热功率范围、适用的燃料品种、适用的电源参数、制造单位名称、制造日期、型式试验合格标志和编号。

（2）燃烧器的电气线路：电线无老化、绝缘材料无开裂、导线无裸露。

（3）燃烧器的火焰检测器玻璃面清晰无积灰。

（4）燃烧器的喷嘴及供气系统管路畅通，无变形，各连接部位严密、无泄漏。

（5）燃烧器点火电极无结焦、变形。

（6）负荷调节器无松动、位置改变情况、动作灵活。转向正常，内部接线紧固。

（7）燃气挡板、空气挡板灵活，机械连杆灵活、紧固；风门等调节结构牢固可靠，开关灵活。

（8）调压阀调压性能正常，压力控制满足燃烧器要求。

（9）管道上所有压力开关、压力表正常。

（10）主电磁阀、点火电磁阀动作正常，点火系统逻辑正常。

（11）安全联锁保护检测，包括点火保护检测、熄火保护检测、前吹扫时间检测、自动检漏功能检测、燃气低压保护检测、燃气高压保护检测、低风压保护检测、超温保护检测、超压保护检测、低液位保护检测正常。

①点火安全时间应不超过5s。

②熄火安全时间应不超过1s。

（12）以额定输出热功率下的空气流量进行前吹扫，前吹扫时间应不少于20s。

（13）对输出热功率大于1200kW的燃烧器，主燃气控制阀系统的阀门自动检漏装置应符合TSG 11《锅炉安全技术规程》的要求：燃气控制阀关断时，阀通径小于或者等于100mm的，在不超过1s的时间内安全关闭，通径大于100mm的，在不超过3s的时间内能够安全关闭。

①燃烧器运行状态下，在供气压力低于最低设定值时，燃烧器应能实现安全联锁保护。

②燃烧器运行状态下，在供气压力高于最低设定值时，燃烧器应能实现安全联锁保护。

③燃烧器运行状态下，在风压监测信号低于最低设定值时，燃烧器应能实现安全联锁保护。

④锅炉的介质温度超过其设定值时，燃烧器应能实现安全联锁保护，并且发出声光报警。

⑤锅炉的压力超过超压联锁保护装置动作整定值时，燃烧器应实现安全联锁保护，并且发出声光报警。

⑥锅炉的液位低于最低安全液位设定值时，燃烧器应实现安全联锁保护，并且发出声光报警。

（14）燃烧器表面温度是否正常。燃烧器配套的调节装置、控制装置与安全装置的温度，不超过制造单位给出的数值，并且工作可靠；燃烧器上的按钮和拉杆的表面温度，对于金属材料不高于环境温度加35℃，对于陶瓷或类似材料不高于环境温度加45℃，对于塑料或类似材料不高于环境温度加60℃。

（15）风门执行机构完好，润滑正常，过滤器无堵塞。

（16）燃烧器操作灵活，点火试验效果良好。

（17）燃烧器试验合格，安装位置符合设计要求，无堵塞。

1.7.1.6.2　控制系统

（1）控制器送电，在试压过程中测试低液位、低低液位、高液位、高高液位的报警和联锁正常。

（2）控制柜柜体无松动、过热、异味。

（3）控制柜端子无变色、生锈、附着灰尘。

（4）控制柜各种显示灯点亮及熄灭正常。

（5）控制柜启动及停止按钮正常，控制程序逻辑正确。

（6）现场计量仪表（压力表、温度计）显示正常。

1.7.1.6.3　锅炉本体

（1）检修应符合 GB 150《压力容器》的有关技术要求。

（2）检验检测方法和要求按 TSG G0001《锅炉安全技术监察规程》和 TSG 11《锅炉安全技术规程》的规定执行。

（3）炉管管内清除灰垢后，外观检查炉管表面，应基本无积灰、结垢现象。

（4）炉管和受压元（部）件挖补和补焊前，修理单位应进行焊接工艺评定，合格后才能用于现场。

（5）炉管和受压元（部）件修补部位应进行 100% 无损检测。

（6）炉管、受压元件焊后需要热处理的，应参照原热处理工艺进行焊后热处理。

（7）炉管鼓包、严重裂纹、爆皮、管壁厚度小于允许值、金相组织有晶界氧化、严重球化、脱碳及晶界裂纹等缺陷时应更换。

（8）弯头有腐蚀深坑，直径大于 2mm，深度大于 0.4mm 的应该更换。

（9）炉管、管件外表及管口质量应符合以下规定。

①炉管、管件内外表面平整，无裂纹、折皱、轧折、离层、结疤等缺陷；

②内外表面经清洗无锈蚀，炉管端部呈直角无毛刺，胀接管口外表面无纵向沟纹。

（10）焊缝质量及无损检测应符合以下规定：

①炉壳体应采用氩弧焊打底，形成连续焊缝并密封，焊接时熔敷金属应填满焊缝、且余高不大于 2mm，焊缝与母材成圆滑过渡，外观检查不得存在咬边、焊瘤等表面缺陷，外观检查时注意应为连续焊缝并密封，以防炉内烟气外泄；

②炉管焊接时熔敷金属应填满焊缝、余高不大于 1.5mm，焊缝与母材成圆滑过渡，外观检查不得存在裂纹、气孔、夹渣及超标咬边缺陷，无损检测方法及比例符合设计要求，检测的结果合格；

③焊缝宽度均匀、成形美观，焊缝余高均匀且与管材呈圆滑过渡，射线检测一次合格率达 90% 及以上，同一部位焊缝返修不超过两次。

（11）锅炉重大修理后，在投入运行前应由使用单位和修理单位进行气密试验后，以锅炉水为介质做液压试验，试验压力按表 1.28 执行，或按锅炉设计文件规定进行气压试压，合格后才能投入运行。

表 1.28 水压试验压力

名称	锅筒（锅壳）工作压力	试验压力
锅炉本体	<0.8MPa	1.5倍锅筒（锅壳）工作压力，但小于0.2 MPa
锅炉本体	0.8～1.6MPa	锅筒（锅壳）工作压力加0.4MPa
锅炉本体	>1.6MPa	1.25倍锅筒（锅壳）工作压力
直流锅炉本体	任何压力	介质出口压力1.25倍，且小于省煤器进口压力的1.1倍
再热器	任何压力	1.5倍再热器工作压力
铸铁省煤器	任何压力	1.5倍省煤器工作压力

1.7.1.6.4　锅炉安全附件

（1）压力表精度应当不低于2.5级，A级锅炉应当不低于1.6级；量程应根据工作压力选用，一般为工作压力的1.5～3.0倍，表盘直径应不小于100mm，设置压力上下限标识；有检定合格证和铅封；三通旋塞开关灵活，无渗漏和锈蚀。

（2）蒸汽锅炉安全阀的定压值符合设计的定压值，校验合格，设置铅封。

（3）水位计玻璃板无水垢，水位清晰；磁翻板水位计灵活、无卡阻；水位计和接头无渗漏和锈蚀。

1.7.1.6.5　锅炉辅助设备

（1）水处理器。

①水质指标不正常则更换树脂。

②树脂罐罐体腐蚀轻微、无裂纹。

③树脂填充量达到规定位置。

④控制器设定的切换时间（或出水量）符合生产要求。

⑤溶盐罐无泥沙、泄漏、变形。

⑥罐体内壁轻微腐蚀，内部丝网完好，离子交换树脂不泄漏。

⑦罐体各连接点紧固，无泄漏。

⑧罐体基础无裂缝、下沉等，螺栓紧固无松动。

（2）除氧器。

①淋水盘水平，喷水完好齐全。

②填料清洁无泥垢、装填均匀。

③再沸腾管完好，无损坏。

④排空管道畅通，无堵塞。

⑤罐体内壁轻微腐蚀，无穿孔。

⑥罐体各连接点紧固，无泄漏。

⑦罐体基础无裂缝、下沉等，螺栓紧固无松动。

（3）排污扩容罐。

①汽水管路畅通，无堵塞。

②液位计管路畅通，无堵塞，指示清晰准确。
③罐体内壁腐蚀轻微。
④各连接点紧固无泄漏。
⑤罐体保温材料外观无变色、变形、脱落。
⑥罐体基础无裂缝、下沉等，螺栓紧固无松动。
（4）软水箱。
①液位计管路畅通，无堵塞，指示清晰准确。
②罐体内壁腐蚀轻微，防腐层无脱落。
③各连接点紧固无泄漏。
④罐体基础无裂缝、下沉等，螺栓紧固无松动。
（5）减压阀和减温器。
①减压阀阀杆上下动作无卡涩，调节灵敏。
②减温器喷水畅通，调节灵敏。

1.7.1.6.6　燃料气供应系统

（1）燃气调压阀出口压力在燃烧器规定范围内。
（2）过滤器滤芯无变形、堵塞，压差在规定范围内。
（3）燃料气管线及组件连接处无泄漏。

1.7.1.6.7　烟囱及附件

（1）烟囱、烟道组对、焊接、安装外观质量应符合如下规定：
①烟囱、烟道外形结构、焊接和安装符合设计要求，烟囱垂直、烟道平直，烟囱牵拉锚点位置合适。
②焊缝无裂纹、饱满，牵拉绳受力均匀。
（2）膨胀补偿器和挡板安装质量应符合如下规定：
①膨胀补偿器和挡板安装位置、挡板与内衬里间隙符合图样要求，膨胀补偿器经预拉伸。
②膨胀补偿器预拉伸量符合设计规定并记录齐全，挡板在衬里内转动灵活，开、关位置与指示标记相符。
（3）矩形烟道接口组装质量应符合如下规定：
①连接方式符合设计要求，连接件齐全完整。
②采用法兰、螺栓连接时，螺栓露出螺母长度均匀，接口无泄漏。

1.7.1.6.8　省煤器

（1）省煤器换热管壁积灰厚度不超过 0.5mm，面积不超过 1/5。
（2）省煤器换热管壁腐蚀轻微，无明显点腐、坑腐情况，腐蚀减薄厚度不大于原壁厚的 1/3，无裂纹、凹凸不平等缺陷。
（3）铸铁式省煤器有破损鳍片管数不超过总管数的 10%。
（4）支撑梁牢固无变形，风冷横梁畅通。
（5）管内水垢不超过 0.5mm，铁锈不超过 0.1mm。

(6)弯曲管弯型度不大于60mm,直水管弯型度不大于10mm。

(7)固定式管箱省煤器上水管线无明显结垢、腐蚀减薄情况。

1.7.1.6.9 防腐

具体见第6章"防腐工程检修规程"。

1.7.1.6.10 保温

具体见第7章"绝热工程检修规程"。

1.7.1.6.11 其他

(1)蒸汽、燃料、氮气、空气等管道检修按照第1.1.2节"工业管道"的相关检修规定执行。

(2)手动阀、调节阀、安全阀等阀门的检修要求参照第1.1.2节"工业管道"的相关检修规定执行。

(3)离心泵参照第2.1.1节"离心泵"中的检修规定执行。

1.7.1.6.12 水压试验

(1)水压试验基本要求。

①正常运行的锅炉每六年一次。新装和移装锅炉投行前,受压元件经重大修理改造后对锅炉状况有怀疑时均应进行水压试验。

②锅炉受压元件应当在无损检测和热处理后进行水压试验。

③确定质量合格,具备试验条件。

④水压试验必须用专用升压泵,使用的压力表应经校验合格。

⑤水压试验时环境温度应高于5℃,低于5℃时应有防冻措施。

⑥水压试验所用的水应当是洁净水,水温应当保持高于周围露点的温度以防止表面结露,但也不宜温度过高以防止引起汽化和过大的温差应力。

⑦奥氏体受压元件水压试验时,应当控制水中的氯离子含量不超过25mg/L,如不能满足要求时,水压试验后应当立即将水渍去除干净。

(2)水压试验压力和保压时间。

整体水压试验保压时间为20min,试验压力按照表1.28的规定执行。

(3)水压试验过程控制。

①进行水压试验时,水压应当缓慢地升降。当水压上升到工作压力时,应当暂停升压,检查有无漏水或者异常现象,然后再升压到试验压力,达到保压时间后,降到工作压力进行检查,检查期间压力应当保持不变。

②升压至0.2~0.3MPa时进行初步检查并紧固人孔及手孔螺栓。

③卸压速度:0.3~0.5MPa/min。

(4)水压试验合格要求。

①受压元件金属壁和焊缝上没有水珠和水雾。

②降到工作压力后胀口处不滴水珠。

③铸铁锅炉锅片的密封处在降到额定工作压力后不滴水珠。

④水压试验后没有发现残余变形。

1.7.1.6.13 其他验收

（1）受压元件进行了重大修理、改造更换或已到规定检验期时，应请锅炉压力容器安全监察机构参加，并作出检验结论。

（2）所有锅炉检修资料及质检文件完整。

（3）锅炉及辅助设备、保护仪表、安全附件等总体技术状况满足TSG G0001《锅炉安全技术监察规程》的要求。

（4）提交以下技术资料：

①设计变更及材料代用通知单，材质、零部件合格证。

②隐蔽工程记录和封闭记录。

③检修记录。

④焊缝质量检查（包括外观、无损探伤等）报告。

⑤试验报告。

1.7.1.7 质量验收表

1.7.1.7.1 燃烧系统

燃烧系统质量验收表见表1.29。

表1.29 燃烧系统质量验收表

检修内容	验收标准	备注
检查燃烧器铭牌、警示或指示标识	燃烧器的铭牌、警示或指示标识完好，其中铭牌信息符合TSG 11《锅炉安全技术规程》的要求	
检查燃烧器电气线路、喷嘴、气道、点火电极、火焰检测器玻璃面是否变形、积灰等		
检查负荷调节器、燃气挡板、空气挡板、机械连杆是否松动、位置改变、动作灵活		
检查导向叶片、燃气孔、点火电极是否损坏、清洁	燃烧器、风门、控制系统符合Q/SY 1836《锅炉/加热炉燃油（气）燃烧器及安全联锁保护装置检测规范》相关要求	
检查调压阀调压性能、主电磁阀、点火电磁阀及点火系统的工作情况		
检查风门执行机构是否完好，润滑和过滤器，以及燃气管线减压阀、电磁阀、过滤网过滤器是否正常		
检查控制柜柜体、端子、各种显示灯点亮及熄灭、启动及停止控制程序逻辑、现场计量仪表显示、控制器声光报警是否正常		
检查管道上所有安全功能的元件如控制器、燃气控制阀、检漏装置、风压开关、燃气压力开关是否完好，损坏后应更换	管道上所有安全功能的元件、安全联锁保护检测完好正常，符合Q/SY 1836《锅炉/加热炉燃油（气）燃烧器及安全联锁保护装置检测规范》	
检查安全联锁保护是否完好		

1.7.1.7.2 锅炉本体及安全附件

锅炉本体及安全附件质量验收表见表1.30。

表 1.30 锅炉本体及安全附件质量验收表

检修内容	验收标准	备注
检查炉体各管道连接处及阀门	炉体各管道连接处及阀门无明显腐蚀，连接紧固、密封性良好	
检查炉内壁和蒸汽盘管表面的污垢情况	炉内壁和热油盘管表面基本无积灰、结垢现象，炉管表面无损伤，炉管内部畅通，内壁无附着物	
检查支架有无损伤、局部过热现象	支架完好无损伤	
（1）检查加热盘管腐蚀泄漏、变形、鼓包、裂纹及焊口质量情况，检查盘管壁厚； （2）盘管组与盘管组端盖处的密封情况	（1）炉管无变形、鼓包、裂纹，腐蚀程度在设计图样的规定范围内； （2）盘管组与盘管组端盖处密封严密	
检查耐火保温衬里，是否有脱落、烧损现象，钢板是否产生高温碳化现象	（1）耐火衬里保温层完好、平整、无脱落，无贯通和见底裂缝，修补和更换的衬里应符合GB 50211《工业炉砌筑工程施工及验收规范》、GB 50309《工业炉砌筑工程质量验收标准》； （2）钢板无高温碳化现象	
（1）检查炉体外观有无损伤、变形、过热引起变色及明显腐蚀； （2）炉座基础是否裂缝、下沉等，地脚螺栓是否松动腐蚀	（1）炉体外观无损伤、变形、过热变色、热油泄漏及明显腐蚀等现象； （2）炉座基础无裂缝、下沉，地脚螺栓紧固无锈蚀	
检查焊缝的变形、裂纹和损坏情况	炉管、管件外表及管口质量应符合TSG G0001《锅炉安全技术监察规程》相关规定，并做好记录及影像资料	
检查压力表精度和量程选用、安全阀的定压值设置是否符合要求，水位计是否清晰，接头有无渗漏和锈蚀	锅炉安全附件检修质量符合TSG G0001《锅炉安全技术监察规程》和TSG 11《锅炉安全技术规程》的要求	
（1）炉管检修完成后进行除氧水带压试验； （2）检查各法兰密封面等各连接处有无渗漏或异常现象，检查期间压力应保持不变	蒸汽锅炉带压试验符合TSG G0001《锅炉安全技术监察规程》的相关要求，试压合格	
化学清洗（煮炉）	（1）化学清洗（煮炉）符合TSG 11《锅炉安全技术规程》要求； （2）化学清洗合格后炉水水质满足GB/T 1576《工业锅炉水质》要求	

1.7.1.7.3 锅炉辅助设备设施

锅炉辅助设备设施质量验收表见表1.31。

表 1.31　锅炉辅助设备设施质量验收表

检修内容	验收标准	备注
检查水处理器树脂填充情况	树脂有无泄漏，填充高度达到规定位置	
检查控制器设定的切换时间（或出水量）与实际相符	控制器设定的切换时间（或出水量）符合生产要求	
检查除氧器淋水盘水平度，喷水头堵塞情况、填料有无泥垢、再沸腾管是否完好、排空管道是否畅通	淋水盘水平，喷水完好，填料清洁无泥垢、装填均匀，再沸腾管完好，无损坏	
检查排污扩容罐、软水箱管路、液位计管路是否畅通，指示是否清晰准确	汽水管路、液位计管路畅通，无堵塞，指示清晰准确	
检查燃料气调压阀出口压力、过滤器滤芯是否正常	燃气调压阀出口压力在燃烧器规定范围内，过滤器滤芯无变形、堵塞，压差在规定范围内	
检查减压阀阀杆调节是否灵敏，减温器喷水是否畅通，调节是否灵敏	减压阀阀杆上下动作无卡涩，减温器喷水畅通，调节灵敏	
检测烟囱焊缝区域腐蚀、烟道保温、牵拉锚点、牵拉绳情况	焊缝无裂纹，饱满，牵拉绳受力均匀；膨胀补偿器和挡板安装位置、挡板与内衬里间隙符合图样要求，预拉伸量符合设计规定并记录齐全	
检查清扫省煤器换热管壁积灰及腐蚀、管内水垢、铸铁式省煤器鳍片管数量、支撑梁牢固、风冷横梁、弯曲管弯型程度情况	省煤器换热管壁积灰厚度、换热管壁腐蚀、管内水垢、铸铁式省煤器鳍片管数量、支撑梁牢固、风冷横梁、弯曲管弯型程度等符合TSG 11《锅炉安全技术规程》相关要求	
检查水处理设备腐蚀情况、各连接点是否紧固、设备基础是否裂缝、下沉等	水处理设备腐蚀轻微，各连接点紧固，无泄漏；基础无裂缝、下沉等	
检查设备表面防腐、绝热情况	绝热、防腐见本书第6章和第7章	

1.7.2　导热油加热炉

1.7.2.1　适用范围

本节内容适用于天然气处理厂导热油加热炉的检修和验收。

1.7.2.2　工作原理及设备结构

1.7.2.2.1　燃气导热油加热炉工作原理

燃气导热油加热炉是以天然气为燃料，由天然气燃烧器提供热量。导热油为热载体。利用循环泵强制导热油进行液相循环，将热量传递给一个或多种用热设备，经用热设备传热后，重新通过循环泵，回炉内加热升温后，循环至用热设备，如此周而复始，实现热量的连续传递，使被加热物体温度升高，达到加热的工艺要求。

1.7.2.2.2　设备结构

导热油加热炉结构图如图 1.21 所示。

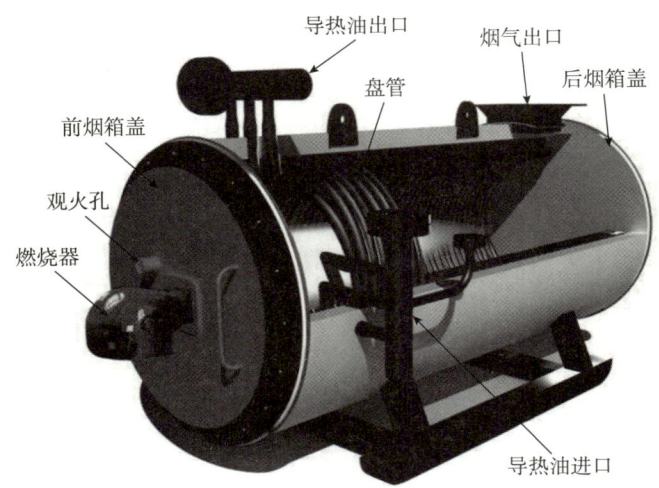

图 1.21 导热油加热炉结构图

1.7.2.3 编写依据

（1）GB/T 17410《有机热载体炉》。
（2）GB 50273《锅炉安装工程施工及验收标准》。
（3）GB 50474《隔热耐磨衬里技术规范》。
（4）SY/T 0524《导热油加热炉系统规范》。
（5）TSG G0001《锅炉安全技术监察规程》。
（6）TSG 11《锅炉安全技术规程》。

1.7.2.4 检修准备

（1）完成检修方案审批。
（2）备齐图纸、技术资料、相关记录表格。
（3）备齐机具、量具、材料和劳动保护用品。
（4）停炉后按降温曲线进行降温。
（5）导热油加热炉的油、电、风和燃料系统确认隔离，并挂牌标识。
（6）介质已排放干净，清洗完成，氮气置换、空气吹扫合格。
（7）打开导热油炉人孔、炉门使其空气对流，应启动引风机强制通风。
（8）检修前各项检测指标符合有关安全要求。
（9）完成检修前交底工作。
（10）办理作业票据，落实安全措施。
（11）其他需要准备的工作。

1.7.2.5 检修内容

（1）导热油加热炉本体检修。

①打开炉前端封盖，清理炉内壁和热油盘管表面的污垢，对炉膛内部进行检测。如果导热油盘管内部有局部结焦现象，须进行化学清理或物理清理，保证盘管内部畅通，内壁无附着物；如果有积灰情况须清理并吹扫干净（炉管外壁金属层不允许出现覆盖层）；盘

管管内清焦及管外清垢时，不得损伤炉管表面。

②检查支架有无损伤、防腐层有无脱落、变色。

③检查盘管腐蚀泄漏、变形、鼓包、裂纹及焊口质量情况，检测盘管壁厚，壁厚未达允许值时进行更换。

④检查盘管组与盘管组端盖处的密封是否变形，与盘管组间隙是否过大，过大时需进行修补。

⑤检查炉体前后端盖（烟气出口侧）和盘管组端盖内衬耐火保温材料脱落、烧损、变色、变形情况，钢板是否产生高温碳化现象。

⑥检查炉体各管道连接处有无损伤、松动、热油泄漏及腐蚀。

⑦更换前端盖密封槽内及炉体内部角钢密封圈内的密封材料。

⑧检查炉体外观有无损伤、变形、过热引起的变色及明显腐蚀。

⑨检查焊缝的变形、裂纹和损坏情况。

⑩检查炉座基础是否裂缝、下沉等，地脚螺栓是否松动腐蚀。

⑪导热油炉盘管检修完成后进行导热油带压试验；检查各法兰密封面等各连接处有无渗漏或异常现象。

（2）燃烧系统检修。

①检查导向叶片、燃气孔、点火电极等是否有结焦、变形。

②检查负荷调节器是否松动、移位，正转反转是否正常，内部接线是否松动等。

③检查燃气挡板、空气挡板是否灵活，机械连杆是否松动，调节是否灵活等。

④检查风门执行机构并润滑。

⑤清洗燃气管线过滤网。

⑥检查主电磁阀、点火电磁阀及点火系统工作情况。

⑦检查火焰检测系统是否正常（电子眼及线路）。

⑧检查燃烧器的火焰检测器玻璃面是否积灰。

⑨检查燃烧器喷嘴、气道是否有变形、积灰、结垢等。

⑩检查导热油炉的压力表、温度表是否正常。

⑪检查导热油炉所有的安全功能元件如控制器、燃气控制阀、检漏装置、风压开关、燃气压力开关是否完好。

（3）辅助系统检修。

①检查氮气灭火管线是否通畅，氮气压力是否正常。

②检查过滤器内是否有焦质、碎屑，清理或更换过滤元件。

③检查管线腐蚀情况，更换或修补损坏或腐蚀严重的管线。

④检查烟囱、撬块、管架等金属部件的腐蚀情况，必要时进行修补。

⑤循环泵检修参见第2.1节"泵"。

⑥控制系统检修参见第3章"自动控制设备检修规程"。

⑦检查、保养、紧固所有连接螺栓。

⑧检查安全附件是否完好，是否在有效期内。

⑨检查各联锁保护状态是否正常。
(4)检查导热油炉绝热层、防潮层、保护层情况。

1.7.2.6 验收标准

(1)锅炉本体。
①炉内壁和热油盘管表面基本无积灰、结垢现象,炉管表面无损伤,炉管内部畅通。
②支架完好无损伤。
③盘管无变形、鼓包、裂纹,腐蚀程度在设计范围内。
④盘管组与盘管组端盖处密封严密。
⑤炉体前后端盖(烟气出口侧)和盘管组端盖内衬耐火保温层完好,无脱落、烧损、变色、变形现象,钢板无高温碳化现象。
⑥炉体各管道连接处及阀门无明显腐蚀,连接紧固、密封性良好。
⑦盘管组前端密封板无变形,与盘管组间隙在正常范围内。
⑧前端盖密封槽内及炉体内部角钢密封圈内的密封材料已更换,并密封严密。
⑨炉体外观无损伤、变形、过热变色、热油泄漏及明显腐蚀等现象。
⑩炉管、管件外表及管口质量还应符合以下规定:
a. 炉管、管件内外表面平整、无裂纹、折皱、轧折、离层、结疤等缺陷;
b. 内外表面经清洗无锈蚀,炉管端部呈直角无毛刺,胀接管口外表面无纵向沟纹。
⑪炉座基础无裂缝、下沉,地脚螺栓紧固无锈蚀。
⑫导热油炉炉管及各密封面带压试验合格。

(2)燃烧系统。
①燃烧机导向叶片、燃气孔、点火电极等各附件完好洁净。
②负荷调节器连接紧固、动作灵活,正转反转正常。
③燃气挡板、空气挡板动作灵活,机械连杆连接紧固、动作灵活。
④一、二次风门等调节结构牢固可靠,开关灵活。
⑤燃气管线过滤网洁净完好。
⑥点火系统运行正常,燃烧器操作灵活,点火试验效果良好。
⑦火焰检测系统运行正常。
⑧燃烧器的火焰检测器玻璃面洁净。
⑨燃烧器的喷嘴及供气(油)系统管路畅通,连接部位严密、无泄漏;燃烧器试验合格,安装位置符合设计要求。
⑩管道上所有安全功能的元件如控制器、燃气控制阀、检漏装置、风压开关、燃气压力开关等完好正常。

(3)辅助系统。
①氮气灭火管线通畅,电磁阀工作正常,氮气压力正常。
②过滤器洁净无污物,旁滤系统差压正常。
③管线不应有裂纹和明显腐蚀,腐蚀程度在设计允许范围内。
④烟囱、撬块、管架等金属部件的腐蚀在设计允许范围内。

⑤泵类验收要求参见第 2.1 节"泵"的验收。

⑥控制系统验收要求参见第 3 章"自动控制设备检修规程"。

⑦螺栓的紧固应对称均匀、松紧适度、紧固后的螺栓与螺母宜齐平。

⑧安全附件完好,铭牌齐全,使用时间在有效期内,安全阀加锁或铅封,仪表反应灵敏,显示数值准确。

⑨各联锁保护状态正常。

(4)导热油炉绝热层、防潮层、保护层完好,重新制作的还需符合以下几个要求。

①绝热层施工质量应符合以下规定:

a. 捆扎、拼砌式绝热层:捆扎牢固,间距均匀,外观平整,设备封头拼缝均匀,平整圆滑。

b. 缠绕式绝热层:缠绕绳、带缠绕紧密、牢固、无松动,厚度一致,圆整美观。

c. 充填绝热层:应自下而上逐层充填均匀,密度一致,表面平整美观。

d. 粘贴绝热层:粘贴牢固,紧贴工件,拼缝规整严密,表面平整美观。

e. 浇注、喷涂绝热层:与工件粘贴牢固,表面较平整,棱角部位完整美观。

f. 观察孔、检测点、维修处等可拆卸式绝热层:外形平顺美观,工件操作方便。

②防潮层施工质量应符合以下规定:

a. 搭接处应密实、连续,搭接长度不少于 50mm,搭接口应朝下,并用沥青胶贴封。

b. 搭接均匀,粘贴平整,外形整齐美观。

③保护层施工质量应符合以下规定:

a. 金属保护层应紧贴绝热层,搭接口应向下成顺水方向;固定件安装牢固,无松动和脱漏,膨胀缝接缝严密,搭接尺寸正确,间距均匀,外观整齐美观。

b. 毡、箔、布类保护层粘贴严密,搭接成顺水方向,接缝搭接尺寸均匀,外观整洁美观。

c. 抹面保护层表面平整光洁,无干缩裂缝,端部棱角整齐,伸缩缝外观整齐美观。

1.7.2.7 质量验收表

导热油加热炉质量验收表见表 1.32。

表 1.32 导热油加热炉质量验收表

	检修内容	验收标准	备注
导热油炉本体	清理炉内壁和热油盘管表面的污垢,对炉膛内部进行检测	炉内壁和热油盘管表面基本无积灰、结垢现象,炉管表面无损伤,炉管内部畅通	
	检查支架情况	支架完好无损伤	
	检查盘管腐蚀情况	炉管无变形、鼓包、裂纹,腐蚀程度在设计范围内	
	检查盘管组与盘管组端盖处的密封情况	盘管组前端密封板无变形,密封严密,与盘管组间隙在正常范围内	
	检查炉体前后端盖(烟气出口侧)和盘管组端盖内衬耐火保温材料脱落、烧损、变色、变形情况,钢板碳化现象	炉体前后端盖(烟气出口侧)和盘管组端盖内衬耐火保温层完好,无脱落、烧损、变色、变形现象,钢板无高温碳化现象	
	检查炉体各管道连接处、热油泄漏及腐蚀情况	炉体各管道连接处及阀门无明显腐蚀,连接紧固、密封性良好	

续表

检修内容		验收标准	备注
导热油炉本体	更换前端盖密封槽内及炉体内部角钢密封圈内的密封材料	前端盖密封槽内及炉体内部角钢密封圈内的密封材料已更换，并密封严密	
	检查炉体外观	炉体外观无损伤、变形、过热变色、热油泄漏及明显腐蚀等现象	
	检查焊缝的变形、裂纹和损坏情况	炉管、管件内外表面平整、无裂纹、折皱、轧折、离层、结疤等缺陷。内外表面经清洗无锈蚀，炉管端部呈直角无毛刺，胀接管口外表面无纵向沟纹	
	检查炉座基础、地脚螺栓	炉座基础无裂缝、下沉，地脚螺栓紧固无锈蚀	
	检查各法兰密封面等各连接处	导热油炉炉管及各密封面带压试验合格	
燃烧器	检查导向叶片、燃气孔、点火电极等	燃烧机导向叶片、燃气孔、点火电极等各附件完好洁净	
	检查负荷调节器	负荷调节器连接紧固、动作灵活，正转反转正常	
	检查燃气挡板、空气挡板、机械连杆	燃气挡板、空气挡板动作灵活，机械连杆连接紧固、动作灵活	
	检查风门执行机构并润滑	一、二次风门等调节结构牢固可靠，开关灵活	
	维护清洗燃气管线的过滤网	燃气管线过滤网洁净完好	
	检查点火系统	点火系统运行正常，燃烧器操作灵活，点火试验效果良好	
	检查火焰检测系统（电子眼及线路）	火焰检测系统运行正常	
	检查燃烧器的火焰检测器玻璃面	燃烧器的火焰检测器玻璃面洁净	
	检查燃烧器喷嘴、气道	燃烧器的喷嘴及供气（油）系统管路畅通，连接部位严密、无泄漏。燃烧器试验合格，安装位置符合设计要求	
	检查管道上所有安全功能的元件	管道上所有安全功能的元件完好正常	
辅助系统	检查氮气灭火管线、氮气压力	氮气灭火管线通畅，电磁阀工作正常，氮气压力正常	
	检查过滤器	过滤器洁净无污物，旁滤系统差压在正常范围	
	检查管线腐蚀情况	管线不应有裂纹和明显腐蚀，腐蚀程度在设计图样的规定范围内	
	检查烟囱、橇块、管架等金属部件的腐蚀情况	烟囱、橇块、管架等金属部件的腐蚀在设计图样的规定范围内	
	检查、保养、紧固所有连接螺栓	螺栓的紧固应对称均匀、松紧适度、紧固后螺栓的外露长度以2～3螺距为宜	
	检查安全附件	安全附件完好，铭牌齐全，使用时间在有效期内，安全阀加锁或铅封，仪表反应灵敏，显示数值准确	
	检查各联锁保护状态	各联锁保护状态正常	
检查导热油炉绝热层、防潮层、保护层情况		导热油炉绝热层、防潮层、保护层完好。重新制作的还需满足上述施工质量要求	

1.7.3　燃烧炉

1.7.3.1　适用范围

本节适用于天然气处理厂生产装置燃烧炉（包括硫黄回收单元的硫化氢燃烧炉、过程气再热炉、尾气处理装置造气炉、灼烧炉等）以及烟道、烟囱的检修与验收。

1.7.3.2 工作原理及设备结构

燃烧炉（图1.22）主要功能有两个：一是将酸气中部分 H_2S 转化为 SO_2；二是使酸气中的杂质组分在燃烧过程中转化为 N_2、CO_2 等惰性气体。

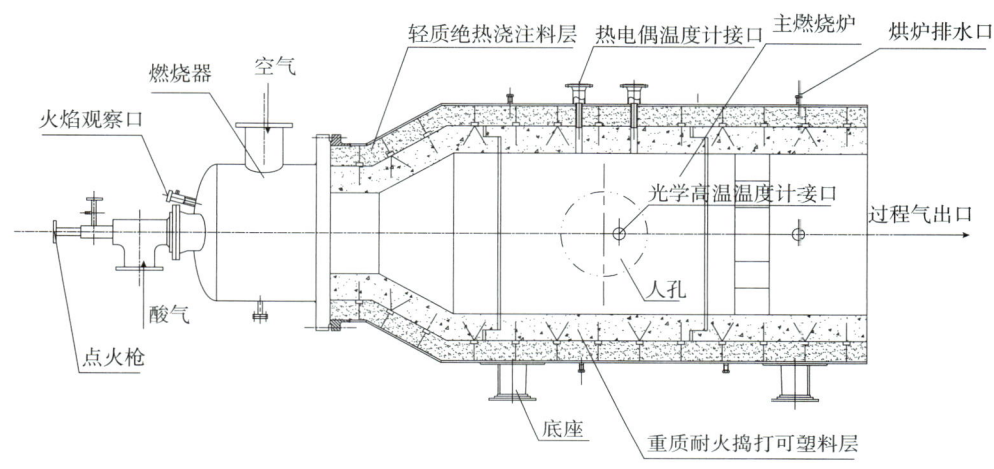

图1.22 燃烧炉结构

1.7.3.3 编写依据

（1）GB/T 19839《工业燃油燃气燃烧器通用技术条件》。
（2）GB/T 30597《燃气燃烧器和燃烧器具用安全和控制装置通用要求》。
（3）GB 50211《工业炉砌筑工程施工与验收规范》。
（4）GB 50309《工业炉砌筑工程质量验收规范》。
（5）GB 50474《隔热耐磨衬里技术规范》。
（6）NB/T 47003.1《钢制焊接常压容器》。
（7）SH/T 3534《石油化工筑炉工程施工质量验收规范》。
（8）TSG 11《锅炉安全技术规程》。
（9）《工业炉设计手册》（机械工业出版社，2010）。

1.7.3.4 检修前准备

（1）完成检修方案审批。
（2）备齐必要的图纸、技术资料及检修材料、备品备件，相关记录表格。
（3）停炉后按降温曲线进行降温，合格后打开炉门、人孔进行通风置换。
（4）切断仪表、进料器、炉子平台底部的照明与动力电源并挂警示标牌，炉内检查采用符合安全防爆要求的照明。
（5）检查前进行工艺、电器能量隔离、受限空间内气体分析。
（6）检修前各项检测指标符合有关安全要求。
（7）完成检修前交底工作。

（8）办理作业票据，落实安全措施。

1.7.3.5　检修内容

（1）燃烧炉。

①检查壳体、接管、法兰及废锅或烟道连接处过热变形、焊缝开裂等情况。

②检查修补炉体、烟道、烟囱、观火孔、防爆门等内部衬里有无开裂和脱落，对破损部位进行修补，清理炉类脱落的衬里材料，检查清扫疏通所有接管，并测厚。

③清洗或更换视镜，清通看火、点火孔通道。

④检查热电偶是否完好，有无泄漏、松动以及保护套管是否完好。

⑤检查防烫板。

（2）燃烧器。

①检查燃烧器点火枪是否有损坏、变形、结垢。

②检查衬里是否完好。

③检查火焰检测器是否正常。

④拆卸和清理视镜及观察孔。

⑤检查吹扫气管线，检查清扫疏通所有接管。

（3）检查和清理燃料气、酸气、空气、氮气、灭火蒸汽管线，维修和保养附属调节机构。

（4）检查炉壁、烟道、烟囱表面焊缝。

（5）检查燃气挡板、空气挡板是否灵活，机械连杆是否松动、灵活等。

（6）检查烟道、烟囱表面有无鼓泡、局部腐蚀和弯曲，并测厚。

（7）检查设备腐蚀情况。

（8）检查固定端及滑动端螺栓、设备基础。

1.7.3.6　验收标准

（1）衬里质量应符合 GB 50211《工业炉砌筑工程施工与验收规范》的要求。

（2）衬里完好，内部衬里无贯穿性开裂和脱落。

（3）挡火墙及耐火砖完好，对于脱落损坏的挡火墙及耐火砖进行更换。

（4）视镜干净、完整，视孔畅通。

（5）热电偶及保护套管完好。

（6）防烫板完好。

（7）炉类无明显衬里材料。

（8）空气嘴畅通完好，无明显腐蚀。

（9）燃料枪畅通。

（10）点火枪高压包点火系统正常，气动伸缩装置正常。

（11）空气箱动作灵活，箱内无沉积物。

（12）火焰检测器镜头干净无水汽，电气连接正常，密封性完好。

（13）检测孔、取样孔畅通。

（14）吹扫气管线畅通。

（15）焊接质量应符合 NB/T 47003.1《钢制焊接常压容器》的要求。
（16）设备表面光滑无裂纹。
（17）挡板调节机构无腐蚀、卡涩且动作灵活，挡板与衬里内壁的间隙符合设计要求，开、关位置与标记指示相一致。
（18）防腐质量符合 SH/T 3606《石油化工涂料防腐蚀工程施工技术规程》的要求。
（19）烟道、烟囱表面无明显鼓泡、局部腐蚀。
（20）固定端地脚螺栓紧固件情况，滑动端能自由滑动。
（21）设备基础稳固，不存在下陷、歪斜，无裂纹等异常现象。

1.7.3.7 质量验收表

燃烧炉质量验收表见表 1.33。

表 1.33 燃烧炉质量验收表

检修内容		验收标准	备注
燃烧炉	检查炉内壁衬里	衬里完好，内部衬里无贯穿性开裂和脱落，衬里裂缝使用耐热陶瓷纤维毡填满，符合 GB 50211《工业炉砌筑工程施工与验收规范》	
	检查挡火墙、耐火砖	挡火墙及耐火砖完好	
	检查视镜及观察孔	视镜干净、完整，视孔畅通	
	检查热电偶	热电偶及保护套管完好	
	检查防烫板	防烫板完好	
	清理炉类脱落的衬里材料	炉类无明显衬里材料	
燃烧器	检查空气嘴	空气嘴畅通完好，无明显腐蚀	
	燃料枪	燃料枪畅通	
	点火枪	点火枪高压包点火系统正常，气动伸缩装置正常	
	检查衬里	衬里完好，内部衬里无贯穿性开裂和脱落，衬里裂缝使用耐热陶瓷纤维毡填满，符合 GB 50211《工业炉砌筑工程施工与验收规范》	
	检查火焰检测器	火焰检测器镜头干净无水汽，电气连接正常，密封性完好	
	视检查镜及观察孔	视镜干净、完整，视孔畅通	
	检查检测孔、取样孔	检测孔、取样孔畅通	
	检查吹扫气管线	吹扫管线畅通	
检查炉壁、烟道、烟囱表面焊缝		（1）焊接质量应符合 NB/T 47003.1《钢制焊接常压容器》； （2）设备表面光滑无裂纹	
检查烟道挡板		挡板调节机构无腐蚀、卡涩且动作灵活，挡板与衬里内壁的间隙符合设计要求，开、关位置与标记指示相一致	
检查设备腐蚀情况		（1）防腐质量符合 SH/T 3606《石油化工涂料防腐蚀工程施工技术规程》； （2）烟道、烟囱表面无明显鼓泡、局部腐蚀	
检查固定端及滑动端螺栓		固定端地脚螺栓紧固件情况，滑动端能自由滑动	
检查设备基础		设备基础稳固，不存在下陷、歪斜，无裂纹等异常现象	

1.7.4 水套炉和真空相变加热炉

1.7.4.1 适用范围

本节适用于天然气处理厂中水套炉和真空相变加热炉的检修与维修。

1.7.4.2 工作原理和设备结构

1.7.4.2.1 水套炉工作原理和设备结构

在水套炉的筒体中，装设了火筒、烟管、盘管等部件，它们占据了筒体的一部分空间，其余的空间装的是水，但水不能装满，在筒体上部留有一部分空间（约为筒体的1/3）。燃料在火筒中燃烧后，产生的热能以辐射、对流等传热形式将热量传给水套中的水，使水的温度升高，并部分汽化，水及其蒸汽再将热量传递给油盘管中的原油，使油获得热量，温度升高（图1.23）。

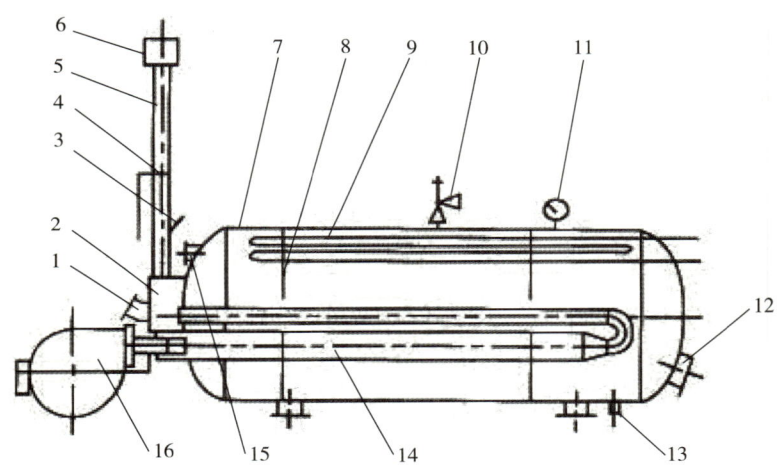

图1.23 水套炉结构简图

1—防爆门；2—烟箱；3—烟气取样口；4—烟囱挡板；5—烟囱；6—烟囱附件；7—壳体；8—花板；9—盘管；10—安全阀；11—压力表；12—检查口；13—排污口；14—火筒；15—液面计；16—燃烧器

1.7.4.2.2 真空相变加热炉工作原理和设备结构

燃烧器将燃料充分燃烧，热量经加热炉火筒（辐射受热面）及烟管（对流受热面）传递给锅壳内中间介质水，水受热沸腾由液相变为汽相蒸发，水蒸气逐步充满炉体的汽相空间，由于盘管内被加热介质管壁温度远低于蒸汽温度，从而使蒸汽在盘管外壁冷凝，并把热量传递给盘管内介质。冷凝后的水在重力作用下落回水空间。如此循环往复，实现了相变换热过程（图1.24）。

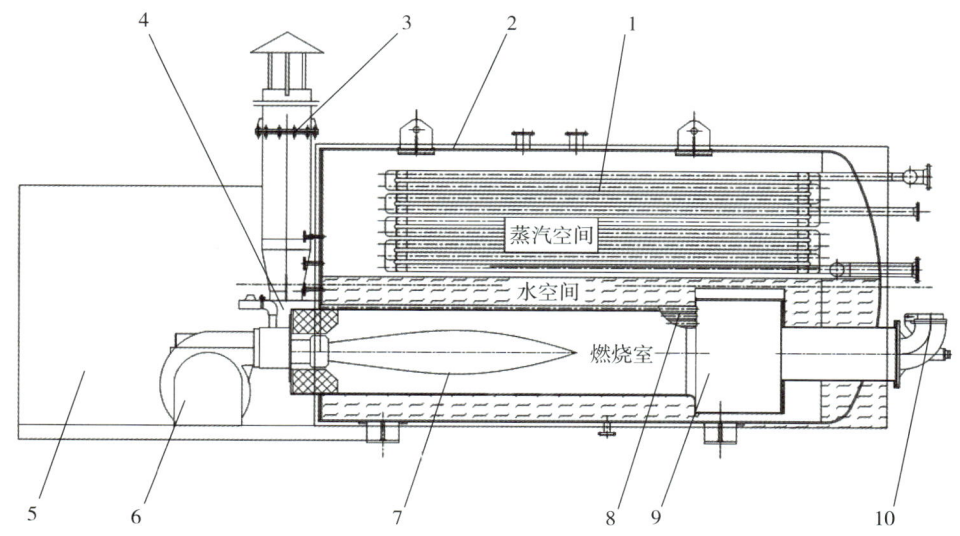

图1.24 真空相变加热炉结构简图

1—盘管；2—本体；3—烟囱；4—烟箱；5—操作间；6—燃烧器；7—火筒；8—烟筒；9—回烟室；10—防爆门

1.7.4.3 编写依据

（1）GB 151《热交换器》。

（2）GB 713《锅炉和压力容器用钢板》。

（3）GB/T 8163《输送流体用无缝钢管》。

（4）GB/T 8923.2《涂覆涂料前钢材表面处理 表面清洁度的目视评定 第2部分：已涂覆过的钢材表面局部清除原有涂层后的处理等级》。

（5）GB 9078《工业炉窑大气污染排放标准》。

（6）GB 16508.4《锅壳锅炉 第4部分：制造、检验与验收》。

（7）GB/T 33840《水套加热炉通用技术要求》。

（8）GB 50273《锅炉安装工程施工及验收标准》。

（9）GB/T 51175《炼油装置火焰加热炉工程技术规范》。

（10）JB/T 1621《工业锅炉烟箱、钢制烟囱 技术条件》。

（11）NB/T 47014《承压设备焊接工艺评定》。

（12）SY 0031《石油工业用加热炉安全规程》。

（13）SY/T 0540《石油工业用加热炉型式与基本参数》。

（14）SY/T 5262《火筒式加热炉规范》。

1.7.4.4 检修前准备

（1）检修单位应具备相应的锅炉或压力容器制造许可证。

（2）施工前应制定检修方案，检修方案至少包括以下内容：检修项目概况、检修人员分工及资质清单、检修设备的隔离方法、检修项目清单、人员防护方法、应急措施。

（3）参与检修的人员应该进行检修方案及安全措施培训，特别是临时承包商员工，要进行入厂三级培训,考核合格后,达到要求方可施工。

(4)材料应按相关标准的要求进行入厂验收,合格后方可使用。

(5)炉体如需重大修理,按照规定办理告知并申请监督检验后,方可施工。

1.7.4.5 检修内容

1.7.4.5.1 燃烧器检修

(1)燃烧器处于停机状态,并且切断全部电源和燃料气来源,排尽燃气管道中的残留气体。

(2)拆卸信号线、燃料气接头、燃烧器法兰。

(3)卸下燃烧器并平稳放至地面。

(4)检查燃烧器的火焰检测器玻璃面是否积灰。

(5)检查燃烧器喷嘴、气道是否有变形、损耗、积灰、结垢等。

(6)检查燃烧器点火电极是否有结焦、变形。

(7)检查负荷调节器是否松动、位置改变、动作灵活。转向是否正常,内部接线是否松动等。

(8)检查燃气挡板、空气挡板是否灵活,机械连杆是否松动、灵活等。

(9)检查火焰检测系统是否正常(电子眼及线路)。

(10)检查调压阀调压性能是否正常。

(11)检查管道上所有压力开关、压力表是否正常。

(12)检查主电磁阀、点火电磁阀及点火系统的工作情况。

(13)检查安全功能的元件如控制器、火焰监测装置、燃气控制阀、检漏装置、风压开关、燃气压力开关等是否完好。

(14)检查风门执行机构并润滑。

(15)对燃气管线的减压阀、电磁阀、过滤网维护清洗。

1.7.4.5.2 控制系统检修

(1)回装燃烧器,恢复燃气管线连接、仪表、电气接线。

(2)控制器送电,做相关的报警实验测试。

(3)检查控制柜柜体有无松动、过热、异味。

(4)检查控制柜端子有无变色、生锈、附着灰尘。

(5)检查控制柜各种显示灯点亮及熄灭是否正常。

(6)检查控制柜启动及停止结构是否有时序紊乱。

(7)检查现场计量仪表(压力表、温度计)显示是否正常。

1.7.4.5.3 本体检修

(1)检查炉座基础是否裂缝、下沉等,螺栓是否松动腐蚀。

(2)检查炉体保温材料外观是否出现变色、变形、脱落。

(3)检查炉体外观有无损伤、变形、过热引起变色、介质泄漏及明显腐蚀。

(4)检修时应对炉体进行除垢,并清理烟室内的积垢。在结垢无法进行机械除垢时,应进行酸洗除垢。

（5）加热炉人孔和防爆门等处的垫片密封如有损坏，应进行更换。

（6）检查炉体各管道连接处及阀门有无损伤、松动、介质泄漏及明显腐蚀。

（7）全面检查烟管、盘管、火筒有无腐蚀、鼓包、裂纹等情况。

（8）检查烟道挡板是否动作灵活，位置适当。

（9）检查加热炉进出口阀门，紧急放空阀门是否灵活，严密，管线是否畅通。

（10）检查炉顶真空阀是否良好。

（11）检查烟囱绷绳、避雷和接地装置是否符合规程的规定。

（12）全面检查各部件的连接情况，保证油、气、风、水、电等无渗漏。

（13）检查、紧固电器设备的接线情况，仪表是否按期校验。

（14）检查燃烧机连接是否紧固，清洁清理燃气阀过滤网和电动机风扇上的积灰。

（15）检查燃烧机阀组，并进行性能试验。

（16）检查炉体及烟囱等金属件是否腐蚀，并及时进行除锈和防腐。

（17）停用的加热炉在进入冬季前搞好防冻防凝措施。

（18）检查加热盘管及支架有无损伤、局部过热、腐蚀泄漏，对炉内盘管进行壁厚检测抽查，盘管与拉筋焊缝进行渗透检测。

（19）检查炉管腐蚀、变形、鼓包、裂纹及焊口质量情况，炉管可采用超声波测厚仪来检测炉管壁厚，核实腐蚀情况，腐蚀量在正常范围内且无上述问题时，炉管无需更换。

（20）检查盘管组与盘管组端盖处的密封情况，如有密封不严处，需进行修补。

（21）检查盘管组前端密封板是否变形，与盘管组间隙是否过大，过大时需进行修补。

（22）更换前端盖密封槽内及炉体内部角钢密封圈内的密封材料。

（23）检查前端盖和盘管组端盖耐火保温衬里，是否有脱落、烧损现象，如果有须将保温层进行修复。

1.7.4.6 验收标准

1.7.4.6.1 燃烧系统

（1）燃烧器的火焰检测器玻璃面清洁、无灰尘。

（2）燃烧器喷嘴和气道无变形、损耗、积灰、结垢。

（3）燃烧器点火电极无结焦、变形等缺陷。

（4）负荷调节器无松动、位置改变等缺陷，动作灵活，转向正常，内部接线紧固、无松动等。

（5）燃气挡板、空气挡板灵活，机械连杆无松动、卡塞等。

（6）火焰检测系统检测合格（电子眼及线路）。

（7）调压阀调压性能检测合格。

（8）管道上所有压力开关、压力表检测合格。

（9）主电磁阀、点火电磁阀及点火系统的工作情况正常。

（10）安全功能的元件如控制器、火焰监测装置、燃气控制阀、检漏装置、风压开关、燃气压力开关等完好。

(11)风门执行机构工作正常,灵活、无卡塞。

(12)燃气管线的减压阀、电磁阀、过滤网维护清洗完成。

1.7.4.6.2　控制系统

(1)燃烧器、燃气管线连接、仪表、电气接线等回装完成。

(2)控制器相关的报警实验测试合格。

(3)控制柜柜体无松动、过热、异味。

(4)检查控制柜端子无变色、生锈、灰尘。

(5)控制柜各种显示灯点亮及熄灭工作正常。

(6)控制柜启动及停止结构无时序紊乱。

(7)计量仪表(压力表、温度计)显示正常。

1.7.4.6.3　炉壳及火筒

(1)炉壳、炉胆单个筒节长度应不小于300mm。

(2)火筒、壳体每个筒节纵向焊接接头数应符合下列规定:

①当公称直径不大于1800mm时,不应多于两条。

②当公称直径大于1800mm时,不应多于三条。

③每个筒节两条纵向焊接接头中心线间外圆弧长不小于500mm。

(3)管板的拼接接头数不应多于一条,并应对拼接焊接接头采用双面对接焊全焊透工艺。

(4)火筒、壳体上相邻两筒节的纵向焊接接头以及封头、管板的拼接焊接接头与相邻筒节的纵向焊接接头中心线间外圆弧长应大于相邻筒节钢材厚度的3倍,且不应小于100mm。

(5)受压元件主要焊缝及其邻近区域应避免焊接附件。如不能避免时,则焊接附件的焊缝可以穿过主要焊缝,而不应当在主要焊缝及其邻近区域终止。

(6)炉壳上的开孔应尽量避开焊缝,若开孔通过或邻近壳体纵、环焊缝时,则应保证在管孔周围60mm(如果开孔直径大于60mm,则取孔径值)范围内的焊缝经过射线或超声波检测合格,并且焊缝在管孔边缘不存在夹渣缺陷。

(7)凡被支座、垫板、补强圈覆盖的焊接接头、应打磨至与母材齐平,并进行100%射线检测,Ⅱ级为合格;合格后再进行各部件的焊接。

(8)受压元件的表面因机械损伤,使受压元件表面凹陷深度在0.5~1.0mm范围内,应修磨成圆滑过渡,修磨范围内的斜度至少为1:3,超过1mm时应补焊磨平。

(9)炉壳的纵向、环向焊缝两边的钢板中心应当对齐。炉壳环缝两侧的钢板不等厚时,一般应采用中轴线对齐,也允许一侧的边缘对齐。公称壁厚不同的两元件或钢板对接时,两侧中任何一侧的名义边缘厚度差值若超过如下第(10)条规定的边缘差值,则厚板的边缘则需削至与薄板边缘齐平(厚板削薄后需满足强度校核要求),削出的斜面应平滑,并且斜率不大于1:3,必要时,焊缝的宽度可在斜面内。

(10)炉壳对接焊缝边缘偏差规定如下:

①纵缝或封头拼接焊缝两边钢板的实际边缘偏差值不大于名义板厚的10%,且不超过3mm。

②环缝两边钢板的实际边缘偏差值(包括板厚差在内)不大于名义板厚的15%加

1mm，且不超过 6mm。

③不同厚度的两元件或钢板对接并且边缘已削薄的，按钢板厚度相同对待，上述的名义板厚指薄板；不同厚度的钢板对接但不带削薄的，则上述的名义板厚指厚板。

（11）炉壳纵向焊缝的棱角度不应大于 4mm，火筒纵向焊缝的棱角度不应大于 3mm，宜用弦长为名义内径的 1/6，且不小于 300mm 的样板进行测量。

（12）受压元件成形后的实际厚度应不小于设计要求的成品最小成形厚度。管板扳边圆弧和波形火筒波纹最薄处的厚度应不小于设计厚度的 85%。波形火筒的波距偏差为 ±10mm，波纹深度偏差为 ±5。

（13）炉壳组焊后，直线度应不大于长度的 1/1000，且应不大于 20mm；炉胆筒节组焊后，直线度应不大于长度的 1/1000，且不应大于 8mm。

（14）管板直径偏差最大与最小直径差、平面度以及火筒的内直径偏差不应超过表 1.34 的规定。

表 1.34 管板尺寸允许偏差

公称内径（mm）	直径偏差（mm）	最大与最小直径差（mm）	管板平面度（mm）
DN≤1000	+3 −2	3	2

（15）火管与烟管上的连接弯头可使用焊接弯头，焊接弯头内侧两焊缝中心线之间的最小距离不应小于 100mm。

（16）当烟气温度大于 900℃时，烟管与管板的连接应按设计规定进行预胀，并应消除管端和孔壁间隙。

（17）烟囱直线度不应大于长度的 3/1000，且不应大于 20mm。

（18）法兰与烟囱焊接后的端面倾斜度不应大于 2.5mm。

（19）烟囱直径偏差不应超过 ±3mm。

（20）火筒组焊后，直线度不应大于长度的 1/1000，且不应大于 8mm。壳体组焊后，直线度不应大于长度的 1/1000，且不应大于 20mm。

（21）焊缝返修：

①当焊缝需要返修时，应找出缺陷原因，制订可行的返修方案和工艺。

②补焊前，缺陷应彻底清除（必要时进行无损检测确认）。不应在有水或潮湿的情况下进行返修。

③补焊后，补焊区应进行外观检查。对于受压元件，补焊后还应进行无损检测检查。

④需要进行焊后热处理的，补焊后应当做焊后热处理。

⑤同一位置上的返修不宜超过 2 次，如果超过 2 次，应当经技术负责人批准，返修的部位、次数、返修情况应当存入加热炉的产品技术档案。

1.7.4.6.4 换热管

（1）换热管的外观尺寸偏差应符合 GB 151《热交换器》和设计文件的要求。

（2）管子与外径相同而壁厚不同的弯头对接时，若壁厚差值大于1mm，应将厚壁件削薄，削薄长度至少为削薄厚度的4倍，如图1.25所示。

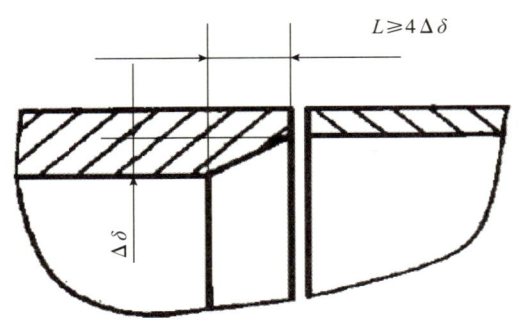

图1.25　换热管管壁削薄示意图

（3）管子与公称直径相同而实际外径不同的弯头对接时，中心线偏差ΔC不应大于1mm，如图1.26所示。

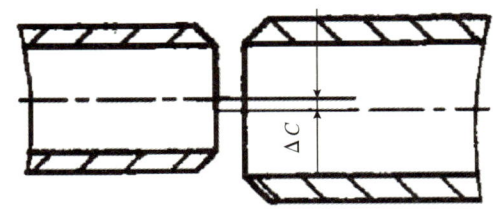

图1.26　不等径弯头对接示意图

（4）每组加热盘管应平齐，长度相差不超过2mm，盘管的直管段宜用整根钢管制作。若需拼接时，只允许拼接一次，拼接后每米长的直线度不应大于1.5mm，相邻焊接接头距离不应小于500mm。

（5）换热管拼接时，应符合以下几个要求。

①焊接接头应作焊接工艺评定。试件的数量、尺寸、试验方法按NB/T 47014《承压设备焊接工艺评定》的规定。

②对接接头不得超过两条；最短直管长不应小于300mm，包括至少50mm直管段的"U"形弯管段范围内不得有拼接接头。

③对接接头的管端坡口应采用机械方法加工，焊前应清理干净，清理长度不小于管外径，且不小于25mm。

④对口错边量应不超过换热管壁厚的15%，且不大于0.5mm；并不得影响穿管。

⑤对接后，应进行通球检查，以钢球通过为合格。

（6）"U"形换热管弯段的最小弯曲半径R不宜小于两倍的换热管外径，常用"U"形换热管的最小弯曲半径R_{min}可按表1.35选取，如图1.27所示。

表 1.35　换热管最小弯曲半径

换热管外径（mm）	14	19	25	32	38	45	57
R_{min}（mm）	30	40	50	65	76	90	115

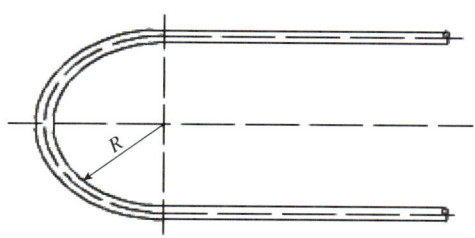

图 1.27　换热管弯曲半径图

（7）型管的弯管段的圆度偏差，应符合下列要求：

①弯曲半径不小于 2.5 倍换热管名义外径时，圆度偏差应不大于换热管名义外径 10%；

②弯曲半径小于 2.5 倍换热管名义外径时，圆度偏差应不大于换热管名义外径 15%。

1.7.4.6.5　酸洗

（1）锅炉受热面严重锈蚀，或水垢的平均厚度在 0.5mm 以上，且水垢对受热面的覆盖率在 80% 以上，宜采取酸洗的方法除垢。

（2）酸洗除垢必须在有经验的技术人员指导下进行，并对酸洗的方案经小组反复评审，制定切实可行的酸洗方案。

（3）无论采用何种缓蚀剂都不可避免对锅炉有轻微腐蚀作用。20 号钢的腐蚀速度为 $0.85g/(m^2 \cdot h)$，故酸洗除垢不宜多次采用（不超过 10 次）。

（4）对铆缝、胀口等部位有裂缝或渗漏缺陷的锅炉，必须清除这些缺陷，否则不允许酸洗除垢。

（5）酸洗时，操作人员应佩戴好防护用品（防酸手套、塑料围裙、口罩、眼镜），打开门窗，以防伤害身体。严禁在工作场所进行焊接，吸烟或取用明火，以防氢气爆炸造成人身伤亡和其他损失。

（6）酸洗前应将锅炉的供水口，蒸汽出口及排污管道用盲板可靠隔绝，打开排空阀，使酸洗时产生的气体顺利排出。

（7）酸洗温度应控制在 25 ~ 60℃为宜。

（8）酸洗过程中发现的问题和化验数据一定要认真记录。对无酸洗技术经验的单位应委托酸洗专业队伍承担酸洗工作。

1.7.4.6.6　烟囱及附件

烟囱、烟道组对、焊接、安装外观质量应符合以下几个规定。

（1）烟囱、烟道外形结构、焊接和安装符合设计要求，烟囱垂直、烟道平直，烟囱牵拉锚点位置合适。

（2）焊缝无裂纹，焊肉饱满，牵拉绳受力均匀。

（3）膨胀补偿器和挡板安装质量应符合如下规定：
①膨胀补偿器和挡板安装位置、挡板与内衬里间隙符合图样要求，膨胀补偿器经预拉伸。
②膨胀补偿器预拉伸量符合设计规定并记录齐全，挡板在衬里内转动灵活，开、关位置与指示标记相符。

1.7.4.6.7 平台梯子

（1）平台梯子的外观质量应符合以下规定：
①焊渣清除干净，安装的接合面应平整，平台板上表面无明显损伤和凹凸不平。
②焊缝外形美观，成形良好，焊缝过渡平滑，飞溅物清除干净。
③母材表面不应有损伤，工装卡具的焊疤已经修磨平整，构件应有明显的标记。

（2）构件焊缝的外观质量应符合以下规定：
①焊缝的表面不得有烧穿、裂纹、气孔、夹渣及超标咬边，角焊缝焊脚高不得低于设计要求，间断焊缝的断开长度符合图样要求，焊缝表面应清理干净。
②焊缝的宽度、高度均匀，焊缝成形美观，焊缝两侧无飞溅物。

（3）平台、梯子、栏杆安装应符合以下规定：
①安装应牢固，平台应开排水孔，梯子踏步应水平，构件应无毛刺和锐棱。
②栏杆应横平竖直，栏杆、扶手的转弯处应平滑，排水孔应钻孔，螺栓安装方向一致，螺纹露出螺母均匀。

1.7.4.6.8 其他

（1）物料、燃料、空气等管道检修按照工业管道检修规定执行；
（2）手动阀、调节阀、安全阀等阀门依据阀门检修规定进行。

1.7.4.7 质量验收表

水套炉和真空相变加热炉质量验收表见表 1.36。

表 1.36 水套炉和真空相变加热炉质量验收表

	检修内容	验收标准	备注
燃烧器检修	检查燃烧器的火焰检测器	燃烧器的火焰检测器玻璃面无积灰	
	检查燃烧器喷嘴、气道	燃烧器喷嘴、气道无变形、损耗、积灰、结垢等	
	检查燃烧器点火电极	燃烧器点火电极无结焦、变形	
	检查负荷调节器	负荷调节器无松动，转向正常，内部接线无松动	
	检查燃气挡板、空气挡板	燃气挡板、空气挡板动作灵活，机械连杆无松动	
	检查火焰检测系统	火焰检测系统正常	
	检查调压阀	调压阀调压性能正常	
	检查管道上所有压力开关、压力表	管道上所有压力开关、压力表正常	
	检查主电磁阀、点火电磁阀及点火系统的工作情况	主电磁阀、点火电磁阀及点火系统的工作正常	
	检查风门执行机构	风门执行机构工作正常并进行润滑	
	对燃气管线的减压阀、电磁阀、过滤网维护清洗	燃气管线的减压阀、电磁阀、过滤网清洗干净	

续表

	检修内容	验收标准	备注
控制系统检修	检查控制柜柜体	控制柜柜体无松动、过热、异味	
	检查控制柜端子	控制柜端子无变色、生锈、附着灰尘	
	检查控制柜各种显示灯	控制柜各种显示灯点亮及熄灭正常	
	检查控制柜启动及停止结构	控制柜启动及停止结构无时序紊乱	
	检查现场计量仪表	现场计量仪表（压力表、温度计）显示正常	
本体检修	检查炉座基础、螺栓	炉座基础无裂缝、下沉等，螺栓无松动腐蚀	
	检查炉体保温材料	炉体保温材料外观未出现变色、变形、脱落	
	检查炉体外观	炉体外观无损伤、变形、过热引起变色、介质泄漏及明显腐蚀	
	检修时应对炉体进行除垢，并清理烟室内的积垢。在结垢无法进行机械除垢时，应进行酸洗除垢	炉体、烟室已除垢干净	
	加热炉人孔和防爆门等处的垫片密封如有损坏，应进行更换	加热炉人孔和防爆门等处的垫片已更换	
	检查炉体各管道连接处及阀门	炉体各管道连接处及阀门无损伤、松动、介质泄漏及明显腐蚀	
	全面检查烟管、盘管、火筒	烟管、盘管、火筒无腐蚀、鼓包、裂纹等情况	
	检查烟道挡板	烟道挡板动作灵活，位置适当	
	检查加热炉进出口阀门，紧急放空阀门	加热炉进出口阀门，紧急放空阀门动作灵活，严密，管线畅通	
	检查炉顶真空阀	炉顶真空阀状况良好	
	检查烟囱绷绳、避雷和接地装置	烟囱绷绳、避雷和接地装置符合规程的规定	
	全面检查各部件的连接情况	各部件的连接情况良好，油、气、风、水、电等无渗漏	
	检查、紧固电器设备的接线情况，仪表是否按期校验	电器设备的接线情况良好，仪表按期校验	
	检查燃烧机连接是否紧固，清洁清理燃气阀过滤网和电动机风扇上的积灰	燃烧机连接紧固，燃气阀过滤网和电动机风扇上的积灰已清理	
	检查燃烧机阀组，并进行性能试验	燃烧机阀组状况良好，已进行性能试验	
	检查炉体及烟囱等金属件	炉体及烟囱等金属件无腐蚀，若有腐蚀情况，及时进行除锈和防腐	
	检查加热盘管及支架	加热盘管及支架无损伤、局部过热、腐蚀泄漏，炉内盘管已进行壁厚检测抽查，盘管与拉筋焊缝已进行渗透检测	
	检查炉管腐蚀、变形、鼓包、裂纹及焊口质量情况	炉管无腐蚀、变形、鼓包、裂纹及焊口质量情况，腐蚀量在正常范围内	
	检查盘管组与盘管组端盖处的密封情况，如有密封不严处，需进行修补	盘管组与盘管组端盖处的密封情况良好	
	检查盘管组前端密封板是否变形，与盘管组间隙是否过大，过大时需进行修补	盘管组前端密封板无变形，与盘管组间隙正常	

续表

检修内容		验收标准	备注
本体检修	更换前端盖密封槽内及炉体内部角钢密封圈内的密封材料	前端盖密封槽内及炉体内部角钢密封圈内的密封材料已更换	
	检查前端盖和盘管组端盖耐火保温衬里,是否有脱落、烧损现象,如果有须将保温层进行修复	前端盖和盘管组端盖耐火保温衬里,无脱落、烧损现象	

1.8 反应器

1.8.1 固定床反应器

1.8.1.1 适用范围

本节适用于天然气处理厂固定床反应器(如克劳斯硫黄回收反应器、尾气加氢反应器)等的检修和验收。

1.8.1.2 工作原理及设备结构

固定床反应器是装填有固体催化剂或固体反应物用以实现气固相催化反应过程的一种反应器。催化剂通常呈颗粒状,粒径为 2~15mm,堆积成一定高度(或厚度)的床层(图 1.28)。

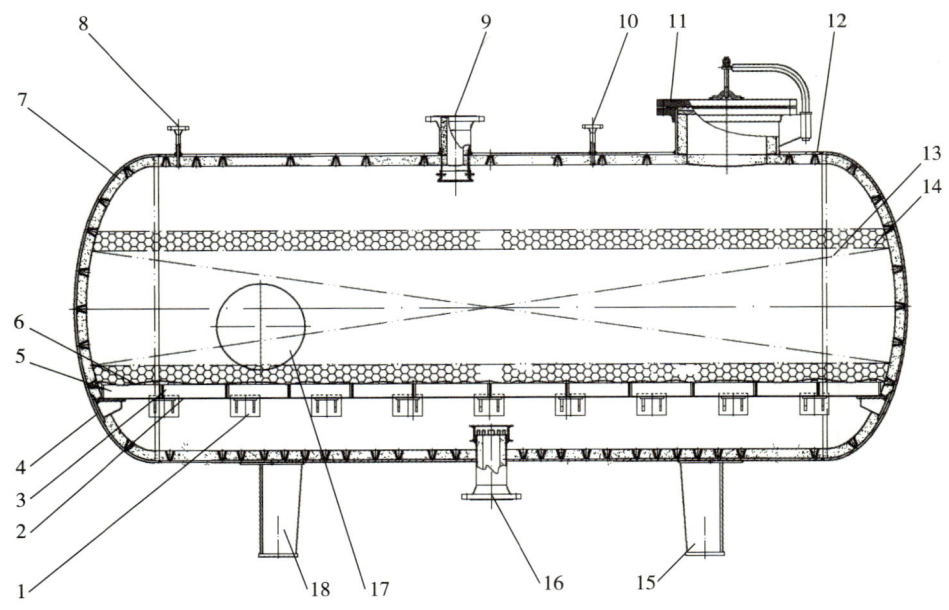

图 1.28 固定床反应器结构简图

1—支耳;2—防漏板;3—栅板;4—封头;5—栅板;6—丝网;7—隔热层;8—排气口;
9—过程气入口;10—测温口;11—人孔;12—筒体;13—催化剂;14—惰性氧化铝瓷球;
15—滑动鞍座;16—过程气出口;17—人孔;18—固定鞍座

1.8.1.3　编写依据

(1) GB 50474《隔热耐磨衬里技术规范》。
(2) NB/T 47042《卧式容器》。
(3) TSG 21《固定式压力容器安全技术监察规程》。

1.8.1.4　检修准备

(1) 完成检修方案审批。
(2) 备齐图纸、技术资料、相关记录表格。
(3) 备齐机具、量具、材料和劳动保护用品。
(4) 设备已与系统隔离并上锁挂牌，介质已排放干净，氮气置换、空气吹扫合格。
(5) 检修前各项检测指标符合有关安全要求。
(6) 完成检修前交底工作。
(7) 办理作业票据，落实安全措施。
(8) 其他需要准备的工作。

1.8.1.5　检修内容

(1) 检查反应器内构件及焊缝的变形、裂纹和损坏情况。
(2) 检查反应器催化剂的粉化、破损、板结、堵塞情况，对催化剂进行筛分、重新填装。
(3) 检查容器的内部衬里有无开裂和脱落，对破损部位应进行修补。
(4) 检查栅板、丝网和进口分布器等内构件腐蚀情况，修理或更换设备内构件。
(5) 检查壳体的腐蚀、变形和各部位焊缝完好情况。
(6) 对壁厚进行检测，记录检测数据。
(7) 检查并更换腐蚀严重的法兰连接螺栓及法兰垫片。保养、紧固所有连接螺栓、螺母。
(8) 检查反应器外观及安全附件。
(9) 检查反应器基础、地脚螺栓。
(10) 检查反应器外部防腐层、保温层及伴热。
(11) 检查、保养、紧固所有连接螺栓。

1.8.1.6　验收标准

(1) 反应器内构件及焊缝无变形、裂纹和损坏。
(2) 催化剂应清洁、无破碎或变形，破碎变形者应拣出；催化剂填充质量、高度、体积应符合设计要求。
(3) 衬里质量符合 GB 50474《隔热耐磨衬里技术规范》的规定；衬里混凝土的密实度应用 0.5kg 手锤，并以 350mm 的间距轻轻敲击检查，声音应铿实、清脆、无松动、无空鼓声。
(4) 格栅、丝网和进口分布器等内构件满足以下要求：

①格栅与丝网之间的连接要牢固，金属丝表面应光滑，不得有裂纹、起皮和氧化皮，较重的氧化色，网面应平整、清洁，编织紧密，不得有机械损伤、锈斑。
②允许有接头，但应编结良好。
③容器内侧和格栅外缘之间的间隙满足反应器装配图的要求。

④进口分布器不应有腐蚀穿孔。

（5）反应器罐壁及盘管管束应无严重腐蚀；各部位焊接完好。

（6）用超声波测厚仪或其他设备仪器检查设备腐蚀减薄情况，记录检测数据，分析腐蚀速率。

（7）螺栓、螺母齐全，螺栓连接牢固。人（手）孔、接管法兰、阀门等连接处更换新垫片，无泄漏。

（8）反应器外观无严重的凹陷、鼓包、折皱、渗漏穿孔及板材减薄等现象，仪表设施、安全附件在有效期内，铭牌等附件安装齐全。

（9）基础不得出现下沉、开裂，地脚螺栓不得出现松动或腐蚀。地脚螺栓的螺母和垫圈齐全，锁紧螺母与螺母、螺母与垫圈、垫圈与设备底座间的接触良好。紧固后的螺栓与螺母宜齐平。螺纹外露部分应涂防锈脂。

（10）防腐质量要求详见第6章"防腐工程检修规程"。绝热质量要求详见第7章"绝热工程检修规程"。

1.8.1.7 质量验收表

固定床反应器质量验收表见表1.37。

表1.37 固定床反应器质量验收表

检修内容	验收标准	备注
检查反应器内构件及焊缝的变形、裂纹和损坏情况	反应器内构件及焊缝的无变形、裂纹和损坏	
检查反应器催化剂的粉化、破损、堵塞情况；对催化剂进行筛分、重新填装	催化剂应清洁、无破碎或变形，破碎变形者应拣出；催化剂填充质量、高度、体积应符合设计要求	
检查容器的内部衬里有无开裂和脱落，对破损部位应进行修补	衬里混凝土的密实度使用0.5kg手锤，并以350mm的间距轻轻敲击检查，声音应铿实、清脆、无松动、无空鼓声	
检查格栅、丝网，修理或更换格栅、丝网	格栅与丝网之间的连接要牢固；金属丝表面应光滑，网面应平整、清洁；容器内侧和格栅外缘之间的间隙满足反应器装配图的要求	
检查瓷球	瓷球干净无污垢，铺设均匀平整	
检查进口分布器	进口分布器不应有腐蚀穿孔	
检查设备其他内构件	内构件无严重腐蚀，完好	
检查壳体的腐蚀、变形和各部位焊缝完好情况	反应器罐壁应无严重腐蚀；各部位焊接完好	
对设备壁厚进行检测，记录检测数据	检查、记录设备腐蚀减薄情况，分析腐蚀速率	
检查、清洁密封面，更换垫片	密封面清洁无污垢，垫片采用新垫片，介质无泄漏	
检查反应器外观	反应器外观无严重的凹陷、鼓包、折皱、渗漏穿孔及板材减薄等现象	
检查反应器安全附件	仪表设施、安全附件在有效期内，铭牌等附件安装齐全	

续表

检修内容	验收标准	备注
检查反应器基础、地脚螺栓	基础无下沉、开裂,地脚螺栓无松动	
检查反应器外部防腐层、保温层及伴热	防腐质量要求详见第6章"防腐工程检修规程"。绝热质量要求详见第7章"绝热工程检修规程"。	
检查、保养、紧固所有连接螺栓、螺母	螺栓、螺母齐全,螺栓连接牢固	

1.8.2 吸附塔/器

1.8.2.1 适用范围

本节适用于操作压力低于10.0MPa（包括真空）、设计温度为 $-20 \sim 330℃$ 的以分子筛、氧化铝等为吸附剂的吸附塔/器的检修和验收。

1.8.2.2 设备结构及工作原理

装填有分子筛、氧化铝等为吸附剂的吸附塔/器,有床层支撑梁和支撑栅板、顶部和底部的气体进口、出口管嘴和分配器、装卸口、排料口及取样口、温度计插孔等（图1.29）。

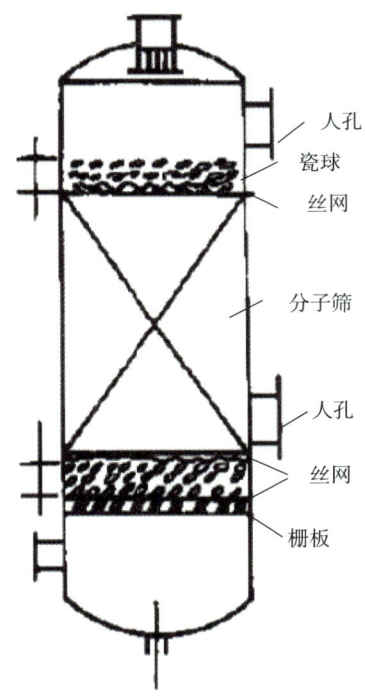

图1.29 吸附塔/器结构简图

1.8.2.3 编写依据

（1）GB 150《压力容器》。

（2）GB 567.1 ~ 567.3《爆破片安全装置》。

（3）GB/T 5330《工业用金属丝编织方孔筛网》。

（4）GB 50474《隔热耐磨衬里技术规范》。
（5）NB/T 47041《塔式容器》。
（6）SY 4201.2《石油天然气建设工程施工质量验收规范 设备安装工程 第 2 部分：塔类》。
（7）TSG 21《固定式压力容器安全技术监察规程》。

1.8.2.4　检修准备

（1）完成检修方案审批。
（2）备齐图纸、技术资料、相关记录表格。
（3）备齐机具、量具、材料和劳动保护用品。
（4）设备已与系统隔离并上锁挂牌，介质已排放干净，氮气置换、空气吹扫合格。
（5）检修前各项检测指标符合有关安全要求。
（6）完成检修前交底工作。
（7）办理作业票据，落实安全措施。
（8）其他需要准备的工作。

1.8.2.5　检修内容

（1）检查吸附塔/器内部污垢、堵塞情况，对容器内部进行清理、清洗。
（2）检查吸附塔/器内栅板、丝网、瓷球的变形和损坏情况。
（3）检查吸附塔/器分子筛填料的粉化、破损、板结、堵塞情况，吸附剂填充质量、高度、体积应符合设计要求。
（4）检查吸附塔/器的内部衬里有无开裂和脱落，对破损部位应进行修补。
（5）检查吸附塔/器内壁、内构件的腐蚀情况。
（6）对壁厚进行检测，记录检测数据。
（7）检查、清洁密封面，检查或更换密封垫片。
（8）检查吸附塔/器外观及安全附件。
（9）检查设备基础、地脚螺栓。
（10）检查外部防腐层、保温层及伴热。
（11）检查、保养、紧固所有连接螺栓。

1.8.2.6　验收标准

（1）吸附塔/器内壁表面无锈蚀，无锈渣。
（2）符合 GB/T 5330《工业用金属丝编织方孔筛网》的规定：格栅与丝网之间的连接要牢固，金属丝表面应光滑，不得有裂纹、起皮和氧化皮，较重的氧化色，网面应平整、清洁，编织紧密，不得有机械损伤、锈斑。允许有接头，但应编结良好；容器内侧和格栅外缘之间的间隙满足反应器装配图的要求；瓷球干净无污垢，铺设均匀平整。
（3）符合 SY 4201.2《石油天然气建设工程施工质量验收规范 设备安装工程 第 2 部分：塔类》的规定：吸附剂应干净，不得含泥沙、油污和污物；吸附剂无破碎或变形，破碎变形者应拣出；吸附剂应从塔壁开始向中心均匀填平，填料层表面平整；吸附剂填充质量、高度、体积应符合设计要求。
（4）符合 GB 50474《隔热耐磨衬里技术规范》的规定：衬里混凝土的密实度应用 0.5kg

手锤，并以 350mm 的间距轻轻敲击检查，声音应铿实、清脆、无松动、无空鼓声。

（5）吸附塔/器内壁、内构件的腐蚀、焊接情况：

①吸附塔/器罐壁应无严重腐蚀。

②各部位焊接完好。

（6）用超声波测厚仪或其他设备仪器检查设备腐蚀减薄情况，记录检测数据，分析腐蚀速率。

（7）更换垫片采用新垫片，介质无泄漏。

（8）吸附塔/器外观无严重的凹陷、鼓包、折皱、渗漏穿孔及板材减薄等现象，仪表设施、安全附件在有效期内，铭牌等附件安装齐全。

（9）基础不得出现下沉、开裂，地脚螺栓不得出现松动或腐蚀。地脚螺栓的螺母和垫圈齐全，锁紧螺母与螺母、螺母与垫圈、垫圈与设备底座间的接触良好。紧固后螺纹露出螺母不应少于两个螺距。螺纹外露部分应涂防锈脂。

（10）防腐质量要求详见第 6 章"防腐工程检修工程"。绝热质量要求详见第 7 章"绝热工程检修工程"。

（11）螺栓连接牢固。

1.8.2.7　质量验收表

吸附塔/器质量验收表见表 1.38。

表 1.38　吸附塔/器质量验收表

检修内容	验收标准	备注
检查吸附塔/器内部污垢、堵塞情况，对容器内部进行清理、清洗	吸附塔/器内壁内表面无锈蚀，无锈渣	
检查吸附塔/器内栅板、丝网	栅格与丝网之间的连接要牢固； 金属丝表面应光滑，网面应平整、清洁； 容器内侧和格栅外缘之间的间隙满足反应器装配图的要求	
检查瓷球	瓷球干净无污垢，铺设均匀平整	
检查吸附塔/器吸附剂	吸附剂应干净，无破碎或变形，从塔壁开始向中心均匀填平，填料层表面平整；吸附剂填充质量、高度、体积应符合设计要求	
检查吸附塔/器的内部衬里有无开裂和脱落，对破损部位应进行修补	衬里混凝土的密实度应用0.5kg手锤，并以350mm的间距轻轻敲击检查，声音应铿实、清脆、无松动、无空鼓声	
检查吸附塔/器内壁、内构件的腐蚀情况	吸附塔/器罐壁应无严重腐蚀； 各部位焊接完好	
对壁厚进行检测，记录检测数据	检查、记录设备腐蚀减薄情况，分析腐蚀速率	
检查、清洁密封面，更换垫片	密封面清洁无污垢，垫片采用新垫片，介质无泄漏	
检查反应器外观	反应器外观无严重的凹陷、鼓包、折皱、渗漏穿孔及板材减薄等现象	
检查反应器安全附件	仪表设施、安全附件在有效期内，铭牌等附件安装齐全	
检查反应器基础、地脚螺栓	基础不得出现下沉、开裂，地脚螺栓不得出现松动或腐蚀	
检查反应器外部防腐层、保温层及伴热	防腐质量要求详见第6章"防腐工程检修规程"。绝热质量要求详见第7章"绝热工程检修规程"	
检查、保养、紧固所有连接螺栓、螺母	螺栓、螺母齐全，螺栓连接牢固	

1.9 火炬

1.9.1 适用范围

本节适用于天然气处理厂火炬的检修和验收。

1.9.2 工作原理及设备结构

当火炬放空时，安装在火炬放空总管线上的压力开关和流量开关检测到压力和流量信号并传到控制箱中的主控可编程逻辑控制器（PLC）中，PLC经过数模转换后执行自动点火程序，控制开启引火筒燃料气阀和长明灯（或引火管）燃料气阀，同时启动高空点火器。此时，与点火器相连的、安装在引火筒下部的点火电嘴产生电火花，电火花点燃引火筒中的燃料气，引火筒产生的火焰再引燃长明灯（或引火管）及火炬。安装在引火筒和火炬头上的热电偶检测到火焰，将信号送至PLC，PLC控制关断引火筒燃料气阀和高空点火器；当火炬意外熄灭，热电偶将检测到的信号传至PLC，PLC执行报警及再次点火的动作程序。当放空管线上无放空压力信号时，自动关断引火筒电磁阀（图1.30）。

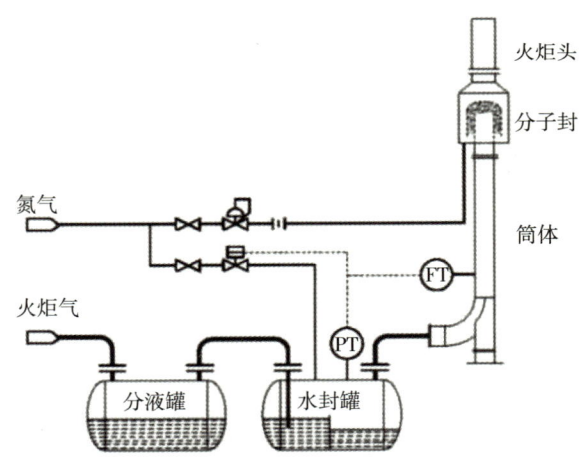

图 1.30 火炬工作原理图

1.9.3 编写依据

（1）GB 51029《火炬工程施工及验收规范》。

（2）NB/T 47013《承压设备无损检测》。

（3）SH/T 3029《石油化工排气筒和火炬塔架设计规范》。

（4）SHS 01031《火炬维护检修规程》。

（5）SY/T 6470《油气管道通用阀门操作维护检修规程》。

1.9.4 检修准备

（1）完成检修方案审批。
（2）备齐图纸、技术资料、相关记录表格。
（3）备齐机具、量具、材料和劳动保护用品。
（4）火炬已与系统隔离并上锁挂牌。
（5）检修前各项检测指标符合有关安全要求。
（6）完成检修前交底工作。
（7）办理作业票据，落实安全措施。
（8）其他需要准备的工作。

1.9.5 检修内容

（1）检查火炬头、高压燃气燃烧头（长明灯）、高空点火器、火炬分子封、阻火器、爆破片。
（2）检查火炬筒体、所属管线（分液罐后）的腐蚀、裂纹、鼓包等情况。
（3）检查所属阀门、自动切断阀门、附属管线。
（4）检查火炬点火自控系统和其他仪表控制系统性能。
（5）检查电伴热、高空障碍灯。
（6）检查钢结构的涂层防腐、塔架连接部位、基础螺栓的松动情况以及火炬固定背拉线腐蚀、松动情况。

1.9.6 验收标准

1.9.6.1 火炬头

（1）火炬头缺损、开裂部分按检修内容修补或更换，使其达到完好状况。火炬头筒体材质符合设计要求。
（2）火炬头上部高压燃气燃烧头等高温附件按设计文件或厂家说明书选用。点火器在高温区的连接法兰面平整无损伤，高温区使用的耐高温金属垫片、紧固件符合设计要求。
（3）火炬点火器筒体、电极、电缆无损伤，放电正常，管线畅通。
（4）分子封完好无损，管线畅通。

1.9.6.2 火炬筒体

火炬头筒体和火炬筒体的焊补质量和检验要求应符合 GB 51029《火炬工程施工及验收规范》第 6 章的规定。

（1）焊接材料的选用应符合设计文件及国家现行有关标准的规定。
（2）坡口不得有夹渣、分层、裂纹缺陷。火焰及等离子切割的坡口表面氧化层，应打磨干净。
（3）焊后热处理应符合设计文件的规定。当无规定时，应符合 GB 50661《钢结构焊接规范》、GB 50755《钢结构工程施工规范》和 GB 50235《工业金属管道工程施工规范》的有关规定。

（4）设计规定全焊透的一级、二级焊缝应采用超声波探伤进行内部缺陷的检验，超声波探伤不能对缺陷作出判断时，应采用射线探伤，其内部缺陷分级及探伤方法应符合现行行业标准。

（5）焊缝抽检应包括所有施焊焊工，当抽检不合格时，应对该焊工的同条件焊缝加倍检测，加倍检测仍不合格时，应对该焊工剩余焊缝进行100%检测。

1.9.6.3 火炬所属管线

（1）管线维修符合相关的要求。
（2）管卡等紧固件完好。
（3）管线保温齐全，保温层结实、牢固，火炬塔体管线的保温层、电伴热完好。
（4）阻火器和过滤器完好、畅通，附件齐全，爆破片完好。
（5）火炬末端切断阀打压严密不泄漏，符合SY/T 6470《油气管道通用阀门操作维护检修规程》的相关规定。

1.9.6.4 点火及控制系统

（1）仪表经校验，完好在用。
（2）执行机构灵活好用，电动阀门或气动阀门现场手动机构正常。
（3）控制器或控制计算机运行完好，参数设置正常。
（4）点火供电系统线路良好，放电正常。
（5）地面配套点火系统管线通畅，附件完好。

1.9.6.5 火炬框架

（1）对于半框架和无框架火炬筒体，火炬纤绳（拉筋）的基础锚点应无松动及损伤。
（2）火炬框架基础无下陷、无裂痕。
（3）框架上紧固件齐全、紧固、无腐蚀。
（4）平台、梯子、栏杆无腐蚀、无开裂。
（5）对于柔性塔架的火炬框架，紧固件螺栓齐全，配用的镀锌螺栓符合设计要求。

1.9.7 质量验收表

火炬质量验收表见表1.39。

表1.39 火炬质量验收表

检修内容		验收标准	备注
火炬头	检查火炬头、高压燃气燃烧头（长明灯）、高空点火器、火炬分子封、阻火器、爆破片	火炬头缺损、开裂部分按检修内容修补或更换，使其达到完好状况	
		点火器在高温区的连接法兰面平整无损伤，高温区使用的耐高温金属垫片、紧固件符合设计要求	
		火炬点火器筒体、电极、电缆无损伤，放电正常，管线畅通	
		分子封完好无损，管线畅通	

续表

检修内容		验收标准	备注
火炬筒体	检查火炬筒体（分液罐后）的腐蚀、裂纹、鼓包等情况	火炬头筒体和火炬筒体的焊补质量和检验要求应符合GB 51029《火炬工程施工及验收规范》的规定	
		焊接材料的选用应符合设计文件及国家现行有关标准的规定	
		坡口不得有夹渣、分层、裂纹缺陷。火焰及等离子切割的坡口表面氧化层，应打磨干净	
		焊后热处理应符合设计文件的规定。当无规定时，应符合GB 50661《钢结构焊接规范》、GB 50755《钢结构工程施工规范》和GB 50235《工业金属管道工程施工规范》的有关规定	
		设计规定全焊透的一级、二级焊缝应采用超声波探伤进行内部缺陷的检验，超声波探伤不能对缺陷作出判断时，应采用射线探伤，其内部缺陷分级及探伤方法应符合现行行业标准	
		焊缝抽检应包括所有施焊焊工，当抽检不合格时，应对该焊工的同条件焊缝加倍检测，加倍检测仍不合格时，应对该焊工剩余焊缝进行100%检测	
所属管线	检查所属管线、附件、阀门（分液罐后）的腐蚀、裂纹、鼓包等情况	管卡等紧固件完好	
		管线保温齐全，保温层结实、牢固，火炬塔体管线的保温层、电伴热完好	
		阻火器和过滤器完好、畅通，附件齐全，爆破片完好	
		火炬末端切断阀打压严密不泄漏	
点火及控制系统	检查火炬点火自控系统和其他仪表控制系统性能	仪表经校验，完好在用	
		执行机构灵活好用，电动阀门或气动阀门现场手动机构正常	
		控制器或控制计算机运行完好，参数设置正常	
		点火供电系统线路良好，放电正常	
		地面配套点火系统管线通畅，附件完好	
火炬框架	框架	对于半框架和无框架火炬筒体，火炬纤绳（拉筋）的基础锚点应无松动及损伤	
		火炬框架基础无下陷、无裂痕	
		框架上紧固件齐全、紧固、无腐蚀	
		平台、梯子、栏杆无腐蚀、无开裂	
		对于柔性塔架的火炬框架，紧固件螺栓齐全	

2 动设备检修规程

2.1 泵

2.1.1 离心泵

2.1.1.1 适用范围
本节适用于天然气处理厂离心泵类设备（屏蔽泵、磁力泵除外）的检修和验收。

2.1.1.2 工作原理及设备结构
离心泵是利用叶轮旋转而使液体产生的离心力来工作的。离心泵在启动前，必须使泵壳和吸液管内充满液体，然后启动电动机，使泵轴带动叶轮和液体做高速旋转运动，液体在离心力的作用下，被甩向叶轮外缘，经蜗形泵壳的流道流入泵的压液管路。泵叶轮中心处，由于液体在离心力的作用下被甩出后形成真空，吸液池中的液体便在大气压力的作用下被压进泵壳内，叶轮通过不停地转动，使得液体在叶轮的作用下不断流入与流出，达到了输送液体的目的（图2.1）。

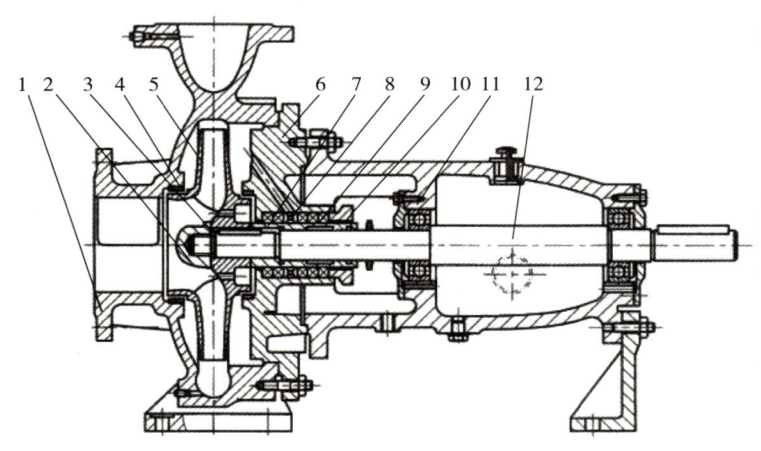

图 2.1 单级离心泵示意图

1—泵壳；2—叶轮螺母；3—止动垫圈；4—密封环；5—叶轮；6—泵盖；7—轴套；
8—填料环（装机械密封无此环）；9—填料（或机械密封）；10—填料或机械密封压盖；
11—悬架轴承部件；12—轴

2.1.1.3 编写依据

（1）GB 13007《离心泵 效率》。
（2）GB 50231《机械设备安装工程施工及验收通用规范》。
（3）GB 50275《风机、压缩机、泵安装工程施工及验收规范》。
（4）GB/T 3215《石油、石化和天然气工业用离心泵》。
（5）GB/T 5656《离心泵 技术条件（Ⅱ类）》。
（6）GB/T 5657《离心泵技术条件（Ⅲ类）》。
（7）GB/T 29531《泵的振动测量与评价方法》。
（8）Q/SY 06506.1《炼油化工工程转动设备技术规范 第3部分：润滑、轴封及控制油系统》。
（9）Q/SY 06506.6《炼油化工工程转动设备技术规范 第6部分：中轻载荷离心泵》。
（10）Q/SY 06506.9《炼油化工工程转动设备技术规范 第9部分：无密封离心泵》。
（11）Q/SY 06506.10《炼油化工工程转动设备技术规范 第10部分：重载荷离心泵》。
（12）SHS 01003《石油化工旋转机械振动标准》。
（13）SHS 01013《离心泵维护检修规程》。
（14）SHS 03059《化工设备通用部件检修及质量标准》。

2.1.1.4 检修准备

（1）完成检修方案审批。
（2）备齐图纸、技术资料、相关记录表格。
（3）备齐机具、量具、材料和劳动保护用品。
（4）完成检修前检修人员安全教育及技术交底工作。
（5）切断设备电源，完成系统有效隔离，关键阀门上锁挂牌，排净介质。
（6）办理作业票据，落实安全措施。
（7）其他需要准备的工作。

2.1.1.5 检修内容

（1）拆卸联轴器安全罩，检查联轴器对中，设定联轴器的定位标记。
（2）拆卸附属管线，并检查清扫。
（3）解体检查各零部件的磨损、腐蚀和冲蚀情况。泵轴、叶轮必要时进行无损探伤；检查清理冷却水、封油和润滑等系统。
（4）检查清理冷却和润滑系统。
（5）检查清理或更换轴承、油封等，测量、调整轴承油封间隙。
（6）检查测量泵轴、转子的各部圆跳动和间隙，必要时做动平衡校检。
（7）检查并校正轴的直线度。
（8）测量并调整泵轴的轴向窜动量。
（9）检查泵体、基础、地脚螺栓及进出口法兰的错位情况，防止将附加应力施加于泵体，必要时重新配管。
（10）处理运行中出现的一般缺陷。

2.1.1.6 验收标准

验收标准原则上按离心泵生产厂家的技术说明书的要求执行，无要求时可参照本书执行。

2.1.1.6.1 联轴器

（1）弹性块联轴器。

①两半联轴器若有裂纹破损或磨损严重等缺陷应更换，更换联轴器应检查其结构尺寸、型号是否与原联轴器保持一致，并做静平衡校验。

②弹性件若老化变形磨损严重应更换新件，并检查其结构尺寸符合装配要求。

③半联轴器与轴配合采用 H7/k6，两半联轴器端面间隙为 2～6mm，装配时采用热装或压装。

④联轴器两轴对中见表 2.1。

表 2.1 弹性块联轴器两轴对中表

直径（mm）	端面圆跳动（mm）	径向圆跳动（mm）
130～200	<1	<0.1
200～400	<1	0.10～0.3
400～700	<1	<0.3

（2）弹性圈柱销联轴器。

①柱销若有磨损应更换，新件结构尺寸应符合装配要求。

②弹性圈若老化损坏应全部更换。弹性圈与柱销间应是过盈配合，过盈量为 0.2～0.4mm，弹性圈与柱销孔间的直径间隙为 1～2mm，装于同一柱销上的弹性圈其外径之差不得大于 0.5mm。

③两半联轴器如果柱销孔磨损严重原则上应更换，新件其轴孔、销轴孔、柱销孔、端面跳动、径向跳动等结构尺寸符合图样要求。两半联轴器与轴配合采用 H7/k6，装配时采用热装或压装，对于大型联轴器在不影响强度的情况下，其销柱孔可采取配对镗孔的方法进行修复。

④联轴器两轴的对中参见表 2.2。

表 2.2 联轴器对中要求表

联轴器型式	联轴器外径（mm）	对中偏差（mm）		端面间隙（mm）
		径向位移	轴向倾斜	
滑块联轴器	≤300	<0.05	<0.4/100	—
	300～600	<0.010	<0.6/100	—
齿式联轴器	170～185	<0.05	<0.3/1000	2.5
	220～250	<0.08		2.5
	290～430	<0.10	<0.5/1000	5.0

续表

联轴器型式	联轴器外径（mm）	对中偏差（mm）		端面间隙（mm）
		径向位移	轴向倾斜	
弹性套柱销联轴器	71~106	<0.04	<0.2/1000	3
	130~190	<0.05		4
	220~250	<0.05		5
	315~400	<0.08		5
	475	<0.08		6
	600	<0.10		6
弹性柱销联轴器	90~160	<0.05		2.5
	195~220	<0.05		3
	280~320	<0.08		4
	360~410	<0.08		5
	480	<0.10		6
	540	<0.10		7
	630	<0.10		7

（3）齿型联轴器。

①拆卸中间接筒，连接螺栓螺母应做好标记配套存放。

②必要时拆卸联轴器轮毂（外齿套），无键联接的轮毂拆卸时轴头应加设挡板，防止轮毂弹出伤人，拆卸轮毂的油压缓缓升高，最高油压不能超过规定的允许值。键联接的轮毂拆卸时应使用专用工具。

③无键轮毂装配时轴孔与轴的接触面积应不小于80%，不够时应修整轴孔，轮毂装配应采用热装法或液压法，轮毂推入轴端的距离必须达到规定值，有键轮毂与轴配合采用H7/s6，装配采用热装或压装。

④轮毂（外齿套）装到轴上后，轮毂径向圆跳动参见表2.3。

表2.3 轮毂径向圆跳动表

转速（r/min）	≥5000	2000~5000	1000~2000	500~1000	≤500
径向圆跳动（mm）	0.01	0.015	0.02	0.03	0.05

⑤装上内齿圈，内齿与外齿配合不能有卡涩现象，回装中间套筒前，对内存润滑脂的联轴器要加好润滑脂，螺栓、螺母、垫圈应按标记配套回装。

⑥强制连续润滑的联轴器应疏通排油孔，内存润滑剂的联轴器应按规定数量注入润滑剂。

⑦联轴器两轴对中参见表2.2。

（4）叠片弹性联轴器。

①拆卸螺栓、垫圈、螺母应做好标记，配套存放，若有损坏应全部更换。
②叠片应无裂纹和变形情况，中心环组件无损坏。
③清洗所有部件，两轴端及两轮毂孔应光滑无毛刺。
④轮毂与轴配合采用 H7/k6，装配时采用热装或压装。
⑤叠片应无裂纹和永久性变形，若需更换应成套更换，叠片应按原位回装到中心环组件上。
⑥螺栓组应按标记原位回装。
⑦联轴器两轴的对中：径向圆跳动偏差小于 0.10mm，端面圆跳动应小于 0.5mm/m。
⑧联轴器的对中要求值参见表 2.2。
⑨联轴器对中检查时，调整垫片每组不得超过 4 块。
⑩双表调整时，两轴应同步转动，并克服轴向窜动的影响。
⑪泵预热升温正常后，应校核联轴器对中。

2.1.1.6.2　轴承

（1）滑动轴承。
①轴承与轴承压盖的过盈量为 0～0.04mm（轴承衬为球面的除外），下轴承衬与轴承座接触应均匀，接触面积达 60% 以上，轴承衬不许加垫片。
②更换轴承时，轴颈与下轴承接触角为 60°～90°，接触面积应均匀，接触点不少于 2～3 点/cm^2。
③轴承合金层与轴承衬应结合牢固，合金层表面不得有气孔、夹渣、裂纹、剥离等缺陷。
④轴承顶部间隙值参见表 2.4。

表 2.4　轴承顶部间隙表

轴径（mm）	间隙（mm）	轴径（mm）	间隙（mm）
18～30	0.07～0.12	>80～120	0.14～0.22
>30～50	0.08～0.15	>120～180	0.16～0.26
>50～80	0.10～0.18		

⑤轴承侧间隙在水平中分面上的数值为顶部间隙的一半。

（2）滚动轴承。
①承受轴向和径向载荷的滚动轴承与轴配合为 H7/js6。
②仅承受径向载荷的滚动轴承与轴配合为 H7/k6。
③滚动轴承外圈与轴承箱内壁配合为 Js7/h6。
④凡轴向止推采用滚动轴承的泵，其滚动轴承外圈的轴向间隙应留有 0.02～0.06mm。
⑤滚动轴承拆装时，采用热装的温度为 80～120℃（不得超过 120℃），严禁直接用火焰加热，推荐采用高频感应加热器。

⑥滚动轴承的滚动体与滚道表面应无腐蚀点，接触平滑无杂音，保持架完好。

⑦其他要求可参照 SHS 03059《化工设备通用部件检修及质量标准》。

2.1.1.6.3 密封

（1）机械密封。

①压盖与轴套的直径间隙为 0.75～1.00mm，压盖与密封腔间的垫片厚度为 1～2mm。

②密封压盖与静环密封圈接触部位的表面粗糙度 Ra 为 3.2。

③安装机械密封部位的轴或轴套，表面不得有锈斑、裂纹等缺陷，表面粗糙度 Ra 为 1.6。

④静环尾部的防转槽根部与防转销顶部应保持 1～2mm 的轴向间隙。

⑤弹簧压缩后的工作长度应符合设计要求。

⑥机械密封并圈弹簧的旋向应与泵轴的旋转方向相反。

⑦静环装入压盖后，应检查确认静环无偏斜。

⑧压盖螺栓应均匀上紧，防止压盖端面偏斜。

⑨其他要求可参照 SHS 03059《化工设备通用部件检修及质量标准》。

（2）填料密封。

①间隔环与轴套的直径间隙一般为 1.00～1.50mm。

②间隔环与填料箱的直径间隙为 0.15～0.20mm。

③填料压盖与轴套的直径间隙为 0.75～1.00mm。

④填料压盖与填料箱的直径间隙为 0.10～0.30mm。

⑤填料底套与轴套的直径间隙为 0.50～1.00mm。

⑥填料环的外径应小于填料函孔径 0.30～0.50mm，内径大于轴径 0.10～0.20mm，切口角度一般与轴向成 45°。

⑦安装时，相邻两道填料的切口至少应错开 90°。

⑧填料均匀压入，至少每两圈压紧一次，填料压盖压入深度一般为一圈密封圈高度，但不得小于 5mm。

2.1.1.6.4 转子

（1）单级离心泵转子跳动参见表 2.5。

表 2.5 单级离心泵转子跳动表

测量部位直径 φ（mm）	径向圆跳动（mm）		叶轮端面跳动（mm）
	叶轮密封环	轴套	
≤50	0.05	0.04	0.2
>50～120	0.06	0.05	
>120～260	0.07	0.06	
>260	0.08	0.07	

（2）多级离心泵转子跳动参见表2.6。

表2.6　多级离心泵转子跳动表

测量部位直径（mm）	径向圆跳动（mm）		端面圆跳动（mm）	
	叶轮密封环	轴套、平衡盘	叶轮端面	平衡盘
≤50	0.06	0.03	0.2	0.4
>50~120	0.08	0.04		
>120~260	0.10	0.05		
>260	0.12	0.06		

（3）轴套与轴配合为H7/h6，表面粗糙度Ra为1.6。
（4）平衡盘与轴配合为H7/js6。
（5）根据运行情况，必要时转子应进行动平衡校验，其要求应符合相关技术要求。一般情况下动平衡精度要达到G6.3。
（6）对于多级泵，转子组装时其轴套、叶轮、平衡盘端面跳动须达到表2.6的技术要求，必要时研磨修刮配合端面。组装后各部件之间的相对位置须做好标记，然后进行动平衡校验，校验合格后转子解体。各部件按标记进行回装。

2.1.1.6.5　叶轮

（1）叶轮与轴的配合为H7/js6。
（2）更换的叶轮应做静平衡，工作转速在3000r/min的叶轮，外径上允许剩余不平衡量不得大于表2.7的要求。必要时组装后转子做动平衡校验，一般情况下，动平衡精度要达到G6.3。

表2.7　叶轮静平衡允许剩余不平衡量表

叶轮外径（mm）	≤200	>200~300	>300~400	>400~500
不平衡量（g）	3	5	8	10

（3）平衡校验，一般情况在叶轮上去重，但切去厚度不得大于叶轮壁厚的1/3。
（4）对于热油泵，叶轮与轴装配时，键顶部应留有0.10~0.40mm间隙，叶轮与前后隔板的轴向间隙不小于1~2mm。

2.1.1.6.6　主轴

（1）主轴颈圆柱度为轴径的0.25‰，最大值不超过0.025mm，且表面应无伤痕，表面粗糙度Ra为1.6。
（2）以两轴颈为基准，找联轴节和轴中段的径向圆跳动公差值为0.04mm。
（3）键与键槽应配合紧密，不允许加垫片，键与轴键槽的过盈量参见表2.8。

表 2.8　键与轴键槽的过盈量表

轴径（mm）	40～70	>70～100	>100～230
过盈量（mm）	0.009～0.012	0.011～0.015	0.012～0.017

（4）壳体口环与叶轮口环、中间托瓦与中间轴套的直径间隙值参见表 2.9。

表 2.9　口环、托瓦、轴套配合间隙表

泵类	口环直径（mm）	壳体口环与叶轮口环间隙（mm）	中间托瓦与中间轴套间隙（mm）
冷油泵	<100	0.40～0.60	0.30～0.40
冷油泵	≥100	0.60～0.70	0.40～0.50
热油泵	<100	0.60～0.80	0.40～0.60
热油泵	≥100	0.80～1.00	0.60～0.70

（5）转子与泵体组装后，测定转子总轴向窜量，转子定中心时应取总窜量的一半；对于两端支承的热油泵，入口的轴向间隙应比出口的轴向间隙大 0.50～1.00mm。

2.1.1.7　试车

2.1.1.7.1　试车前准备

（1）清除泵座及周围一切杂物，清理好现场。
（2）检查检修记录，确认检修数据正确。
（3）空转电动机、检查旋转方向，无误后装上联轴器柱销。
（4）热泵启动前要暖泵，预热速度不得超过 50℃/h，每半小时盘车 180°。
（5）润滑油、封油、冷却水等系统正常，零配件齐全完好。
（6）盘车无卡涩现象和异常声响，轴封渗漏符合要求。

2.1.1.7.2　试车要求

（1）离心泵严禁空负荷试车，温升不超过规定值，轴承温度满足要求；对于油环润滑或飞溅润滑系统，油池的温升和油池温度满足泵厂家技术标准的要求；无要求时，执行 SY/T 4201.1《石油天然气建设工程施工质量验收规范 设备安装工程 第 1 部分：机泵类》的相关规定。
（2）轴承振动要求应符合 SHS 01003《石油化工旋转机械振动标准》的规定。
（3）保持运转平稳，无杂音，冷却水和润滑油系统工作正常，附属管路无泄漏，泵的泄漏量执行 SY/T 4201.1《石油天然气建设工程施工质量验收规范 设备安装工程 第 1 部分：机泵类》的相关规定。
（4）控制流量、压力和电流在规定范围内。

2.1.1.8　质量验收表

离心泵质量验收表见表 2.10。

表 2.10 离心泵质量验收表

检修内容		验收标准	备注
密封	填料密封各部分安装间隙调整	填料压盖与轴套的直径间隙为0.75~1.00mm	
		填料压盖与填料箱的直径间隙为0.10~0.30mm	
		填料底套与轴套的直径间隙为0.50~1.00mm	
	机械密封各部分安装间隙调整	压盖与轴套的直径间隙为0.75~1.00mm，压盖与密封腔间的垫片厚度为1~2mm	
		安装机械密封部位的轴或轴套，表面不得有锈斑、裂纹等缺陷，表面粗糙度Ra为1.6	
		静环尾部的防转槽根部与防转销顶部应保持1~2mm的轴向间隙	
		机械密封并圈弹簧的旋向应与泵轴的旋转方向相反	
联轴器安装以及对中检查	弹性块联轴器	（1）半联轴器与轴配合采用H7/k6，两半联轴器端面间隙为2~6mm。 （2）联轴器两轴对中见表2.3	
	弹性圈柱销联轴器	（1）弹性圈与柱销应是过盈配合，过盈量为0.2~0.4mm，弹性圈与柱销孔间的直径间隙为1~2mm。 （2）两半联轴器与轴配合采用H7/k6。 （3）联轴器两轴的对中参见表2.2	
	齿型联轴器	（1）无键轮毂装配时轴孔与轴的接触面积应不小于80%，有键轮毂与轴配合采用H7/s6。 （2）联轴器两轴对中参见表2.2	
	叠片弹性联轴器	轮毂与轴配合采用H7/k6	
检查更换轴承并调整轴承配合间隙	滑动轴承	（1）轴承与轴承压盖的过盈量为0~0.04mm（轴承衬为球面的除外），下轴承衬与轴承座接触应均匀，接触面积达60%以上。 （2）更换轴承时，轴颈与下轴承接触角为60°~90°，接触面积应均匀。 （3）轴承顶部间隙值参见表2.4。 （4）轴承侧间隙在水平中分面上的数值为顶部间隙的一半	
	滚动轴承	（1）承受轴向和径向载荷的滚动轴承与轴配合为H7/js6。 （2）仅承受径向载荷的滚动轴承与轴配合为H7/k6。 （3）滚动轴承外圈与轴承箱内壁配合为Js7/h6。 （4）凡轴向止推采用滚动轴承的泵，其滚动轴承外圈的轴向间隙应留0.02~0.06mm	
泵轴检查以及配合安装间隙		检查测量泵轴的各部圆跳动和间隙，径向圆跳动公差值为0.04mm，各部分安装间隙按照厂家提供的图纸要求调整	
		测定转子总轴向窜量，转子定中心时应取总窜量的一半	
试车与验收		运转平稳，无杂音，冷却水和润滑油系统工作正常，附属管路无泄漏	
		流量、压力和电流在规定范围内	
		轴承振动要求应符合SHS 01003《石油化工旋转机械振动标准》的规定	

2.1.2 磁力泵

2.1.2.1 适用范围

本节适用于天然气处理厂磁力泵类设备的检修和验收。

2.1.2.2 工作原理及设备结构

磁力泵磁力传动器由外磁转子、内磁转子及不导磁的隔离套组成。当电动机通过联轴器带动外磁转子旋转时，磁场能穿透空气间隙和非磁性物质隔离套，带动与叶轮相连的内磁转子作同步旋转，实现动力的无接触同步传递，将容易泄漏的动密封结构转化为零泄漏的静密封结构。

磁力泵（也称为磁力驱动泵）主要由泵头、磁力传动器（磁缸）、电动机、底座等零件组成（图2.2）。

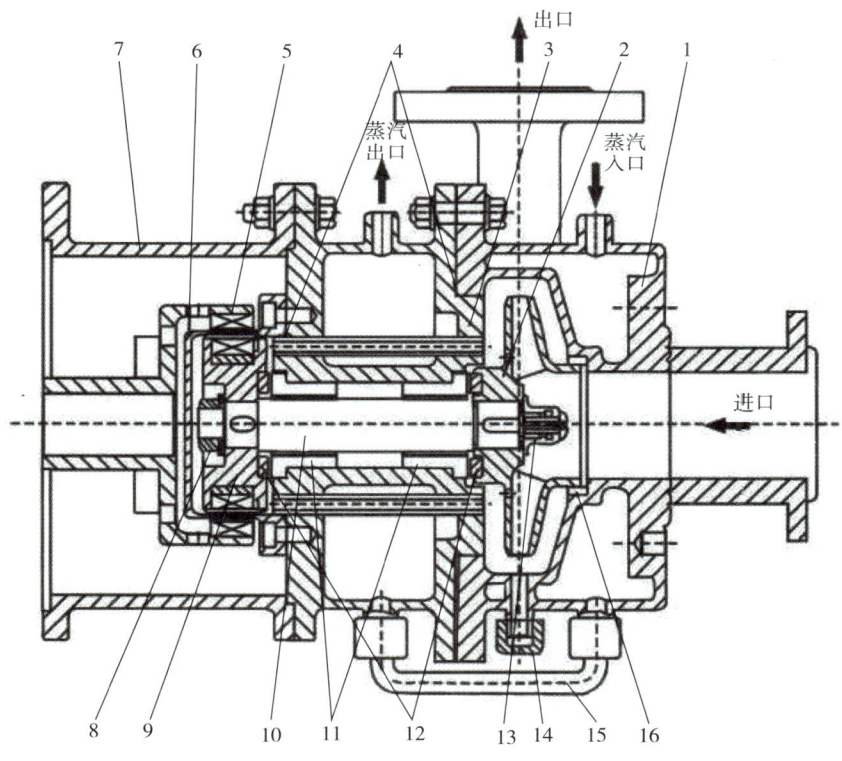

图2.2 磁力泵结构示意图

1—泵体；2—叶轮；3—轴承体；4—密封圈；5—外磁钢；6—隔离套；7—连接架；8—螺母；9—内磁钢；10—泵轴；11—轴承（轴套）；12—止推环；13—叶轮螺母；14—放料孔；15—循环管；16—口环

2.1.2.3 编写依据

（1）GB/T 3215《石油、石化和天然气工业用离心泵》。

（2）GB/T 5657《离心泵技术条件（Ⅲ类）》。

（3）GB/T 13007《离心泵 效率》。
（4）SHS 01003《石油化工旋转机械振动标准》。
（5）SHS 03060《磁力泵维护检修规程》。
（6）SHS 03059《化工设备通用部件检修及质量标准》。
（7）SY/T 4201.1《石油天然气建设工程施工质量验收规范 设备安装工程 第1部分：机泵类》。

2.1.2.4 检修准备

（1）完成检修方案审批。
（2）备齐图纸、技术资料、相关记录表格。
（3）备齐机具、量具、材料和劳动保护用品。
（4）完成检修前检修人员安全教育及技术交底工作。
（5）切断设备电源，完成系统有效隔离，关键阀门上锁挂牌，排净介质。
（6）办理作业票据，落实安全措施。
（7）其他需要准备的工作。

2.1.2.5 检修内容

（1）检查各部位的连接螺栓紧固情况，并消除泄漏点。
（2）检查润滑油系统，清洗系统中的过滤网。
（3）清洗叶轮和泵壳内腔，检查叶轮的磨损和腐蚀情况，测量前后口环间隙。
（4）检查推力盘、轴承、轴套的磨损和完好情况，必要时进行更换。
（5）检查密封罩的腐蚀和磨损情况，并测量记录口环间隙，间隙超差则更换新备件。
（6）检查零部件的配合尺寸。
（7）检查外磁钢对电动机或轴承箱的同心度和垂直度。
（8）检查外磁转子与内磁转子表面磁感应强度有无变化。

2.1.2.6 验收标准

（1）磁力泵的检修方法和验收质量标准原则上应优先执行该泵生产厂家的技术标准的规定，无具体规定时，参照本书执行。
（2）叶轮、口环及泵体的检修质量要求参照第2.1.1.6节中有关叶轮、口环及泵体部分的要求执行。
（3）轴承间隙应按生产厂家提供的数据严格控制。一般长径比在0.8～1.2之间的轴承安装间隙应控制在0.1～0.15mm之间。
（4）外磁转子与电动机连接后其径向与轴向跳动应小于0.01mm。外磁转子与密封罩体的最大端面跳动为0.25mm，最大径向跳动为0.50mm。
（5）用高斯计测量磁性体表面感应强度不得小于初始值的70%。

2.1.2.7 试车

2.1.2.7.1 试车前准备

（1）确认各项检修工作已完成，检修记录齐全。
（2）设备零部件完整，地脚螺栓等紧固。

(3)附带仪表应灵敏、指示准确、可靠。
(4)若有滚动轴承箱的磁力泵,润滑系统应按设备技术资料中规定加注润滑油。
(5)盘车无卡涩。
(6)泵吸入口的过滤器清洁,各项工艺准备完毕,具备试车条件。
(7)关闭排出阀,打开吸入阀后打开排气阀充分排气。
(8)点动泵确认泵的转向。

2.1.2.7.2 试车要求

(1)磁力泵空负荷运行将导致轴承磁性体失磁,故本类泵严禁空负荷运行。
(2)负载试车:
①开启泵前应全开吸入阀,泵内灌满液体,出口管线的排出阀打开约1/4,泵启动后待转速达到额定转速即应全开排出阀;
②检查电流值,是否超出设定值;
③检查有无杂音和振动,振动值符合 SHS 01003《石油化工旋转机械振动标准》的规定;
④检查流量、扬程,应不低于铭牌值的90%;密封罩根部工作温度在磁转子材料允许范围以内。无规定的可参见表2.11。

表2.11 磁转子材料的允许温度

磁转子材质	工作温度(℃)	极限温度(℃)
钕铁硼	<80	100
钐钴	<220	240

2.1.2.8 质量验收表

磁力泵质量验收表见表2.12。

表2.12 磁力泵质量验收表

检修内容	验收标准	备注
各连接件紧固	各连接件螺栓无松动	
叶轮检查以及安装间隙	叶轮、口环及泵体的检修质量要求参照第2.1.1.6中有关叶轮、口环及泵体部分的要求执行	
检查更换推力盘、轴承、轴套	更换受损易损件,一般长径比在0.8~1.2之间的轴承安装间隙应控制在0.1~0.15mm之间	
检查修复密封罩	密封罩完好、可靠	
检查外磁钢对电动机或轴承箱的同心度和垂直度	外磁转子与电动机连接后其径向与轴向跳动应小于0.01mm。外磁转子与密封罩体的最大端面跳动为0.25mm,最大径向跳动为0.50mm	
检查外磁转子与内磁转子表面磁感应强度有无变化	用高斯计测量磁性体表面感应强度不得小于初始值的70%	

续表

检修内容	验收标准	备注
试车与验收	无杂音和振动，振动值符合SHS 01003《石油化工旋转机械振动标准》的规定	
	流量、扬程，应不低于铭牌值的90%	
	密封罩根部工作温度在磁转子材料允许范围以内	

2.1.3 屏蔽泵

2.1.3.1 适用范围

本节适用于天然气处理厂屏蔽泵类设备的检修和验收。

2.1.3.2 工作原理及设备结构

屏蔽泵把泵和电动机连在一起，电动机转子和泵叶轮固定同一根轴上，利用屏蔽套将电动机转子和定子磁场传给转子。

当腔内充满液体时，由于叶轮的高速旋转，液体在叶轮的作用下旋转产生离心力，在离心力驱使下液体沿叶片流道甩向出口；在液体被甩向出口的同时，叶轮入口中心处就形成了负压区，泵内与进口管线中液体之间产生了压差，液体便在这个压差的作用下不断地补充到泵内，从而使泵连续工作（图2.3）。

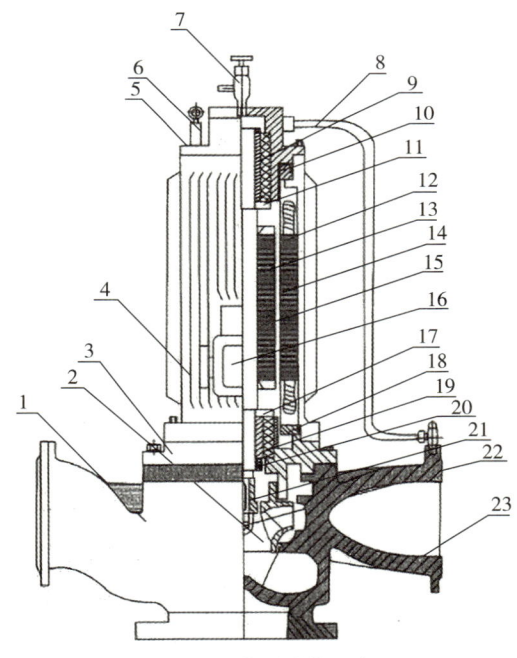

图2.3 屏蔽泵结构示意图

1—泵体；2—叶轮；3—电动机下端盖；4—电动机壳；5—电动机上端盖；6—吊环；7—自动排气阀；8—循环水管；9—石墨轴承组件；10—屏蔽压盘；11—推力盘；12—定子组件；13—定子组件；14—定子屏蔽套；15—转子屏蔽套；16—接线盒；17—推力盘；18—屏蔽压盘；19—石墨轴承组件；20—螺帽；21—键；22—叶轮螺帽；23—过滤网

2.1.3.3 编写依据

(1) GB/T 9239.1《机械振动 恒态（刚性）转子平衡品质要求 第1部分：规范与平衡允差的检验》。

(2) SHS 01003《石油化工旋转机械振动标准》。

(3) SHS 03047《屏蔽泵维护检修规程》。

(4) SHS 03059《化工设备通用部件检修及质量标准》。

2.1.3.4 检修准备

(1) 完成检修方案审批。

(2) 备齐图纸、技术资料、相关记录表格。

(3) 备齐机具、量具、材料和劳动保护用品。

(4) 完成检修前检修人员安全教育及技术交底工作。

(5) 切断设备电源，完成系统有效隔离，关键阀门上锁挂牌，排净介质。

(6) 办理作业票据，落实安全措施。

(7) 其他需要准备的工作。

2.1.3.5 检修内容

(1) 检查各部位连接螺栓紧固情况，并消除泄漏点。

(2) 检查轴承监测器是否完好。

(3) 检查、清理系统中的过滤网。

(4) 检查循环系统中针形阀的密封状态和调节是否灵活。

(5) 检查记录叶轮的轴向窜动量。

(6) 检查、清洗叶轮和泵壳内腔。

(7) 检查轴承、轴套和推力盘的磨损情况，测量轴套外径值。

(8) 检查定子、转子、壳体和轴的磨损和腐蚀情况，必要时对转子和定子做无损检测。

(9) 全面检查电气接点和泵的绝缘情况，检查定子与转子的电气性能。

(10) 测量转子的径向圆跳动值和轴向窜动量，必要时对转子部件做动平衡校验。

(11) 清洗、检查冷却器及夹套，涂防锈漆和更换密封圈。

(12) 卸下辅助配管和冷却器等附属部分，检查有无堵塞和腐蚀。

(13) 卸下中间连接体，检查连接螺栓的损坏情况及连接体的磨损情况。

(14) 检查叶轮与轴、键与轴、轴套与轴的配合尺寸。

2.1.3.6 验收标准

屏蔽泵的检修方法和验收质量标准原则上应执行该泵生产厂家技术标准的规定，无具体规定时可参照本书执行。

(1) 屏蔽泵各部螺栓紧固良好。

(2) 石墨轴承装入轴承座应保证轴向位移正确。

(3) 泵轴的轴窜动量根据电动机型号进行确定，检修时应执行泵生产厂家的技术标准要求，表2.13中的内容仅供参考。

表 2.13　泵轴的轴窜动量

类别	电动机座号	要求值（mm）	极限值（mm）
不带机械密封	110	0.7~0.9	3.0
	210	0.7~2.1	3.2
	310、220	0.7~2.1	3.2
	410、320	0.9~2.5	3.6
	510、420	1.1~2.9	4.0
	610、520	1.2~3.0	4.1
	710、620	1.4~3.4	4.5

（4）关于间隙值的要求。

①叶轮分类号与直径大小相应对照参见表 2.14。

表 2.14　叶轮分类号与直径大小对照表

叶轮代号	叶轮直径（mm）	叶轮代号	叶轮直径（mm）
J	80	Z c	210
J a	100	Z e	220
R	125	Z d	235
Z a	150	I	250
S	160	P	280
Z b	185	V	315
T	200	W	350

②间隙的要求值参见表 2.15。

表 2.15　间隙的要求值

电动机座号	叶轮代号	间隙要求值（mm）
110	R	4
210	R・S・Ja・Za・J	4
	T・Zb	4.2
310	R・S・Ja・Za・J	4
	T・Zb	4.2
	U・Ze・Za・Ze	4.7
410 320	R・S・Ja・Za・J	4.2
	T・Zb	4.5
	U・Ze・Za・Ze	5
	V・P	6

续表

电动机座号	叶轮代号	间隙要求值（mm）
510 420	S	4.4
	T·Zb	4.6
	V·Zc·Zd·Ze	5
	V·P	6
610 520	S	4.4
	T·Zb	4.6
	U·Zc·Zd·Ze	5
	V·P	6
710 620	T·Zp	4.8
	U·P	5.4
	V·W	6.4

③轴套、推力盘的表面磨损伤痕深度若超过 0.2mm 时应更换。
④叶轮与轴的配合采用 H7/js6 配合。
⑤轴套与轴的配合，一般选用 H7/k6 的配合。
⑥键与轴的配合尺寸参见表 2.16。

表 2.16　键与轴的配合尺寸

轴径（mm）	40~70	70~110	110~230
过盈量（mm）	0.009~0.012	0.011~0.015	0.012~0.017

⑦叶轮、转子的动平衡试验，精度应达到 G6.3；叶轮的平衡重允许值参见表 2.17。

表 2.17　叶轮的平衡重允许值

叶轮外径（mm）	≤200	201~300	301~400	401~500
不平衡重（g）	2	3	6	8

⑧振动及表面温度：泵体振动值应小于 30μm；普通型泵的轴承部位表面温度不得大于 80℃。

2.1.3.7　试车

2.1.3.7.1　试车前准备

（1）确认各项检修工作已完成，检修记录齐全。
（2）仪表及联锁装置齐全、准确、灵敏、可靠。
（3）打开冷却系统。
（4）关闭排出阀，打开吸入阀，然后打开排气阀充分排气。

（5）各项工艺准备完成，具备试车条件。

2.1.3.7.2 试车要求

（1）空负荷试车。

预防轴承烧损，本类型泵不允许空负荷运转。

（2）负荷试车。

①检查泵的流量、扬程、应达到额定值的90%以上；

②检查电流量，不超过电流设定值，设定值一般为工作电流值的1.1～1.25倍；

③检查有无异音和异常振动，振动值应符合规定，噪声不得大于80dB；

④检查轴承监测器是否处在安全区域内；

⑤出、入口压力是否稳定正常。

2.1.3.8 质量验收表

屏蔽泵质量验收表见表2.18。

表2.18 屏蔽泵质量验收表

检修内容	验收标准	备注
各连接件紧固	各连接件螺栓无松动	
检查轴承监测器	轴承检测器指针指向绿色部位	
检查调整叶轮的轴向窜动量	泵轴的轴向窜动量根据电动机型号进行确定	
叶轮动平衡检查	叶轮、转子的动平衡试验，精度应达到G6.3	
叶轮口环间隙值检查与调整	叶轮口环间隙值根据叶轮分类号与直径大小查表确定	
轴承、轴套、推力盘等易损件检查更换	轴套、推力盘的表面磨损伤痕深度若超过0.20mm时应更换	
泵绝缘检查与电气性能测试	电动机绝缘良好，接地或接零可靠。 漏电保护器安装正确，参数匹配，工作可靠	
检查叶轮与轴、键与轴、轴套与轴的配合尺寸	叶轮与轴的配合采用H7/js6配合	
	轴套与轴的配合，一般选用H7/k6的配合	
	键与轴的配合尺寸参见表2.16	
试车与验收	普通型泵的轴承部位表面温度不得大于80℃	
	泵体振动值应小于30μm	

2.1.4 往复泵

2.1.4.1 适用范围

本节适用于天然气处理厂往复泵类设备的检修和验收。

2.1.4.2 工作原理及设备结构

活塞自左向右移动时，泵缸内形成负压，则往复泵进口管内液体经吸入阀进入泵缸内。当活塞自右向左移动时，缸内液体受挤压，压力增大，由排出阀排出（图2.4）。

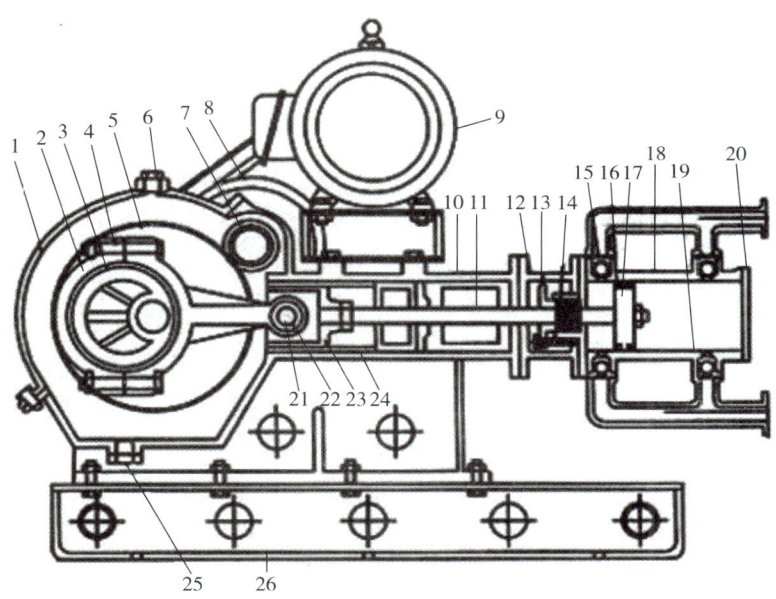

图 2.4　往复泵结构示意图

1—箱盖；2—连杆；3—连杆钢套；4—连杆螺栓；5—偏心轮；6—加油孔；7—齿轮油；8—皮带轮；9—电动机；10—箱体；11—泵轴；12—填料架；13—填料压盖；14—填料；15—单向球阀；16—活塞环；17—活塞；18—泵体；19—单向球阀座；20—泵盖；21—连杆箱；22—连杆小钢套；23—十字头；24—往复缸；25—方油孔；26—底盘

2.1.4.3　编写依据

（1）GB/T 275《滚动轴承 配合》。

（2）GB/T 307.1《滚动轴承 向心轴承 产品几何技术规范（GPS）和公差值》。

（3）GB/T 4604.1《滚动轴承 游隙 第 1 部分：向心轴承的径向游隙》。

（4）GB/T 7784《机动往复泵试验方法》。

（5）GB/T 9234《机动往复泵》。

（6）GB/T 34391《石油、石化和天然气工业用往复泵》。

（7）GB 50231《机械设备安装工程施工及验收通用规范》。

（8）GB 50275《风机、压缩机、泵安装工程施工及验收规范》。

（9）SHS 01003《石油化工旋转机械振动标准》。

（10）SHS 01015《电动往复泵维护检修规程》。

（11）SHS 01028《变速机维护检修规程》。

（12）SHS 03059《化工设备通用部件检修及质量标准》。

（13）SH/T 3141《石油化工用往复泵工程技术规范》。

（14）Q/SY 06506.8《炼油化工工程转动设备技术规范 第 8 部分：往复泵》。

（15）SY 4201.1《石油天然气建设工程施工质量验收规范 设备安装工程 第 1 部分：机泵类》。

2.1.4.4 检修准备

(1) 完成检修方案审批。
(2) 备齐图纸、技术资料、相关记录表格。
(3) 备齐机具、量具、材料和劳动保护用品。
(4) 完成检修前检修人员安全教育及技术交底工作。
(5) 切断设备电源，完成系统有效隔离，关键阀门上锁挂牌，排净介质。
(6) 办理作业票据，落实安全措施。
(7) 其他需要准备的工作。

2.1.4.5 检修内容

(1) 更换密封填料。
(2) 检查、清洗泵入口过滤器。
(3) 检查、修理或更换进、出口阀组零部件。
(4) 检查、调整泵的对中情况、更换联轴器零部件。
(5) 泵解体、清洗、检查、测量轴承等各零部件以及磨损情况。
(6) 机体找水平，曲轴及缸重新找正。
(7) 检查减速机、更换调整各轴承、连杆与齿轮啮痕迹。
(8) 检查清洗油箱、过滤器和油泵。
(9) 检查机身、地脚螺栓紧固情况。
(10) 校验压力表、安全阀。
(11) 拆卸组件，检查十字头、十字头销轴、十字头与滑板的配合与磨损。
(12) 拆卸工作缸、柱塞，检查缸与柱塞的磨损情况与缺陷。

2.1.4.6 验收标准

本标准为一般性的要求，对于不同型号的往复泵，按设备生产厂家技术标准执行。无标准时可参照本书执行。

(1) 缸体。

①缸体用放大镜或着色检查，应无伤痕、沟槽或裂纹，发现裂纹应更换。
②缸体内径的圆度、圆柱度公差值为 0.04mm。
③缸体内有轻微拉毛和擦伤时，应研磨修复处理。
④必要时对缸体进行水压试验，试验压力为最高允许操作压力的 1.5 倍，液压试验要求可参照 Q/SY 06506.8《炼油化工工程转动设备技术规范 第 8 部分：往复泵》的规定。

(2) 曲轴。

①曲轴安装水平度公差值为 0.05mm/m。
②对曲轴进行清洗，曲轴不得有裂纹等缺陷，必要时进行无损探伤，泵零部件无损检测项目可参照 SH/T 3141《石油化工用往复泵工程技术规范》的规定，并应符合制造厂的技术标准规定。
③曲轴的主轴颈、曲轴颈的圆柱度公差值参见表 2.19，其表面粗糙度 Ra 为 0.8。

表 2.19 曲轴主轴颈、曲轴颈的圆柱度公差值

轴径（mm）	主轴颈、曲轴颈圆柱度（mm）	
	公差值	极限值
<80	0.015	0.05
80~180	0.020	0.10
>180	0.025	0.10

④主轴颈圆跳动为 0.04mm，主轴颈与曲轴颈的中心线平行度公差值为 0.02mm/m。
⑤曲轴中心线与缸体中心线垂直度公差值为 0.15mm/m。
⑥曲轴轴向窜量参见表 2.20。

表 2.20 曲轴轴向窜量

主轴颈直径（mm）	轴向窜量（mm）
≤150	0.20~0.40
>150	0.40~0.80

⑦主轴颈、曲轴颈擦伤凹痕面积不大于轴颈面积的 2%，轴颈上的沟痕不大于 0.10mm，轴颈磨损减少值不大于原轴径的 3%。

（3）连杆。
①连杆两孔及装瓦后的中心线平行度公差值为 0.02mm/m。
②连杆小头球面，圆度公差值为 0.03mm，表面粗糙度 Ra 为 1.6。
③检查连杆螺栓孔，螺栓孔若损坏，用铰刀、铰孔修理，并配制新的连杆螺栓。
④连杆和连杆螺栓不得有裂纹等缺陷，必要时应进行无损探伤，泵零部件无损检测项目可参照 SH/T 3141《石油化工用往复泵工程技术规范》，并应符合制造厂技术标准的规定。
⑤连杆螺栓拧紧时的伸长应不超过原长度 2‰，否则更换。

（4）十字头、滑板。
①十字头体用放大镜或着色检查，不得有裂纹等缺陷。
②十字头销轴的圆柱度公差值为 0.02mm，表面粗糙度 Ra 为 1.6。
③十字头销轴与十字头两端销轴孔用着色法检查，接触良好。
④当连杆小头为球面时，球面垫的球面应光滑无凸痕，球面垫与连杆小头的间隙值为 H8/e7。
⑤十字头滑板与导轨的间隙值为十字头直径的 1‰~2‰，最大磨损间隙为 0.50mm。十字头端板与导轨接触均匀，用着色法检查，接触点不少于 2 点 /cm²。
⑥滑板螺栓在紧固时应有防松措施或涂厌氧胶防止松动。
⑦滑道水平度不大于 0.05mm/m。

（5）柱塞。

①应符合 Q/SY 06506.8《炼油化工工程转动设备技术规范 第 8 部分：往复泵》的规定。
②柱塞不应有弯曲变形，表面无裂纹、沟痕、毛刺等缺陷。
③填料区域的柱塞表面应硬化处理，并磨光。其洛氏硬度应不低于 C_{35}，表面粗糙度 Ra 为 0.2～0.4。
④柱塞的圆柱度公差值为 0.05mm。
⑤柱塞与导向套配合间隙为 H9/f9。
⑥导向套的内孔、外径的圆柱度公差值为 0.10mm。
⑦导向套内孔轴承合金不允许有脱壳现象，局部缺陷用同样材料补焊修复。导向套内孔表面粗糙度 Ra 为 1.6。

（6）进、出口阀。
①进、出口阀的阀座与阀芯密封工作面不得有沟痕、腐蚀、麻点等缺陷，阀芯与阀座成对研磨，环向接触线不间断，组装后用煤油试 5min 不渗漏。
②检查弹簧，若有折断或弹力降低时，应更换。
③阀芯（片）的升程应符合厂家技术标准。
④阀装在缸体上应牢固、紧密，不得有松动的现象。

（7）轴承。
①滑动轴承。
a. 轴承合金应与瓦壳结合良好，不得有裂纹、气孔和脱壳现象。
b. 轴与轴衬的接触面在轴颈正下方 60°～90°，连杆瓦在受力方向 60°～75°，用涂色法检查，接触点不少于 2 点 /cm²。
c. 轴衬衬背应与轴承座、连杆瓦座均匀贴合，用涂色法检查，接触面不小于总面积的 70%。
d. 各部滑动轴承配合径向间隙参见表 2.21。

表 2.21 滑动轴承配合径向间隙

部位名称	径向间隙（mm）
主轴轴衬	（1～2）d/100
曲轴轴衬	（1～1.5）d/100
连杆小头轴衬	0.05～0.10

注：d 为轴颈直径。

②滚动轴承。
a. 滚动轴承架、滚动体、内外座圈滑道表面应无斑点、锈蚀、裂纹以及过热烧伤等损伤，转动自如无杂音，滚子无松旷现象。
b. 轴承的游隙应符合 GB/T 4604.1《滚动轴承 游隙 第 1 部分：向心轴承的径向游隙》的规定。
c. 轴承公差应符合 GB/T 307.1《滚动轴承 向心轴承 产品几何技术规范（GPS）和公差

值》的规定。

d. 轴与轴承的配合及轴承与轴承座的配合应符合 GB/T 275《滚动轴承 配合》的规定。

e. 除以上要求外，轴承的清洗、检查、判废标准、质量标准、安装与调整等要求可参照 SHS 03059《化工设备通用部件检修及质量标准》执行。

（8）填料密封。

①清理已损填料，检查填料的断面尺寸是否与轴向尺寸相匹配。当填料断面尺寸过大或过小时，最好采用木棒滚压办法，避免用锤敲打造成填料受力不均匀，影响密封效果。

②沿轴或柱塞周长，将填料切断，填料的切口应平行、整齐，安装时切口应错开 120°～180°。

③填料压入时应一圈圈压入，每圈在装填前内表面涂以润滑剂，轴向扭开后套入轴上。每装一圈可用手盘动一次轴，以便控制压紧力，严禁多圈同时压入。

④填料装填完毕后，对称地压紧压盖螺栓，螺栓的松紧程度要均匀一致，避免填料压偏，用手盘动轴或柱塞使其稍能转动即可。

⑤压盖压入填料箱深度一般为一圈的高度，但最小不能小于 5mm。

⑥安装过程中，填料不要随意乱放，以免表面沾上污泥、灰尘等杂质。

⑦填料安装后，用手盘动联轴器，使填料紧松适宜。

（9）电动机与减速机、减速机与泵的同心度公差值参见表 2.22。

表 2.22 电动机与减速机、减速机与泵的同心度公差值

联轴器名称	联轴器外径（mm）	径向圆跳动（mm）	端面圆跳动（mm）	端面间隙（mm）
弹性柱销联轴器	100～190	0.025	0.14	2～5
	>190～260	—	0.16	
	>260～350	0.10	0.18	2～8
	>350～500	—	0.20	
齿轮联轴器	150～300	0.15	0.30	—
	>300～600	0.20	0.40	

（10）减速机检修的质量标准可参照 SHS 01028《变速机维护检修规程》的规定。

2.1.4.7 试车

（1）试车前准备。

①检查检修记录。

②检查电器、仪表和安全自保系统应灵敏好用。

③检查润滑油、油位、油压和油温。

④机组盘车后，检查应无卡涩及异常响声。

⑤零配件齐全完好。

（2）试车要求。

①逐渐升高压力到额定压力，如遇不正常情况，应立即停车处理。

②检查单向阀应无卡、漏现象。
③缸内应无冲击、碰撞等异常响声。
④填料函的泄漏量不应大于泵额定流量的0.01%，当泵额定流量小于10m^3/h时，其填料函的泄漏量不应大于1L/h；各静密封面不应泄漏。
⑤泵电流、出口压力稳定，运行参数稳定。
⑥泵润滑、冷却系统正常，温度和压力符合要求，滑动轴承温度不大于65℃，滚动轴承温度不大于70℃。
⑦机体振动情况参照GB 50275《风机、压缩机、泵安装工程施工及验收规范》的规定。

2.1.4.8 质量验收表

往复泵质量验收表见表2.23。

表2.23 往复泵质量验收表

检修内容		验收标准	备注
往复泵填料密封检查与更换		（1）填料的切口应平行、整齐，安装时切口应错开120°～180°； （2）填料装填完毕后，对称地压紧盖螺栓，螺栓的松紧程度要均匀一致； （3）压盖压入填料箱深度一般为一圈的高度，但最小不能小于5mm	
检查修理进出口阀件		（1）进、出口阀的阀座与阀芯密封工作面不得有沟痕、腐蚀、麻点等缺陷，阀芯与阀座成对研磨，环向接触线不间断，组装后用煤油试5min不渗漏； （2）阀芯（片）的升程应符合厂家技术标准； （3）阀装在缸体上应牢固、紧密，不得有松动的现象	
主轴、曲轴安装与间隙调整		（1）曲轴安装水平度公差值为0.05mm/m； （2）曲轴的主轴颈、曲轴颈的圆柱度公差值参见表2.19，其表面粗糙度Ra为0.8； （3）曲轴轴向窜量参见表2.20； （4）曲轴中心线与缸体中心线垂直度公差值为0.15mm/m； （5）主轴颈、曲轴颈擦伤凹痕面积不大于轴颈面积的2%，轴颈上的沟痕不大于0.10mm，轴颈磨损减少值不大于原轴径的3%； （6）主轴颈圆跳动为0.04mm，主轴颈与曲轴颈的中心线平行度公差值为0.02mm/m	
缸体检查		（1）缸体内部无伤痕、沟槽或裂纹； （2）缸体内径的圆度、圆柱度公差值为0.04mm	
连杆检查		（1）连杆两孔及装瓦后的中心线平行度公差值为0.02mm/m； （2）连杆小头球面，圆度公差值为0.03mm，表面粗糙度Ra为1.6	
主轴、曲轴轴承安装以及配合间隙调整	滑动轴承	（1）轴承合金应与瓦壳结合良好，不得有裂纹、气孔和脱壳现象； （2）轴与轴衬的接触面在轴颈正下方60°～90°，连杆瓦在受力方向60°～75°； （3）轴衬衬背应与轴承座、连杆瓦座均匀贴合； （4）各部滑动轴承配合径向间隙参见表2.21	
	滚动轴承	（1）滚动轴承架、滚动体、内外座圈滑道表面应无斑点、锈蚀、裂纹以及过热烧伤等损伤，转动自如无杂音，滚子无松旷现象； （2）轴与轴承的配合及轴承与轴承座的配合应符合GB/T 275《滚动轴承 配合》的规定	

续表

检修内容	验收标准	备注
拆卸组件，检查十字头、十字头销轴、十字头与滑板的配合与磨损	（1）十字头体不得有裂纹等缺陷； （2）十字头销轴的圆柱度公差值为0.02mm，表面粗糙度Ra为1.6； （3）当连杆小头为球面时，球面垫的球面应光滑无凸痕，球面垫与连杆小头的间隙值为H8/e7； （4）十字头滑板与导轨的间隙值为十字头直径的1‰~2‰，最大磨损间隙为0.50mm； （5）滑道水平度不大于0.05mm/m	
柱塞安装部位间隙调整	（1）柱塞不应有弯曲变形，表面无裂纹、沟痕、毛刺等缺陷； （2）填料区域的柱塞表面其洛氏硬度应不低于C_{35}，表面粗糙度Ra为0.2~0.4； （3）柱塞的圆柱度公差值为0.05mm； （4）柱塞与导向套配合间隙为H9/f9； （5）导向套的内孔、外径的圆柱度公差值为0.10mm； （6）导向套内孔表面粗糙度Ra为1.6	
试车与验收	（1）泵运行平稳，缸内应无冲击、碰撞等异常响声； （2）填料函的泄漏量不应大于泵额定流量的0.01%；当泵额定流量小于10m³/h时，其填料函的泄漏量不应大于1L/h，各静密封面不应泄漏； （3）泵电流、出口压力稳定，运行参数稳定； （4）泵润滑、冷却系统正常，温度和压力符合要求，滑动轴承温度不大于65℃，滚动轴承温度不大于70℃； （5）机体振动情况参照GB 50275《风机、压缩机、泵安装工程施工及验收规范》附录A的规定	

2.1.5 齿轮泵

2.1.5.1 适用范围

本节适用于天然气处理厂齿轮泵类设备的检修和验收。

2.1.5.2 工作原理及设备结构

齿轮泵是依靠泵缸与啮合齿轮间所形成的工作容积变化和移动来输送液体或使之增压的回转泵（图2.5）。由两个齿轮、泵体与前后盖组成两个封闭空间，当齿轮转动时，齿轮脱开侧的空间的体积从小变大，形成真空，将液体吸入，齿轮啮合侧的空间的体积从大变小，而将液体挤入管路中去。吸入腔与排出腔是靠两个齿轮的啮合线来隔开的。齿轮泵的排出口的压力完全取决于泵出口处阻力的大小（图2.6）。

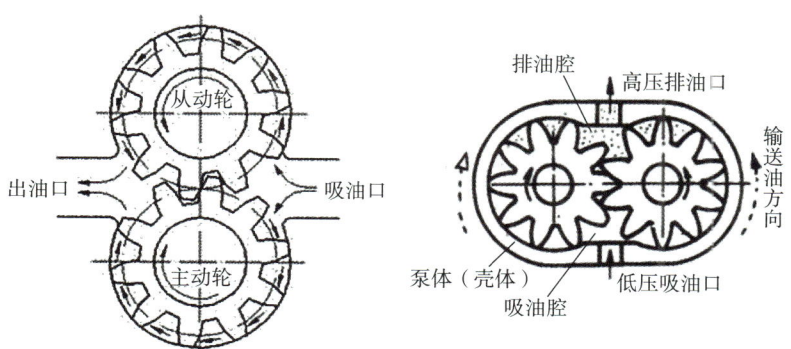

图2.5 齿轮泵工作原理

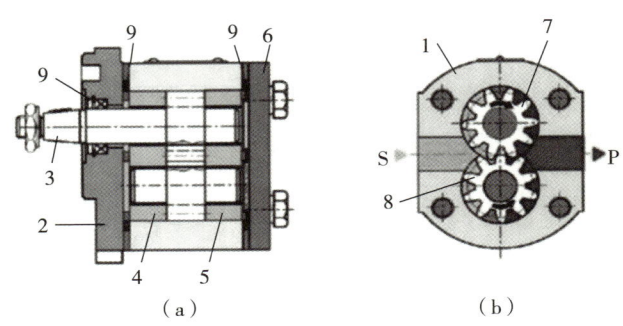

图 2.6 齿轮泵结构示意图

1—壳体；2—前端盖；3—传动轴；4—轴承套；5—轴承套；6—后端盖；7—主动齿轮；8—从动齿轮；9—密封圈

2.1.5.3 编写依据

（1）GB 50231《机械设备安装工程施工及验收通用规范》。

（2）GB 50275《风机、压缩机、泵安装工程施工及验收规范》。

（3）JB/T 6434《输油齿轮泵》。

（4）SHS 01017《齿轮泵维护检修规程》。

（5）SHS 01003《石油化工旋转机械振动标准》。

（6）SHS 03059《化工设备通用部件检修及质量标准》。

（7）SY 4201.1《石油天然气建设工程施工质量验收规范 设备安装工程 第1部分：机泵类》。

2.1.5.4 检修准备

（1）完成检修方案审批。

（2）备齐图纸、技术资料、相关记录表格。

（3）备齐机具、量具、材料和劳动保护用品。

（4）完成检修前检修人员安全教育及技术交底工作。

（5）切断设备电源，完成系统有效隔离，关键阀门上锁挂牌，排净介质。

（6）办理作业票据，落实安全措施。

（7）其他需要准备的工作。

2.1.5.5 检修内容

（1）检查轴封，必要时更换密封元件，调整压盖间隙或修理机械密封。

（2）检查清洗入口过滤器。

（3）校正联轴器对中情况。

（4）检查各部零部件磨损情况。

（5）修理或更换齿轮副、齿轮轴、端盖。

（6）检查修理或更换轴承、联轴器、壳体和填料压盖。

2.1.5.6 验收标准

齿轮泵的检修方法和验收质量标准原则上应执行该泵生产厂家技术标准的要求，无具体规定时，按本书执行。

(1)油泵齿轮。
①齿轮啮合顶间隙为 0.2 ~ 0.3m（m 为系数）。
②齿轮啮合的侧间隙参见表 2.24。

表 2.24　齿轮啮合的侧间隙

中心距（mm）	≤50	51 ~ 80	81 ~ 120	121 ~ 200
啮合侧间隙（mm）	0.085	0.105	0.13	0.17

③齿轮两端面与轴孔中心线或齿轮轴齿轮两端面与轴中心线垂直度公差值为 0.02mm/100mm。
④两齿轮宽度一致，单个齿轮宽度误差不得超过 0.05mm/100mm，两齿轮轴线平行度值为 0.02mm/100mm。
⑤齿轮啮合接触斑点均匀，其接触面积沿齿长不小于 70%，沿齿高不少于 50%。
⑥轮与轴的配合为 H7/m6。
⑦齿轮端面与端盖的轴向总间隙一般为 0.10 ~ 0.15mm。
⑧齿顶与壳体的径向间隙为 0.15 ~ 0.25mm，但应大于轴颈在轴瓦的径向间隙。
（2）传动齿轮。
①侧间隙为 0.35mm。
②顶间隙为 1.35mm。
③齿轮跳动不大于 0.02mm。
④齿轮端面全跳动不大于 0.05mm。
（3）轴与轴承。
①轴颈与滑动轴承的配合间隙参见表 2.25。

表 2.25　轴颈与滑动轴承的配合间隙

转速（r/min）	1500以下	1500 ~ 3000	3000以上
间隙（mm）	1.2/1000D	1.5/1000D	2/1000D

注：D 为轴颈直径，mm。

②轴颈圆柱度公差值为 0.01mm，表面不得有伤痕，表面粗糙度 Ra 为 1.6。
③轴颈最大磨损量小于 0.01D（D 为轴颈直径）。
④滑动轴承外圆与端盖配合为 R7/h6。
⑤滑动轴承内圆与外圆的同轴度公差值为 0.01mm。
⑥滚动轴承内圈与轴的配合为 K7/js6。
⑦滚动轴承内圈与端盖的配合为 K7/h6。
⑧滚针轴承无内圈时，轴与滚针的配合为 H7/h6。
（4）端盖。
①端盖加工表面粗糙度 Ra 为 3.2，两轴孔表面粗糙度 Ra 为 1.6。
②端盖两轴孔中心线平行度公差值为 0.01mm/100mm，两轴孔中心距偏差为 ± 0.04mm。

③端盖两轴孔中心线与加工端面垂直度公差值为 0.03mm/100mm。
（5）壳体。
①壳体两端面粗糙度 Ra 为 3.2。
②两孔轴心线平行度为两端垂直度公差不低于 IT6 级。
③壳体内孔圆柱度公差值为（0.02～0.03）mm/100mm。
④孔径尺寸公差和两中心对中偏差不低于 IT7 级。
（6）轴向密封。
①填料压盖与填料箱的直径间隙一般为 0.1～0.3mm。
②填料压盖与轴套的直径间隙为 0.75～1.0mm，轴向间隙均匀相差不大于 0.1mm。
③填料尺寸正确，切口平行、整齐、无松动，接口与轴心线成 45°夹角。
④压装填料时，接头应错开，一般接口交错 90°，填料不宜压装过紧。
⑤安装机械密封应执行生产厂家技术标准要求。
（7）联轴器。
①联轴器与轴的配合根据轴径不同，采用 H7/js6、H7/k6 或 H7/m6。
②联轴器对中偏差和端面间隙参见表 2.26。

表 2.26　联轴器对中偏差和端面间隙

联轴器型式	联轴器外径（mm）	对中偏差（mm）		端面间隙（mm）
		径向位移	轴向倾斜	
滑块联轴器	≤300	<0.05	<0.4/100	—
	300～600	<0.010	<0.6/100	—
齿式联轴器	170～185	<0.05	<0.3/1000	2.5
	220～250	<0.08		2.5
	290～430	<0.10	<0.5/1000	5.0
弹性套柱销联轴器	71～106	<0.04	<0.2/1000	3
	130～190	<0.05		4
	220～250	<0.05		5
	315～400	<0.08		5
	475	<0.08		6
	600	<0.10		6
弹性柱销联轴器	90～160	<0.05		2.5
	195～220	<0.05		3
	280～320	<0.08		4
	360～410	<0.08		5
	480	<0.10		6
	540	<0.10		7
	630	<0.10		7

③联轴器检修的其他验收要求参照 SHS 03059《化工设备通用部件检修及质量标准》的相关规定执行。

2.1.5.7 试车

2.1.5.7.1 试车前准备

（1）检查检修记录，确认检修数据正确。
（2）盘车无卡涩，填料压盖不歪斜。
（3）点动电动机确认旋转方向正确。
（4）检查液面，应符合泵的吸入高度要求。
（5）压力表、溢流阀应完好。
（6）完成灌泵，排尽气体。
（7）确认入口阀全开，出口阀门打开 10%~20%。

2.1.5.7.2 试车要求

（1）齿轮泵不允许空负荷试车。
（2）运行良好，应符合下列机械性能及工艺指标要求：
①运转平稳，无杂音。
②振动烈度见 SHS 01003《石油化工旋转机械振动标准》相关规定。
③冷却水和润滑油系统工作正常，无泄漏。
④流量、压力平稳。
⑤轴承温升符合要求。
⑥电流不超过额定值。
（3）密封泄漏量应符合随机文件的规定；无规定时，执行 SY 4201.1《石油天然气建设工程施工质量验收规范 设备安装工程 第 1 部分：机泵类》的相关规定。

2.1.5.8 质量验收表

齿轮泵质量验收表见表 2.27。

表 2.27 齿轮泵质量验收表

检修内容	验收标准	备注
填料密封安装以及配合间隙调整	（1）填料压盖与填料箱的直径间隙一般为 0.1~0.3mm； （2）填料压盖与轴套的直径间隙为 0.75~1.0mm，轴向间隙均匀相差不大于 0.1mm； （3）压装填料时，接头应错开，一般接口交错 90°，填料不宜压装过紧	
联轴器对中调整	（1）联轴器与轴的配合根据轴径不同，采用 H7/js6、H7/k6 或 H7/m6； （2）联轴器对中偏差和端面间隙参见表 2.26	
检查调整齿轮安装间隙	（1）齿轮啮合顶间隙为（0.2~0.3）m（m 为系数）； （2）齿轮啮合的侧间隙参见表 2.24； （3）齿轮两端面与轴孔中心线或齿轮轴齿轮两端面与轴中心线垂直度公差值为 0.02mm/100mm； （4）两齿轮宽度一致，单个齿轮宽度误差不得超过 0.05mm/100mm，两齿轮轴线平行度值 0.02mm/100mm；	

续表

检修内容	验收标准	备注
检查调整齿轮安装间隙	（5）齿轮啮合接触斑点均匀，其接触面积沿齿长不小于70%，沿齿高不少于50%； （6）轮与轴的配合为H7/m6； （7）齿轮端面与端盖的轴向总间隙一般为0.10～0.15mm； （8）齿顶与壳体的径向间隙为0.15～0.25mm，但应大于轴颈在轴瓦的径向间隙 （9）侧间隙为0.35mm； （10）顶间隙为1.35mm； （11）齿轮跳动不大于0.02mm； （12）齿轮端面全跳动不大于0.05mm	
轴承安装及间隙调整	（1）滑动轴承外圆与端盖配合为R7/h6； （2）滑动轴承内圆与外圆的同轴度公差值为0.01mm； （3）滚动轴承内圈与轴的配合为K7/js6	
主轴检查与配合尺寸调整	（1）轴颈与滑动轴承的配合间隙参见表2.25； （2）轴颈圆柱度公差值为0.01mm，表面不得有伤痕，表面粗糙度Ra为1.6； （3）轴颈最大磨损量小于0.01D（D为轴颈直径）	
试车与验收	（1）泵运行平稳，泵流量、压力、电流正常； （2）泵运行无杂音，振动烈度见SHS 01003《石油化工旋转机械振动标准》相关规定； （3）泵轴承温升符合厂家技术文件要求； （4）密封泄漏量应符合随机文件的规定；无规定时，执行SY 4201.1《石油天然气建设工程施工质量验收规范 设备安装工程 第1部分：机泵类》的相关规定	

2.1.6 螺杆泵

2.1.6.1 适用范围

本节适用于天然气处理厂螺杆泵类设备的检修和验收。

2.1.6.2 工作原理及设备结构

螺杆泵是依靠泵体与螺杆所形成的啮合空间容积变化和移动来输送液体或使之增压的回转泵。当主动螺杆转动时，带动与其啮合的从动螺杆一起转动，吸入腔一端的螺杆啮合空间容积逐渐增大，压力降低。液体在压差作用下进入啮合空间容积。当容积增至最大而形成一个密封腔时，液体就在一个个密封腔内连续地沿轴向移动，直至排出腔一端。这时排出腔一端的螺杆啮合空间容积逐渐缩小，而将液体排出（图2.7）。

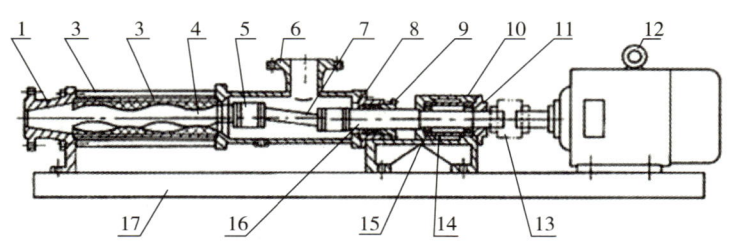

图2.7 螺杆泵结构示意图

1—出料口；2—拉杆；3—定子；4—螺杆轴；5—万向节总成；6—吸入口；7—联节轴；8—填料座；9—填料压盖；10—轴承座；11—轴承盖；12—电动机；13—联轴器；14—轴套；15—轴承；16—传动轴；17—底座

2.1.6.3 编写依据

(1) GB/T 3852《联轴器轴孔和联结型式与尺寸》。
(2) GB/T 10886《三螺杆泵》。
(3) SHS 01016《螺杆泵维护检修规程》。
(4) SHS 01003《石油化工旋转机械振动标准》。
(5) SY/T 6084《地面驱动螺杆泵使用与维护》。

2.1.6.4 检修准备

(1) 完成检修方案审批。
(2) 备齐图纸、技术资料、相关记录表格。
(3) 备齐机具、量具、材料和劳动保护用品。
(4) 完成检修前检修人员安全教育及技术交底工作。
(5) 切断设备电源，完成系统有效隔离，关键阀门上锁挂牌，排净介质。
(6) 办理作业票据，落实安全措施。
(7) 其他需要准备的工作。

2.1.6.5 检修内容

(1) 检查轴封泄漏情况，调整压盖与轴的间隙，更换填料或修理机械密封。
(2) 检查各部位螺栓紧固情况。
(3) 检查冷却、封油和润滑系统。
(4) 检查联轴器及对中情况。
(5) 检查轴承等各部件磨损情况，测量并调整各部件配合间隙。
(6) 检查齿轮磨损情况，调整同步齿轮间隙。
(7) 检查主、从动螺杆直线度及磨损情况。
(8) 检查泵体内表面磨损情况。
(9) 拆卸泵后端盖，检查垫片、止推垫片、轴承、轴向定位塞（单或三螺杆泵）。
(10) 必要时更换端盖与泵体之间垫片。
(11) 消除在运行中出现的跑、冒、滴、漏等缺陷。

2.1.6.6 验收标准

本标准为一般性的要求，对于不同的螺杆泵，按设备生产厂家技术标准执行。无要求时可参照本书执行。

(1) 螺杆。
①螺杆表面要求不得有伤痕，螺旋型面粗糙度 Ra 为 1.6，齿顶表面粗糙度 Ra 为 1.6，螺旋外圆表面粗糙度 Ra 为 1.6。
②螺杆轴颈圆柱度为直径的 0.25‰。
③螺杆轴线直线度为 0.05mm。
④螺杆齿顶与泵体间隙冷态为 0.11～0.48mm。
⑤螺杆啮合时齿顶与齿根间隙冷态为 0.11～0.48mm，法向间隙为 0.10～0.29mm，且处于相邻两齿中间位置。

（2）泵体。

①泵体内表面粗糙度 Ra 为 3.2。

②泵体、端盖和轴承座的配合及密封面应无明显伤痕，表面粗糙度 Ra 为 3.2。

（3）轴承。

①滚动轴承与轴的配合采用 H7/k6。

②滚动轴承与轴承箱配合采用 H7/h6。

③滚动轴承外圈与轴承压盖的轴向间隙为 0.02～0.06mm。

④滚动轴承采用热装时，加热温度为 80～120℃（不得超过 120℃），严禁用火焰直接加热，推荐采用高频感应加热。

⑤滚动轴承的滚子和内外滚道表面不得有腐蚀、坑疤、斑点等缺陷，保持架无变形、损伤。

⑥滑动轴承衬套与轴的配合间隙参见表 2.28。

表 2.28 滑动轴承衬套与轴的配合间隙

转速（r/min）	1500以下	1500～3000	3000以上
间隙（mm）	1.2/1000D	1.5/1000D	2/1000D

注：D 为轴颈直径，mm。

⑦滑动轴承衬套与轴承座孔的配合为 R7/h6。

（4）密封。

①填料密封。

a. 填料压盖与填料箱的直径间隙一般为 0.1～0.3mm。

b. 填料压盖与轴套的直径间隙为 0.75～1.0mm，轴向间隙均匀，相差不大于 0.1mm。

c. 填料尺寸正确，切口平行、整齐，接口与轴心线成 45°夹角。

d. 压装填料时，填料的接头应错开，一般接口交错 90°，填料不宜压装过紧。

e. 液封环与填料箱的直径间隙一般为 0.15～0.20mm，液封环与轴套的直径间隙为 1.0～1.5mm；填料均匀压入，不宜压得过紧，压入深度一般为一圈密封圈高度，但不得小于 5mm。

②机械密封。

a. 压盖与垫片接触面对轴中心线的垂直度为 0.02mm。

b. 安装机械密封应符合厂家技术标准。

c. 其他要求可参照第 2.1.1.6 节。

（5）联轴器。

①联轴器与轴的配合根据轴径不同，采用 H7/js6、H7/k6 或 H7/m6。

②联轴器对中偏差和端面间隙参见表 2.29。

表 2.29 联轴器对中偏差和端面间隙

联轴器型式	联轴器外径（mm）	对中偏差（mm）		端面间隙（mm）
		径向位移	轴向倾斜	
滑块联轴器	≤300	<0.05	<0.4/100	—
	300~600	<0.10	<0.6/1000	—
齿式联轴器	170~185	<0.05	<0.3/1000	2.5
	220~250	<0.08		2.5
	290~430	<0.10	<0.5/1000	5.0
弹性套柱销联轴器	71~106	<0.04	<0.2/1000	3
	130~190	<0.05		4
	220~250	<0.05		5
	315~400	<0.08		
弹性柱销联轴器	475	<0.08	<0.2/1000	6
	600	<0.10		
	90~160	<0.05		2.5
	195~220			3
	280~320	<0.08		4
	360~410			5
	480	<0.10		6
	540			7
	630			

③联轴器检修的其他验收要求参照 SHS 03059《化工设备通用部件检修及质量标准》的相关规定执行。

（6）同步齿轮。

①主动齿轮与轴的配合为 H7/h6，从动齿轮与锥形轮毂的配合为 H7/h6，锥形轮毂与轴的配合为 H7/h6。

②锥形轮毂质量应符合设计要求，内表面粗糙度 Ra 为 0.8，如有裂纹或一组锥形轮毂严重磨损，f 值（个体误差）小于 0.5mm 时应更换。

③齿轮不得有毛刺、裂纹、断裂等缺陷。齿轮的接触面积，沿齿高不小于 40%，沿齿宽不小于 55%，并均匀地分布在节圆线周围，齿轮啮合侧间隙为 0.08~0.10mm。

2.1.6.7　试车

2.1.6.7.1　试车前准备

（1）检查检修记录，确认符合质量要求。

（2）轴承箱内润滑油油质及油量符合要求。

（3）封油、冷却水管不堵、不漏。

（4）检查电动机旋车方向。

(5)盘车无卡涩,无异常响声。
(6)应向泵内注入输送液体。
(7)出入口阀门打开,至少应有30%开度。

2.1.6.7.2 试车要求

(1)螺杆泵不允许空负荷试车。
(2)运行良好,应符合下列机械性能及工艺指标要求:
①运转平稳,无杂音。
②流量、压力平稳。
③轴承温升符合有关要求。
④电流不超过额定值。
⑤密封泄漏符合要求。
(3)停车时不得先关闭出口阀。

2.1.6.8 质量验收表

螺杆泵质量验收表见表2.30。

表2.30 螺杆泵质量验收表

检修内容		验收标准	备注
检查并调整轴封安装间隙		(1)填料压盖与填料箱的直径间隙一般为0.1~0.3mm; (2)填料压盖与轴套的直径间隙为0.75~1.0mm,轴向间隙均匀,相差不大于0.1mm; (3)填料尺寸正确,切口平行、整齐、无松支,接口与轴心线成45°夹角; (4)压装填料时,填料的接头应错开,一般接口交错90°,填料不宜压装过紧; (5)液封环与填料箱的直径间隙一般为0.15~0.20mm。液封环与轴套的直径间隙为1.0~1.5mm。填料均匀压入,不宜得过紧,压入深度一般为一圈密封圈高度,但不得小于5mm	
联轴器对中性检查		(1)联轴器与轴的配合根据轴径不同,采用H7/js6、H7/k6或H7/m6; (2)联轴器对中偏差和端面间隙参见表2.29	
轴承安装以及配合间隙调整	滚动轴承	(1)滚动轴承与轴的配合采用H7/k6; (2)滚动轴承与轴承箱配合采用H7/h6; (3)滚动轴承外圈与轴承压盖的轴向间隙为0.02~0.06mm; (4)滚动轴承的滚子和内外滚道表面不得有腐蚀、坑疤、斑点等缺陷,保持架无变形、损伤	
	滑动轴承	(1)滑动轴承衬套与轴的配合间隙参见表2.28; (2)滑动轴承衬套与轴承座孔的配合为R7/h6	
检查齿轮磨损情况,调整同步齿轮间隙		(1)主动齿轮与轴的配合为H7/h6,从动齿轮与锥行轮毂的配合为H7/h6,锥形轮毂与轴的配合为H7/h6; (2)锥形轮毂质量应符合设计要求,内表面粗糙度Ra为0.8,如有裂纹或一组锥形轮毂严重磨损,f值小于0.5mm时应更换	
		(1)齿轮不得有毛刺、裂纹、断裂等缺陷; (2)齿轮的接触面积,沿齿高不小于40%,沿齿宽不小于55%,并均匀地分布在节圆线周围,齿轮啮合侧间隙为0.08~0.10mm	

续表

检修内容	验收标准	备注
检查主、从动螺杆直线度及磨损情况	（1）螺杆表面要求不得有伤痕，螺旋型面粗糙度Ra为1.6，齿顶表面粗糙度Ra为1.6，螺旋外圆表面粗糙度Ra为1.6； （2）螺杆轴颈圆柱度为直径的0.25‰； （3）螺杆轴线直线度为0.05mm； （4）螺杆齿顶与泵体间隙冷态为0.11～0.48mm； （5）螺杆啮合时齿顶与齿根间隙冷态为0.11～0.48mm，法向间隙为0.10～0.29mm，且处于相邻两齿中间位置； （6）螺杆表面要求不得有伤痕，螺旋型面粗糙度Ra为1.6，齿顶表面粗糙度Ra为1.6，螺旋外圆表面粗糙度Ra为1.6	
试车与验收	（1）泵运行平稳，泵流量、压力、电流正常； （2）泵运行无杂音，振动烈度见SHS 01003《石油化工旋转机械振动标准》相关规定； （3）泵轴承温升符合厂家技术文件要求； （4）密封泄漏量应符合随机文件的规定；无规定时，执行SY 4201.1《石油天然气建设工程施工质量验收规范 设备安装工程 第1部分：机泵类》的相关规定	

2.1.7 计量泵

2.1.7.1 适用范围

本节适用于天然气处理厂计量泵类设备的检修和验收。

2.1.7.2 工作原理及设备结构

电动机经联轴器带动蜗杆并通过蜗轮减速使主轴和偏心轮作回转运动，由偏心轮带动挺杆在导筒内作往复运动。连同膜片，通过单向阀的作用使泵腔内逐渐形成真空，吸入阀打开，吸入液体；当膜片向前死点移动时，此时吸入阀关闭，排出阀打开，液体在膜片的推动下排出。在泵通过调节一定的行程的往复顺还工作形成连续有压力、定量的排放液体（图2.8）。

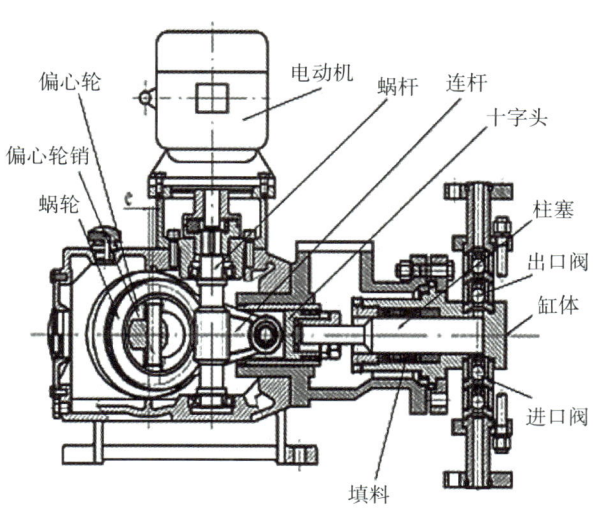

图2.8　计量泵结构示意图

2.1.7.3 编写依据

（1）GB/T 7782《计量泵》。

（2）GB/T 9877《液压传动 旋转轴唇形密封圈设计规范》。

（3）GB 50231《机械设备安装工程施工及验收通用规范》。

（4）SHS 01003《石油化工旋转机械振动标准》。

（5）SH/T 3142《石油化工计量泵工程技术规范》。

2.1.7.4 检修前准备

（1）完成检修方案审批。

（2）备齐图纸、技术资料、相关记录表格。

（3）备齐机具、量具、材料和劳动保护用品。

（4）完成检修前检修人员安全教育及技术交底工作。

（5）切断设备电源，完成系统有效隔离，关键阀门上锁挂牌，排净介质。

（6）办理作业票据，落实安全措施。

（7）其他需要准备的工作。

2.1.7.5 检修内容

（1）检查泵的外观和密封情况。

（2）检查，清洗泵内入口和油系统的过滤器。

（3）检查、紧固各部螺栓。

（4）检查各转动部分的润滑情况，更换润滑油。

（5）检查缸体内部是否有划痕、沟槽、裂纹等缺陷。

（6）检查、修理进出口阀组零部件。

（7）检查、修理联轴器零件。

（8）检查或修理连杆、柱塞、十字头、滑块和曲轴等主要部件。

（9）校验压力表、安全阀、计量调节机构等。

2.1.7.6 验收标准

（1）泵的外观整洁、泵体无损伤，锈蚀。

（2）各部密封良好，密封件的技术要求应符合随机技术文件和GB/T 9877《液压传动 旋转轴唇形密封圈设计规范》的相关规定。

（3）柱塞式计量泵的卸荷装置和泵体流道、隔膜式计量泵的排气通道和过滤器洁净无异物。

（4）基础、机座稳固牢靠，地脚螺栓和各部螺栓紧固齐全。

（5）管线、管件、阀门、支架等牢固完整。

（6）按产品随机技术文件的规定在指定位置加注符合要求的润滑油。

（7）缸体内表面应光滑无伤痕、沟槽、裂纹等缺陷。缸体因腐蚀、冲蚀减薄不能承受水压试验时，应予以报废。

（8）进、出口阀组的阀座与阀芯密封面不允许有擦伤、划痕、腐蚀、麻点等缺陷；阀体装在缸体上必须牢固、紧密，不得有松动泄漏现象。

（9）联轴器装配尺寸间隙标准参考GB 50231《机械设备安装工程施工及验收通用规范》

中的检修质量相关要求，联轴器对中可参考离心泵检修验收标准中相关要求。

（10）曲轴、连杆等无明显弯曲，表面光滑，无划痕、磨损、裂纹；主轴颈与曲轴颈直径减小量不符合随机技术文件要求时，应予更换。

（11）十字头、滑板和导轨的表面应光滑，无毛刺、伤痕等缺陷，十字头销轴的圆度和圆柱度应符合生产厂家技术标准的规定。

（12）柱塞表面应无裂纹、凹痕、斑点、毛刺等缺陷；柱塞填料密封的泄漏量应符合 GB 7782《计量泵》的规定。

（13）泵的调节机构在条件许可的情况下，应按随机技术文件规定的"流量—行程"曲线进行复校。

2.1.7.7 试车

计量泵的试运转应符合 GB 50275《风机、压缩机、泵安装工程施工及验收规范》的规定。

2.1.7.8 质量验收表

计量泵质量验收表见表 2.31。

表 2.31 计量泵质量验收表

检修内容	验收标准	备注
检查泵的外观和密封情况	泵的外观整洁、泵体无损伤，锈蚀	
	各部密封良好，密封件的技术要求应符合随机技术文件和GB/T 9877《液压传动旋转轴唇形密封圈设计规范》的相关规定	
检查，清洗泵内入口和油系统的过滤器	柱塞式计量泵的卸荷装置和泵体流道、隔膜式计量泵的排气通道和过滤器洁净无异物	
检查，紧固各部螺栓	基础、机座稳固牢靠，地脚螺栓和各部螺栓紧固齐全	
检查各转动部分的润滑情况，更换润滑油	按产品随机技术文件的规定在指定位置加注符合要求的润滑油	
检查缸体内部是否有划痕、沟槽、裂纹等缺陷	缸体内表面应光滑无伤痕、沟槽、裂纹等缺陷	
检查、修理进出口阀组零部件	（1）进、出口阀组的阀座与阀芯密封面不允许有擦伤、划痕、腐蚀、麻点等缺陷。 （2）阀体装在缸体上必须牢固，紧密，不得有松动泄漏现象	
检查、修理联轴器零件	（1）联轴器装配尺寸间隙标准参考 GB 50231《机械设备安装工程施工及验收通用规范》中的检修质量相关要求。 （2）联轴器对中可参考离心泵检修验收标准中相关要求	
检查或修理连杆、柱塞、十字头、滑块，曲轴等主要部件	（1）曲轴、连杆等无明显弯曲，表面光滑，无划痕、磨损、裂纹。 （2）主轴颈与曲轴颈直径减小量不符合随机技术文件要求时	
	十字头、滑板和导轨的表面应光滑，无毛刺、伤痕等缺陷，十字头销轴的圆度和圆柱度应符合生产厂家技术标准的规定	
	（1）柱塞表面应无裂纹、凹痕、斑点、毛刺等缺陷。 （2）柱塞填料密封的泄漏量应符合 GB 7782《计量泵》的规定	

续表

检修内容	验收标准	备注
试车与验收	泵运行平稳，泵流量、压力、电流正常	
	泵运行无杂音，振动烈度见SHS 01003《石油化工旋转机械振动标准》相关规定	
	泵轴承温升符合厂家技术文件要求	
	（1）密封泄漏量应符合随机文件的规定。 （2）无规定时，执行SY 4201.1《石油天然气建设工程施工质量验收规范 设备安装工程 第1部分：机泵类》的相关规定	

2.1.8 旋涡泵

2.1.8.1 适用范围

本节适用于天然气处理厂旋涡泵类设备的检修和验收。

2.1.8.2 工作原理及设备结构

旋涡泵主要由叶轮、泵体和泵盖组成。叶轮是一个圆盘，圆周上的叶片呈放射状均匀排列。泵体和叶轮间形成环形流道，吸入口和排出口均在叶轮的外圆周处。吸入口与排出口之间有隔板，由此将吸入口和排出口隔离开。

泵内的液体分为两部分：叶片间的液体和流道内的液体。当叶轮旋转时，在离心力的作用下，叶轮内液体的圆周速度大于流道内液体的圆周速度，又由于自吸入口至排出口液体跟着叶轮前进，这两种运动的合成结果，就使液体产生与叶轮转向相同的"纵向旋涡"（图2.9）。

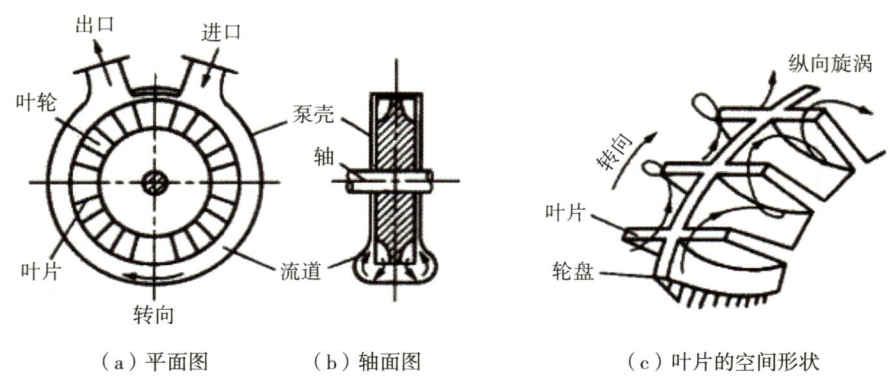

（a）平面图　　　（b）轴面图　　　（c）叶片的空间形状

图2.9　旋涡泵结构示意图

2.1.8.3 编写依据

（1）GB/T 29531《泵的振动测量与评价方法》。
（2）GB 50231《机械设备安装工程施工及验收通用规范》。
（3）GB 50275《风机、压缩机、泵安装工程施工及验收规范》。
（4）JB/T 7743《旋涡泵》。
（5）JB/T 7757《机械密封用O形橡胶圈》。
（6）SH/T 3538《石油化工机器设备安装工程施工及验收通用规范》。

2.1.8.4 检修前准备

（1）完成检修方案审批。
（2）备齐图纸、技术资料、相关记录表格。
（3）备齐机具、量具、材料和劳动保护用品。
（4）完成检修前检修人员安全教育及技术交底工作。
（5）切断设备电源，完成系统有效隔离，关键阀门上锁挂牌，排净介质。
（6）办理作业票据，落实安全措施。
（7）其他需要准备的工作。

2.1.8.5 检修内容

（1）复位校正联轴器对中情况。
（2）检查"O"形橡胶密封圈或者机械密封组件。
（3）检查主轴弯曲、磨损情况及各部径向跳动及各部间隙。
（4）检查修理或更换轴承。

2.1.8.6 验收标准

（1）联轴器装配尺寸间隙标准参考 GB 50231《机械设备安装工程施工及验收通用规范》中的检修质量相关要求。
（2）所选"O"形密封圈的材质与尺寸应符合 JB/T 7757《机械密封用O形橡胶圈》的规定；机械密封的检修安装标准可参考本书离心泵的相关要求。
（3）主轴无明显弯曲，表面光滑，无划痕、磨损。
（4）叶轮端面与泵体泵壳总间隙应符合 JB/T 7743《旋涡泵》要求。
（5）开式叶轮外圆与壳体的间隙应符合 GB 50275《风机、压缩机、泵安装工程施工及验收规范》要求。
（6）旋涡泵轴承检修安装质量标准可参考本书离心泵的相关要求。

2.1.8.7 试车

旋涡泵的试运转应符合 GB 50275《风机、压缩机、泵安装工程施工及验收规范》的要求。

2.1.8.8 质量验收表

旋涡泵质量验收表见表 2.32。

表 2.32　旋涡泵质量验收表

检修内容	验收标准	备注
联轴器对中性检查	联轴器装配尺寸间隙标准参考 GB 50231《机械设备安装工程施工及验收通用规范》中的检修质量相关要求	
机械密封安装	机械密封的检修安装标准可参考本书离心泵的相关要求	
主轴检查以及安装尺寸调整	主轴无明显弯曲，表面光滑，无划痕、磨损	
叶轮安装以及尺寸调整	叶轮端面与泵体泵壳总间隙应符合 JB/T 7743《旋涡泵》要求	
	开式叶轮外圆与壳体的间隙应符合 GB 50275《风机、压缩机、泵安装工程施工及验收规范》要求	
检查修理或更换轴承	旋涡泵轴承检修安装质量标准可参考本书离心泵的相关要求	
试车与验收	泵运行平稳，泵流量、压力、电流正常	
	泵运行无杂音，振动烈度见 SHS 01003《石油化工旋转机械振动标准》相关规定	
	泵轴承温升符合厂家技术文件要求	
	密封泄漏量应符合随机文件的规定；无规定时，执行 SY 4201.1《石油天然气建设工程施工质量验收规范 设备安装工程 第1部分：机泵类》的相关规定	

2.2　压缩机

2.2.1　往复式压缩机

2.2.1.1　适用范围

本节适用于天然气处理厂的往复式压缩机（如 JGC/4-G3608 型、JGZ/6-G3616 型等机型）的检修和验收。

2.2.1.2　工作原理及设备结构

往复式压缩机属于容积式压缩机，是使一定容积的气体顺序地吸入和排出封闭空间提高静压力的压缩机。压缩机曲轴通过连杆、十字头、活塞杆带动活塞在气缸内做往复运动而实现吸气、压缩的工作循环。当活塞由外止点向内止点（曲轴端）运动时，气缸容积增大，进气阀打开，排气阀关闭，气体被吸进来，完成吸气过程；当活塞向外止点运动的时候，气缸容积减小，排气阀打开，进气阀关闭，完成压缩过程。通常活塞上有活塞环来密封气缸和活塞之间的间隙，气缸内有润滑油润滑活塞环（图 2.10）。

2.2.1.3　编写依据

（1）GB/T 20322《石油及天然气工业用往复压缩机》。
（2）SH/T 3143《石油化工往复压缩机工程技术规范》。
（3）JB/T 8935《工艺流程用压缩机安全要求》。
（4）各机型往复式压缩机组保养手册、技术手册。

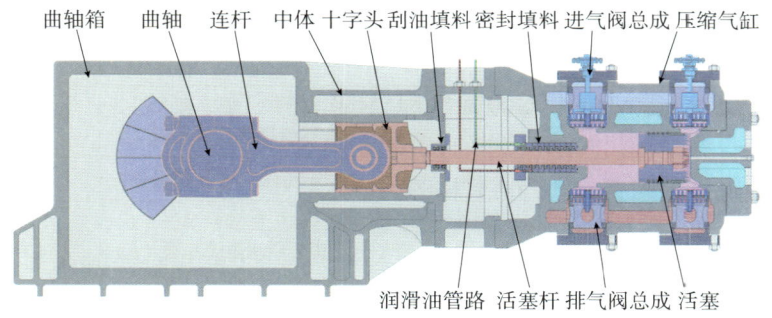

图 2.10 往复式压缩机结构示意图

2.2.1.4 检修准备

（1）完成检修方案审批。
（2）备齐图纸、技术资料、相关记录表格。
（3）备齐机具、量具、材料和劳动保护用品。
（4）完成检修前检修人员安全教育及技术交底工作。
（5）切断设备电源，完成系统能源有效隔离，上锁挂牌。
（6）排净介质，氮气置换合格。
（7）办理作业票据，落实安全措施。
（8）其他需要准备的工作。

2.2.1.5 检修内容

以下内容压缩机部分内容通用，动力部分分燃气发动机和电动机驱动两种。

2.2.1.5.1 压缩机部分

（1）检查吹扫工艺气管线、分离器、缓冲罐等。
（2）检查更换进、排气阀阀片、弹簧及密封垫；检查清洗或更换进、排气阀阀座或进、排气阀组件。
（3）检查清洁气缸，并测量气缸内部磨损情况。
（4）检查修理或更换活塞组件（活塞环、承磨环、活塞杆及活塞等），并调整活塞死点间隙。
（5）检查清洁填料盒和刮油盒，更换填料、刮油环。
（6）检查清洁或更换十字头滑道、十字头、十字头销、连杆大/小头瓦、曲轴等，必要时做无损探伤检查。
（7）检查清洁曲轴箱呼吸阀；清理曲轴箱更换润滑油。
（8）检查清洁余隙头，更换密封等备件。
（9）检查清洁或更换润滑系统各部件，包含油泵、加热器、注油器、单向阀、过滤器及润滑管路等。
（10）检查清洁冷却水系统。
（11）检查电控系统。
（12）检查紧固所有螺栓。

（13）检查调整机组对中。

2.2.1.5.2　燃气发动机

（1）拆解检查清洗缸盖，更换缸盖气门机构：进气门、排气门、气门座圈、锁夹、旋转器、密封垫等，调整气门间隙，更换缸盖固定螺栓。

（2）检查更换气门摇臂、气门摇臂桥等。

（3）清洁预燃室，更换单向阀。

（4）检查清洁或更换缸套、活塞、活塞销。

（5）检查清洁或更换连杆、连杆轴承、连杆螺栓。

（6）检查凸轮轴，更换凸轮轴轴承、更换挺柱、挺杆、锁片等。

（7）检查曲轴，更换主轴承、推力轴承及曲轴油封等。

（8）拆检清洁减振器、联轴器。

（9）检查清洁燃气系统、启动系统、点火系统、冷却系统、润滑系统、液压控制系统及电控系统，更换相关部件。

（10）检查紧固所有螺栓。

（11）检查校验安全附件。

2.2.1.5.3　电动机

（1）检查转子，动平衡测试。

（2）更换电动机轴承，测量间隙，测试电动机轴承。

（3）测试电动机线圈。

（4）检查清洁油路，添加润滑油或润滑脂。

（5）检查清洁电动机内部。

（6）检查清洁电动机通风冷却管、风扇罩及叶扇等。

（7）检查电动机接线盒。

2.2.1.6　验收标准

（1）设备检修已按方案要求完成，过程记录资料（关键检测数据记录、耗材配件记录、清洗记录、检修指导卡等）齐全，数据有效。

（2）控制线路无短路、接地、松动现象。

（3）安全附件完好、有效。

（4）完成启机前安全检查确认，满足启机条件。

（5）报警及停机功能测试正常。

（6）在工作负荷下连续运行72h性能考核期间，各运行参数均在标准范围内，运行平稳，无异响，无异常振动，无跑、冒、滴、漏现象。

（7）检修现场"工完料尽场地清"，设备卫生已清理，防腐保温已恢复等。

（8）按照规定办理验收交接手续。

2.2.1.7　质量验收表

表2.33适用于JGC/4-G3608机型天然气压缩机组，其余机型参考执行或按照设备生产厂家提供的维护保养手册执行。

表 2.33 往复式压缩机质量验收表

检修内容		质量标准	备注
压缩机部分	检查吹扫工艺气管线、分离器、缓冲罐等	干净、无堵塞、无泄漏、无积液；滤网完好无破损，破损严重更换	
	更换气阀阀片、弹簧及密封；检查清洗或更换气阀阀座	阀座损坏进行更换	
	检查清洁气缸，并测量气缸内部磨损情况	气缸内表面应光洁，无裂纹、气孔、拉伤痕迹等，气缸缸径为279.4mm	
	检查修理或更换活塞组件（活塞环、承磨环、活塞杆及活塞等），并调整活塞死点间隙	（1）活塞、活塞杆表面应光滑，无磨损、划伤、裂纹、变形、镀层脱落等缺陷。 （2）活塞杆直径范围为63.37～63.50mm。 （3）活塞杆不圆度≤0.03mm，锥度≤0.05mm。 （4）活塞杆跳动水平<0.025mm，垂直<0.064mm。 （5）活塞环环槽宽度范围为12.7～12.75mm，活塞环侧隙范围为0.23～0.36mm。 （6）新活塞环搭扣间隙范围为2.79～3.35mm。 （7）承磨环环槽宽度范围为57.15～57.20mm，承磨环侧隙范围为0.69～0.81mm。 （8）活塞表面至气缸壁间隙范围为2.90～3.12mm。 （9）活塞端到曲轴箱端间隙为7.6mm	
	检查清洁填料盒和刮油盒，更换填料、刮油环	填料在填料盒内侧隙为0.43～0.56mm，刮油环与刮油环盒侧隙为0.28～0.56mm	
	检查清洁或更换十字头滑道、十字头、十字头销、连杆大/小头瓦、曲轴等，必要时做无损探伤检查	（1）十字头滑道干净，对毛刺进行打磨。 （2）十字头与滑道上部间隙范围为0.18～0.30mm；底部间隙小于0.038mm。 （3）连杆瓦间隙范围为0.10～0.23mm。 （4）连杆衬套和十字头销间隙范围为0.05～0.10mm。 （5）连杆侧面间隙范围为0.18～0.14mm。 （6）曲轴瓦间隙范围为0.05～0.15mm，侧面间隙为0.34～0.76mm。 （7）曲轴轴颈光滑，无拉痕；失圆度≤0.025mm。 （8）曲轴挠度<0.08mm。 （9）曲轴止推间隙范围为0.34～0.76mm。 （10）曲轴无损探伤检查：无裂纹	
	检查清洁曲轴箱呼吸阀；清理曲轴箱更换润滑油	（1）呼吸阀完好、干净、无油污、无堵塞、无泄漏； （2）曲轴箱油底壳干净，无金属碎屑或外来异物；液位观察镜指示正确清晰； （3）加注润滑油至1/2～5/6之间	
	检查清洁余隙头，更换密封等备件	拆解清洁余隙头所有部件，更换余隙活塞环、余隙填料、余隙法兰"O"形圈，活塞杆注酯确认无卡阻	
	检查清洁或更换润滑系统各部件，包含油泵、加热器、注油器、单向阀、过滤器及润滑管路等	（1）管路、系统、单向阀等无泄漏、无堵塞。 （2）清洁过滤器，更换润滑油滤芯，运行时压差≤10PSI。 （3）更换油路烧结滤芯。 （4）检查清洗注油器内部腔体及各部件，换新润滑油，油位在1/2～2/3之间。 （5）检查无油流开关电池电量，更换低电量电池，标定调整润滑油滴数为10～18滴/min。 （6）检查油加热器和油泵，无泄漏，内部部件存在损坏进行更换	

续表

检修内容		质量标准	备注
压缩机部分	检查清洁冷却水系统	管路、系统、换热器等无泄漏、无堵塞	
	检查电控系统	（1）安全保护装置和仪表控制系统各控制点工作可靠、灵敏。 （2）仪表柜各模块、接触器、继电器、空气开关、保险等各电器元件工作正常，各接线端子接触良好、电路连接牢固可靠；仪表系统各项设定正确；模拟报警功能测试报警灯触发灵敏；电阻接地。 （3）控制柜上各按钮、保护空气开关等元器件通断正常、动作正常；校准各路温度、压力输入值的准确度、灵敏度，要求标准为温度误差≤2℃，进、排气压力误差≤0.1kPa。 （4）仪表系统电压：24V直流电压范围20.4～28.8V；AC220V交流电压范围198～235.4V；AC380V电压范围342～406.6V	
	检查紧固所有螺栓	按照厂家提供的保养手册中规定的扭力对压缩机本体各螺栓进行紧固，无松动、脱落	
	检查调整机组对中	联轴器居中；垂直与水平方向≤0.127mm	
	检查校验安全附件	安全阀、压力表、温度表等安全附件校验合格，使用正常	
发动机部分	拆解检查清洗缸盖，更换缸盖气门机构：进气门、排气门、导管、气门座圈、锁夹、旋转器、密封垫等，调整气门间隙，更换缸盖固定螺栓	（1）进排气门头相对于缸盖底部的突出部分应在-2.0 mm至+0.5 mm；进气门和排气门挺杆的直径为（41.910±0.010）mm。 （2）新导管内径为（16.031±0.028）mm，导管超出缸盖上方（20±2）mm。 （3）内弹簧自由长度为107mm，在试验力下的长度为79.3mm，试验力为（361±36）N；在试验力下的长度为84.9mm，试验力为（758±76）N。 （4）检查缸盖进排气阀面密封件，施加25in汞柱的真空压力，最大允许泄漏率为10s 5in汞柱压力。 （5）进气门间隙为0.42～0.58mm；排气门间隙为1.19～1.35mm；燃气门间隙为0.64mm。 （6）旋转器动作正常。 （7）阀桥定位销组装高度为（105±2）mm	
	检查更换气门摇臂、气门摇臂桥等	（1）气门摇臂内直径为（69.900±0.015）mm，气门桥定位销直径为（19.055±0.003）mm，气门桥孔径为（19.162±0.030）mm，定位销塞孔径为（19.017±0.020）mm。 （2）摇臂轴承的内径为（70.000±0.015）mm，摇臂轴承的外径为（69.9000±0.015）mm	
	清洁预燃室，更换单向阀	预燃室无积炭，单向阀无卡阻	
	检查清洁或更换缸套、活塞、活塞销	（1）缸套、活塞表面无积炭、划痕。 （2）缸套圆周度为（300.025±0.025）mm。 （3）活塞槽宽：顶环（5.16±0.010）mm，中间环（5.16±0.010）mm，油环（8.05±0.5）mm；活塞环环宽度：第一道（4.965±0.025）mm，第二道（4.977±0.012）mm，第三道7.976mm；安装在缸套中的活塞环端隙：第一道（1.5±0.20）mm，第二道（3.00±0.2）mm，第三道（1.1±0.2）mm。 （4）活塞销孔为（120.040±0.015）mm，销直径为（119.994±0.006）mm，活塞销与销孔之间的间隙为（0.040～0.067）mm	

续表

检修内容		质量标准	备注
发动机部分	检查清洁或更换连杆、连杆轴承、连杆螺栓	（1）更换连杆大小头轴承、连杆螺栓； （2）合瓦检测连杆轴承孔孔径，孔径标准值为216.245～216.306 mm，连杆轴承与曲轴之间的间隙为0.171～0.282mm	
	检查凸轮轴，更换凸轮轴轴承、更换挺柱、挺杆、锁片等	（1）凸轮轴基圆、凸圆无明显缺陷、磨损。 （2）凸轮轴直径为（173.80±0.03）mm。 （3）凸轮轴轴承孔孔径为（174.00±0.06）mm。 （4）凸轮轴升程为19.5mm，进气凸轮升程为19.5mm，燃气凸轮升程为10.001。 （5）进气门和排气门挺杆的直径为（41.910±0.010）mm	
	检查曲轴，更换主轴承、推力轴承及曲轴油封等	（1）曲轴表面无油污、拉痕、裂纹、过度磨损现象，油孔无堵塞。 （2）连杆轴承曲轴轴径为（216.000±0.025）mm。 （3）曲轴主轴颈为（250.000±0.025）mm。 （4）曲轴轴窜量为0.175～0.6mm，拐挡差<0.08mm	
	拆检清洁减振器、联轴器	拆检翻新减振器，清洁所有部件，如尼龙内部层损坏，更换减振器； 联轴器柔性垫片无损坏，破损	
	检查清洁燃气系统，更换相关部件	（1）管路、胶管等无泄漏、无堵塞，更换密封垫。 （2）清洁燃气过滤器，更换燃气滤芯。 （3）燃气关断阀膜片完好、动作迅速可靠，执行器动作灵活。 （4）燃料调压阀本体无磨损，膜片完好，燃料压力保持在（310±14）kPa。 （5）电磁阀动作灵敏可靠。 （6）燃气进气门、废气旁通门，混合气风门有无积碳油污及其他污染物，调节后动作可靠	
	检查清洁启动系统，更换相关部件	（1）管路、胶管等无泄漏、无堵塞，更换密封垫。 （2）清洗油杯，无裂纹，添加新的液压油。 （3）启动电动机叶片无明显磨损、裂纹、异响、卡阻，清洁，注入新的润滑脂。 （4）启动系统压力调校为0.8～1.0MPa。 （5）盘车装置齿轮轴活动灵活。 （6）电磁阀动作灵敏可靠	
	检查清洁点火系统，更换相关部件	更换燃烧传感器、转速传感器、正时传感器、点火线圈、火花塞，火花塞间隙为（29±0.04）mm	
	检查清洁冷却系统，更换相关部件	（1）管路、胶管等无泄漏、无堵塞，更换密封垫。 （2）水泵内部叶轮、轴承、轴封等完好，无泄漏、磨损。 （3）更换防冻液：每3年。 （4）水温调节器动作正常：夹套水开启温度为81℃，全开温度为92℃；中冷水开启温度为47℃，全开温度为59℃。 （5）中冷器内部无堵塞，表面无污垢。 （6）机油冷却器芯子：压力测试压力为586.1～792.9 kPa。 （7）冷却系统液位开关动作灵敏，数据显示正常	

续表

检修内容		质量标准	备注
发动机部分	检查清洁润滑系统，更换相关部件	（1）管路无泄漏、无堵塞，更换密封垫。 （2）清洁油底壳，更换润滑油，添加到机组在运转过程中油位保持在游标尺ADD-FULL之间。 （3）清洁发动机过滤器，更换滤芯，正常运行前后差压正常：<70kPa。 （4）油温调节器动作正常；开启温度为78℃，全开温度为89℃。 （5）清洁预润滑泵，齿轮部分无严重磨损。 （6）润滑油压力及温度传感器动作灵敏，数据显示正常。 （7）清洁机油泵，内部腔体、齿轮、泵轴、弹簧等部件无裂纹、磨损	
	检查清洁液压控制系统，更换相关部件	（1）管路无泄漏、无堵塞，更换密封垫。 （2）液压油泵、执行器无磨损、泄漏。 （3）清洁液压油罐，更换滤芯，正常运行压力为（1515±35）kPa	
	检查清洁电控系统，更换相关部件	控制箱线路接头无松动、脱落； 各电气控制元件及传感器线路紧固，数据显示正常	
	检查紧固所有螺栓	按照厂家提供的保养手册中规定的扭力对压缩机本体各螺栓进行紧固，无松动、脱落	
	检查校验安全附件	安全阀、压力表、温度表等安全附件校验合格，使用正常	

2.2.2 离心式压缩机

2.2.2.1 适用范围

本节适用于石油石化企业MCL526+2BCL458型离心式压缩机的检修和验收，其他同类机组可参照本书。

2.2.2.2 工作原理及设备结构

压缩机叶轮随轴旋转时，气体由吸入室轴向进入叶轮，叶片推动气体高速向外圆流动，在离心力作用下提高了压力。高速气流离开叶轮后，立即流进扩压器流道，在扩压器内随着流道截面的扩大，气流速被降低，动能进一步转化为压力能。气流从扩压器进入弯道，气流方向由离心流动变为向心流动，再经回流器进入下一级叶轮，重复上述流动过程，这样一级接一级直至末级叶轮的出口可以直接通向蜗壳，最终气体完成压缩流出压缩机（图2.11）。

2.2.2.3 编写依据

（1）SHS 01001《石油化工设备完好标准》。
（2）HG/T 2266《炼油、化工用离心式压缩机技术条件》。
（3）离心式压缩机组保养手册、技术手册。

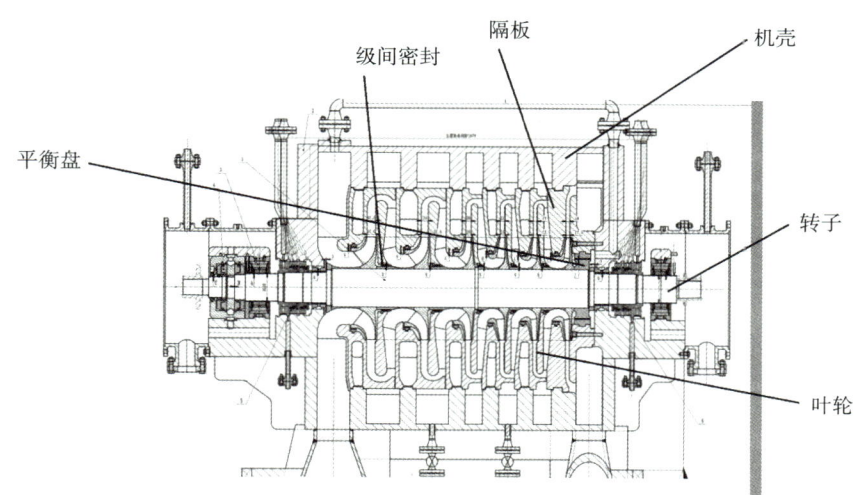

图 2.11 离心式压缩机结构示意图

2.2.2.4 检修准备

（1）完成检修方案审批。
（2）备齐图纸、技术资料、相关记录表格。
（3）备齐机具、量具、材料和劳动保护用品。
（4）完成检修前检修人员安全教育及技术交底工作。
（5）切断设备电源，完成系统有效隔离，上锁挂牌。
（6）排净介质，氮气置换合格。
（7）办理作业票据，落实安全措施。
（8）其他需要准备的工作。

2.2.2.5 检修内容

（1）检查、清洗压缩机入口过滤器或更换过滤器芯子。
（2）检查润滑系统油泵、管路、单流阀、高位油罐、油过滤器等，清洗润滑油箱，更换润滑油、油过滤器滤芯。
（3）检查、清洗压缩机密封气、隔离气系统过滤器，判断过滤器滤芯是否需要更换。
（4）检查、清洗压缩机密封气、隔离气系统管路，确保管路畅通。
（5）检查、清洗冷却系统。
（6）检查校验安全附件，检查校验现场一次仪表、控制室二次仪表。
（7）检查校验报警、停机回路、振动检测回路等。
（8）按拆卸顺序对机组解体检修（拆卸前应做好标记）。
（9）检查、清洗联轴器护罩。
（10）检查、清洗联轴器。
（11）复查对中数据，做好记录。
（12）检测径向轴承径向间隙及止推轴承轴向间隙，检查总窜量，如不合适需调整或更换部件。

（13）检查径向轴承、止推轴承磨损情况，分析磨损原因，进行清洗、修理或更换。

（14）检查浮环密封及隔离气密封，或干气密封。

（15）检查、清洗转子部件（必要时进行喷沙除锈）。

（16）检查轴颈磨损情况，修理或更换转子部件。

（17）转子动平衡检测。

（18）检查、清洗梳齿密封。

（19）检查、清洗壳体密封通道、润滑通道。

（20）检查、清洗壳体及隔板束（必要时进行喷沙除锈）。

（21）拆卸过程记录分析：根据拆解过程中发现的问题，分析工艺系统可能存在的问题，分析机械磨损原因，制定避免措施。

（22）所有管路、配件清洗工作完成后，应做好防尘措施。

（23）检查各密封面是否有腐蚀、磕碰、划痕等缺陷，修复缺陷密封面。

（24）检查各部位连接螺栓是否有锈蚀、变形、裂纹等缺陷，更换缺陷螺栓。

（25）依据拆解分析鉴定结果，确定需修理或需更换零部件清单，进一步修订修理方案。

（26）机组回装前配件试配完成，管路确认清洁、无异物堵塞，满足装配要求。

（27）回装过程与拆卸顺序相反。

（28）测温、测振、测位移探头确认回路完好、测量准确、安装牢固、接线规范。

（29）密封面涂胶应保证具有连续、完整的密封面。

（30）螺栓连接扭应符合要求。

（31）检查总窜量、止推轴承轴向间隙、径向轴承径向间隙，与拆卸时数据及机组装配数据表对比分析，符合技术要求。

（32）检查、调整压缩机转子与转子之间、压缩机与齿轮箱之间、齿轮箱与电动机之间的对中数据，符合装配数据表要求。

（33）检查主机及辅助系统检修完整性符合要求。

2.2.2.6 验收标准

（1）设备现场符合厂站 QHSE 管理制度要求。

（2）检修记录齐全，无损检测记录及缺陷记录齐全，启机方案齐全且经过审核确认。

（3）安全附件齐全、完好。

（4）润滑油品检验合格。

（5）设备外观良好无缺陷，无脏、松、缺、漏、锈现象。

（6）仪表联动测试完成，氮气置换合格，密封点无渗漏。

（7）过滤器压差符合要求。

（8）工艺气系统、辅助系统正常投用。

（9）设备运行参数、振动、噪声符合设备操作规程中规定的要求。

（10）机械性能符合 API Std 617《石油、化学和气体工业用轴流压缩机和离心压缩机以及膨胀机—压缩机》中规定。

2.2.2.7 质量验收表

离心式压缩机质量验收表见表 2.34。

表 2.34 离心式压缩机质量验收表

检修内容	质量标准	备注
检查、清洗压缩机入口过滤器或更换过滤器芯子	过滤器骨架无变形、开焊、腐蚀、裂纹；过滤网应保证有效过滤，无破损、堵塞，过滤器精度符合要求	
检查润滑系统油泵、管路、单流阀、高位油罐、油过滤器等，清洗润滑油箱，更换润滑油、油过滤器滤芯	按操作手册周期要求更换过滤器；油箱应清洁，无油泥及杂质；单流阀阀板开关正常，润滑油指标不合格应更换；高位油罐控制回路及阀门正常	
检查、清洗压缩机密封气、隔离气系统过滤器，判断过滤器滤芯是否需要更换	过滤器骨架无变形、开焊、腐蚀、裂纹；过滤网应保证有效过滤，无破损、堵塞，过滤器精度符合要求	
检查、清洗压缩机密封气、隔离气系统管路	确保管路畅通	
检查、清洗冷却系统	满足机组设计参数要求	
检查校验安全附件，检查校验现场一次仪表、控制室二次仪表	安全阀、压力表、温度表等安全附件校验合格，使用正常	
检查校验报警、停机回路、振动检测回路等	报警、停机回路、振动检测回路正常，测量准确	
按拆卸顺序对机组解体检修（拆卸前应做好标记）	按技术手册要求安装	
检查、清洗联轴器护罩	无变形、无油泥、密封面完好	
检查、清洗联轴器	无变形、无异常磨损、无缺油迹象，连接螺栓无松动、缺失，锁紧装置完好	
复查对中数据，做好记录	测量、记录准确	
检测径向轴承径向间隙及止推轴承轴向间隙，检查总窜量，如不合适需调整或更换部件	测量、记录准确	
检查径向轴承、止推轴承磨损情况，分析磨损原因，进行清洗、修理或更换	依据磨损原因分析结果，判断修理部位；依据MCL526+2BCL458型离心压缩机装配数据表检测、调整	
检查隔离气密封、干气密封	外观检查，依据MCL526+2BCL458型离心压缩机装配数据表检测、调整（干气密封时必须返厂维修）	
检查、清洗转子部件（必要时进行喷砂除锈）	表面无锈蚀、无氧化层、无积碳，无异常磨损，配合尺寸不超差	
检查轴颈磨损情况，修理或更换转子部件	依据MCL526+2BCL458型离心压缩机装配数据表检测、调整	
转子动平衡检测	执行API Std 617《石油、化学和气体工业用轴流压缩机和离心压缩机以及膨胀机—压缩机》	
检查、清洗梳齿密封	依据MCL526+2BCL458型离心压缩机装配数据表检测、调整	
检查、清洗壳体密封通道、润滑通道	通道畅通无堵塞、无异物	
检查、清洗壳体及隔板束（必要时进行喷砂除锈）	表面无锈蚀、无氧化层、无积碳，无异常磨损，配合尺寸不超差	

续表

检修内容	质量标准	备注
拆卸过程记录分析	根据拆解过程中发现的问题，分析工艺系统可能存在的问题，分析机械磨损原因，制定避免措施	
所有管路、配件清洗工作完成后，应做好防尘措施	管路、配件清洁、无杂物、无油污、管口封闭	
检查各密封面，修复缺陷密封面	无腐蚀、磕碰、划痕等缺陷	
检查各部位连接螺栓	无锈蚀、变形、裂纹等缺陷，更换缺陷螺栓	
拆解鉴定结果分析	确定需修理或需更换零部件清单，进一步修订修理方案	
机组回装前确认	配件试配完成，管路确认清洁、无异物堵塞，满足装配要求	
回装过程与拆卸顺序相反	按技术手册要求安装	
测温、测振、测位移探头及回路确认	回路完好、测量准确、安装牢固、接线规范	
密封面涂胶应保证具有连续、完整的密封面	密封面不应有断开部位，螺栓紧固应均匀	
螺栓连接扭应符合要求	依据MCL526+2BCL458型离心压缩机技术手册要求调整	
检查总窜量、止推轴承轴向间隙、径向轴承径向间隙，与拆卸时数据及机组装配数据表对比分析，符合技术要求	依据MCL526+2BCL458型离心压缩机装配数据表检测、调整	
检查、调整压缩机转子与转子之间、压缩机与齿轮箱之间、齿轮箱与电动机之间的对中数据，符合装配数据表要求	依据MCL526+2BCL458型离心压缩机装配数据表检测、调整	
检查主机及辅助系统检修完整性符合要求	主机及辅助系统检修完成，资料记录完整	

2.2.3 螺杆式压缩机

2.2.3.1 适用范围

本节适用于天然气处理厂的螺杆式压缩机（如RWF270E型、LU90-8型等机型）的检修和验收。

2.2.3.2 工作原理及设备结构

螺杆式压缩机是回转容积式压缩机，进入机器后气体体积的缩小使单位体积的气体分子密度急剧增加而使气体压力升高。气缸内装有一对互相啮合的螺旋形阴阳转子，两转子都有几个凹形齿，两者互相反向旋转。主转子（又称阳转子或凸转子）由动力驱动，另一转子（又称阴转子或凹转子）是由主转子通过喷油形成的油膜进行驱动，或由主转子端和凹转子端的同步齿轮驱动。

螺旋转子凹槽经过吸气口时充满气体。当转子旋转时，转子凹槽被机壳壁封闭，形成压缩腔室，当转子凹槽封闭后，润滑油被喷入压缩腔室，进行密封、冷却和润滑。当转子旋转压缩油气混合物时，压缩腔室容积减小，向排气口压缩油气混合物。当压缩腔室经过排气口时，油气混合物从压缩机排出，完成一个吸气—压缩—排气过程（图2.12）。

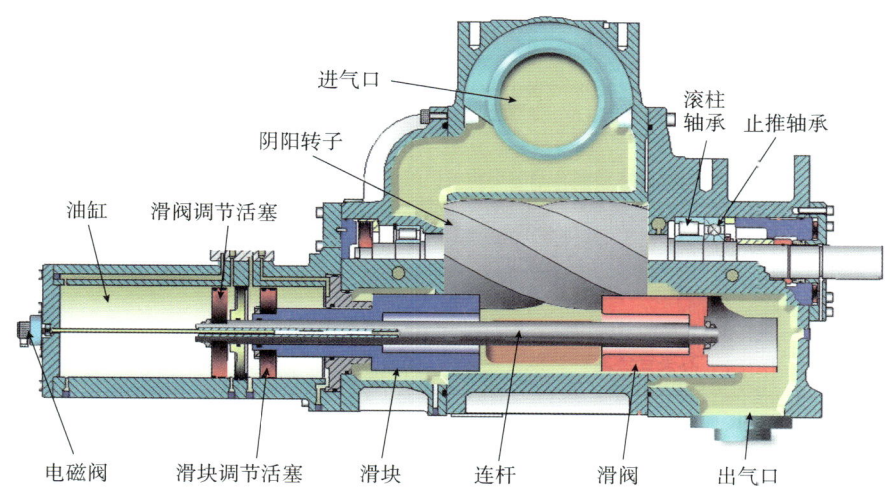

图 2.12　螺杆式压缩机结构示意图

2.2.3.3　编写依据

（1）SHS 01001《石油化工设备完好标准》。
（2）SHS 06001《旋转电机及调速励磁装置维护检修规程》。
（3）《石油化工设备维护检修规程（第七册）：仪表》（中国石化出版社，2019）。
（4）各机型螺杆式压缩机组保养手册。

2.2.3.4　检修准备

（1）完成检修方案审批。
（2）备齐图纸、技术资料、相关记录表格。
（3）备齐机具、量具、材料和劳动保护用品。
（4）完成检修前检修人员安全教育及技术交底工作。
（5）切断设备电源，完成系统有效隔离，上锁挂牌。
（6）排净介质，氮气置换合格。
（7）办理作业票据，落实安全措施。
（8）其他需要准备的工作。

2.2.3.5　检修内容

2.2.3.5.1　压缩机本体检修

（1）机头振动量测试，更换压缩机轴承组件。
（2）压缩机头密封测试，超范围更换机头密封组件。
（3）更换轴封组件。
（4）检测轴向窜动。
（5）检查清洁阴阳转子。
（6）检查滑阀工作情况。

（7）检查滑块工作情况。

（8）检查压缩机滑阀、滑块加减载四通阀。

（9）检查或更换平衡活塞。

（10）检查清洗或更换压缩机进气滤网。

（11）检查压力、温度传感器。

（12）压缩机与电动机对中。

（13）检查清洁压缩机内部油道。

（14）检查紧固所有螺栓。

（15）检查校验安全附件。

2.2.3.5.2　润滑油系统检修

（1）检查清洁油分离器和油过滤器，更换油分离器滤芯和油过滤器滤芯。

（2）检查清洗油冷却器。

（3）检查油位开关、加热器。

（4）检查清洁润滑系统油路。

2.2.3.5.3　驱动电动机检修

（1）检查或更换电动机轴承，检测转子动平衡。

（2）测试电动机轴承。

（3）测试电动机线圈。

（4）检查清洁注油嘴，并加注润滑脂。

（5）检验温度传感器。

（6）检查清洁电动机内部。

（7）检查清洁电动机通风冷却管、风扇罩及叶扇等。

2.2.3.6　验收标准

（1）设备检修已按方案要求完成，过程记录资料（关键检测数据记录、耗材配件记录、清洗记录、检修指导卡等）齐全，数据有效。

（2）控制线路无短路、接地、松动现象。

（3）报警及停机功能测试正常。

（4）安全附件完好、有效。

（5）完成启机前安全检查确认，满足启机条件。

（6）在工作负荷下连续运行24h性能考核期间，各运行参数均在标准范围内，运行平稳，无异响，无异常振动，无跑、冒、滴、漏现象。

（7）检修现场"工完料尽场地清"，设备卫生已清理，防腐保温已恢复等。

（8）按照规定办理验收交接手续。

2.2.3.7　质量验收表

表2.35适用于RW F270机型螺杆式压缩机，其余机型参考执行或按照设备生产厂家提供的维护保养手册执行。

表 2.35 螺杆式压缩机质量验收表

	检修内容	质量标准	备注
压缩机本体	机头振动量测试，更换压缩机轴承组件	（1）正常＜±5.0mm/s，排气端＜7.0mm/s。 （2）球轴承径向间隙：＜0.05mm（热装）。 （3）滚柱轴承径向间隙：＜0.03mm（冷装）	
	压缩机头密封测试，超范围更换机头密封组件	1.6MPa压力下无泄漏	
	更换轴封	泄漏量检测，磨合期（1～2h）内＜1滴/min	
	检查轴向窜动	0.03～0.15mm	
	检查清洁阴阳转子	表面无明显坑痕，光滑清洁	
	检查滑阀	（1）滑阀负载10%～100%时动作可靠，无异响，无振动。 （2）滑阀与滑块连接杆、连接弹簧无明显磨损、坑洼	
	检查滑块	滑块负载2.2%～5.0%时动作可靠，无异响，无振动	
	检查压缩机滑阀、滑块加减载四通阀	无破损、无异物、无漏油	
	检查或更换平衡活塞	活塞动作可靠，无明显卡位移量0.05～0.5mm	
	更换压缩机进气滤网	无破损、无异物	
	检查压力、温度传感器	可靠、完好，连接紧固	
	压缩机与电动机对中	轴向与纵向±0.1mm	
	检查清洁压缩机内部油道	无破损、异物、堵塞	
	检查紧固所有螺栓	按照厂家提供的保养手册中规定的扭力对压绾机本体各螺栓进行紧固，无松动、脱落	
	检查校验安全附件	安全阀、压力表、温度表等安全附件校验合格，使用正常	
润滑系统	检查清洁油分离器和油过滤器，更换油分离器滤芯和油过滤器滤芯	油过滤器前后压差＜0.3bar	
	检查清洁油冷却器	无异物、堵塞	
	检查油位开关、加热器	（1）油位开关动作可靠，灵活±3mm。 （2）加热器正常工作	
	检查清洁油管路	无异物、堵塞	
驱动电动机	检查或更换电动机轴承，检测转子动平衡	（1）运行无噪声，无异常高温。 （2）滚珠轴承径向间隙：0～0.04mm。 （3）球轴承径向间隙：0～0.03mm。 （4）动平衡值：＜2.8mm/s	
	测试电动机轴承	空载时电动机前后温升≤65℃	
	测试电动机线圈	（1）空载时电动机局部温升≤80℃。 （2）阻值＞300MΩ	
	检查清洁注油嘴，并加注润滑脂	前后端各15g	
	检验温度传感器	模拟值与实际测试值误差＜5%	
	检查清洁电动机内部	无异物	
	检查清洁电动机通风冷却管、风扇罩及叶扇等	无异物、堵塞，紧固	

2.3 风机

2.3.1 罗茨鼓风机

2.3.1.1 适用范围
本节适用于天然气处理厂用罗茨鼓风机的检修和验收。

2.3.1.2 工作原理及设备结构
罗茨鼓风机系属容积回转鼓风机。这种风机靠转子轴端的同步齿轮使两转子保持啮合。转子上每一凹入的曲面部分与气缸内壁组成工作容积，在转子回转过程中从吸气口带走气体，当移到排气口附近与排气口相连通的瞬时，因有较高压力的气体回流，这时工作容积中的压力突然升高，然后将气体输送到排气通道（图2.13）。

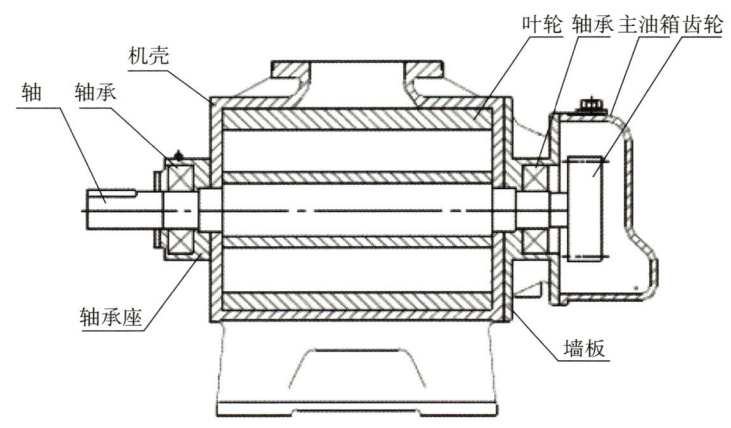

图 2.13　罗茨鼓风机结构简图

2.3.1.3 编写依据
（1）GB/T 2888《风机和罗茨鼓风机噪声测量方法》。
（2）GB 50231《机械设备安装工程施工及验收通用规范》。
（3）GB 50275《风机、压缩机、泵安装工程施工及验收规范》。
（4）JB/T 8941.1《一般用途罗茨鼓风机 第1部分：技术条件》。
（5）JB/T 8941.2《一般用途罗茨鼓风机 第2部分：性能试验方法》。
（6）SHS 01024《罗茨鼓风机维护检修规程》。

2.3.1.4 检修准备
（1）完成检修方案审批。
（2）备齐图纸、技术资料、相关记录表格。
（3）备齐机具、量具、材料和劳动保护用品。
（4）完成检修前检修人员安全教育及技术交底工作。

（5）切断设备电源，完成系统有效隔离，上锁挂牌。
（6）办理作业票据，落实安全措施。
（7）其他需要准备的工作。

2.3.1.5 检修内容

罗茨鼓风机检修前准备工作参见风机类设备检修前准备工作，系统性检修内容如下：
（1）检查地脚螺栓紧固情况，紧固地脚螺栓。
（2）检查主从皮带轮平面度情况，调整皮带松紧度，更换皮带。
（3）检查轴承座、齿轮箱完好，更换润滑油。
（4）检查测量轴承与主轴配合间隙、轴承与轴承座配合间隙。
（5）检查风机密封组件情况，测量密封间隙，更换密封组件。
（6）检查风机主轴、机壳、前后墙板。
（7）检查主、从动转子，必要时进行动、静平衡试验和探伤。
（8）清洗检查主从动齿轮，调节齿轮及零部件，测量齿轮配合间隙。

2.3.1.6 验收标准

（1）带轮、皮带。

①带轮两轮轮宽的中央平面应在同一平面上，其偏移值不应大于 0.5mm。

②皮带的张紧力要适度，在中心位置朝垂直于皮带的方向加力 W（图 2.14），皮带在张紧力下挠度达到 $0.016L$（L 为皮带轮中心距），所加力 W 应符合表 2.36 的要求。

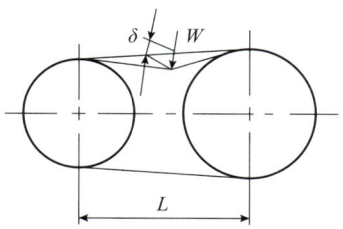

图 2.14 皮带结构示意图

表 2.36 皮带的张紧力

皮带型别	3V	5V
最小值 W_{min}	24.5	76.2
最大值 W_{max}	36.3	101.9

③调整好后各带轮轴线应相互平行，带轮对应轮槽的对称平面应重合，皮带槽中心偏差不大于 0.05mm/100mm。

④新旧皮带不得混用，换带轮时应保持与原带轮型号规格完全一致。

（2）检查主轴、转子、机壳、齿轮及前后墙板，调整相应间隙。

①主轴同轴度为 0.03mm/m。

②齿轮用键固定后径向位移不超过 0.02mm。

③齿表面接触沿齿高不小于 50%，沿齿宽不小于 70%。

④齿顶间隙为 0.2～0.3m（m 为模数），侧间隙应符合表 2.37 中的规定。

表 2.37 侧间隙

中心距（mm）	<50	50～80	80～120	120～200	200～320	320～520	520～800
侧间隙（mm）	0.086	0.105	0.13	0.17	0.21	0.26	0.34

⑤转子之间间隙、转子与机壳、墙板的间隙应符合制造厂技术标准的规定。转子端面圆跳动不大于 0.05mm。

（3）密封。

①填料密封与轴的过盈尺寸一般为 0.1mm。

②迷宫式密封轴套两端的平行度不大于 0.01mm，密封环座与轴套的轴向间隙为 0.2～0.5mm。

③密封组件动环部位对轴中心线径向跳动不大于 0.06mm。

（4）轴承。

滚动轴承滚动体及滚道表面无缺陷，保持架无变形；内圈与轴采用 H7/k6 配合，轴承座与轴承外圈采用 K7/h6 配合。

（5）试车与验收。

①检查出口风压、风量是否在规定范围内。

②各部安装位置未发生移动，紧固件无松动，密封处无泄漏。

③通风机振动有效值应符合随机技术文件的规定，无规定的应符合 GB 50275《风机、压缩机、泵安装工程施工及验收规范》相关规定。

④负荷试运转中，轴承温度不应超过 95℃，润滑油温度不得超过 65℃。

2.3.1.7 质量验收表

罗茨鼓风机质量验收表见表 2.38。

表 2.38 罗茨鼓风机质量验收表

检修内容	验收标准	备注
地脚螺栓检查	地脚螺栓均无松动	
皮带轮松紧度调整	在皮带中心位置朝垂直于皮带的方向加力 W，皮带在张紧力下挠度达到 0.016L（L 为皮带轮中心距），所加力 W 应符合表 2.36 的要求	
带轮平面度调整	带轮两轮轮宽的中央平面应在同一平面上，其偏移值不应大于 0.5mm	
更换皮带	新旧皮带不得混用，换带轮时应保持与原带轮型号规格完全一致	
轴承座、齿轮箱检查	轴承座、齿轮箱无裂纹	
轴承安装	滚动轴承滚动体及滚道表面无缺陷，保持架无变形；内圈与轴采用 H7/k6 配合，轴承座与轴承外圈采用 K7/h6 配合	
密封组件安装及间隙测量	（1）填料密封与轴的过盈尺寸一般为 0.1mm。 （2）迷宫式密封轴套两端的平行度不大于 0.01mm，密封环座与轴套的轴向间隙为 0.2～0.5mm。 （3）密封组件动环部位对轴中心线径向跳动不大于 0.06mm	

续表

检修内容	验收标准	备注
转子安装	转子之间间隙、转子与机壳、墙板的间隙应符合制造厂技术标准的规定。转子端面圆跳动不大于0.05mm	
主轴对中性检查	主轴同轴度为0.03mm/m	
齿轮安装	（1）齿轮用键固定后径向位移不超过0.02mm。 （2）齿表面接触沿齿高不小于50%，沿齿宽不小于70%。 （3）齿顶间隙为0.2~0.3m（m为模数），侧间隙应符合表2.44中的规定	
试车与验收	（1）检查出口风压、风量是否在规定范围内。 （2）各部安装位置未发生移动，紧固件无松动，密封处无泄漏。 （3）通风机振动有效值应符合随机技术文件的规定，无规定的应符合GB 50275《风机、压缩机、泵安装工程施工及验收规范》相关规定。 （4）负荷试运转中，轴承温度不应超过95℃，润滑油温度不得超过65℃	

2.3.2 离心式鼓风机

2.3.2.1 适用范围

本节适用于天然气处理厂用离心式风机的检修和验收。

2.3.2.2 工作原理及设备结构

离心鼓风机结构简图如图2.15所示。

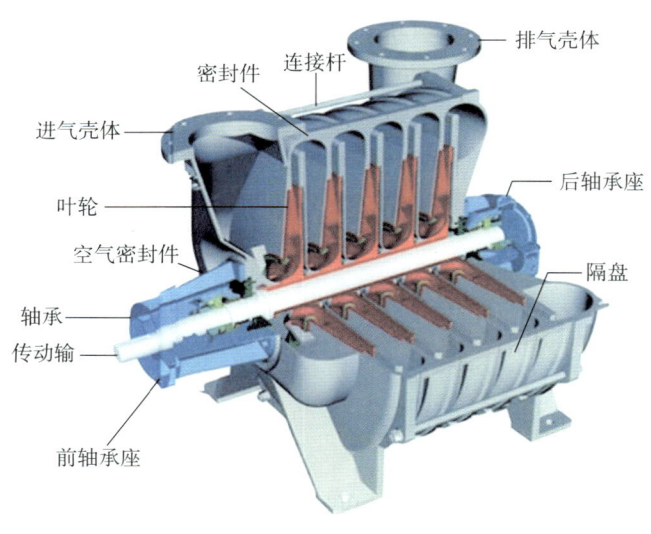

图2.15 离心鼓风机结构简图

当电动机转动时，风机的叶轮随着转动。叶轮在旋转时产生离心力将空气从叶轮中甩出，空气从叶轮中甩出后汇集在机壳中，由于速度慢，压力高，空气便从通风机出口排出流入管道。当叶轮中的空气被排出后，就形成了负压，吸气口外面的空气在大气压作用下又被压入叶轮中。因此，叶轮不断旋转，空气也就在通风机的作用下，在管道中不断流动。

2.3.2.3　编写依据

（1）GB/T 275《滚动轴承 配合》。

（2）GB/T 9239.1《机械振动 恒态（刚性）转子平衡品质要求 第1部分：规范与平衡允差的检验》。

（3）GB 50231《机械设备安装工程施工及验收通用规范》。

（4）GB 50275《风机、压缩机、泵安装工程施工及验收规范》。

（5）JB/T 7258《一般用途离心式鼓风机》。

（6）SHS 01022《离心式风机维护检修规程》。

（7）SHS 01028《变速机维护检修规程》。

2.3.2.4　检修准备

（1）完成检修方案审批。

（2）备齐图纸、技术资料、相关记录表格。

（3）备齐机具、量具、材料和劳动保护用品。

（4）完成检修前检修人员安全教育及技术交底工作。

（5）切断设备电源，完成系统有效隔离，上锁挂牌。

（6）办理作业票据，落实安全措施。

（7）其他需要准备的工作。

2.3.2.5　检修内容

离心式风机检修前准备工作参见风机类设备检修前准备工作，系统性检修内容如下：

（1）检查入口空气过滤网完好，清理过滤网，检查进口过滤网压差指示针指示在绿色区域。

（2）拆卸联轴器护罩，检查联轴器对中情况。

（3）皮带传动式离心风机应检查带轮完好，皮带松紧度，挠度超差以及皮带有破损时更换皮带。

（4）拆除风机润滑油箱，检查润滑油箱完好，清洗润滑油箱，更换润滑油。

（5）带减速箱的离心式风机应解体检查减速箱完好，清洗减速箱，更换润滑油。

（6）解体减速箱，检查齿轮完好，测量齿轮啮合顶隙和侧隙，更换磨损严重齿轮。

（7）检查减速箱齿轮轴轴承及轴颈。

（8）拆除风机轴承座，检查轴承与主轴配合间隙，更换轴承。

（9）检查风机气封组件完好，测量气封间隙，更换磨损气封组件。

（10）解体风机壳体，检查各零部件磨损情况。

（11）检查测量主轴、转子各零部件配合尺寸，更换易损件。

（12）检查测量主轴窜量，调整主轴窜量。

（13）叶轮找静平衡，必要时进行动平衡试验。

（14）检查地脚螺栓紧固情况，检查更换减振垫。

2.3.2.6 验收标准

2.3.2.6.1 主轴

(1)主轴应无裂纹、伤痕、沟槽、锈蚀和麻点,轴颈与轴衬配合面严禁有撞伤痕迹,轴颈表面粗糙度 Ra 为 0.8。

(2)主轴颈轴承处的圆柱度公差值应符合表 2.39 的规定。

表 2.39 主轴颈圆柱度公差

轴颈直径(mm)	≤150	>150~175	>150~200	>150~225
圆柱度公差	0.02	0.025	0.03	0.04

(3)主轴直线度公差值符合表 2.40 的规定。

表 2.40 主轴直线度公差值

风机转速(r/min)	直线度公差值(mm)	风机转速(r/min)	直线度公差值(mm)
≤500	0.10	>1500~3000	0.05
>500~1500	0.07		

2.3.2.6.2 叶轮

(1)叶轮表面无裂纹、变形、减薄等缺陷。

(2)叶轮找静平衡,必要时进行动平衡试验,转速低于 2950r/min 时,叶轮允许的最大静不平衡量应符合表 2.41 的规定,动平衡精度要达到 G6.3。

表 2.41 叶轮允许的最大静不平衡量

叶轮外径(mm)	401~500	501~600	601~700	701~800	801~1000	1000~1500
不平衡重(g)	10	12	5	17	20	25

2.3.2.6.3 密封组件

(1)离心鼓风机叶轮前盖板与壳体密封环径向半径间隙为 0.35~0.50mm;离心通风机叶轮进口圈与壳体的端面和径向间隙不得超过 12mm。

(2)轴封采用毡封时只允许一个接头,接头的位置应放在顶部。

(3)机壳密封盖与轴的每侧间隙一般不超过 1~2mm。

(4)轴封采用胀圈式或迷宫式,其密封间隙应符合表 2.42 的规定。

表 2.42 轴封密封间隙值

密封部位	密封每侧间隙安装值(mm)	极限值(mm)
机壳内的密封	0.20~0.40	0.50

2.3.2.6.4　联轴器或皮带轮找正

（1）弹性块联轴器和弹性柱销联轴器用的橡胶弹性件表面应光滑、平整，无老化变形和严重磨损。

（2）半联轴器与轴配合采用 H7/js6，两半联轴器端面间隙为 2~6mm，装配时采用热装或压装。

（3）安装弹性柱销联轴器时，其弹性圈与柱销应为过盈配合，并有一定紧力。弹性圈与联轴器销孔的直径间隙为 0.6~1.2mm。

（4）联轴器对中检查时，调整垫片每组不得超过 4 块。

（5）联轴器对中径向圆跳动为 0.06mm，端面圆跳动误差为 0.05mm。

（6）带轮两轮轮宽的中央平面应在同一平面上，其偏移值不应大于 0.5mm。

（7）皮带的张紧力要适度，在中心位置朝垂直于皮带的方向加力 W（图 2.14），皮带在张紧力下挠度达到 $0.016L$（L 为皮带轮中心距），所加力 W 应符合表 2.36 的要求。

（8）皮带槽中心偏差不大于 0.05mm/100mm。

2.3.2.6.5　轴承

（1）承受轴向和径向载荷的滚动轴承与轴配合为 H7/js6。

（2）仅承受径向载荷的滚动轴承与轴配合为 H7/k6。

（3）滚动轴承外圈与轴承箱内壁配合为 Js7/h6。

（4）凡轴向止推采用滚动轴承的泵，其滚动轴承外圈的轴向间隙应留有 0.02~0.06mm。

（5）滚动轴承拆装时，采用热装的温度不超过 120℃，严禁直接用火焰加热，推荐采用高频感应加热器。

（6）滚动轴承的滚动体与滚道表面应无腐蚀点，接触平滑无杂音，保持架完好。

（7）其他滚动轴承与轴以及轴承座孔配合公差尺寸可参见 GB/T 275《滚动轴承 配合》相关要求。

2.3.2.6.6　减速箱齿轮

（1）齿轮齿面不得有毛刺、裂纹、麻点等缺陷，啮合面积沿齿长方向应大于 60%，沿齿高方向大于 50%。否则应进行更换，更换锥齿轮时应在成对更换。圆柱齿轮的啮合顶隙为 $(0.2~0.3)m$（m 为法向模数），啮合侧隙应符合表 2.43 的规定。

表 2.43　圆柱齿轮的啮合侧隙

中心距（mm）	<50	50~80	80~120	120~200	200~320	320~500
侧隙（mm）	0.085	0.105	0.130	0.170	0.210	0.260

（2）减速箱无砂眼、裂纹等缺陷，箱体与箱盖的接合面应光滑、平整，装配严密。

2.3.2.6.7　齿轮轴及传动轴

（1）齿轮与轴的配合为 H7/k6 或 H7/m6。

（2）轴及轴颈不应有毛刺，严重划痕、碰伤等缺陷。

（3）轴颈的圆柱度不大于 0.02mm，表面粗糙度 Ra 为 1.6。

2.3.2.6.8 试车与验收
(1)检查出口风压、风量是否在规定范围内。
(2)各部安装位置未发生移动,紧固件无松动,密封处无泄漏。
(3)离心式风机振动有效值应符合随机技术文件的规定,无规定的轴承处测得的振动有效值应不大于 4.0mm/s。
(4)滚动轴承温度不得超过环境温度 40℃。

2.3.2.7 质量验收表
离心式鼓风机质量验收表见表 2.44。

表 2.44 离心式鼓风机质量验收表

检修内容	验收标准	备注
检查入口空气过滤网	检查进口过滤网压差指示针指示在绿色区域,过滤网无破损	
联轴器安装	(1)弹性块联轴器和弹性柱销联轴器用的橡胶弹性件表面应光滑、平整,无老化变形和严重磨损。 (2)半联轴器与轴配合采用H7/js6,两半联轴器端面间隙为2~6mm,装配时采用热装或压装。 (3)安装弹性柱销联轴器时,其弹性圈与柱销应为过盈配合,并有一定紧力。弹性圈与联轴器销孔的直径间隙为0.6~1.2mm	
联轴器对中检查	(1)联轴器对中检查时,调整垫片每组不得超过4块。 (2)联轴器对中径向圆跳动为0.06mm,端面圆跳动误差为0.05mm	
皮带传动式离心风机皮带轮平面度检查	带轮两轮轮宽的中央平面应在同一平面上,其偏移值应不大于0.5mm	
皮带传动式离心风机皮带松紧度检查	皮带的张紧力要适度,在中心位置朝垂直于皮带的方向加力W,皮带在张紧力下挠度达到0.016L(L为皮带轮中心距),所加力W应符合表2.43的要求	
带减速箱的离心式风机应齿轮检查	(1)齿轮齿面不得有毛刺、裂纹、麻点等缺陷,啮合面积沿齿长方向应大于60%,沿齿高方向大于50%。否则应进行更换,更换锥齿轮时应在成对更换。 (2)圆柱齿轮的啮合顶隙为(0.2~0.3)m(m为法向模数),啮合侧隙应符合表2.44的规定	
带减速箱的离心式风机应齿轮箱检查	减速箱无砂眼、裂纹等缺陷,箱体与箱盖的接合面应光滑、平整,装配严密	
齿轮轴安装	(1)齿轮与轴的配合为H7/k6或H7/m6。 (2)轴及轴颈不应有毛刺、严重划痕、碰伤等缺陷。 (3)轴颈的圆柱度不大于0.02mm,表面粗糙度Ra为1.6	
主轴轴承安装	(1)承受轴向和径向载荷的滚动轴承与轴配合为H7/js6。 (2)仅承受径向载荷的滚动轴承与轴配合为H7/k6。 (3)滚动轴承外圈与轴承箱内壁配合为Js7/h6。 (4)凡轴向止推采用滚动轴承的泵,其滚动轴承外圈的轴向间隙应留有0.02~0.06mm。 (5)滚动轴承拆装时,采用热装的温度不超过120℃,严禁直接用火焰加热,推荐采用高频感应加热器。 (6)滚动轴承的滚动体与滚道表面应无腐蚀点,接触平滑无杂音,保持架完好。 (7)其他滚动轴承与轴以及轴承座孔配合公差尺寸可参见G-B/T 275《滚动轴承 配合》相关要求	

续表

检修内容	验收标准	备注
密封组件配合安装	（1）离心鼓风机叶轮前盖板与壳体密封环径向半径间隙为0.35~0.50mm；离心通风机叶轮进口圈与壳体的端面和径向间隙不得超过12mm。 （2）轴封采用毡封时只允许一个接头，接头的位置应放在顶部。 （3）机壳密封盖与轴的每侧间隙一般不超过1~2mm。 （4）轴封采用胀圈式或迷宫式，其密封间隙应符合表2.42的规定	
主轴、转子配合安装	（1）主轴应无裂纹、伤痕、沟槽、锈蚀和麻点，轴颈与轴衬配合面严禁有撞伤痕迹，轴颈表面粗糙度Ra为0.8。 （2）主轴颈轴承处的圆柱度公差值应符合表2.39的规定。 （3）主轴直线度公差值符合表2.40的规定	
叶轮找静平衡、动平衡试验	（1）叶轮表面无裂纹、变形、减薄等缺陷。 （2）叶轮找静平衡，必要时进行动平衡试验，转速低于2950r/min时，叶轮允许的最大静不平衡应符合表2.41的规定，动平衡精度要达到G6.3	
检查地脚螺栓	地脚螺栓均无松动	
试车与验收	（1）检查出口风压、风量是否在规定范围内。 （2）各部安装位置未发生移动，紧固件无松动，密封处无泄漏。 （3）离心式风机振动有效值应符合随机技术文件的规定，无规定的轴承处测得的振动有效值应不大于4.0mm/s。 （4）滚动轴承温度不得超过环境温度40℃	

2.3.3 轴流式风机

2.3.3.1 适用范围

本节适用于天然气处理厂皮带传动式轴流式风机的检修和验收。

2.3.3.2 工作原理及设备结构

利用动力带动叶轮转动，产生的涡流不断将空气吸入，冷空气与热管道接触后传递热量，将管道内的热物质（酸气）冷却（图2.16）。

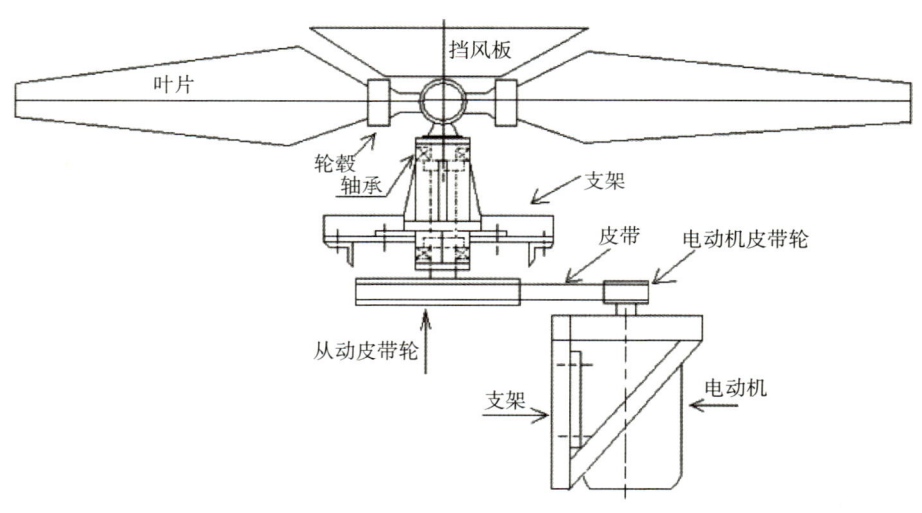

图2.16 轴流式风机结构简图

2.3.3.3 编写依据

(1) GB/T 9239.1《机械振动 恒态（刚性）转子平衡品质要求 第1部分：规范与平衡允差的检验》。
(2) GB 50231《机械设备安装工程施工及验收通用规范》。
(3) GB 50275《风机、压缩机、泵安装工程施工及验收规范》。
(4) HG/T 4378《空气冷却器用轴流通风机》。
(5) JB/T 9099《冷却塔轴流风机》。
(6) SHS 01023《轴流式风机维护检修规程》。

2.3.3.4 检修准备

(1) 完成检修方案审批。
(2) 备齐图纸、技术资料、相关记录表格。
(3) 备齐机具、量具、材料和劳动保护用品。
(4) 完成检修前检修人员安全教育及技术交底工作。
(5) 切断设备电源，完成系统有效隔离，上锁挂牌。
(6) 办理作业票据，落实安全措施。
(7) 其他需要准备的工作。

2.3.3.5 检修内容

轴流式风机检修前准备工作参见风机类设备检修前准备工作，系统性检修内容如下：
(1) 检查风机带轮对中情况，检查皮带松紧度，更换皮带。
(2) 清扫机组、叶片上积垢。
(3) 检查并紧固叶片组的背帽和各紧固螺栓。
(4) 检查各润滑部位密封情况，清理轴承座，更换润滑脂或润滑油。
(5) 拆卸并检查叶片、轮毂。
(6) 检查、调整叶顶与风筒的间隙。
(7) 叶片称重、整个叶轮作静平衡校验。
(8) 检查轴承及密封等易损件。
(9) 检查叶片的角度及叶顶与风筒的间隙。

2.3.3.6 验收标准

2.3.3.6.1 检查皮带松紧度、带轮找正

(1) 主从皮带轮外观完好，无裂纹、变形等明显缺陷。
(2) 主从皮带轮的对称面偏移不大于 $1/400a$（a 为两带轮中间距），皮带张紧适度。

2.3.3.6.2 叶片、叶片轮毂

(1) 检查叶片，不应有变形、裂纹和铆钉松动等缺陷，轮毂无变形、裂纹、残缺等缺陷，叶轮整体静平衡实验合格，平衡精度等级为 G6.3。
(2) 轮毂进行动平衡或静平衡校正，平衡精度等级为 G5.6。
(3) 叶片安装角及叶尖与风筒的间隙值，叶片安装角允许误差及叶顶间隙值，轮毂外缘径向及轴向圆跳动，叶轮外缘径向及端面跳动值均应符合表 2.45 要求。

表2.45　安装角允许误差及叶顶间隙、跳动值

误差类型	数值		
	叶轮直径 4700mm	叶轮直径 5460~6000mm	叶轮直径 7700~8000mm
轮毂径向与轴向跳动（mm）	5.0	6.0	6.0
叶片外缘径向与轴向跳动（mm）	径向4.0	径向6.0	径向6.0
	轴向10	轴向10	轴向15
叶片安装角度允差（°）	±0.5	±0.5	±0.5
叶片尖端至风筒间隙（mm）	4~12	5~16	5~16

2.3.3.6.3　主轴和风筒的对中性

（1）主轴和风筒对中性良好，同轴度不大于5mm，无明显歪斜，风筒连接螺栓紧固。

（2）导风筒外表面应清洁、均匀、平整，内表面焊接处应修理平整。

2.3.3.6.4　轴承及轴承座

（1）轴承内外圈滚道、滚动体表面应无腐蚀、坑疤与点蚀，保持架完好。

（2）轴承内径与轴的配合、外径与轴承座的配合应符合表2.46的规定。

表2.46　轴承内径与轴的配合、外径与轴承座的配合

向心推力轴承		推力滚子轴承	
内径与轴配合	外径与轴配合	内径与轴配合	外径与轴配合
H7/k6或H7/js6	J7/h6或H7/h6	H7/m6或H7/k6	J7/h6或H7/h6

2.3.3.6.5　试车与验收

（1）检查出口风压、风量是否在规定范围内。

（2）各部安装位置未发生移动，紧固件无松动，密封处无泄漏。

（3）通风机振动有效值应符合随机技术文件的规定，冷却塔轴流风机振动值应符合JB/T 9099《冷却塔轴流风机》要求，刚性支撑时不大于4.6mm/s，挠性支撑时不大于7.1mm/s。空气冷却器用轴流风机振动值应符合HG/T 4378《空气冷却器用轴流通风机》要求，振动值不大于6.3mm/s。

（4）轴承体温度因轴承形式不同而不同，滚动轴承温度不得超过环境温度40℃。

2.3.3.7　质量验收表

轴流式风机质量验收表见表2.47。

表2.47　轴流式风机质量验收表

检修内容	验收标准	备注
皮带轮检查与平面度调整	（1）主从皮带轮外观完好，无裂纹、变形等明显缺陷。 （2）主从皮带轮的对称面偏移不大于1/400a（a为两带轮中间距），皮带张紧适度	

续表

检修内容	验收标准	备注
叶片紧固件检查	螺栓均紧固无松动	
轴承安装与润滑保养	（1）轴承内外圈滚道、滚动体表面应无腐蚀、坑疤与点蚀，保持架完好。 （2）轴承内径与轴的配合、外径与轴承座的配合应符合表2.47的规定	
叶片与轮毂动静平衡检查	（1）检查叶片，不应有变形、裂纹和铆钉松动等缺陷，轮毂无变形、裂纹、残缺等缺陷，叶轮整体静平衡实验合格，平衡精度等级为G6.3。 （2）轮毂进行动平衡或静平衡校正，平衡精度等级为G5.6	
主轴和风筒对中性检查	（1）主轴和风筒对中性良好，同轴度不大于5mm，无明显歪斜，风筒连接螺栓紧固。 （2）导风筒外表面应清洁、均匀、平整，内表面焊接处应修理平整	
叶片安装角、叶尖与风筒的间隙调整	叶片安装角允许误差及叶顶间隙值，轮毂外缘径向及轴向圆跳动，叶轮外缘径向及端面跳动值均应符合表2.45要求	
试车与验收	（1）检查出口风压、风量是否在规定范围内。 （2）各部安装位置未发生移动，紧固件无松动，密封处无泄漏。 （3）通风机振动有效值应符合随机技术文件的规定，冷却塔轴流风机振动值应符合JB/T 9099《冷却塔轴流风机》要求，刚性支撑时不大于4.6mm/s，挠性支撑时不大于7.1mm/s。空气冷却器用轴流风机振动值应符合HG/T 4378《空气冷却器用轴流通风机》要求，振动值不大于6.3mm/s。 （4）轴承体温度因轴承形式不同而不同，滚动轴承温度不得超过环境温度40℃	

2.4 膨胀机

2.4.1 适用范围

本节适用于天然气处理厂的 MTC EC 2.0 透平式天然气膨胀机—压缩机的检修，其他同类机组可参照本书。

2.4.2 工作原理及设备结构

膨胀机主要的作用是利用气体在膨胀机内进行绝热膨胀对外做功湮耗气体本身的内能，使气体的压力和温度大幅度降低达到制冷与降温的目的。

膨胀机的主要工作在喷嘴及叶轮中完成，当高速、低温的气体通过叶轮通道时，由于叶轮高速转动，使气体速度很快下降。同时，气体在不断变大的通道中流动时，因为压力与速度下降使气体内能降低，气体温度进一步大幅度降低，达到降温与制冷的目的。由于膨胀机叶轮的飞速转动，带动了与膨胀机叶轮在同一轴上另一端的压缩机叶轮转动，压缩机叶轮的转动压缩了通过增压机叶轮的气体,压缩机叶轮不仅压缩了气体、利用了膨胀机发出的功率,同时控制膨胀机的转速(图2.17)。

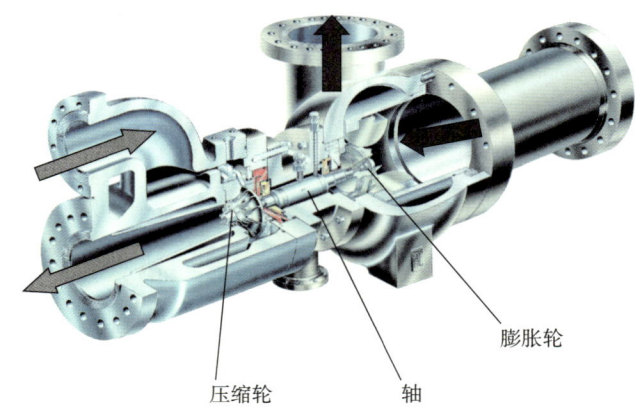

图2.17 膨胀机结构示意图

2.4.3 编写依据

(1)JX 0003《石油化工检维修资质评审条件》。
(2)JX 0004《石油化工检维修单位质量、安全、环境与健康(QHSE)管理体系基本要求》。
(3)SHS 01001《石油化工设备完好标准》。
(4)SHS 03063《透平膨胀机维护检修规程》。
(5)API Std 614《石油、化工和气体工业用润滑、轴密封和控制油系统及辅助设备》。
(6)API Std 617《石油、化学和气体工业用轴流压缩机和离心压缩机以及膨胀机—压缩机》。

2.4.4 检修准备

(1)完成检修方案审批。
(2)备齐图纸、技术资料、相关记录表格。
(3)备齐机具、量具、材料和劳动保护用品。
(4)完成检修前检修人员安全教育及技术交底工作。
(5)切断油泵电动机电源,膨胀机完成系统有效隔离,上锁挂签。
(6)排净介质,氮气置换合格。
(7)办理作业票据,落实安全措施。
(8)技术人员对检修准备工作确认后方可下令,进行设备拆解。

2.4.5 检修内容

检修过程应遵守安全规定:

（1）开工手续不全禁止开工检修；
（2）不遵守现场施工安全管理规范应停止检修；
（3）禁止非检修人员进入施工区域；
（4）禁止未经现场负责人允许，对检修设备进行任何操作，一切工作服从现场指挥；
（5）禁止非检修人员挪动、触摸配件及工装等；
（6）检修资料记录翔实，保证检修过程有监督、有记录、有确认；
（7）禁止用危险介质擦洗配件。

2.4.5.1 主机

（1）主机检修一般从压缩端开始拆解，拆解前要做好标记，拆卸顺序为：
①对增压涡壳和机身上的仪表元件进行拆卸—密封气和供油系统进、排油管路脱离；
②拆卸增压端入口短管—脱离增压涡壳排气法兰—拆卸压缩端入口涡壳—拆卸主机；
③拆卸叶轮—拆卸梳齿密封件—拆卸轴承—抽出主轴；
④拆卸喷嘴组件等，应注意在拆卸过程中尽量使用拆卸工装，不要测温及测振接线、探头、零部件，并做好各接口的封闭工作。
（2）在转子未拆解前需检查总窜量。
（3）拆卸过程记录分析：根据拆解过程中发现的问题，分析工艺系统可能存在的问题，分析机械磨损原因，制定避免措施。
（4）对拆解配件、管路进行清洗、除锈、吹扫、防尘。
（5）依次对喷嘴叶片，膨胀端叶轮、叶轮密封、隔热块、密封轴套、键、轴端螺母，压缩端叶轮、叶轮密封、轴密封、密封轴套、键、轴端螺母，以及中间拉杆（如果安装）、壳体等配件进行外观检查、精密测量，检查配合间隙、磨损程度及变形量是否超标，外观是否有缺陷，确定需修理或需更换零部件清单，进一步修订修理方案。必要时依据 ASTM E165《液体渗透剂检验的标准试验方法》、ASTM E709《磁粉检验的标准指南》检查设备缺陷。
（6）新配件外观检查、试配，满足质量标准要求。
（7）轴：轴弯曲度、轴径圆柱度符合技术说明书要求，表面粗糙度 Ra 不大于 0.8，推力面磨损与划痕小于总面积 5%，划痕深度小于 0.02mm。
（8）喷嘴：叶片表面不得有摩擦痕迹或其他缺陷。
（9）叶轮：叶轮表面无冲蚀、磨损、磕碰痕迹，配合间隙不超差。
（10）梳齿密封：梳齿完好，应无较重磨损、倒伏、扭曲、断条、缺口、裂纹等缺陷，径向、轴向配合间隙不超差。
（11）轴承：轴承油孔无堵塞；表面合金结合完好，无气孔、夹渣、裂纹、划伤等缺陷，表面粗糙度 Ra 不大于 0.8，轴肩推力面与轴承推力面接触面积不小于 80%。
（12）转子组装，动平衡检测合格。
（13）检查轴承推力平衡系统工作是否正常，管路不畅通、密封泄漏、活塞部件是否磨损。
（14）按出厂资料中装配数据表进行膨胀机回装，更换磨损配件，回装程序与拆卸程序相反。

（15）回装时应更换全部密封圈及密封垫片。

（16）回装时应注意记录轴承与主轴颈间的间隙值，主轴在两轴承间的轴向窜量值，密封轴套和密封之间的轴向间隙值。

（17）在转子、壳体安装完成后，再次检查转子总窜量值，与原始记录对比是否发生变化，并盘车检查（如不合适，需重新调整轴套安装位置）。

2.4.5.2　工艺气系统

（1）检查、清洗或更换膨胀端及压缩端入口过滤器滤芯。

（2）校验系统工艺阀门，保证密封性能，尤其是紧急切断阀失电后关闭时间和密封性能。

2.4.5.3　密封气系统

（1）依据换热温差、压降，判断是否检查、清洗密封气换热器（如果安装）。

（2）检查密封气电加热器（如果安装）。

（3）清洗或更换密封气系统过滤器滤芯。

（4）检查、清洗密封气管路，检查系统阀门密封性。

2.4.5.4　润滑及冷却系统

（1）检查、清洗润滑油水冷器或风冷器。

（2）检修润滑油泵及电动机，参见螺杆泵检修规程或齿轮泵检修规程。

（3）清洗或更换润滑油系统过滤器滤芯。

（4）检查、吹扫润滑油管路，检查系统阀门密封性。

（5）润滑油取样化验分析，根据化验指标按质换油（不具备润滑油化验条件的厂站可执行换期换油），退油后需清洗或冲洗储油罐。

（6）检查蓄能器续油时间、蓄能器压力，检查气囊是否泄漏，如存在缺陷需补压或更换气囊。

（7）检查油加热器工作是否正常。

2.4.5.5　测量仪表及控制仪表系统

（1）测量仪表及控制仪表按期校验合格，测量准确；控制逻辑无误，控制联锁灵敏好用，接线规范，接线无老化、过热现象。

（2）入口紧急切断阀：检查仪表风电磁阀、阀位反馈开关，开关状态反馈准确。

（3）入口导向调节阀：依据现场投产测试报告或出厂测试报告，检查校准导向调节阀行程；检查喷嘴开关是否灵活，喷嘴有无异常磨损、松动现象。

（4）密封气压力调节阀检查、调校。

（5）润滑油差压调节阀检查、调校。

（6）油箱压力调节阀检查、调校。

（7）振动系统检查、调校。

2.4.5.6　安全附件

（1）检查安全阀是否在校验有效期内。

（2）检查油箱液位计显示清晰、准确。

（3）检查安全附件各密封点无渗漏。
（4）现场设备接地设施符合《防雷防静电检测规范》规定。
（5）现场急停按钮防护罩完好。

2.4.6 验收标准

（1）设备现场符合厂站 QHSE 管理制度要求。
（2）检修记录齐全，无损检测记录及缺陷记录齐全，启机方案齐全且经过审核确认。
（3）安全附件齐全、完好。
（4）润滑油品检验合格。
（5）设备外观良好无缺陷，无脏、松、缺、漏、锈现象。
（6）仪表联动测试完成，氮气置换合格，密封点无渗漏。
（7）过滤器压差符合要求。
（8）工艺气系统、密封气系统、润滑油系统正常投用。
（9）设备运行参数、振动、噪声符合设备操作规程中规定的要求。
（10）机械性能符合 API Std 617《石油、化学和气体工业用轴流压缩机和离心压缩机以及膨胀机—压缩机》中规定。

2.4.7 质量验收表

膨胀机质量验收表见表 2.48。

表 2.48 膨胀机质量验收表

	检修内容	质量标准	备注
主机	膨胀机拆解	按照拆卸顺序进行拆解，在拆卸过程中不要磕碰到测温、测振接线及探头，并做好各接口的封闭工作	
	在转子未拆解前需检查总窜量	见出厂说明书装配数据表	
	拆卸过程记录分析：根据拆解过程中发现的问题，分析工艺系统可能存在的问题，分析机械磨损原因，制定避免措施	见初步拆解分析报告	
	对拆解配件、管路进行清洗、除锈、吹扫、防尘	配件、管路清洁、无锈蚀、无脏堵、无灰尘	
	依次对喷嘴叶片，膨胀端叶轮、叶轮密封、隔热块、密封轴套、键、轴端螺母，压缩端叶轮、叶轮密封、轴端密封、密封轴套、键、轴端螺母，以及中间拉杆（如果安装）、壳体等配件进行外观检查、精密测量	检查配合间隙、磨损程度及变形量是否超标，外观是否有缺陷，确定需修理或需更换零部件清单，进一步修订修理方案。必要时依据ASTM E165《液体渗透剂检验的标准试验方法》、ASTM E709《磁粉检验的标准指南》检查设备缺陷	
	新配件外观检查、试配，满足质量标准要求	备件检验合格	
	转子组装，动平衡检测合格	执行API Std 617《石油、化学和气体工业用轴流压缩机和离心压缩机以及膨胀机—压缩机》	
	检查轴承推力平衡系统工作是否正常，管路不畅通、密封泄漏、活塞部件是否磨损	管路畅通，活塞密封件无磨损，动作灵敏	

续表

检修内容		质量标准	备注
主机	膨胀机回装，更换磨损配件	见出厂说明书装配数据表	
	回装时应更换全部密封圈及密封垫片	密封良好，无渗漏	
	装时应注意记录轴承与主轴颈间的间隙值，主轴在两轴承间的轴向窜量值，密封轴套和密封之间的轴向间隙值	依据出厂说明书装配数据表测量、调整	
	在转子、壳体安装完成后，再次检查转子总窜量值，与原始记录对比是否发生变化，并盘车检查（如不合适，需重新调整轴套安装位置）	符合出厂说明书装配数据表要求，盘车正常	
工艺气系统	检查、清洗或更换膨胀端及压缩端入口过滤器滤芯	滤器完好，进出口压差符合操作规程要求	
	校验系统工艺阀门，清洗内构件，更换填料	打压合格，保证密封性能	
密封气系统	依据换热温差、压降，判断是否检查、清洗密封气换热器（如果安装）	参数在规定范围内	
	检查密封气电加热器（如果安装）	电加热器工作正常	
	检查密封气系统过滤器滤芯	过滤器完好，进出口压差符合操作规程要求	
	检查、清洗或更换密封气管路，检查系统阀门密封性	管路无脏堵，阀门校验合格	

3 自动控制设备检修规程

3.1 检测仪表

3.1.1 压力检测仪表

3.1.1.1 适用范围
本节适用于压力变送器、差压变送器、压力开关等仪表，其他同类仪表可参考使用。

3.1.1.2 编写依据
（1）JJG 882《压力变送器检定规程》。
（2）SY 4205《石油天然气建设工程施工质量验收规范 自动化仪表工程》。
（3）GB 50093《自动化仪表工程施工及质量验收规范》。

3.1.1.3 检修准备
（1）根据系统运行情况，存在的问题，制定出检修方案。方案要正确、实际，方案要有质量验收标准并送上级主管部门审批。
（2）准备好检修所用工器具、图纸、技术资料、材料、备件和劳保用品。
（3）关闭压力仪表取压口，将压力仪表内的介质排放干净后，确认仪表内压力与现场大气压平衡后方可继续检修。

3.1.1.4 检修内容
（1）检查仪表外壳和被撞击痕迹和紧固件缺损等情况，以及接头法兰或螺栓紧固情况。
（2）检查仪表连线情况。
（3）检查仪表元器件、零部件装配情况。
（4）检查仪表接线盒密封情况。
（5）检查仪表供电情况，确认供电电压是否符合要求。
（6）检查引压管。
（7）检查仪表接线盒内接线板、接线螺栓、螺孔、接线盒盖密封件以及变送器密封件等情况。
（8）检查仪表绝缘电阻。

3.1.1.5 验收标准
（1）仪表外壳无脱漆、破损、裂痕等情况。
（2）密封良好，无渗漏现象。
（3）仪表运行情况良好，无数值显示不清晰或数值显示错误等情况。

（4）压力变送器（带现场显示）能够准确读出管线压力，无显示不清晰等情况。

（5）仪表接线盒密封良好，符合防爆要求。

（6）铭牌应完整、清晰，并具有以下信息：产品名称、型号规格、测量范围、准确度等级、工作压力、工作温度、防爆等级等主要技术指标。

（7）被检修的仪表的检修记录填写准确，记录故障情况、更换的零部件、修理技术措施、调校数据及计算结果、检修人员签名，作为仪表检修资料存档。

（8）检修后的仪表按照 GB 50093《自动化仪表工程施工及质量验收规范》相关要求进行安装。

3.1.1.6 质量验收表

压力检测仪表质量验收表见表 3.1。

表 3.1 压力检测仪表质量验收表

检修内容	验收标准	备注
仪表外壳、接头法兰或螺栓	仪表外壳无脱漆、破损、裂痕等情况；接头法兰或螺栓连接良好，无渗漏	
仪表连线	仪表连线良好，无腐蚀、进水、接线端子松动等情况	
仪表元器件、零部件	仪表元器件、零部件装配应牢固、无松动、缺损、断裂、变形、腐蚀现象	
仪表接线盒密封	检查仪表接线盒密封良好，密封胶圈无损坏，达到防爆要求	
仪表供电	供电电压符合要求	
引压管	引压管内无积碳、压力引入接口无缺损	
检查仪表接线盒内接线板、接线螺栓、螺孔、接线盒盖密封件以及变送器密封件等	接线盒内接线板、接线螺栓、螺孔、接线盒盖密封件以及变送器密封件等无碎裂、缺损、滑牙、烂牙、老化失效等情况	
仪表绝缘电阻	在环境温度为 15～35℃，相对湿度为 45%～75% 时，变送器各组端子之间的绝缘电阻应满足规定要求（大于 20MΩ）	

3.1.2 温度检测仪表

3.1.2.1 双金属温度计

3.1.2.1.1 适用范围

本节适用于双金属温度计，其他同类仪表可参考使用。

3.1.2.1.2 编写依据

（1）JJF 1908《双金属温度计校准规范》。

（2）GB 50093《自动化仪表工程施工及质量验收规范》。

3.1.2.1.3 检修准备

（1）根据系统运行情况，存在的问题，制定出检修方案。方案要正确、实际，方案要有质量验收标准并送上级主管部门审批。

（2）准备好检修所用工器具、图纸、技术资料、材料、备件和劳保用品。

3.1.2.1.4　检修内容

（1）检查仪表外壳、接头法兰、螺栓情况。

（2）检查仪表元器件、零部件装配是否牢固，是否有松动、缺损、断裂、变形、腐蚀现象。

（3）检查双金属温度计合格证是否过期。

（4）检查温度计的计盘分度值及符号是否完整、清晰、准确。

（5）检查温度计度盘上的制造厂商、型号、出厂编号、精度等级、生产日期、计量器具制造许可证等标志及编号等信息是否齐全。

3.1.2.1.5　验收标准

（1）仪表外壳无脱漆、破损、裂痕等情况。

（2）密封良好，无渗漏现象。

（3）仪表运行情况良好，无指针指示错误等情况。

（4）铭牌应完整、清晰，并具有以下信息：产品名称、型号规格、测量范围、准确度等级、工作压力、工作温度、防爆等级等主要技术指标。

（5）被检修的仪表的检修记录填写准确，记录故障情况、更换的零部件、修理技术措施、调校数据及计算结果、检修人员签名，作为仪表检修资料存档。

（6）检修后的仪表按照GB 50093《自动化仪表工程施工及质量验收规范》相关要求进行安装。

3.1.2.1.6　质量验收表

双金属温度计质量验收表见表3.2。

表3.2　双金属温度计质量验收表

检修内容	验收标准	备注
仪表外壳、接头法兰、螺栓	仪表外壳无脱漆、破损、裂痕以及被撞击痕迹和紧固件缺损等情况；接头法兰或螺栓连接良好，无渗漏	
仪表元器件、零部件	仪表外壳无脱漆、破损、裂痕等情况	
双金属温度计合格证	合格证在试用期内	
温度计	温度计的计盘分度值及符号完整、清晰、准确；仪表运行情况良好，无指针指示错误等情况	
温度计铭牌	铭牌应完整、清晰，并具有以下信息：产品名称、型号规格、测量范围、准确度等级、工作压力、工作温度、防爆等级等主要技术指标	

3.1.2.2　温度变送器

3.1.2.2.1　适用范围

本节适用于热电偶、热电阻等仪表，其他同类仪表可参考使用。

3.1.2.2.2　编写依据

（1）JJG 141《工作用贵金属热电偶》。

（2）JJG 229《工业铂、铜热电阻检定规程》。

（3）JJF 1637《廉金属热电偶校准规范》。

（4）GB 50093《自动化仪表工程施工及质量验收规范》。

3.1.2.2.3 检修准备

（1）根据系统运行情况，存在的问题，制定出检修方案。方案要正确、实际，方案要有质量验收标准并送上级主管部门审批。

（2）准备好检修所用工器具、图纸、技术资料、材料、备件和劳保用品。

3.1.2.2.4 检修内容

（1）检查仪表外壳、接头法兰、螺栓情况。

（2）检查仪表连线是否良好，是否有腐蚀、进水、接线端子松动等情况。

（3）检查仪表元器件、零部件装配是否牢固，是否有松动、缺损、断裂、变形、腐蚀现象。

（4）检查仪表接线盒密封情况，更换损坏的密封胶圈，达到防爆要求。

（5）检查仪表供电情况，确认供电电压是否符合要求。

（6）检查热接点。

（7）检查热电偶。

（8）检查仪表接线盒。

（9）检查仪表绝缘电阻。

（10）检查铭牌上的制造厂商、型号、出厂编号、精度等级、生产日期、计量器具制造许可证等标志及编号等信息是否齐全。

3.1.2.2.5 验收标准

（1）仪表外壳无脱漆、破损、裂痕等情况。

（2）密封良好，无渗漏现象。

（3）仪表运行情况良好，无数值显示不清晰或数值显示错误等情况。

（4）仪表接线盒密封良好，符合防爆要求。

（5）铭牌应完整、清晰，并具有以下信息：产品名称、型号规格、测量范围、准确度等级、工作压力、工作温度、防爆等级等主要技术指标。

（6）被检修的仪表的检修记录填写准确，记录故障情况、更换的零部件、修理技术措施、调校数据及计算结果、检修人员签名，作为仪表检修资料存档。

（7）检修后的仪表按照 GB 50093《自动化仪表工程施工及质量验收标准》相关要求进行安装。

3.1.2.2.6 质量验收表

温度变送器质量验收表见表 3.3。

表 3.3 温度变送器质量验收表

检修内容	验收标准	备注
仪表外壳、接头法兰、螺栓	仪表外壳无脱漆、破损、裂痕以及被撞击痕迹和紧固件缺损等情况；接头法兰或螺栓连接良好，无渗漏	
仪表连线	仪表连线良好，无腐蚀、进水、接线端子松动等情况	
仪表元器件、零部件	仪表元器件、零部件装配牢固，无松动、缺损、断裂、变形、腐蚀现象	

续表

检修内容	验收标准	备注
仪表接线盒密封	仪表接线盒密封良好，符合防爆要求	
仪表供电	仪表供电电压满足要求	
热接点	热接点应焊接牢固、表面光滑、无气孔、无明显的缺损及裂纹，焊接的形状符合要求	
热电偶	热电偶的瓷管、绝缘层、保护套管、接线座、垫片及头盖完好无缺	
仪表接线盒	接线板、接线螺栓、螺孔、接线盒盖密封件以及变送器密封件等无碎裂、缺损、滑牙、烂牙、老化失效等情况	
仪表绝缘电阻	在环境温度为15～35℃，相对湿度为45%～75%时，变送器各组端子之间的绝缘电阻应满足规定要求（大于20MΩ）	
铭牌	铭牌应完整、清晰，并具有以下信息：产品名称、型号规格、测量范围、准确度等级、工作压力、工作温度、防爆等级等主要技术指标	

3.1.3 流量检测仪表

3.1.3.1 节流装置

3.1.3.1.1 适用范围

本节适用于节流装置，其他同类仪表可参考使用。

3.1.3.1.2 编写依据

（1）《石油化工设备维护检修规程（第七册）：仪表》（中国石化出版社，2019）。

（2）GB 50093《自动化仪表工程施工及质量验收规范》。

3.1.3.1.3 检修准备

（1）根据系统运行情况、存在的问题，制定出检修方案。方案要正确、实际，方案要有质量验收标准并送上级主管部门审批。

（2）准备好检修所用工器具、图纸、技术资料、材料、备件和劳保用品。

3.1.3.1.4 检修内容

（1）检查直径、节流装置孔径以及形状是否符合设计要求。当孔径不符合要求时应重新进行核算，必要时应对仪表的示值加以修正。

（2）节流装置加工精度是否符合要求，"+""-"标记是否正确。

（3）检查节流装置的垫片是否符合要求，避免垫片突出部分影响测量精度。

（4）检查节流装置法兰焊缝是否平整光滑，不产生节流作用。

（5）检查孔板是否有污垢，若有污垢及时清除。

（6）检查孔板开孔面是否有毛刺、伤痕或边缘不尖锐现象，若有应予以修复。

（7）检查节流装置的取压口或环室是否堵塞，若有脏污立即清除。

3.1.3.1.5 验收标准

（1）铭牌应完整、清晰，并具有以下信息：产品名称、型号规格、测量范围、准确度等级、工作压力、工作温度、防爆等级等主要技术指标。

（2）被检修的仪表的检修记录填写准确，记录故障情况、更换的零部件、修理技术措施、调校数据及计算结果、检修人员签名，作为仪表检修资料存档。

（3）检修后的仪表按照 GB 50093《自动化仪表工程施工及质量验收规范》相关要求进行安装。

3.1.3.1.6 质量验收表

节流装置质量验收表见表 3.4。

表 3.4 节流装置质量验收表

检修内容	验收标准	备注
直径、节流装置孔径以及形状	直径、节流装置孔径以及形状符合设计要求	
节流装置加工精度	加工精度符合要求，"+""-"标记正确	
检查节流装置的垫片	节流装置的垫片符合要求	
检查节流装置法兰焊缝	节流装置法兰焊缝平整光滑，不产生节流作用	
孔板检查	孔板清洗完成，无污垢；孔面无毛刺、伤痕或边缘不尖锐现象	
节流装置的取压口或环室	脏污清除完成，畅通，不堵塞	

3.1.3.2 椭圆齿轮流量计

3.1.3.2.1 适用范围

本节适用于椭圆齿轮流量计，其他同类仪表可参考使用。

3.1.3.2.2 编写依据

（1）《石油化工设备维护检修规程（第七册）：仪表》（中国石化出版社，2019）。

（2）GB 50093《自动化仪表工程施工及质量验收规范》。

3.1.3.2.3 检修准备

（1）根据系统运行情况、存在的问题，制定出检修方案。方案要正确、实际，方案要有质量验收标准并送上级主管部门审批。

（2）准备好检修所用工器具、图纸、技术资料、材料、备件和劳保用品。

3.1.3.2.4 检修内容

（1）检查仪表外壳、接头法兰或螺栓连接等情况。

（2）检查仪表连线。

（3）检查仪表元器件、零部件装配情况。

（4）检查仪表接线盒密封情况。

（5）检查仪表供电情况，确认供电电压是否符合要求。

（6）检查流量计过滤器。

（7）检查表头传动部件动作是否灵活，有无卡滞现象，如有问题，应按要求处理好并加注润滑油。

（8）检查磁性密封联轴器或机械密封联轴器传动和磁性情况，若磁场强度不够，应及时更换新磁钢。

(9)检查转子、传动轴、轴承、上下盖、计量箱内腔、传动齿轮、非圆齿轮等部件有无损坏或磨损。拆卸时应做好标记,以免装错。

3.1.3.2.5　验收标准

(1)流量计外壳无脱漆、破损、裂痕等情况。
(2)流量计外表应整洁、表面处理良好,不得有毛刺、刻痕、裂纹、锈蚀。
(3)密封良好,无渗漏现象。
(4)仪表运行情况良好,无数值显示不清晰或数值显示错误等情况。
(5)仪表接线盒密封良好,符合防爆要求。
(6)铭牌应完整、清晰,并具有以下信息:产品名称、型号规格、测量范围、准确度等级、工作压力、工作温度、防爆等级等主要技术指标。
(7)被检修的仪表的检修记录填写准确,记录故障情况、更换的零部件、修理技术措施、调校数据及计算结果、检修人员签名,作为仪表检修资料存档。
(8)检修后的仪表按照 GB 50093《自动化仪表工程施工及质量验收规范》相关要求进行安装。

3.1.3.2.6　质量验收表

椭圆齿轮流量计质量验收表见表 3.5。

表 3.5　椭圆齿轮流量计质量验收表

检修内容	验收标准	备注
仪表外壳、接头法兰或螺栓连接等	仪表外壳无脱漆、破损、裂痕以及被撞击痕迹和紧固件缺损等情况;接头法兰或螺栓连接良好,无渗漏	
仪表连线	仪表连线良好,无腐蚀、进水、接线端子松动等情况	
仪表元器件、零部件装配情况	仪表元器件、零部件装配应牢固、无松动、缺损、断裂、变形、腐蚀现象	
检查仪表接线盒密封情况	仪表接线盒密封良好,符合防爆要求	
仪表供电	供电电压符合要求	
流量计过滤器	过滤器通畅	
表头传动部件	动作灵活,无卡滞现象,如有问题,应按要求处理好并加注润滑油	
磁性密封联轴器或机械密封联轴器	传动和磁性满足要求,若磁场强度不够,应及时更换新磁钢	
检查转子、传动轴、轴承、上下盖、计量箱内腔、传动齿轮、非圆齿轮等部件	无损坏或磨损	

3.1.3.3　腰轮流量计

3.1.3.3.1　适用范围

本节适用于腰轮流量计,其他同类仪表可参考使用。

3.1.3.3.2　编写依据

(1)《石油化工设备维护检修规程(第七册):仪表》(中国石化出版社,2019)。
(2)GB 50093《自动化仪表工程施工及质量验收规范》。

3.1.3.3.3 检修准备

（1）根据系统运行情况、存在的问题，制定出检修方案。方案要正确、实际，方案要有质量验收标准并送上级主管部门审批。

（2）准备好检修所用工器具、图纸、技术资料、材料、备件和劳保用品。

3.1.3.3.4 检修内容

（1）检查仪表外壳、接头法兰或螺栓连接等情况。

（2）检查仪表连线。

（3）检查仪表元器件、零部件装配情况。

（4）检查仪表接线盒密封情况。

（5）检查仪表供电情况，确认供电电压是否符合要求。

（6）检查流量计过滤器。

（7）检查表头传动部件动作是否灵活，有无卡滞现象，如有问题，应按要求处理好并加注润滑油。

（8）检查磁性密封联轴器或机械密封联轴器传动和磁性情况，若磁场强度不够，应及时更换新磁钢。

（9）检查传动齿轮、腰轮、止推轴承等部件有无损坏或磨损。拆卸时应做好标记，以免装错。

3.1.3.3.5 验收标准

（1）流量计外壳无脱漆、破损、裂痕等情况。

（2）流量计外表应整洁、表面处理良好，不得有毛刺、刻痕、裂纹、锈蚀。

（3）密封良好，无渗漏现象。

（4）仪表运行情况良好，无数值显示不清晰或数值显示错误等情况。

（5）仪表接线盒密封良好，符合防爆要求。

（6）铭牌应完整、清晰，并具有以下信息：产品名称、型号规格、测量范围、准确度等级、工作压力、工作温度、防爆等级等主要技术指标。

（7）被检修的仪表的检修记录填写准确，记录故障情况、更换的零部件、修理技术措施、调校数据及计算结果、检修人员签名，作为仪表检修资料存档。

（8）检修后的仪表按照 GB 50093《自动化仪表工程施工及质量验收规范》相关要求进行安装。

3.1.3.3.6 质量验收表

腰轮流量计质量验收表见表 3.6。

表 3.6 腰轮流量计质量验收表

检修内容	验收标准	备注
仪表外壳、接头法兰或螺栓连接等情况	仪表外壳无脱漆、破损、裂痕以及被撞击痕迹和紧固件缺损等情况；接头法兰或螺栓连接良好，无渗漏	
仪表连线	仪表连线良好，无腐蚀、进水、接线端子松动等情况	

续表

检修内容	验收标准	备注
仪表元器件、零部件装配情况	仪表元器件、零部件装配应牢固、无松动、缺损、断裂、变形、腐蚀现象	
仪表接线盒密封情况	仪表接线盒密封良好，符合防爆要求	
仪表供电	供电电压符合要求	
流量计过滤器	过滤器通畅	
检查表头传动部件	动作灵活，无卡滞现象，如有问题，按要求处理好并加注润滑油	
磁性密封联轴器或机械密封联轴器	传动和磁性满足要求；若磁场强度不够，及时更换新磁钢	
传动齿轮、腰轮、止推轴承等部件	无损坏或磨损	

3.1.3.4 转子流量计

3.1.3.4.1 适用范围

本节适用于转子流量计，其他同类仪表可参考使用。

3.1.3.4.2 编写依据

（1）《石油化工设备维护检修规程（第七册）：仪表》（中国石化出版社，2019）。

（2）GB 50093《自动化仪表工程施工及质量验收规范》。

3.1.3.4.3 检修准备

（1）根据系统运行情况、存在的问题，制定出检修方案。方案要正确、实际，方案要有质量验收标准并送上级主管部门审批。

（2）准备好检修所用工器具、图纸、技术资料、材料、备件和劳保用品。

3.1.3.4.4 检修内容

（1）检查仪表外壳、接头法兰或螺栓连接等情况。

（2）检查仪表连线。

（3）检查仪表元器件、零部件装配情况。

（4）检查仪表接线盒密封情况。

（5）检查仪表供电情况，确认供电电压是否符合要求。

（6）检查流量计过滤器。

（7）检查转换器和机械传动部分是否清洁，清除锥管壁和转子上的附着物及杂质，清除杂质过程中切勿碰弯转子部件连接杆。

（8）搬运转子流量计时，应先将转子固定，避免转子碰撞锥管。

3.1.3.4.5 验收标准

（1）流量计外壳无脱漆、破损、裂痕等情况。

（2）流量计外表应整洁、表面处理良好，不得有毛刺、刻痕、裂纹、锈蚀。

（3）密封良好，无渗漏现象。

（4）仪表运行情况良好，无数值显示不清晰或数值显示错误等情况。

（5）仪表接线盒密封良好，符合防爆要求。

（6）铭牌应完整、清晰，并具有以下信息：产品名称、型号规格、测量范围、准确度等级、工作压力、工作温度、防爆等级等主要技术指标。

（7）被检修的仪表的检修记录填写准确，记录故障情况、更换的零部件、修理技术措施、调校数据及计算结果、检修人员签名，作为仪表检修资料存档。

（8）检修后的仪表按照 GB 50093《自动化仪表工程施工及质量验收标准》相关要求进行安装。

3.1.3.4.6　质量验收表

转子流量计质量验收表见表 3.7。

表 3.7　转子流量计质量验收表

检修内容	验收标准	备注
仪表外壳、接头法兰或螺栓连接等情况	仪表外壳无脱漆、破损、裂痕以及被撞击痕迹和紧固件缺损等情况；接头法兰或螺栓连接良好，无渗漏	
仪表连线	仪表连线良好，无腐蚀、进水、接线端子松动等情况	
仪表元器件、零部件装配情况	仪表元器件、零部件装配应牢固，无松动、缺损、断裂、变形、腐蚀现象	
仪表接线盒密封情况	仪表接线盒密封良好，符合防爆要求	
仪表供电情况	供电电压符合要求	
检查流量计过滤器	过滤器通畅	
转换器和机械传动部分	锥管壁和转子上的附着物及杂质清除完成，清洁、无污渍	

3.1.3.5　电磁流量计

3.1.3.5.1　适用范围

本节适用于电磁流量计，其他同类仪表可参考使用。

3.1.3.5.2　编写依据

（1）《石油化工设备维护检修规程（第七册）：仪表》（中国石化出版社，2019）。

（2）GB 50093《自动化仪表工程施工及质量验收规范》。

3.1.3.5.3　检修准备

（1）根据系统运行情况、存在的问题，制定出检修方案。方案要正确、实际，方案要有质量验收标准、并送上级主管部门审批。

（2）准备好检修所用工器具、图纸、技术资料、材料、备件和劳保用品。

3.1.3.5.4　检修内容

（1）检查仪表外壳、接头法兰或螺栓连接等情况。

（2）检查仪表连线。

（3）检查仪表元器件、零部件装配情况。

（4）检查仪表接线盒密封情况。

（5）检查仪表供电情况，确认供电电压是否符合要求。

（6）检查传感器接地是否可靠，接地电阻是否符合规定值。

（7）检查传感器内壁衬里和电极是否干净，若有污垢应及时清除，检修时注意防止破坏传感器衬里。

（8）检查传感器电极是否渗漏。

（9）检查电极、各绕组对传感器外壳的绝缘组织是否符合厂家规定值。

3.1.3.5.5 验收标准

（1）流量计外壳无脱漆、破损、裂痕等情况。

（2）流量计外表应整洁、表面处理良好，不得有毛刺、刻痕、裂纹、锈蚀。

（3）密封良好，无渗漏现象。

（4）仪表运行情况良好，无数值显示不清晰或数值显示错误等情况。

（5）仪表接线盒密封良好，符合防爆要求。

（6）铭牌应完整、清晰，并具有以下信息：产品名称、型号规格、测量范围、准确度等级、工作压力、工作温度、防爆等级等主要技术指标。

（7）被检修的仪表的检修记录填写准确，记录故障情况、更换的零部件、修理技术措施、调校数据及计算结果、检修人员签名，作为仪表检修资料存档。

（8）检修后的仪表按照 GB 50093《自动化仪表工程施工及质量验收规范》相关要求进行安装。

3.1.3.5.6 质量验收表

电磁流量计质量验收表见表 3.8。

表 3.8 电磁流量计质量验收表

检修内容	验收标准	备注
仪表外壳、接头法兰或螺栓连接等情况	仪表外壳无脱漆、破损、裂痕以及被撞击痕迹和紧固件缺损等情况；接头法兰或螺栓连接良好，无渗漏	
仪表连线	仪表连线良好，无腐蚀、进水、接线端子松动等情况	
仪表元器件、零部件装配情况	仪表元器件、零部件装配应牢固、无松动、缺损、断裂、变形、腐蚀现象	
仪表接线盒密封情况	仪表接线盒密封良好，符合防爆要求	
检查仪表供电情况	供电电压符合要求	
检查传感器	接地可靠，接地电阻是否符合规定值	
传感器	内壁衬里和电极干净，无杂质	
传感器电极渗漏情况	传感器电极无渗漏	
电极、各绕组对传感器外壳的绝缘组织	电极、各绕组对传感器外壳的绝缘组织符合厂家规定值	

3.1.3.6 质量流量计

3.1.3.6.1 适用范围

本节适用于质量流量计，其他同类仪表可参考使用。

3.1.3.6.2 编写依据

(1)《石油化工设备维护检修规程(第七册):仪表》(中国石化出版社,2019)。

(2) GB 50093《自动化仪表工程施工及质量验收规范》。

3.1.3.6.3 检修准备

(1)根据系统运行情况,存在的问题,制定出检修方案。方案要正确、实际,方案要有质量验收标准并送上级主管部门审批。

(2)准备好检修所用工器具、图纸、技术资料、材料、备件和劳保用品。

3.1.3.6.4 检修内容

(1)检查仪表外壳、接头法兰或螺栓连接等情况。

(2)检查仪表连线。

(3)检查仪表元器件、零部件装配情况。

(4)检查仪表接线盒密封情况。

(5)检查仪表供电情况,确认供电电压是否符合要求。

(6)检查传感器内壁是否清洁,若有污垢应及时清除。

3.1.3.6.5 验收标准

(1)流量计外壳无脱漆、破损、裂痕等情况。

(2)流量计外表应整洁、表面处理良好,不得有毛刺、刻痕、裂纹、锈蚀。

(3)密封良好,无渗漏现象。

(4)仪表运行情况良好,无数值显示不清晰或数值显示错误等情况。

(5)仪表接线盒密封良好,符合防爆要求。

(6)铭牌应完整、清晰,并具有以下信息:产品名称、型号规格、测量范围、准确度等级、工作压力、工作温度、防爆等级等主要技术指标。

(7)被检修的仪表的检修记录填写准确,记录故障情况、更换的零部件、修理技术措施、调校数据及计算结果、检修人员签名,作为仪表检修资料存档。

(8)检修后的仪表按照 GB 50093《自动化仪表工程施工及质量验收规范》相关要求进行安装。

3.1.3.6.6 质量验收表

质量流量计质量验收表见表 3.9。

表 3.9 质量流量计质量验收表

检修内容	验收标准	备注
仪表外壳、接头法兰或螺栓连接等情况	仪表外壳无脱漆、破损、裂痕以及被撞击痕迹和紧固件缺损等情况;接头法兰或螺栓连接良好,无渗漏	
仪表连线	仪表连线良好,无腐蚀、进水、接线端子松动等情况	
仪表元器件、零部件装配情况	仪表元器件、零部件装配应牢固,无松动、缺损、断裂、变形、腐蚀现象	
仪表接线盒密封情况	仪表接线盒密封良好,符合防爆要求	

续表

检修内容	验收标准	备注
检查仪表供电情况	供电电压符合要求	
传感器	内壁清洁，若有污垢应及时清除完成	

3.1.3.7 涡轮流量计

3.1.3.7.1 适用范围

本节适用于涡轮流量计，其他同类仪表可参考使用。

3.1.3.7.2 编写依据

（1）《石油化工设备维护检修规程第七册）：仪表（》（中国石化出版社，2019）。

（2）GB 50093《自动化仪表工程施工及质量验收规范》。

3.1.3.7.3 检修准备

（1）根据系统运行情况、存在的问题，制定出检修方案。方案要正确、实际，方案要有质量验收标准并送上级主管部门审批。

（2）准备好检修所用工器具、图纸、技术资料、材料、备件和劳保用品。

3.1.3.7.4 检修内容

（1）检查仪表外壳、接头法兰或螺栓连接等情况。

（2）检查仪表连线。

（3）检查仪表元器件、零部件装配情况。

（4）检查仪表接线盒密封情况。

（5）检查仪表供电情况，确认供电电压是否符合要求。

（6）检查仪表过滤器是否堵塞。

（7）检查导流器及叶轮是否清洁，若不清洁及时清洗。

（8）检查轴承磨损情况。

（9）检查涡轮运转情况，确保涡轮转动自如。

3.1.3.7.5 验收标准

（1）流量计外壳无脱漆、破损、裂痕等情况；

（2）流量计外表应整洁、表面处理良好，不得有毛刺、刻痕、裂纹、锈蚀；

（3）密封良好，无渗漏现象；

（4）仪表运行情况良好，无数值显示不清晰或数值显示错误等情况；

（5）仪表接线盒密封良好，符合防爆要求；

（6）铭牌应完整、清晰，并具有以下信息：产品名称、型号规格、测量范围、准确度等级、工作压力、工作温度、防爆等级等主要技术指标；

（7）被检修的仪表的检修记录填写准确，记录故障情况、更换的零部件、修理技术措施、调校数据及计算结果、检修人员签名，作为仪表检修资料存档；

（8）检修后的仪表按照GB 50093《自动化仪表工程施工及质量验收规范》相关要求进行安装。

3.1.3.7.6 质量验收表

涡轮流量计质量验收表见表3.10。

表 3.10 涡轮流量计质量验收表

检修内容	验收标准	备注
仪表外壳、接头法兰或螺栓连接等情况	仪表外壳无脱漆、破损、裂痕以及被撞击痕迹和紧固件缺损等情况；接头法兰或螺栓连接良好，无渗漏	
仪表连线	仪表连线良好，无腐蚀、进水、接线端子松动等情况	
仪表元器件、零部件装配情况	仪表元器件、零部件装配应牢固、无松动、缺损、断裂、变形、腐蚀现象	
仪表接线盒密封情况	仪表接线盒密封良好，符合防爆要求	
检查仪表供电情况	供电电压符合要求	
仪表过滤器堵塞情况	仪表过滤器滤网无破损、堵塞情况	
导流器及叶轮	清洗完成，清洁、无杂质	
轴承磨损情况	轴承磨损满足设计和使用要求	
涡轮运转情况	涡轮转动自如，无卡塞现象	

3.1.3.8 超声波流量计

3.1.3.8.1 适用范围

本节适用于超声波流量计，其他同类仪表可参考使用。

3.1.3.8.2 编写依据

（1）GB/T 18604《用气体超声流量计测量天然气流量》。

（2）《石油化工设备维护检修规程（第七册）：仪表》（中国石化出版社，2019）。

（3）GB 50093《自动化仪表工程施工及质量验收规范》。

3.1.3.8.3 检修准备

（1）根据系统运行情况、存在的问题，制定出检修方案。方案要正确、实际，方案要有质量验收标准并送上级主管部门审批。

（2）准备好检修所用工器具、图纸、技术资料、材料、备件和劳保用品。

3.1.3.8.4 检修内容

（1）检查仪表外壳、接头法兰或螺栓连接等情况。

（2）检查仪表连线。

（3）检查仪表元器件、零部件装配情况。

（4）检查仪表接线盒密封情况。

（5）检查仪表供电情况，确认供电电压是否符合要求。

（6）检查仪表是否清洁，及时清除污物。

3.1.3.8.5 验收标准

（1）流量计外壳无脱漆、破损、裂痕等情况。

（2）流量计外表应整洁、表面处理良好，不得有毛刺、刻痕、裂纹、锈蚀。

(3)密封良好,无渗漏现象。
(4)仪表运行情况良好,无数值显示不清晰或数值显示错误等情况。
(5)仪表接线盒密封良好,符合防爆要求。
(6)铭牌应完整、清晰,并具有以下信息:产品名称、型号规格、测量范围、准确度等级、工作压力、工作温度、防爆等级等主要技术指标。
(7)被检修的仪表的检修记录填写准确,记录故障情况、更换的零部件、修理技术措施、调校数据及计算结果、检修人员签名,作为仪表检修资料存档。
(8)检修后的仪表按照 GB 50093《自动化仪表工程施工及质量验收规范》相关要求进行安装。

3.1.3.8.6 质量验收表

超声波流量计质量验收表见表 3.11。

表 3.11 超声波流量计质量验收表

检修内容	验收标准	备注
仪表外壳、接头法兰或螺栓连接等情况	仪表外壳无脱漆、破损、裂痕以及被撞击痕迹和紧固件缺损等情况;接头法兰或螺栓连接良好,无渗漏	
仪表连线	仪表连线良好,无腐蚀、进水、接线端子松动等情况	
仪表元器件、零部件装配情况	仪表元器件、零部件装配应牢固,无松动、缺损、断裂、变形、腐蚀现象	
仪表接线盒密封情况	仪表接线盒密封良好,符合防爆要求	
仪表供电情况	供电电压符合要求	
仪表清洁情况	清洁、无污物	

3.1.3.9 刮板流量计

3.1.3.9.1 适用范围

本节适用于刮板流量计,其他同类仪表可参考使用。

3.1.3.9.2 编写依据

(1)《石油化工设备维护检修规程(第七册):仪表》(中国石化出版社,2019)。
(2)GB 50093《自动化仪表工程施工及质量验收规范》。

3.1.3.9.3 检修准备

(1)根据系统运行情况、存在的问题,制定出检修方案。方案要正确、实际,方案要有质量验收标准并送上级主管部门审批。
(2)准备好检修所用工器具、图纸、技术资料、材料、备件和劳保用品。

3.1.3.9.4 检修内容

(1)检查仪表外壳、接头法兰或螺栓连接等情况。
(2)检查仪表连线。
(3)检查仪表元器件、零部件装配情况。
(4)检查仪表接线盒密封情况。

(5)检查仪表供电情况,确认供电电压是否符合要求。

(6)检查仪表是否清洁,及时清除污物。

(7)检查刮板与转子有无损坏或磨损。

(8)检查传动齿轮、轴承等部分有无损坏或磨损。

3.1.3.9.5 验收标准

(1)流量计外壳无脱漆、破损、裂痕等情况。

(2)流量计外表应整洁、表面处理良好,不得有毛刺、刻痕、裂纹、锈蚀。

(3)密封良好,无渗漏现象。

(4)仪表运行情况良好,无数值显示不清晰或数值显示错误等情况。

(5)仪表接线盒密封良好,符合防爆要求。

(6)铭牌应完整、清晰,并具有以下信息:产品名称、型号规格、测量范围、准确度等级、工作压力、工作温度、防爆等级等主要技术指标。

(7)被检修的仪表的检修记录填写准确,记录故障情况、更换的零部件、修理技术措施、调校数据及计算结果、检修人员签名,作为仪表检修资料存档。

(8)检修后的仪表按照 GB 50093《自动化仪表工程施工及质量验收规范》相关要求进行安装。

3.1.3.9.6 质量验收表

刮板流量计质量验收表见表 3.12。

表 3.12 刮板流量计质量验收表

检修内容	验收标准	备注
仪表外壳、接头法兰或螺栓连接等情况	仪表外壳无脱漆、破损、裂痕以及被撞击痕迹和紧固件缺损等情况;接头法兰或螺栓连接良好,无渗漏	
仪表连线	仪表连线良好,无腐蚀、进水、接线端子松动等情况	
仪表元器件、零部件装配情况	仪表元器件、零部件装配应牢固,无松动、缺损、断裂、变形、腐蚀现象	
仪表接线盒密封情况	仪表接线盒密封良好,符合防爆要求	
仪表供电情况	供电电压符合要求	
仪表清洁情况	仪表清洁、无污物	
刮板与转子	无损坏或磨损	
传动齿轮、轴承等部分	无损坏或磨损	

3.1.4 液位检测仪表

3.1.4.1 电动浮筒液位计

3.1.4.1.1 适用范围

本节适用于天然气处理厂电动浮筒液位计,其他同类仪表可参考使用。

3.1.4.1.2 编写依据

(1)相关液位仪表的使用说明书。

（2）《石油化工设备维护检修规程（第七册）：仪表》（中国石化出版社，2019）。
（3）GB 50093《自动化仪表工程施工及质量验收规范》。

3.1.4.1.3　检修准备

（1）根据系统运行情况、存在的问题，制定出检修方案；方案要正确、实际，方案要有质量验收标准并送上级主管部门审批。
（2）准备好检修所用工器具、图纸、技术资料、材料、备件和劳保用品。

3.1.4.1.4　检修内容

（1）检查仪表外壳情况。
（2）检查仪表连线情况。
（3）检查仪表元器件、零部件装配情况。
（4）检查仪表接线盒。
（5）检查仪表供电情况，确认供电电压是否符合要求。
（6）检查浮筒、杠杆和扭力管上是否有油污，必要时拆除链接部分，取出浮筒进行清洗和吹扫。
（7）检查浮筒质量是否符合出厂时的数值。

3.1.4.1.5　验收标准

（1）仪表外壳无脱漆、破损、裂痕等情况。
（2）密封良好，无渗漏现象。
（3）仪表运行情况良好，无数值显示不清晰或数值显示错误等情况。
（4）仪表接线盒密封良好，符合防爆要求。
（5）铭牌应完整、清晰，并具有以下信息：产品名称、型号规格、测量范围、准确度等级、工作压力、工作温度、防爆等级等主要技术指标。
（6）被检修的仪表的检修记录填写准确，记录故障情况、更换的零部件、修理技术措施、调校数据及计算结果、检修人员签名，作为仪表检修资料存档。
（7）检修后的仪表按照 GB 50093《自动化仪表工程施工及质量验收规范》相关要求进行安装。

3.1.4.1.6　质量验收表

电动浮筒液位计质量验收表见表 3.13。

表 3.13　电动浮筒液位计质量验收表

检修内容	验收标准	备注
仪表外壳情况	仪表外壳无脱漆、破损、裂痕以及被撞击痕迹和紧固件缺损等	
仪表连线情况	仪表连线良好，无腐蚀、进水、接线端子松动等情况	
仪表元器件、零部件装配情况	仪表元器件、零部件装配牢固，无松动、缺损、断裂、变形、腐蚀现象	
仪表接线盒	仪表接线盒密封良好，符合防爆要求	
仪表供电情况	供电电压符合要求	
浮筒、杠杆和扭力管上	无油污，必要时拆除链接部分，取出浮筒进行清洗和吹扫	
浮筒质量情况	符合出厂时的数值	

3.1.4.2 超声波液位计

3.1.4.2.1 适用范围

本节适用于天然气处理厂超声波液位计,其他同类仪表可参考使用。

3.1.4.2.2 编写依据

(1)相关液位仪表的使用说明书。

(2)《石油化工设备维护检修规程(第七册):仪表》(中国石化出版社,2019)。

(3)GB 50093《自动化仪表工程施工及质量验收规范》。

3.1.4.2.3 检修准备

(1)根据系统运行情况、存在的问题,制定出检修方案;方案要正确、实际,方案要有质量验收标准并送上级主管部门审批。

(2)准备好检修所用工器具、图纸、技术资料、材料、备件和劳保用品。

(3)检查仪表外壳情况。

(4)检查仪表连线情况。

(5)检查仪表元器件、零部件装配情况。

(6)检查仪表接线盒。

(7)检查仪表供电情况,确认供电电压是否符合要求。

(8)检查探头处是否有粉尘、污垢等堆积,若有应及时清除。

3.1.4.2.4 验收标准

(1)仪表外壳无脱漆、破损、裂痕等情况。

(2)密封良好,无渗漏现象。

(3)仪表运行情况良好,无数值显示不清晰或数值显示错误等情况。

(4)仪表接线盒密封良好,符合防爆要求。

(5)铭牌应完整、清晰,并具有以下信息:产品名称、型号规格、测量范围、准确度等级、工作压力、工作温度、防爆等级等主要技术指标。

(6)被检修的仪表的检修记录填写准确,记录故障情况、更换的零部件、修理技术措施、调校数据及计算结果、检修人员签名,作为仪表检修资料存档。

(7)检修后的仪表按照 GB 50093《自动化仪表工程施工及质量验收规范》相关要求进行安装。

3.1.4.2.5 质量验收表

超声波液位计质量验收表见表 3.14。

表 3.14 超声波液位计质量验收表

检修内容	验收标准	备注
仪表外壳情况	仪表外壳无脱漆、破损、裂痕以及被撞击痕迹和紧固件缺损等	
仪表连线情况	仪表连线良好,无腐蚀、进水、接线端子松动等情况	
仪表元器件、零部件装配情况	仪表元器件、零部件装配牢固,无松动、缺损、断裂、变形、腐蚀现象	

续表

检修内容	验收标准	备注
仪表接线盒	仪表接线盒密封良好，符合防爆要求	
仪表供电情况	供电电压符合要求	
探头清洁情况	无粉尘、污垢等堆积	

3.1.4.3　雷达液位计

3.1.4.3.1　适用范围

本节适用于天然气处理厂雷达液位计，其他同类仪表可参考使用。

3.1.4.3.2　编写依据

（1）相关液位仪表的使用说明书。

（2）《石油化工设备维护检修规程（第七册）：仪表》（中国石化出版社，2019）。

（3）GB 50093《自动化仪表工程施工及质量验收规范》。

3.1.4.3.3　检修准备

（1）根据系统运行情况、存在的问题，制定出检修方案；方案要正确、实际，方案要有质量验收标准并送上级主管部门审批。

（2）准备好检修所用工器具、图纸、技术资料、材料、备件和劳保用品。

3.1.4.3.4　检修内容

（1）检查仪表外壳情况。

（2）检查仪表连线情况。

（3）检查仪表元器件、零部件装配情况。

（4）检查仪表接线盒。

（5）检查仪表供电情况，确认供电电压是否符合要求。

（6）检查探头处是否有粉尘、污垢等堆积，若有应及时清除。

3.1.4.3.5　验收标准

（1）仪表外壳无脱漆、破损、裂痕等情况。

（2）密封良好，无渗漏现象。

（3）仪表运行情况良好，无数值显示不清晰或数值显示错误等情况。

（4）仪表接线盒密封良好，符合防爆要求。

（5）铭牌应完整、清晰，并具有以下信息：产品名称、型号规格、测量范围、准确度等级、工作压力、工作温度、防爆等级等主要技术指标。

（6）被检修的仪表的检修记录填写准确，记录故障情况、更换的零部件、修理技术措施、调校数据及计算结果、检修人员签名，作为仪表检修资料存档。

（7）检修后的仪表按照 GB 50093《自动化仪表工程施工及质量验收规范》相关要求进行安装。

3.1.4.3.6　质量验收表

雷达液位计质量验收表见表 3.15。

表 3.15　雷达液位计质量验收表

检修内容	验收标准	备注
仪表外壳情况	仪表外壳无脱漆、破损、裂痕以及被撞击痕迹和紧固件缺损等	
仪表连线情况	仪表连线良好，无腐蚀、进水、接线端子松动等情况	
仪表元器件、零部件装配情况	仪表元器件、零部件装配牢固，无松动、缺损、断裂、变形、腐蚀现象	
仪表接线盒	仪表接线盒密封良好，符合防爆要求	
检查仪表供电情况	供电电压符合要求	
探头清洁情况	无粉尘、污垢等堆积	

3.1.4.4　双法兰式差压液位计

3.1.4.4.1　适用范围

本节适用于天然气处理厂双法兰式差压液位计，其他同类仪表可参考使用。

3.1.4.4.2　编写依据

（1）相关液位仪表的使用说明书。

（2）《石油化工设备维护检修规程（第七册）：仪表》（中国石化出版社，2019）。

（3）GB 50093《自动化仪表工程施工及质量验收规范》。

3.1.4.4.3　检修准备

（1）根据系统运行情况、存在的问题，制定出检修方案；方案要正确、实际，方案要有质量验收标准并送上级主管部门审批。

（2）准备好检修所用工器具、图纸、技术资料、材料、备件和劳保用品。

3.1.4.4.4　检修内容

（1）检查仪表外壳情况。

（2）检查仪表连线情况。

（3）检查仪表元器件、零部件装配情况。

（4）检查仪表接线盒。

（5）检查法兰与设备连接部分的密封是否良好；法兰与毛细管、毛细管与变送器的连接部分及毛细管本身是否有液体渗漏；法兰膜片有无变形、损伤、腐蚀、结垢等不良情况。

（6）检查变送器接线端子与外壳间的绝缘电阻值满足厂家规定要求。

3.1.4.4.5　验收标准

（1）仪表外壳无脱漆、破损、裂痕等情况。

（2）密封良好，无渗漏现象。

（3）仪表运行情况良好，无数值显示不清晰或数值显示错误等情况。

（4）仪表接线盒密封良好，符合防爆要求。

（5）铭牌应完整、清晰，并具有以下信息：产品名称、型号规格、测量范围、准确度等级、工作压力、工作温度、防爆等级等主要技术指标。

（6）被检修的仪表的检修记录填写准确，记录故障情况、更换的零部件、修理技术措施、调校数据及计算结果、检修人员签名，作为仪表检修资料存档。

（7）检修后的仪表按照 GB 50093《自动化仪表工程施工及质量验收规范》相关要求进行安装。

3.1.4.4.6 质量验收表

双法兰式差压液位计质量验收表见表 3.16。

表 3.16 双法兰式差压液位计质量验收表

检修内容	验收标准	备注
仪表外壳情况	仪表外壳无脱漆、破损、裂痕，以及被撞击痕迹和紧固件缺损等	
仪表连线情况	仪表连线良好，无腐蚀、进水、接线端子松动等情况	
仪表元器件、零部件装配情况	仪表元器件、零部件装配牢固，无松动、缺损、断裂、变形、腐蚀现象	
仪表接线盒	仪表接线盒密封良好，符合防爆要求	
法兰与设备连接部分	密封良好；法兰与毛细管、毛细管与变送器的连接部分及毛细管本身无液体渗漏；法兰膜片有无变形、损伤、腐蚀、结垢等不良情况	
变送器接线端子与外壳间的绝缘电阻值	变送器接线端子与外壳间的绝缘电阻值满足厂家规定要求	

3.2 调节阀

3.2.1 气动调节阀

3.2.1.1 适用范围

本节适用于天然气处理厂气动调节阀，其他同类仪表可参考使用。

3.2.1.2 编写依据

（1）GB/T 4213《气动调节阀》。

（2）《石油化工设备维护检修规程（第七册）：仪表》（中国石化出版社，2019）。

3.2.1.3 检修准备

（1）根据系统运行情况、存在的问题，制定出检修方案。方案要正确、实际，方案要有质量验收标准、并送上级主管部门审批。

（2）准备好检修所用工器具、图纸、技术资料、材料、备件和劳保用品及相关记录表格。

（3）施工现场符合有关安全规定。

3.2.1.4 检修内容

（1）检查调节阀零部件是否齐全，紧固件是否有松动、损伤现象，调节阀表面是否洁净。

（2）检查执行机构气室的密封性。

（3）检查阀体的密封性。

（4）检查填料函及其他连接处的密封性。

（5）检查阀杆、定位器的反馈杆等地方是否干净，若不干净应及时清理。

（6）若必要时，须将执行结构组件完全分解，对薄膜、弹簧等易损件进行检查。注意在拆解时应先做好标记并将拆下来的零部件集中存放。

（7）检查拆下来的零部件是否生锈、有污垢，若有应予以清除。

（8）检查阀体内壁和连接阀座的内螺纹处是否受到腐蚀和气蚀。

（9）检查阀座密封面和阀体连接外螺纹处是否受到腐蚀和气蚀。

（10）检查阀芯组件、阀杆组件是否受到腐蚀、磨损。

（11）检查阀芯与阀杆连接是否松动。

（12）检查阀体、上阀盖、下阀盖各法兰密封面是否受到腐蚀。

3.2.1.5　验收标准

（1）调节阀零部件齐全，外壳无脱漆、破损、裂痕等情况。

（2）调节阀外表应整洁、表面处理良好。

（3）气室、阀体、填料函等密封良好，无漏气、漏液现象。

（4）阀杆与定位器反馈杆等应整洁。

（5）拆解下来的零部件无锈、无腐蚀、无污垢。

（6）阀芯与阀杆连接牢靠。

（7）铭牌应完整、清晰，并具有以下信息：产品名称、型号规格、工作压力、工作温度、行程等主要技术指标。

（8）被检修的仪表的检修记录填写准确，记录故障情况、更换的零部件、修理技术措施、调校数据及计算结果、检修人员签名，作为仪表检修资料存档。

（9）检修后的仪表按照 GB 50093《自动化仪表工程施工及质量验收规范》相关要求进行安装。

（10）系统联调时调节阀动作正常。

3.2.1.6　质量验收表

气动调节阀质量验收表见表 3.17。

表 3.17　气动调节阀质量验收表

检修内容	验收标准	备注
调节阀零部件、紧固件	调节阀零部件齐全，外壳无脱漆、破损、裂痕等情况；调节阀外表应整洁、表面处理良好	
执行机构气室的密封性	气室密封良好，无漏气、漏液现象	
阀体的密封性	阀体密封良好，无漏气、漏液现象	
填料函及其他连接处的密封性	填料函密封良好，无漏气、漏液现象	
阀杆、定位器的反馈杆等地方清洁情况	阀杆与定位器反馈杆等应整洁	
若必要时，须将执行结构组件完全分解，对薄膜、弹簧等易损件	执行结构组件、薄膜、弹簧等易损件无损伤	
零部件锈蚀情况	拆解下来的零部件无锈、无腐蚀、无污垢	

续表

检修内容	验收标准	备注
阀体内壁和连接阀座的内螺纹	阀体内壁和连接阀座的内螺纹处完好，无锈蚀和气蚀情况	
阀座密封面和阀体连接外螺纹	阀座密封面和阀体连接外螺纹处完好，无锈蚀和气蚀情况	
阀芯组件、阀杆组件是否受到腐蚀、磨损	阀芯组件、阀杆组件完好，无腐蚀、磨损	
阀芯与阀杆连接	阀芯与阀杆连接牢靠	
阀体、上阀盖、下阀盖各法兰密封面	阀体、上阀盖、下阀盖各法兰密封面完好，无锈蚀情况	

3.2.2 电动调节阀

3.2.2.1 适用范围

本节适用于天然气处理厂电动调节阀，其他同类仪表可参考使用。

3.2.2.2 编写依据

（1）《石油化工设备维护检修规程（第七册）：仪表》（中国石化出版社，2019）。

（2）相关电动调节阀的使用说明书。

3.2.2.3 检修准备

（1）根据系统运行情况、存在的问题，制定出检修方案。方案要正确、实际，方案要有质量验收标准并送上级主管部门审批。

（2）准备好检修所用工器具、图纸、技术资料、材料、备件和劳保用品及相关记录表格。

（3）施工现场符合有关安全规定。

3.2.2.4 检修内容

（1）检查调节阀零部件是否齐全，紧固件是否有松动、损伤现象，调节阀表面是否洁净。

（2）检查电动机及制动装置外表是否清洁。

（3）检查电动机各线圈导线间及其与机壳的绝缘电阻值是否正常。

（4）检查线圈阻值是否正常。

（5）检查电动机轴承、清洗轴承残留的污垢。

（6）检查转子、定子及线圈是否正常。

（7）检查减速器、位置发送器外观是否正常。

（8）检查零部件是否有油污、磨损、老化现象。

（9）检查精密导电塑料电位器并测量直流电阻。

（10）检查限位开关接触是否良好。

（11）检查减速箱内润滑油油位、油品是否符合要求。

3.2.2.5 验收标准

（1）调节阀零部件齐全，外壳无脱漆、破损、裂痕等情况。

（2）调节阀外表应整洁、表面处理良好。

（3）电动机、制动装置、减速器、位置发送器外观整洁、无油污。
（4）线圈、线圈间及线圈机壳的绝缘阻值正常。
（5）限位开关接触良好。
（6）减速箱内润滑油油位正常，润滑油颜色正常。
（7）铭牌应完整、清晰，并具有以下信息：产品名称、型号规格、工作压力、工作温度、行程等主要技术指标。
（8）被检修的仪表的检修记录填写准确，记录故障情况、更换的零部件、修理技术措施、调校数据及计算结果、检修人员签名，作为仪表检修资料存档。
（9）检修后的仪表按照 GB 50093《自动化仪表工程施工及质量验收规范》相关要求进行安装。

3.2.2.6 质量验收表

电动调节阀质量验收表见表 3.18。

表 3.18 电动调节阀质量验收表

检修内容	验收标准	备注
调节阀零部件	调节阀零部件齐全，外壳无脱漆、破损、裂痕等情况；调节阀外表应整洁、表面处理良好	
电动机及制动装置	电动机、制动装置、减速器、位置发送器外观整洁、无油污	
电动机各线圈导线间及其与机壳的绝缘电阻值	线圈间及线圈机壳的绝缘阻值正常	
线圈阻值	线圈绝缘阻值正常	
电动机轴承、清洗轴承	清洁，无污垢	
转子、定子及线圈	转子、定子及线圈正常	
减速器、位置发送器	减速器、位置发送器外观正常	
零部件	零部件完好，无油污、磨损、老化现象	
精密导电塑料电位器并测量直流电阻	直流电阻满足要求	
限位开关	限位开关接触良好	
减速箱内润滑油油位、油品	减速箱内润滑油油位正常，润滑油颜色正常	

3.2.3 附件

3.2.3.1 电磁阀

3.2.3.1.1 适用范围

本节适用于天然气处理厂电磁阀的检修和验收，其他同类仪表可参考使用。

3.2.3.1.2 编写依据

（1）《石油化工设备维护检修规程（第七册）：仪表》（中国石化出版社，2019）。
（2）相关电磁阀的使用说明书。

3.2.3.1.3 检修准备

（1）根据系统运行情况、存在的问题，制定出检修方案。方案要正确、实际，方案要有质量验收标准并送上级主管部门审批。

（2）准备好检修所用工器具、图纸、技术资料、材料、备件和劳保用品及相关记录表格。

（3）施工现场符合有关安全规定。

3.2.3.1.4 检修内容

（1）检查电磁阀外观是否整洁、完好。

（2）电磁阀的密封性是否满足要求，"O"形圈是否受损。

（3）检查电磁阀线圈阻值是否满足要求。

3.2.3.1.5 验收标准

（1）电磁阀外观完好，无磕碰、磨损、掉漆现象。

（2）电磁阀的"O"形圈无破损、老化，电磁阀的密封完好无泄漏。

（3）电磁阀线圈阻值符合出厂要求。

（4）系统联调时电磁阀动作正常。

3.2.3.1.6 验收质量表

电磁阀质量验收表见表3.19。

表 3.19　电磁阀质量验收表

检修内容	验收标准	备注
电磁阀外观	电磁阀外观完好，无磕碰、磨损、掉漆现象	
电磁阀的密封性	电磁阀的"O"形圈无破损、老化，电磁阀的密封完好无泄漏	
电磁阀线圈阻值	电磁阀线圈阻值符合出厂要求	

3.2.3.2 阀门定位器

3.2.3.2.1 适用范围

本节适用于天然气处理厂阀门定位器，其他同类仪表可参考使用。

3.2.3.2.2 编写依据

（1）《石油化工设备维护检修规程（第七册）：仪表》（中国石化出版社，2019）。

（2）相关阀门定位器的使用说明书。

3.2.3.2.3 检修准备

（1）根据系统运行情况、存在的问题，制定出检修方案。方案要正确、实际，方案要有质量验收标准并送上级主管部门审批。

（2）准备好检修所用工器具、图纸、技术资料、材料、备件和劳保用品及相关记录表格。

（3）施工现场符合有关安全规定。

3.2.3.2.4 检修内容

（1）检查气动、电—气阀门定位器是否完好、外观是否整洁、各零部件是否紧固。

（2）检查电—气阀门定位器绝缘电阻是否满足要求。

（3）检查电气接线或气路配管是否松动，气路管线是否有泄漏。

（4）检查传动、转动部件是否清洁、动作是否灵活。

3.2.3.2.5 验收标准

（1）气动、电—气阀门定位器内、外部干净整洁，各零部件连接紧固。

（2）电—气阀门定位器绝缘阻值满足出厂要求。

（3）电气接线牢固、气路管线无泄漏。

（4）传动、转动部件动作灵活无卡滞。

（5）系统联调时阀门定位器。

（6）动作正常。

3.2.3.2.6 质量验收表

阀门定位器质量验收表见表3.20。

表3.20 阀门定位器质量验收表

检修内容	验收标准	备注
气动、电—气阀门定位器	气动、电—气阀门定位器内、外部干净整洁，各零部件连接紧固	
电—气阀门定位器绝缘电阻	电—气阀门定位器绝缘阻值满足出厂要求	
电气接线或气路配管	电气接线牢固、气路管线无泄漏	
传动、转动部件	传动、转动部件动作灵活无卡滞	

3.2.3.3 电气转换器

3.2.3.3.1 适用范围

本节适用于天然气处理厂电气转换器，其他同类仪表可参考使用。

3.2.3.3.2 编写依据

（1）《石油化工设备维护检修规程（第七册）：仪表》（中国石化出版社，2019）。

（2）相关电气转换器的使用说明书。

3.2.3.3.3 检修准备

（1）根据系统运行情况、存在的问题，制定出检修方案。方案要正确、实际，方案要有质量验收标准并送上级主管部门审批。

（2）准备好检修所用工器具、图纸、技术资料、材料、备件和劳保用品及相关记录表格。

（3）施工现场符合有关安全规定。

3.2.3.3.4 检修内容

（1）检查转换器外表是否完整、是否干净整洁。

（2）检查转换器各部件是否齐全，是否有损坏的零部件。

（3）检查转换器内部机构是否有污垢，若有应予以清除。

3.2.3.3.5　验收标准

(1) 转换器外观完好，无磕碰、磨损、掉漆现象。

(2) 转换器内、外部各部件干净整洁。

(3) 转换器各零部件齐全，功能正常。

(4) 系统联调时转换器工作正常。

3.2.3.3.6　质量验收表

电气转换器质量验收表见表 3.21。

表 3.21　电气转换器质量验收表

检修内容	验收标准	备注
转换器	转换器外观完好，无磕碰、磨损、掉漆现象	
转换器各部件	转换器各零部件齐全，功能正常	
转换器内部机构	转换器内、外部各部件干净整洁	

3.2.3.4　阀位反馈器

3.2.3.4.1　适用范围

本节适用于天然气处理厂阀位反馈器，其他同类仪表可参考使用。

3.2.3.4.2　编写依据

(1)《石油化工设备维护检修规程（第七册）：仪表》（中国石化出版社，2019）。

(2) 相关阀位反馈器的使用说明书。

3.2.3.4.3　检修准备

(1) 根据系统运行情况、存在的问题，制定出检修方案。方案要正确、实际，方案要有质量验收标准并送上级主管部门审批。

(2) 准备好检修所用工器具、图纸、技术资料、材料、备件和劳保用品及相关记录表格。

(3) 施工现场符合有关安全规定。

3.2.3.4.4　检修内容

(1) 检查阀位反馈器是否完好、外观是否整洁、各零部件是否紧固。

(2) 检查阀位反馈器绝缘电阻是否满足要求。

(3) 检查传动、转动部件是否清洁、动作是否灵活。

3.2.3.4.5　验收标准

(1) 阀位反馈器内、外部干净整洁，各零部件连接紧固。

(2) 阀位反馈器绝缘阻值满足出厂要求。

(3) 传动、转动部件动作灵活无卡滞。

(4) 系统联调时阀位反馈器动作正常。

3.2.3.4.6　质量验收表

阀位反馈器质量验收表见表 3.22。

表 3.22 阀位反馈器质量验收表

检修内容	验收标准	备注
阀位反馈器	阀位反馈器内、外部干净整洁，各零部件连接紧固	
阀位反馈器绝缘电阻	阀位反馈器绝缘阻值满足出厂要求	
传动、转动部件	传动、转动部件动作灵活无卡滞	

3.3 在线分析仪

3.3.1 硫化氢在线分析仪、二氧化碳在线分析仪

3.3.1.1 适用范围

本节适用于天然气处理厂生产装置的常用在线分析仪的检修和验收。本章适用于天然气处理厂硫化氢在线分析仪、二氧化碳在线分析仪，其他同类仪表可参考使用。

3.3.1.2 编写依据

（1）GB/T 16157《固定污染源排气中颗粒物测定与气态污染物采样方法》。

（2）HJ 606《工业污染源现场检查技术规范》。

（3）HJ/T 397《固定源废气监测技术规范》。

（4）相关硫化氢在线分析仪、二氧化碳在线分析仪的使用说明书。

3.3.1.3 检修准备

（1）根据系统运行情况、存在的问题，制定出检修方案；方案要正确、实际，方案要有质量验收标准并送上级主管部门审批。

（2）准备好检修所用工器具、图纸、技术资料、材料、备件和劳保用品及相关记录表格。

（3）施工现场符合有关安全规定。

3.3.1.4 检修内容

（1）检查取样管路。

（2）检查仪器各元器件。

（3）标定、校准符合要求。

3.3.1.5 验收标准

（1）取样阀无腐蚀、堵塞，减压阀压力符合仪器要求。

（2）取样流量正常。

（3）取样管路伴热工作正常。

（4）过滤器（膜）无污染。

（5）取样管路无泄漏。

（6）仪器自诊断无告警。

（7）测量池洁净无污物。

（8）光源参数正常，无明显老化现象。

(9)比对系统各项参数均处于正常范围。
(10)仪器测量部件无泄漏。
(11)标定无异常,测量偏差符合仪器性能指标。

3.3.1.6 质量验收表

硫化氢在线分析仪、二氧化碳在线分析仪质量验收表见表3.23。

表3.23 硫化氢在线分析仪、二氧化碳在线分析仪质量验收表

检修内容	验收标准	备注
取样管路	取样阀无腐蚀、堵塞,减压阀压力符合仪器要求;取样流量正常;取样管路伴热工作正常;过滤器(膜)无污染;取样管路无泄漏	
检查仪器各元器件	仪器自诊断无告警;测量池洁净无污物;光源参数正常,无明显老化现象;比对系统各项参数均处于正常范围;仪器测量部件无泄漏	
标定、校准符合要求	标定无异常,测量偏差符合仪器性能指标	

3.3.2 水含量在线分析仪

3.3.2.1 适用范围

本节适用于天然气处理厂水含量(露点)在线分析仪的检修和验收,其他同类仪表可参考使用。

3.3.2.2 编写依据

(1)HJ 494《水质 采样技术指导》。
(2)相关水含量在线分析仪的使用说明书。

3.3.2.3 检修准备

(1)根据系统运行情况、存在的问题,制定出检修方案;方案要正确、实际,方案要有质量验收标准并送上级主管部门审批。
(2)准备好检修所用工器具、图纸、技术资料、材料、备件和劳保用品及相关记录表格。
(3)施工现场符合有关安全规定。

3.3.2.4 检修内容

(1)检查取样管路。
(2)检查仪器各元器件。
(3)标定、校准符合要求。

3.3.2.5 验收标准

(1)取样阀无腐蚀、堵塞,减压阀压力符合仪器要求。
(2)取样流量正常。
(3)取样管路伴热工作正常。
(4)过滤器(膜)无污染。

（5）取样管路无泄漏。

（6）水分干燥器工作正常（使用期限在允许范围或自校验值无明显偏离）。

（7）水分发生器工作正常。

（8）测量传感器清洁（光纤法）或工作频率正常（石英晶体法）或电解池经过清洗、干燥（电解法）。

（9）比对系统各项参数均处于正常范围，仪器无告警。

（10）仪器测量部件无泄漏。标定无异常，测量偏差符合仪器性能指标。

3.3.2.6 质量验收表

水含量在线分析仪质量验收表见表3.24。

表3.24 水含量在线分析仪质量验收表

检修内容	验收标准	备注
检查取样管路	取样阀无腐蚀、堵塞，减压阀压力符合仪器要求； 取样流量正常； 取样管路伴热工作正常； 过滤器（膜）无污染；取样管路无泄漏	
检查仪器各元器件	水分干燥器工作正常（使用期限在允许范围或自校验值无明显偏离）； 水分发生器工作正常； 测量传感器清洁（光纤法）或工作频率正常（石英晶体法）或电解池经过清洗、干燥（电解法）； 比对系统各项参数均处于正常范围，仪器无告警； 仪器测量部件无泄漏	
标定、校准符合要求	标定无异常，测量偏差符合仪器性能指标	

3.3.3 比值在线分析仪

3.3.3.1 适用范围

本节适用于天然气处理厂比值在线分析仪的检修和验收，其他同类仪表可参考使用。

3.3.3.2 编写依据

（1）GB/T 16157《固定污染源排气中颗粒物测定与气态污染物采样方法》。

（2）HJ/T 373《固定污染源监测质量保证与质量控制技术规范（试行）》。

（3）HJ/T 397《固定源废气监测技术规范》。

（4）相关比值在线分析仪的使用说明书。

3.3.3.3 检修准备

（1）根据系统运行情况、存在的问题，制定出检修方案；方案要正确、实际，方案要有质量验收标准并送上级主管部门审批。

（2）准备好检修所用工器具、图纸、技术资料、材料、备件和劳保用品及相关记录表格。

（3）施工现场符合有关安全规定。

3.3.3.4 检修内容
（1）检查取样管路。
（2）检查仪器各元器件。
（3）标定、校准符合要求。

3.3.3.5 验收标准
（1）取样管路无堵塞。
（2）取样流量正常。
（3）取样管路伴热工作正常。
（4）取样除硫冷却工作正常。
（5）样品回路无泄漏。
（6）测量室洁净、光纤衰减正常。
（7）光源参数正常。
（8）仪器各项设置、参数正常。
（9）仪器无告警。

3.3.3.6 质量验收表
比值在线分析仪质量验收表见表 3.25。

表 3.25 比值在线分析仪质量验收表

检修内容	验收标准	备注
取样管路	取样管路无堵塞，取样流量正常； 取样管路伴热工作正常； 取样除硫冷却工作正常； 样品回路无泄漏	
仪器各元器件	测量室洁净、光纤衰减正常； 光源参数正常； 仪器各项设置、参数正常； 仪器无告警	
标定、校准	标定无异常，测量偏差符合仪器性能指标	

3.3.4 CEMS 在线分析仪

3.3.4.1 适用范围

本节适用于天然气处理厂烟气排放连续监测系统（CEMS）在线分析仪的检修和验收，其他同类仪表可参考使用。

3.3.4.2 编写依据

（1）HJ 75《固定污染源烟气（SO_2、NO_x、颗粒物）排放连续监测技术规范》。
（2）HJ 76《固定污染源烟气（SO_2、NO_x、颗粒物）排放连续监测系统技术要求及检测方法》。
（3）相关 CEMS 在线分析仪的使用说明书。

3.3.4.3 检修准备

（1）根据系统运行情况、存在的问题，制定出检修方案；方案要正确、实际，方案要有质量验收标准并送上级主管部门审批。

（2）准备好检修所用工器具、图纸、技术资料、材料、备件和劳保用品及相关记录表格。

（3）施工现场符合有关安全规定。

3.3.4.4 检修内容

（1）检查采样系统。

（2）检查数采仪。

（3）检查、维护分析仪内部。

（4）标定、校准符合要求。

3.3.4.5 验收标准

（1）取样探头无腐蚀穿孔。

（2）探头无堵塞、各级滤芯清洁。

（3）伴热管线伴热温度正常。

（4）取样流量满足仪器要求。

（5）采样探头、皮托管流速计反吹正常。

（6）流速探头完好，无积灰和无腐蚀穿孔。测量室洁净、光纤衰减正常。

（7）数采仪与在线分析仪量程一致，数据与分析仪数据一致。

（8）各类泵、电磁阀、风扇、压力表正常运转。

（9）各类管路、阀件连接紧固，不存在跑冒滴漏。

（10）玻璃视窗干净。

（11）各种标准气充足。仪器各项设置、参数正常。

（12）仪器无告警用低、中、高浓度的标准气体检查时，CEMS 测定值与参考值的相对误差不超过 ±5%。

（13）仪器性能指标满足要求。

3.3.4.6 质量验收表

CEMS 在线分析仪质量验收表见表 3.26。

表 3.26 CEMS 在线分析仪质量验收表

检修内容	验收标准	备注
检查采样系统	取样探头无腐蚀穿孔； 探头无堵塞、各级滤芯清洁； 伴热管线伴热温度正常； 取样流量满足仪器要求； 采样探头、皮托管流速计反吹正常； 流速探头完好，无积灰和无腐蚀穿孔	
检查数采仪	数采仪与在线分析仪量程一致，数据与分析仪数据一致	

续表

检修内容	验收标准	备注
检查、维护分析仪内部	各类泵、电磁阀、风扇、压力表正常运转； 各类管路、阀件连接紧固，不存在跑冒滴漏； 玻璃视窗干净； 各种标准气充足	
标定、校准符合要求	用低、中、高浓度的标准气体检查时，CEMS 测定值与参考值的相对误差不超过 ±5%； 仪器性能指标满足要求	

3.3.5 COD 在线分析仪

3.3.5.1 适用范围

本节适用于天然气处理厂化学需氧量（COD）在线分析仪的检修和验收，其他同类仪表可参考使用。

3.3.5.2 编写依据

（1）HJ 353《水污染源在线监测系统（COD_{Cr}、NH_3-N 等）安装技术规范》。
（2）HJ 354《水污染源在线监测系统（COD_{Cr}、NH_3-N 等）验收技术规范》。
（3）HJ 355《水污染源在线监测系统（COD_{Cr}、NH_3-N 等）运行技术规范》。
（4）HJ 356《水污染源在线监测系统（COD_{Cr}、NH_3-N 等）数据有效性判别技术规范》。
（5）相关 COD 在线分析仪的使用说明书。

3.3.5.3 检修准备

（1）根据系统运行情况、存在的问题，制定出检修方案；方案要正确、实际，方案要有质量验收标准并送上级主管部门审批。
（2）准备好检修所用工器具、图纸、技术资料、材料、备件和劳保用品及相关记录表格。
（3）施工现场符合有关安全规定。

3.3.5.4 检修内容

（1）检查采样系统。
（2）检查数采仪。
（3）检查、维护分析仪内部。
（4）标定、校准符合要求。

3.3.5.5 验收标准

（1）取样流量满足要求，管路畅通。
（2）反冲洗管路工作正常，对水样无稀释。
（3）采样软管清洁。
（4）数采仪与在线分析仪量程一致。
（5）分析仪各部件动作测试正常。
（6）电极光亮清洁，比色系统清洁，计量阀、计量杯清洁。

（7）蠕动泵管无疲劳损坏或者挤压滚轮破裂。

（8）消解瓶内无内部结晶、沉淀。

（9）加热消解装置加热消解温度、时间能达到消解要求，升温速度符合要求，能保持恒温消解控制。一般消解温度不小于 165℃，消解时间不小于 15min，加热器加热后应在 10min 内达到设定温度。

（10）加热回流溶液处于沸腾状态。

（11）各种试剂充足，且在有效期内。

（12）滴定法测定化学需氧量（COD_{Cr}）时滴定空白值、空白标定时间、硫酸亚铁铵标定时间处于正常范围。

（13）重复性、零点漂移和量程漂移试验合格。

3.3.5.6 质量验收表

COD 在线分析仪质量验收表见表 3.27。

表 3.27　COD 在线分析仪质量验收表

检修内容	验收标准	备注
取样管路	取样流量满足要求，管路畅通。反冲洗管路工作正常，对水样无稀释；采样软管清洁	
数采仪	数采仪与在线分析仪量程一致	
检查、维护分析仪内部	分析仪各部件动作测试正常。电极光亮清洁，比色系统清洁，计量阀、计量杯清洁。蠕动泵管无疲劳损坏或者挤压滚轮破裂。消解瓶内无内部结晶、沉淀。加热消解装置加热消解温度、时间能达到消解要求，升温速度符合要求，能保持恒温消解控制。一般消解温度不小于165℃，消解时间不小于15min，加热器加热后应在10min内达到设定温度；加热回流溶液处于沸腾状态。各种试剂充足，且在有效期内	
标定、校准	滴定法测定化学需氧量（COD_{Cr}）时滴定空白值、空白标定时间、硫酸亚铁铵标定时间处于正常范围；重复性、零点漂移和量程漂移试验合格。仪器性能指标满足要求	

3.3.6　氨氮在线分析仪

3.3.6.1 适用范围

本节适用于天然气处理厂氨氮在线分析仪的检修和验收，其他同类仪表可参考使用。

3.3.6.2 编写依据

（1）HJ 101《氨氮水质在线自动监测仪技术要求及检测方法》。

（2）相关氨氮在线分析仪的使用说明书。

3.3.6.3 检修准备

（1）根据系统运行情况、存在的问题，制定出检修方案；方案要正确、实际，方案要有质量验收标准并送上级主管部门审批。

（2）准备好检修所用工器具、图纸、技术资料、材料、备件和劳保用品及相关记录表格。

（3）施工现场符合有关安全规定。

3.3.6.4　检修内容

（1）检查采样系统。

（2）检查数采仪。

（3）检查、维护分析仪内部。

（4）标定、校准符合要求。

3.3.6.5　验收标准

（1）取样流量满足要求，管路畅通。

（2）反冲洗管路工作正常，对水样无稀释。

（3）采样软管清洁。

（4）数采仪与在线分析仪量程一致。

（5）分析仪各部件动作测试正常。

（6）比色系统清洁。

（7）各种试剂充足，且在有效期内。

（8）量程、斜率、截距处于正常范围。

（9）重复性、零点漂移和量程漂移试验合格。

3.3.6.6　质量验收表

氨氮在线分析仪质量验收表见表3.28。

表 3.28　氨氮在线分析仪质量验收表

检修内容	验收标准	备注
取样管路	取样流量满足要求，管路畅通。 反冲洗管路工作正常，对水样无稀释；采样软管清洁	
数采仪	数采仪与在线分析仪量程一致	
检查、维护分析仪内部	分析仪各部件动作测试正常。 比色系统清洁；各种试剂充足，且在有效期内	
标定、校准	量程、斜率、截距处于正常范围。 重复性、零点漂移和量程漂移试验合格；仪器性能指标满足要求	

3.4　过程控制系统

3.4.1　适用范围

本节规定了天然气净化厂生产装置的控制系统的检修内容和验收标准。

包括天然气净化厂DCS系统、SIS系统、FGS系统、PLC控制系统等，其他同类系统可参考使用。

3.4.2　编写依据

（1）GB/T 50770《石油化工安全仪表系统设计规范》。
（2）GB/T 50823《油气田及管道工程计算机控制系统设计规范》。
（3）HG/T 20513《仪表系统接地设计规范》。
（4）SY 6503《石油天然气工程可燃气体检测报警系统安全规范》。
（5）SY/T 91《油气田及管道计算机控制系统设计规范》。
（6）相关系统用户手册。

3.4.3　检修准备

（1）根据系统运行情况，制定出检修方案。
（2）准备好检修所用工器具、测试仪器、材料和备件。
（3）相关人员根据测试需要做好现场流程切换和设备监控工作。

3.4.4　检修内容

3.4.4.1　DCS 系统
（1）检修前系统备份。
（2）系统卫生清扫。
（3）系统检查、功能测试：
①系统状态检查。
②接地性能测试。
③供电检查。
④接线检查。
⑤系统冗余切换。
⑥输入、输出测试。
⑦软件功能检查。
⑧新增组态功能测试。
⑨系统联校。
（4）检修后系统备份。

3.4.4.2　SIS 系统
（1）检修前系统备份。
（2）系统卫生清扫。
（3）系统检查、功能测试：
①系统状态检查。
②接地性能测试。
③供电检查。

④接线检查。
⑤系统冗余切换。
⑥输入、输出测试。
⑦软件功能检查。
⑧新增组态功能测试。
⑨系统联校。
（4）检修后系统备份。

3.4.4.3　FGS系统
（1）检修前系统备份。
（2）系统卫生清扫。
（3）系统检查、功能测试：
①系统状态检查。
②接地性能测试。
③供电检查。
④接线检查。
⑤系统冗余切换。
⑥输入、输出测试。
⑦软件功能检查。
⑧新增组态功能测试。
（4）检修后系统备份。

3.4.4.4　PLC系统
（1）检修前系统备份。
（2）系统卫生清扫。
（3）系统检查、功能测试：
①系统状态检查。
②接地性能测试。
③供电检查。
④接线检查。
⑤输入、输出测试。
⑥新增组态功能测试。
（4）检修后系统备份。

3.4.5　验收标准

3.4.5.1　DCS系统
（1）组态工程文件备份完整。
（2）数据库文件备份完整。
（3）事件记录、趋势记录文件备份完整。

（4）服务器硬盘 GHOST 备份。

（5）风扇、过滤网清洁。

（6）各卡件（模块）、机架清洁无尘，线路板无明显损伤或烧焦痕迹。

（7）各服务器、操作站、工程师站内清洁。

（8）控制室环境卫生。

（9）系统状态画面及指示灯状态正常，无系统告警。

（10）各设备风扇运转正常，无异响。

（11）各网络设备无报错，电缆连接正确，无松动，无断线，网络连接正常，误码率应低于 1×10^{-6}。

（12）服务器工作状态正常网络占用率不大于 60%，内存使用率不大于 50%，cpu 负荷不大于 60%。

（13）控制器负荷不大于 70%。

（14）服务器硬盘（或其他站）无坏道，容量充足。

（15）接地电阻测试符合要求，系统的接地连接电阻应不大于 1Ω，接地电阻应不大于 4Ω。

（16）系统输入、输出电压正常。

（17）空气开关、保险端子正常。

（18）UPS 性能测试正常。

（19）各接线端子紧固，无松脱和虚接。

（20）各部件设备、板卡、模块及连接件应安装牢固、无松动。

（21）服务器冗余切换正常。

（22）控制器冗余切换正常。

（23）供电冗余正常。

（24）冗余模块、卡件切换正常。

（25）交换机、总线冗余切换正常。

（26）在线更换硬件功能正常。

（27）抽查模拟量输入、输出通道精度符合要求，通常不低于 0.5%。

（28）开关量输入、输出通道动作正常。

（29）时钟同步正常。

（30）服务器同步正常。

（31）数据库同步正常。

（32）在线下装功能正常。

（33）报警功能正常。

（34）数据采集、服务、历史数据记录，事件记录功能正常。

（35）系统硬件、软件自诊断功能正常。

（36）归档功能正常。

（37）系统回收站已清理，磁盘碎片已整理，无异常。

（38）软件组态正确。

（39）联校功能正常。

（40）组态工程文件备份完整。

（41）数据库文件备份完整。

（42）事件记录、趋势记录文件备份完整。

（43）服务器硬盘 GHOST 备份。

3.4.5.2 SIS 系统

（1）组态工程文件备份完整。

（2）事件记录、趋势记录文件备份完整。

（3）风扇、过滤网清洁。

（4）各卡件（模块）、机架清洁无尘，线路板无明显损伤或烧焦痕迹。

（5）各操作站、工程师站内清洁。

（6）控制室环境卫生。

（7）系统状态画面及指示灯状态正常，无系统告警。

（8）各设备风扇运转正常，无异响。

（9）各网络设备无报错，电缆连接正确，无松动，无断线，网络连接正常，误码率应低于 1×10^{-6}。

（10）接地电阻测试符合要求，系统的接地连接电阻应不大于 1Ω，接地电阻应不大于 4Ω。

（11）系统输入、输出电压正常。

（12）空气开关、保险端子正常。

（13）UPS 性能测试正常。

（14）各接线端子紧固，无松脱和虚接。

（15）各部件设备、板卡、模件及连接件应安装牢固、无松动。

（16）控制器冗余切换正常。

（17）供电冗余正常。

（18）冗余模块、卡件切换正常。

（19）交换机、总线冗余切换正常。

（20）在线更换硬件功能正常。

（21）抽查模拟量输入、输出通道精度符合要求，通常不低于 0.5%。

（22）开关量输入、输出通道动作正常。

（23）SOE 功能正常。

（24）系统软、硬件自诊断功能正常。

（25）在线下装功能正常。

（26）与 DCS 系统数据传输通信功能正常。

（27）报警功能正常。

（28）时钟同步正常。

（29）软件组态正确。

（30）联校功能正常，系统联锁功能正常。

（31）组态工程文件备份完整。

（32）SOE 记录、趋势记录文件备份完整。

3.4.5.3　FGS 系统

（1）组态工程文件备份完整。

（2）事件记录、趋势记录文件备份完整。

（3）风扇、过滤网清洁。

（4）各卡件（模块）、机架清洁无尘，线路板无明显损伤或烧焦痕迹。

（5）各操作站、工程师站内清洁。

（6）控制室环境卫生。

（7）系统状态画面及指示灯状态正常，无系统告警。

（8）各设备风扇运转正常，无异响。

（9）各网络设备无报错，电缆连接正确，无松动，无断线，网络连接正常，误码率应低于 1×10^{-6}。

（10）接地电阻测试符合要求，系统的接地连接电阻应不大于 1Ω，接地电阻应不大于 4Ω。

（11）系统输入、输出电压正常。

（12）空气开关、保险端子正常。

（13）UPS 性能测试正常。

（14）各接线端子紧固，无松脱和虚接。

（15）各部件设备、板卡、模块及连接件应安装牢固、无松动。

（16）控制器冗余切换正常。

（17）供电冗余正常。

（18）冗余模块、卡件切换正常。

（19）交换机、总线冗余切换正常。

（20）抽查模拟量输入、输出通道精度符合要求，通常不低于 0.5%。

（21）开关量输入、输出通道动作正常。

（22）声光报警功能正常。

（23）SOE 功能正常。

（24）系统自诊断功能正常。

（25）在线下装功能正常。

（26）时钟同步正常。

（27）软件组态正确。

（28）组态工程文件备份完整。

（29）SOE 记录、趋势记录文件备份完整。

3.4.5.4　PLC 控制系统

（1）组态工程文件备份完整。
（2）事件记录、趋势记录文件备份完整。
（3）风扇、过滤网清洁。
（4）各卡件（模块）、机架清洁无尘，线路板无明显损伤或烧焦痕迹。
（5）系统状态画面及指示灯状态正常，无系统告警。
（6）各设备风扇运转正常，无异响。
（7）各网络设备无报错，电缆连接正确，无松动，无断线，网络连接正常，误码率应低于 1×10^{-6}。
（8）接地电阻测试符合要求，系统的接地连接电阻应不大于 1Ω，接地电阻应不大于 4Ω。
（9）系统输入、输出电压正常。
（10）空气开关、保险端子正常。
（11）各接线端子紧固，无松脱和虚接。
（12）各部件设备、板卡、模件及连接件应安装牢固、无松动。
（13）模拟量输入、输出通道精度符合要求，通常不低于 0.5%。
（14）开关量输入、输出通道动作正常。
（15）软件组态正确。
（16）组态工程文件备份完整。

3.4.6　控制系统输入输出通道精度

控制系统输入输出通道精度标准参见表 3.29 和表 3.30。

表 3.29　控制系统输入通道精度标准

信号类型	基本误差		回程误差	模件通道数					
	通道	抽样点的方和根			1	4	8	16	32
电流	±0.2%	±0.15%	0.1%	随机抽样通道	1	1	2	3	4
直流电压					1	1	2	3	4
直流电压（0~1V）	±0.3%	±0.2%	0.15%		1	1	2	3	4
脉冲	±0.2%	±0.15%	0.1%		1	1	2	3	4
热电偶	±0.3%	±0.2%	0.15%		1	1	2	4	4
热电阻	±0.3%	±0.2%	0.15%		1	2	3	4	6

表 3.30 控制系统输出通道精度标准

AO信号类型	基本误差	回程误差
电流	±0.25%	0.125%
电压	±0.25%	0.125%
脉冲	±0.25%	0.125%

3.4.7 质量验收表

DCS 系统质量验收表见表 3.31，SIS 系统质量验收表见表 3.32，FGS 系统质量验收表见表 3.33，PLC 控制系统质量验收表见表 3.34。

表 3.31 DCS 系统质量验收表

检修内容		验收标准	备注
检修前系统备份		组态工程文件备份完整；数据库文件备份完整；事件记录、趋势记录文件备份完整；服务器硬盘GHOST备份	
系统卫生清扫		风扇、过滤网清洁；各卡件（模块）、机架清洁无尘，线路板无明显损伤或烧焦痕迹；各服务器、操作站、工程师站内清洁；控制室环境卫生	
系统检查、功能测试	系统状态检查	系统状态画面及指示灯状态正常，无系统告警；各设备风扇运转正常，无异响；各网络设备无报错，电缆连接正确，无松动、无断线，网络连接正常，误码率低于$1×10^{-6}$；服务器工作状态正常网络占用率不大于60%，内存使用率不大于50%，cpu负荷不大于60%；控制器负荷不大于70%；服务器硬盘（或其他站）无坏道，容量充足	GB/T 50823《油气田及管道工程计算机控制系统设计规范》
	接地性能测试	接地电阻测试符合要求，系统的接地连接电阻应不大于1Ω，接地电阻应不大于4Ω	HG/T 20513《仪表系统接地设计规范》
	供电检查	系统输入、输出电压正常；空气开关、保险端子正常；UPS性能测试正常	
	接线检查	各接线端子紧固，无松脱和虚接；各部件设备、板卡、模块及连接件应安装牢固、无松动	
	系统冗余切换	服务器冗余切换正常；控制器冗余切换正常；供电冗余正常；冗余模块、卡件切换正常；交换机、总线冗余切换正常；在线更换硬件功能正常	
	输入、输出测试	抽查模拟量输入、输出通道精度符合要求，通常不低于0.5%；开关量输入、输出通道动作正常	精度要求可参考表3.29和表3.30
	软件功能检查	时钟同步正常；服务器同步正常；数据库同步正常；在线下装功能正常；报警功能正常；数据采集、服务、历史数据记录、事件记录功能正常；系统硬件、软件自诊断功能正常；归档功能正常；系统回收站已清理，磁盘碎片已整理，无异常	GB/T 50823《油气田及管道工程计算机控制系统设计规范》SY/T 91
	新增组态功能测试	软件组态正确	会同工艺等专业验收
	系统联校	联校功能正常	
检修后系统备份		组态工程文件备份完整；数据库文件备份完整；事件记录、趋势记录文件备份完整；服务器硬盘GHOST备份	

表 3.32　SIS 系统质量验收表

检修内容		验收标准	备注
检修前系统备份		组态工程文件备份完整；事件记录、趋势记录文件备份完整	
系统卫生清扫		风扇、过滤网清洁；各卡件（模块）、机架清洁无尘，线路板无明显损伤或烧焦痕迹；各操作站、工程师站内清洁；控制室环境卫生	
系统检查、功能测试	系统状态检查	系统状态画面及指示灯状态正常，无系统告警；各设备风扇运转正常，无异响；各网络设备无报错，电缆连接正确，无松动，无断线，网络连接正常，误码率应低于1×10^{-6}	GB/T 50823《油气田及管道工程计算机控制系统设计规范》
	接地性能测试	接地电阻测试符合要求，系统的接地连接电阻应不大于1Ω，接地电阻应不大于4Ω	HG/T 20513《仪表系统接地设计规范》
	供电检查	系统输入、输出电压正常；空气开关、保险端子正常；UPS性能测试正常	
	接线检查	各接线端子紧固，无松脱和虚接；各部件设备、板卡、模件及连接件应安装牢固、无松动	
	系统冗余切换	控制器冗余切换正常；供电冗余正常；冗余模块、卡件切换正常；交换机、总线冗余切换正常；在线更换硬件功能正常	
	输入、输出测试	抽查模拟量输入、输出通道精度符合要求，通常不低于0.5%；开关量输入、输出通道动作正常	精度要求可参考表3.29和表3.30
	软件功能检查	SOE功能正常；系统软、硬件自诊断功能正常；在线下装功能正常；与DCS系统数据传输通信功能正常；报警功能正常；时钟同步正常	
	新增组态功能测试	软件组态正确	
	系统联校	联校功能正常，系统联锁功能正常	
检修后系统备份		组态工程文件备份完整；SOE记录、趋势记录文件备份完整	

表 3.33　FGS 系统质量验收表

检修内容		验收标准	备注
检修前系统备份		组态工程文件备份完整；事件记录、趋势记录文件备份完整	
系统卫生清扫		风扇、过滤网清洁；各卡件（模块）、机架清洁无尘，线路板无明显损伤或烧焦痕迹；各操作站、工程师站内清洁；控制室环境卫生	
系统检查、功能测试	系统状态检查	系统状态画面及指示灯状态正常，无系统告警；各设备风扇运转正常，无异响；各网络设备无报错，电缆连接正确，无松动，无断线，网络连接正常，误码率应低于1×10^{-6}	GB/T 50823《油气田及管道工程计算机控制系统设计规范》
	接地性能测试	接地电阻测试符合要求，系统的接地连接电阻应不大于1Ω，接地电阻应不大于4Ω	HG/T 20513《仪表系统接地设计规范》
	供电检查	系统输入、输出电压正常；空气开关、保险端子正常；UPS性能测试正常	
	接线检查	各接线端子紧固，无松脱和虚接；各部件设备、板卡、模件及连接件应安装牢固、无松动	
	系统冗余切换	控制器冗余切换正常；供电冗余正常；冗余模块、卡件切换正常；交换机、总线冗余切换正常	
	输入、输出测试	抽查模拟量输入、输出通道精度符合要求，通常不低于0.5%；开关量输入、输出通道动作正常；声光报警功能正常	精度要求可参见表3.29和表3.30
	软件功能检查	SOE功能正常；系统自诊断功能正常；在线下装功能正常；时钟同步正常	
	新增组态功能测试	软件组态正确	
检修后系统备份		组态工程文件备份完整；SOE记录、趋势记录文件备份完整	

表 3.34 PLC 控制系统质量验收表

检修内容		验收标准	备注
检修前系统备份		组态工程文件备份完整;事件记录、趋势记录文件备份完整	
系统卫生清扫		风扇、过滤网清洁;各卡件(模块)、机架清洁无尘,线路板无明显损伤或烧焦痕迹	
系统检查、功能测试	系统状态检查	系统状态画面及指示灯状态正常,无系统告警;各设备风扇运转正常,无异响;各网络设备无报错,电缆连接正确,无松动,无断线,网络连接正常,误码率应低于1×10^{-6}	
	接地性能测试	接地电阻测试符合要求,系统的接地连接电阻应不大于1Ω,接地电阻应不大于4Ω	HG/T 20513《仪表系统接地设计规范》
	供电检查	系统输入、输出电压正常;空气开关、保险端子正常	
	接线检查	各接线端子紧固,无松脱和虚接;各部件设备、板卡、模件及连接件应安装牢固、无松动	
	输入、输出测试	模拟量输入、输出通道精度符合要求,通常不低于0.5%;开关量输入、输出通道动作正常	精度要求可参见表3.29和表3.30
	新增组态功能测试	软件组态正确	
检修后系统备份		组态工程文件备份完整	

3.5 固定式报警仪

3.5.1 适用范围

本节规定了天然气处理厂生产装置的常用固定式报警仪的检修内容和验收标准。适用于天然气处理厂硫化氢固定式报警仪、可燃气固定式报警仪、二氧化硫固定式报警仪等固定式报警仪,其他同类仪表可参考使用。

3.5.2 编写依据

(1)JJG 693《可燃气体检测报警器》。
(2)JJG 695《硫化氢气体检测仪检定规程》。
(3)JJG 551《二氧化硫气体检测仪》。
(4)SY/T 6503《石油天然气工程可燃气体检测报警系统安全规范》。

3.5.3 检修准备

(1)根据系统运行情况、存在的问题,制定出检修方案;方案要正确、实际,方案要有质量验收标准并送上级主管部门审批。
(2)准备好检修所用工器具、图纸、技术资料、材料、备件和劳保用品。

3.5.4 检修内容

（1）检查标识是否清晰、及时更新，检定是否合格。
（2）检查仪表规格、安装高度是否符合标准要求，接线是否牢固可靠。

3.5.5 验收标准

（1）遵守计量检定规程，具有校验合格标识（证书）。
（2）仪表规格型号符合要求。
（3）非封闭场所距地面或不透风楼地/底板0.3~0.6m；封闭场所气体密度比空气重时，距地面或不透风楼地/底板0.3~0.6m，比空气轻时，较释放源高0.5~2m。
（4）接线正确，牢固。

3.5.6 质量验收表

固定式报警仪质量验收表见表3.35。

表3.35 固定式报警仪质量验收表

检修内容	验收标准	备注
检查标识	遵守计量检定规程，具有校验合格标识（证书）	
仪表规格、安装高度	仪表规格型号符合要求；非封闭场所距地面或不透风楼地/底板0.3~0.6m；封闭场所气体密度比空气重时，距地面或不透风楼地/底板0.3~0.6m，比空气轻时，较释放源高0.5~2m；接线正确，牢固	

4 电气设备检修规程

4.1 变电设施

4.1.1 油浸式变压器

4.1.1.1 适用范围

本节适用于 1～110kV 油浸电力变压器,规定了天然气处理厂油浸电力变压器检修准备工作、检修内容和验收质量标准。

4.1.1.2 编写依据

(1) GB 50148《电气装置安装工程 电力变压器、油浸电抗器、互感器施工及验收规范》。

(2) DL/T 596《电力设备预防性试验规程》。

(3) DL/T 5759《配电系统电气装置安装工程施工及验收规范》。

(4) 变压器制造厂的安装使用说明书。

4.1.1.3 检修准备

(1) 根据设备状况,确定检修内容,编制检修计划、进度和方案。

(2) 组织好检修人员,进行技术交底,完善检修方案,明确检修任务。

(3) 备好检修用设备、材料、工器具、备品备件及安全检修所用物品。

(4) 做好安全防护措施,办理好工作票、动火票等。

4.1.1.4 检修内容

4.1.1.4.1 外壳、附件及绝缘油

(1) 检查和清扫外壳,包括本体、大盖、储油柜、油位计、气体继电器、散热器、阀门、安全气道或压力释放阀等,紧固或更换相关密封胶圈,消除渗漏。

(2) 检查空气干燥器及干燥剂(干燥剂颜色不正常时更换)。

(3) 检查接地装置。

(4) 变压器外壳防腐。

(5) 拆下散热器进行补焊或更换。

(6) 焊接外壳。

(7) 补充或更换变压器油,本体做油压试验,根据油质情况过滤变压器油。

4.1.1.4.2 铁芯

(1) 吊芯进行内部检查。

（2）检查铁芯、铁芯接地情况及穿芯螺栓的绝缘状况。
（3）修理铁芯。

4.1.1.4.3 线圈

（1）检查及清理线圈及线圈压紧装置、垫块、引线、各部分螺栓、油路及接线板。
（2）更换部分线圈或修理线圈。
（3）干燥线圈。

4.1.1.4.4 冷却系统

（1）检查冷却风机及其控制回路。
（2）检修或更换电动机。

4.1.1.4.5 分接头切换调压装置

（1）检查并修理有载或无载分接头切换装置，包括附加电抗器、定触点、动触点及其传动机构。
（2）检查并修理有载分接头的控制装置，包括电动机、传动机械及其全部操作回路。
（3）更换传动机械零件。
（4）更换分接头切换装置。

4.1.1.4.6 套管

（1）检查并清扫全部套管。
（2）检查充油式套管的油质情况，必要时更换绝缘油。
（3）检查相序和相色。
（4）套管解体检修。
（5）更换套管。

4.1.1.4.7 其他

（1）检查并校验温控器。
（2）检查及校验仪表、继电保护装置、控制信号装置及其二次回路。
（3）检查并清扫变压器电气连接系统的配电装置及电缆。
（4）检查并清扫事故排油装置。
（5）检查胶囊老化（认为有必要时进行）及吸收管畅通情况。

4.1.1.5 验收标准

4.1.1.5.1 外壳、附件及绝缘油

（1）油箱及顶盖应清洁，无锈蚀、油垢、渗油。
（2）储油柜应清洁无渗漏，储油柜中胶囊应完整无破损、无裂纹和渗漏现象；胶囊沿长度方向与储油柜的长轴保持平行，不应扭偏；胶囊口密封应良好，呼吸应畅通。
（3）油位计指示应正确，玻璃连通管完好透明无裂纹或渗油现象，油面监视线清楚。
（4）安全气道内壁清洁，隔膜应完好，密封良好。
（5）吸湿器与储油柜间的连接管密封良好；吸湿剂应干燥，油封油位应在油面线上。
（6）所有法兰连接面应用耐油橡胶密封垫（圈）密封；密封垫（圈）应无扭曲、变形、裂纹、毛刺；密封垫（圈）应与法兰面的尺寸配合。

（7）法兰连接面应平整整洁；密封垫应擦拭干净无油迹，安装位置应准确；其搭接处的厚度应与原厚度相同，压缩量不超过其厚度的 1/3。

（8）变压器油必须经试验合格后，方可注入变压器中。注入变压器的油的温度应该等于或低于线圈的温度，以免绝缘受潮。注油后需静置，并不断打开放气塞排气，35kV 以下电压等级变压器静置时间为 24h；63～110kV 电压等级变压器静置时间为 36h。静置后需调整油面至相应环境温度的油面。

（9）110kV 变压器也宜采用真空注油。真空注油工作应避免在雨天进行，以防潮气侵入。

4.1.1.5.2 铁芯

（1）铁芯表面清洁、无油垢、无锈蚀，铁芯紧密整齐，无过热变色等现象。

（2）铁芯接地良好，且只有一点接地。

（3）所有穿芯螺栓应紧固，用 1000V 或 2500V 兆欧表测量穿芯螺栓与铁芯以及轭铁夹件之间的绝缘电阻（应拆开接地片），其值不得低于最初测得的绝缘电阻值的 50% 或其值不小于表 4.1 规定。

表 4.1 变压器不同额定电压下的绝缘电阻

变压器额定电压（kV）	10及以下	20～35	40～60	110～220
绝缘电阻（MΩ）	2	5	7.5	20

（4）穿心螺栓应做交流 1000V 或直流 2500V 的耐压试验 1min，无闪络、击穿现象。

（5）各部所有螺栓应紧固，并有防松措施，绝缘螺栓应无损坏，防止松动措施绑扎完好。

（6）吊芯工作不应在雨雪天气或相对湿度大于 75% 的条件下进行，事先做好铁芯的防潮、防尘措施。吊芯时周围空气温度不宜低于 0℃，变压器器身温度（即上铁轭测得温度）不宜低于周围空气温度，当器身温度低于周围空气温度时，宜将变压器加热，使其器身温度高于周围环境温度 10℃ 左右，方可吊芯。为防止受潮，应尽量缩短铁芯在空气中暴露的时间，从放油开始时算起，至注油开始为止，铁芯与空气接触时间不应超过下列规定：空气相对湿度不大于 65% 时为 16h；空气相对湿度不大于 75% 时为 12h。

4.1.1.5.3 线圈

（1）线圈表面清洁无垢，油道畅通，上下夹件紧固，绑扎带完整无裂；垫块排列整齐，无松动或断裂。

（2）各组线圈应排列整齐，间隙均匀，无移动变位；焊接处无熔化及开裂现象。

（3）线圈绝缘层完整，表面无过热变色、脆裂或击穿等缺陷。

（4）引出线绝缘良好无变形，包扎紧固无破裂；引线固定牢靠，其固定支架紧固；引出线与套管连接牢靠，接触良好紧密；引出线接线正确，引出线对地绝缘距离应符合表 4.2 要求。

表 4.2 引出线要求

额定电压（kV）	6	10	35	110
油中引线沿木质表面最小对地距离（mm）	30	40	100	380
套管导电部分对地绝缘间隙（mm）	25	30	90	370

4.1.1.5.4　冷却系统

（1）冷却风机应清洁、牢固、转动灵活、叶片完好。

（2）电动机控制回路、开关等绝缘良好。

（3）冷却风机试运转时应无异常振动、过热或碰擦等情况，转向应正确。

4.1.1.5.5　分接头切换调压装置

（1）分接头切换装置的绝缘部分在空气中的暴露时间同本节铁芯检修。

（2）分接头切换装置的各分接点与线圈的连接应紧固正确；各分接头应清洁、光滑无烧蚀，在接触位置应接触紧密，弹性良好，用 0.05mm 塞尺检查，应塞不进去，测量各分接头在接触位置的接触电阻不大于 500μΩ。

（3）传动装置操作正确，传动灵活，转动接点应正确地停留在各个位置上，且与指示器所指位置一致；绝缘部件清洁、无损伤、绝缘良好。

4.1.1.5.6　套管

（1）套管的瓷件应完好，无裂纹、破损或瓷釉损伤，瓷裙外表面无闪络痕迹。

（2）瓷件与铁件应结合牢固，其胶合处的填料应完整，铁件表面无锈蚀，油漆完好。

（3）绝缘层包扎紧密无松脱，表面清洁，无老化焦脆现象。

（4）电容式套管各接合处不得有渗、漏油现象，套管油取样化验符合规定要求，油位计完好，指示正确。

（5）电容式套管内引出的分压引线良好。

4.1.1.5.7　其他

（1）温控器指示正确，信号接点应动作正确、导通良好，表面无裂纹、玻璃清洁透明，密封严密，接线端子牢固，引线绝缘良好。

（2）差压继电器应经校验合格，且密封良好，动作可靠。继电保护装置、控制信号装置及其二次回路完好，通信正常且无报警、信号指示正确。

（3）气体继电器应水平于顶盖安装，顶盖上标志的箭头应指向储油柜，其与连通管的连接应密封良好，连接管应以变压器顶盖为准保持有 2%～4% 的升高坡度，不得有急剧的弯曲和相反的斜度。室外变压器的气体继电器防雨设施良好。

（4）各种阀门操作灵活，关闭严密，无渗漏油现象。

（5）变压器电气连接系统的配电装置及电缆完好，绝缘合格、工作正常。

（6）胶囊气密性试验合格（可采用高精度压力表进行试验），吸收管畅通。

4.1.1.5.8　试验

（1）油浸式电力变压器的试验项目及标准，见表 4.3 至表 4.8。

（2）变压器消弧线圈的试验项目和标准参照表4.3中序号1、3、4、6、7、19等项进行。

表 4.3 油浸式电力变压器的试验项目及标准

序号	项目	标准	说明
1	测量线圈的绝缘电阻和吸收比	（1）绝缘电阻换算至同一温度下，与前一次测试结果相比应无明显变化，不宜低于上次的70%或10000mΩ。 （2）吸收比（10~30℃范围）不低于1.3或极化指数不低于1.5	（1）额定电压1000V以上线圈用2500V兆欧表，其量程一般不低于10000MΩ，1000V以下者用1000V兆欧表。 （2）测试时，非被试线圈应接地
2	测量线圈连同套管的泄漏电流	（1）试验电压标准如下： 　 | 线圈额定电压（kV） | 3 | 6~15 | 20~35 | 35以上 | | 直流试验电压（kV） | 5 | 10 | 20 | 40 | 　 （2）在高压端读取1min时泄漏电流值。 （3）泄漏电流自行规定，但与历年数据相比较应无显著变化，参考值见表4.5	
3	测量线圈连同套管的直流电阻	（1）1600kVA以上变压器各相线圈电阻相互差别不应大于三相平均值的2%，无中性点引出的绕组，间线差别不应大于三相平均值的1%。 （2）1600kVA及以下的变压器，相间差别一般不大于三相平均值的4%，线间差别一般不大于三相平均值的2%。 （3）测得的相间差与以前（出厂或交接）相应部位间差比较，其变化也不应大于2%	（1）系统性检修时，各侧线圈的所有分接头位置均应测量。 （2）对无励磁调压1次/1~2年的测量和运行中变换分接头位置后只在使用的分接头位置进行测量。 （3）对有载调压在所有分接头位置进行测量。 （4）所规定的标准系受参考引线影响校正后的数值. （5）按GB1094《电力变压器》生产的变压器其标准仍以630kVA为分界线
4	油中溶解气体的色谱分析	（1）油内含氢和烃类气体超过下列任一值时应引起注意： 　 | 气体种类 | 总烃 | 乙炔 | 氢气 | | 含量（μL/L） | 150 | 5 | 150 | 　 （2）当一种或几种溶解气体的含量超过上表中数值时，可利用表4.9判断故障性质。 （3）总烃的产气速率在0.25mL/h（开放式）和0.5mL/h（密闭式）或相对产气速率大于10%/月时可判定为设备内部故障	（1）总烃是指甲烷、乙烷、乙烯和乙炔四种气体总和。 （2）气体含量达到引起注意值时，可结合产气速率来判断有无内部故障，并加强监视。 （3）新设备及系统修后的设备投运前应做一次检测，投运后在短期内应多次检测，以判断设备是否正常
5	线圈连同套管一起的交流耐压试验	（1）全部更换线圈后，一般应按表4.6中出厂标准进行，局部更换线圈后按表4.6中系统性检修标准进行 （2）非标准系列产品，标准不明的未全部更换线圈的变压器，交流耐压试验电压应按过去的试验电压，但不得低于下表值 　 | 线圈额定电压（kV） | 0.5 | 2 | 3 | 6 | 10 | 35 | 60 | | 试验电压（kV） | 2 | 8 | 13 | 19 | 26 | 64 | 105 | 　 （3）出厂试验电压与表4.6中的标准不同的试验电压，应按出厂试验电压的85%进行，但均不得低于上表中相应值	（1）系统性检修后线圈额定电压为110kV以下且容量为8000kVA及以上者应进行，其他自行规定。 （2）110kV及以上变压器更换线圈后可采用倍频感应法或操作波进行耐压试验（操作波试验波形、电压值见表4.7）

续表

序号	项目	标准	说明
6	测量线圈连同套管一起的介质损耗因数tanδ	（1）tanδ（%）应不大于下列值： | 高压线圈电压等级 \ 温度（℃）	10	20	30	40	50	60	70
---	---	---	---	---	---	---	---
35kV及以上	1	1.5	2	3	4	6	8
35kV及以下	1.5	2	3	4	6	8	11	 （2）同一变压器低压和中压线圈的tanδ标准与高压线圈相同 （3）tanδ（%）与历年的数值比较不应有显著变化	（1）容量为3150kVA及以上的变压器应进行测量。 （2）非被试线圈应接地（采用M型试验器时应屏蔽）
7	测定轭铁梁和穿芯螺栓间（可接触到的）绝缘电阻	绝缘电阻自行规定	（1）用1000V或2500V兆欧表。 （2）轭铁梁和穿芯螺栓一端与铁芯相连者，测量时应将连接片断开（不能断开者可不进行）
8	检查线圈所有分接头的电压比	（1）系统性检修后各相相应分接头的电压比与铭牌值相比不应有显著差别，且应符合规律。 （2）电压35kV以下，电压比小于3的变压器，电压比允许偏差为±1%。 （3）其他所有变压器（额定分接头）电压比允许偏差为±0.5%	（1）更换线圈后，应按制造厂标准测量电压比。 （2）更换线圈和变动内部接线后每个分接头均应测量电压比。 （3）其他分接头的电压比在超过标准的允许偏差时，应在变压器阻抗电压值（%）的1/10以内，但不得超过±1%
9	校定三相变压器的连接组别和单相变压器引出线的极性	必须与变压器的标志（铭牌和顶盖上的符号）相符	
10	测量3150kVA及以上变压器在额定电压U_n时的空载电流和空载损耗	与出厂试验值相比无明显变化	（1）三相试验无条件时，可作单相全电压试验。 （2）试验电源波形畸变率应不超过5%
11	测量变压器额定电流下的阻抗电压和负载损耗	应符合出厂试验值，无明显变化	无条件时可在不小于1/4额定电流下进行测量
12	检查有载分接开关的动作情况	应符合制造厂的技术条件	
13	检查相位	必须与电网相位一致	
14	额定电压下的冲击合闸试验	进行3次，应无异常现象	（1）在使用分接头上进行。 （2）在变压器高压侧加电压试验。 （3）110kV及以上变压器在中性点接地后方可试验

续表

序号	项目	标准	说明
15	散热器和油箱密封油压试验	对管状和平面油箱采用0.6m的油柱压力,对波状油箱和有散热器油箱采用0.3m的油柱压力,试验持续时间为15min无渗漏	
16	冷却装置的检查和试验	应符合制造厂规定	
17	检查运行中的热虹吸油再生装置	应符合制造厂规定	
18	检查接缝衬垫和法兰连接	应不漏油,对强迫油循环变压器应不漏气、漏水	
19	油箱和套管中绝缘油试验	按表4.8的规定进行	
20	油中微量水测量	参考值如下:220kV及以下为30μL/L以下	

注:(1)1600kVA及以下变压器试验项目、周期和标准,系统性检修后试验参照表4.3中序号1、3、5、8、9、19进行,预防性试验按序号1、3、19等项进行。
(2)油浸电力变压器的绝缘试验,应在充满合格油静置一定时间,待气泡消除后方可进行,一般大容量变压器应静置20h以上(真空注油时可适当缩短),3~10kV者需静置5h以上。
(3)油浸变压器进行$\tan\delta$试验时,其允许最高试验电压如下:不论注油或未注油的10kV及以上变压器,试验电压为10kV;10kV以下变压器试验电压不超过额定电压。进行泄漏电流测试时,对于未注油的变压器外施电压可降低为规定试验电压的50%。
(4)变压器绝缘温度以变压器上层油温为标准。

表4.4 线圈绝缘电阻允许值

高压线圈额定电压(kV) \ 温度(℃) 绝缘电阻允许值(Ω)	10	20	30	40	50	60	70	80
3~10	450	300	200	130	90	60	40	25
20~35	600	400	270	180	120	80	50	35
63~220	1200	800	540	360	240	160	100	70

表4.5 线圈连同套管的泄漏电流允许值

额定电压(kV)	试验电压(峰值)(kV)	温度(℃) 泄漏电流允许值(μA)							
		10	20	30	40	50	60	70	80
2~3	5	11	17	25	39	55	83	125	170
6~15	10	22	33	50	77	112	166	250	240
20~35	20	33	50	74	111	167	250	400	570
63~330	40	88	50	74	111	167	250	400	570

表 4.6 线圈连同套管一起的交流耐压试验

额定电压（kV）		3	6	10	15	20	35	44	60	110	154	220
最高工作电压（kV）		3.5	6.9	11.5	17.5	23	40.5	50.6	69	126	177	252
交流耐压试验电压（kV）	出厂	18	25	35	45	55	85	95	140	200		400
	交接及系统性检修	15	21	30	38	47	72	81	120	170 (195)	(270)	340

注：（1）括号中数值适用于小接地短路电流系统。
（2）电力变压器的 500V 以下的线圈绝缘交流耐压试验电压，出厂为 5kV，系统性检修为 4kV。

表 4.7 操作波试验波形、电压值

电压等级（kV）	工频1min耐压（kV）	折算至操作波（峰值）（kV）	推荐的操作波耐压值（峰值）（kV）	系统性检修更换线圈后的操作波耐压值（峰值）（kV）
60	140	268	270	270×0.85
110	200	382	375	375×0.85
220	400	765	750	750×0.85

注：波形为 [100（波头时间）×1000（0% 持续时间）×200（90% 持续时间）]μs，负极性 3 次。

表 4.8 油箱和套管中绝缘油试验

序号	项目	标准			
		新油及再生油			运行中油
1	5℃时透明度	透明			
2	氢氧化钠试验	不大于2级			
3	安定性氧化后酸值	不应大于0.2mg（KOH）/g（油）			
	安定性氧化后沉淀物	不大于0.05%			
4	运动黏度	不应大于下列值			
		温度（℃）	20	50	
		运动黏度（cSt）	30	9.6	
5	凝点	不高于下列值（℃）			
		DB-10	DB-25	DB-45	
		-10	-25	-45	
6	酸值	不应大于0.03mg（KOH）/g（油）			不应大于0.1mg（KOH）/g（油）
7	水溶性酸和碱	无			pH值≥4.2
8	闪点	不低于下列值/℃			
		DB-10	DB-25	DB-45	
		140	140	135	
9	机械杂质	无			无
10	水分	无			无

续表

序号	项目	标准	
		新油及再生油	运行中油
11	游离碳	无	无
12	电气强度试验	（1）用于15kV及以下者不小于25kV。 （2）用于20～35kV者不小于35kV。 （3）用于63～220kV者不小于40kV	（1）用于15kV及以下者不小于20kV。 （2）用于20～35kV者不小于30kV。 （3）用于63～220kV者不小于35kV
13	测量介质损耗因数 $\tan\delta$	（1）注入前的油：90℃时不应大于0.5%。 （2）注入后的油：70℃时不应大于0.5%	70℃不应大于2%
14	羧基含量	不大于0.28mg（KOH）/g（油）	
15	表面张力	不小于15×10⁻⁵N/cm	
16	混油试验	符合下列标准时可以混合使用： （1）两种运行中油混合时，混合油质量不应劣于其中安定性较差的一种。 （2）新油与运行中油相混合时，混合油质量不应劣于运行中油的质量	

注：当油质逐渐老化，水溶性酸 pH 值接近 4.2 或酸值接近 0.1mg（KOH）/g（油）时，方进行表 4.8 中第 14、15、16 等项试验。

判断故障性质的特征气体法见表 4.9。

表 4.9 判断故障性质的特征气体法

序号	故障性质	特征气体的特点
1	一般过热性故障	总烃较高，$C_2H_2<5\mu L/L$
2	严重过热性故障	总烃高，$C_2H_2<5\mu L/L$，但C_2H_2未构成总烃的主要成分，H_2含量较高
3	局部放电	总烃不高，$H_2>100\mu L/L$，CH_4占总烃中的主要成分
4	火花放电	总烃不高，$C_2H_2>10\mu L/L$，H_2较高
5	电弧放电	总烃高，C_2H_2高并构成总烃的主要成分，H_2含量较高

注：当 H_2 含量增大，而其他组分不增加时，可能是由于设备进水或有气泡引起水和铁的化学反应，或在高电场强度作用下，水或气体分子的分解或电晕作用而产生。

4.1.1.5.9 试运行

（1）变压器第一次投入时，可全电压冲击合闸。110kV 及以上变压器如有条件应从零起升压。冲击合闸时，变压器应从高压侧投入。

（2）第一次受电后，持续时间不少于 10min，变压器应无异常情况。

（3）变压器应进行 3 次全电压冲击合闸，应无异常情况。励磁涌流不应引起保护装置的误动。

（4）带电后，检查变压器及冷却装置所有焊缝和连接面不应有渗油现象。

（5）变压器起动试运行，应使变压器带一定负荷（可能的最大负荷）运行24h。

4.1.1.6 质量验收表

油浸式变压器质量验收表见表4.10。

表4.10 油浸式变压器质量验收表

检修内容		验收标准	备注
壳、附件及绝缘油	（1）检查和清扫外壳，包括本体、大盖、储油柜、油位计、气体继电器、散热器、阀门、安全气道或压力释放阀等。 （2）紧固或更换相关密封胶圈，消除渗漏	（1）油箱及顶盖应清洁，无锈蚀、油垢、渗油。 （2）储油柜应清洁无渗漏，储油柜中胶囊应完整无破损、无裂纹和渗漏现象；胶囊沿长度方向与储油柜的长轴保持平行，不应扭偏；胶囊口密封应良好，呼吸应畅通。 （3）油位计指示应正确，玻璃连通管完好透明无裂纹或渗油现象，油面监视线清楚。 （4）安全气道内壁清洁，隔膜应完好，密封良好。 （5）所有法兰连接面应用耐油橡胶密封垫（圈）密封；密封垫（圈）应无扭曲、变形、裂纹、毛刺；密封垫（圈）应与法兰面的尺寸配合。 （6）法兰连接面应平整整洁；密封垫应擦拭干净无油迹，安装位置应准确；其搭接处的厚度应与原厚度相同，压缩量不超过其厚度的1/3	
	检查空气干燥器及干燥剂（干燥剂颜色不正常时更换）	吸湿器与储油柜间的连接管密封良好；吸湿剂应干燥，油封油位应在油面线上	
	检查接地装置	接地装置完好无锈蚀	
	变压器外壳防腐	外壳油漆、标志完整，无锈蚀	
	拆下散热器进行补焊或更换	按照变压器制造厂家要求进行	
	焊接外壳	按照变压器制造厂家要求进行	
	补充或更换变压器油，本体做油压试验，根据油质情况过滤变压器油	（1）变压器油必须经试验合格后，方可注入变压器中。注入变压器的油的温度应该等于或低于线圈的温度，以免绝缘受潮。注油后需静置，并不断打开放气塞排气，35kV以下电压等级变压器静置时间为24h；63～110kV电压等级变压器静置时间为36h。静置后需调整油面至相应环境温度的油面。 （2）110kV变压器也宜采用真空注油。真空注油工作应避免在雨天进行，以防潮气侵入	
铁芯	吊芯进行内部检查	铁芯表面清洁、无油垢、无锈蚀，铁芯紧密整齐，无过热变色等现象	
	检查铁芯、铁芯接地情况及穿芯螺栓的绝缘状况	（1）铁芯接地良好，且只有一点接地。 （2）所有穿芯螺栓应紧固，用1000V或2500V兆欧表测量穿芯螺栓与铁芯以及轭铁夹件之间的绝缘电阻（应拆开接地片），其值不得低于最初测得的绝缘电阻值的50%或其值不小于下列规定： | 变压器额定电压（kV）	10及以下	20~35	40~60	110~220 | |---|---|---|---|---| | 绝缘电阻（MΩ） | 2 | 5 | 7.5 | 20 | （3）穿心螺栓应做交流1000V或直流2500V的耐压试验1min，无闪络、击穿现象。 （4）各部所有螺栓应紧固，并有防松措施，绝缘螺栓应无损坏，防止松动措施绑扎完好	

续表

检修内容		验收标准	备注
铁芯	修理铁芯	吊芯工作不应在雨雪天气或相对湿度大于75%的条件下进行，事先做好铁芯的防潮、防尘措施。吊芯时周围空气温度不宜低于0℃，变压器器身温度（即上铁轭测得温度）不宜低于周围空气温度，当器身温度低于周围空气温度时，宜将变压器加热，使其器身温度高于周围环境温度10℃左右，方可吊芯。为防止受潮，应尽量缩短铁芯在空气中暴露的时间，从放油开始时算起，至注油开始为止，铁芯与空气接触时间不应超过下列规定：空气相对湿度不大于65%时为16h；空气相对湿度不大于75%时为12h	
线圈	检查及清理线圈及线圈压紧装置、垫块、引线、各部分螺栓、油路及接线板	（1）线圈表面清洁无垢，油道畅通，上下夹件紧固，绑扎带完整无裂；垫块排列整齐，无松动或断裂。 （2）各组线圈应排列整齐，间隙均匀，无移动变位；焊接处无熔化及开裂现象。 （3）线圈绝缘层完整，表面无过热变色、脆裂或击穿等缺陷。 （4）引出线绝缘良好无变形，包扎紧固无破裂；引线固定牢靠，其固定支架紧固；引出线与套管连接牢靠，接触良好紧密；引出线接线正确，引出线间及对地绝缘距离应符合下列要求： | 额定电压（kV）	6	10	35	110 | |---|---|---|---|---| | 油中引线沿木质表面最小对地距离（mm） | 30 | 40 | 100 | 380 | | 套管导电部分对地的油间隙（mm） | 25 | 30 | 90 | 370 |	
	更换部分线圈或修理线圈	按照变压器制造厂家要求进行	
	干燥线圈	按照变压器制造厂家要求进行	
冷却系统检修	检查冷却风机及其控制回路	（1）冷却风机应清洁、牢固、转动灵活、叶片完好。 （2）电动机控制回路、开关等绝缘良好	
	检修或更换电动机	冷却风机试运转时应无异常振动、过热或碰擦等情况，转向应正确	
分接头切换调压装置	（1）检查并修理有载或无载分接头切换装置，包括附加电抗器、定触点、动触点及其传动机构。 （2）更换分接头切换装置	（1）分接头切换装置的绝缘部分在空气中的暴露时间同本节铁芯检修。 （2）分接头切换装置的各分接点与线圈的连接应紧固正确；各分接头应清洁、光滑无烧蚀，在接触位置应接触紧密，弹性良好，用0.05mm塞尺检查，应塞不进去，测量各分接头在接触位置的接触电阻不大于500μΩ	
	（1）检查并修理有载分接头的控制装置，包括电动机、传动机械及其全部操作回路。 （2）更换传动机械零件	传动装置操作正确，传动灵活，转动接点应正确地停留在各个位置上，且与指示器所指位置一致；绝缘部件清洁、无损伤、绝缘良好	
套管	检查并清扫全部套管	（1）套管的瓷件应完好，无裂纹、破损或瓷釉损伤，瓷裙外表面无闪络痕迹。 （2）瓷件与铁件应结合牢固，其胶合处的填料应完整，铁件表面无锈蚀，油漆完好。 （3）绝缘层包扎紧密无松脱，表面清洁，无老化焦脆现象。 （4）电容式套管内引出的分压引线良好	

续表

检修内容		验收标准	备注
套管	检查充油式套管的油质情况,必要时更换绝缘油	(1)电容式套管各接合处不得有渗、漏油现象,套管油取样化验符合规定要求,油位计完好,指示正确。 (2)按照变压器制造厂家要求进行	
	检查相序和相色	相序正确、相色清晰	
	(1)套管解体检修。 (2)更换套管	按照变压器制造厂家要求进行,更换后绝缘耐压试验合格	
其他	检查并校验温控器	温控器指示正确,信号接点应动作正确、导通良好,表面无裂纹、玻璃清洁透明,密封严密,接线端子牢固,引线绝缘良好	
	检查及校验仪表、继电保护装置、控制信号装置及其二次回路	(1)差压继电器、流动继电器应经校验合格,且密封良好,动作可靠。继电保护装置、控制信号装置及其二次回路完好,通信正常且无报警,信号指示正确。 (2)气体继电器应水平于顶盖安装,顶盖上标志的箭头应指向储油柜,其与连通管的连接应密封良好,连接管应以变压器顶盖为准保持有2%~4%的升高坡度,不得有急剧的弯曲和相反的斜度。室外变压器的气体继电器防雨设施良好	
	检查并清扫变压器电气连接系统的配电装置及电缆	变压器电气连接系统的配电装置及电缆完好,绝缘合格、工作正常	
	检查并清扫事故排油装置	各种阀门操作灵活,关闭严密,无渗漏油现象	
	检查胶囊老化(认为有必要时进行)及吸收管畅通情况	胶囊气密性试验合格(可采用高精度压力表进行试验),吸收管畅通	
试验		(1)油浸式电力变压器的试验项目及标准,见表4.3至表4.8。 (2)变压器消弧线圈的试验项目和标准参照表4.3中序号1、3、4、6、7、19等项进行	
试运行		(1)变压器第一次投入时,可全电压冲击合闸。110kV及以上变压器如有条件应从零起升压。冲击合闸时,变压器应从高压侧投入。 (2)第一次受电后,持续时间不少于10min,变压器应无异常情况。 (3)变压器应进行3次全电压冲击合闸,应无异常情况。励磁涌流不应引起保护装置的误动。 (4)带电后,检查变压器及冷却装置所有焊缝和连接面不应有渗油现象。 (5)变压器起动试运行,应使变压器带一定负荷(可能的最大负荷)运行24h	

4.1.2 干式变压器

4.1.2.1 适用范围

本节适用于35kV及以下干式变压器的维护和检修,规定了天然气处理厂干式变压器检修准备工作、检修内容和质量标准。

4.1.2.2 编写依据

(1) GB 50148《电气装置安装工程 电力变压器、油浸电抗器、互感器施工及验收规范》。

(2) DL/T 5759《配电系统电气装置安装工程施工及验收规范》。

(3) DL/T 596《电力设备预防性试验规程》。

(4) 变压器制造厂的安装使用说明书。

4.1.2.3 检修准备

(1) 根据设备状况，确定检修内容，编制检修计划、进度和方案。

(2) 组织好检修人员，进行技术交底，完善检修方案，明确检修任务。

(3) 备好检修用设备、材料、工器具、备品备件及文明、安全检修所用物品。

(4) 做好安全防护措施，办理好工作票、动火票等。

4.1.2.4 检修内容

(1) 检查清扫变压器外箱内外灰尘、污垢等。

(2) 检查套管及接线板等电气连接部分。

(3) 消除运行记录缺陷，更换易损件。

(4) 检查接地装置。

(5) 冷却系统及其测温装置二次回路检查。

(6) 检查铁芯及其夹紧件，检查铁芯接地情况。

(7) 检查变压器线圈及其夹紧装置、垫块、引线、接线板、各部分螺栓等。

(8) 外箱防腐。

4.1.2.5 验收标准

4.1.2.5.1 质量验收

(1) 变压器箱内外整洁，无锈蚀、灰尘、污垢等。

(2) 各部件连接良好，无损伤和局部过热痕迹和变形，无开裂，螺栓拧紧，部件固定。

(3) 线圈位置正确，无损伤，无破裂，无位移，无变色，机械支撑牢固。

(4) 线圈绝缘良好。其判别方法为绝缘处于良好状态：色泽新鲜均一，无裂纹损伤；绝缘处于可使用状态：色泽略暗、绝缘较硬，不开裂、不脱落；绝缘处于勉强可用状态：色泽较暗，绝缘发脆，有轻微裂纹，但变形不大，不脱落；绝缘处于不能使用状态：绝缘裂化并脱落。

(5) 垫块完整，排列整齐，无松动，无歪斜错乱。

(6) 套管表面清洁无垢，无破裂和爬电痕迹，固定牢固，螺栓、垫片、法兰、填料等完好紧密。

(7) 干式变压器的温度控制系统回路接线良好，器件完好。

(8) 铁芯无外伤、变形、烧伤、位移，硅钢片无变色，接地系统完整可靠。

(9) 引线焊接良好，无裂纹、虚焊、脱焊。

(10) 冷却系统完好、运转正常。

(11) 各种附件齐全完好。

4.1.2.5.2 系统性检修后试验项目

（1）测量高低压绕组的绝缘电阻和吸收比。绝缘电阻值与出厂说明书要求或上次测试数值相比无明显降低，且不小于表 4.11 的数值，吸收比不低于 1.3。

表 4.11 绝缘电阻值要求

额定电压（kV）	1.1以下	3.3	6.6	11	22
绝缘电阻（MΩ）（25℃）	5	10	20	30	50

注：测量绝缘电阻时使用 2500V 或 5000V 的兆欧表；非被测量线圈接地。

（2）测量高、低压绕组的直流电阻。1.6MVA 以上（以下）变压器，各相绕组电阻相互间的差别不应大于三相平均值的 2%（4%），无中性点引出的绕组，线间差别不应大于三相平均值的 1%（2%）。阻值与以前（出厂或交接时）测试值相比变化不大于 2%。

（3）绕组连同套管的交流耐压试验。系统性检修时 1min 工频耐压试验电压为出厂试验电压的 85%，更换绕组时试验电压为出厂试验电压。干式变压器出厂试验电压标准见表 4.12。

表 4.12 试验电压标准

电压等级（kV）	设备的最高电压U_m（有效值）（kV）	额定短时工频耐受电压（有效值）	额定雷电冲击耐受电压（峰值）	
			I	II
≤1	≤1.1	3	—	—
3	3.5	10	20	40
6	6.9	20	40	60
10	11.5	28	60	75
15	17.5	38	75	95
20	23	50	95	125
35	40.5	70	145	170

（4）测量铁芯（带引外接地）对地绝缘电阻。用 1000V 或 2500V 兆欧表测量，绝缘电阻标准自定且与以前测试结果相比无显著差别。

（5）测量穿心螺栓、铁轭夹件、绑扎钢带、铁芯、线圈压环及屏蔽等的绝缘电阻。用 1000V 或 2500V 兆欧表测量铁轭梁和穿芯螺栓间（不可接触的）等绝缘电阻，绝缘电阻标准自定且与以前测试结果相比无显著差别，测量时应该将连接片断开（不能断开者可不进行）。

（6）检查绕组所有分接头的电压比，比值与铭牌值不应有显著差别且符合规律。电压 35kV 以下，电压比小于 3 的变压器电压比允许偏差为 ±1%；其他所有变压器额定分接电压比允许偏差为 ±0.5%；其他电压等级的分接电压比应在变压器阻抗电压值（%）的 1/10

以内，但不得超过 ±1%。

（7）测温装置及其二次回路试验。测温电阻值应和出厂值相符，用2500V兆欧表测量回路绝缘电阻一般不低于1MΩ。

4.1.2.5.3　更换绕组后的试验项目

（1）按照系统性检修后试验项目（1）（2）（3）（7）项进行。

（2）校定三相变压器联结组别和单相变压器引出线的极性，且必须与变压器的标志（铭牌和顶盖上的符号）相符。

（3）测量变压器额定电流下的阻抗（无条件时可在不小于1/4额定电流下测量），其值与出厂试验值相比应无明显变化。

（4）测量绕组连同套管的介质损耗因数 $\tan\delta$。容量在3150kVA及以上变压器系统性检修后 $\tan\delta$ 与历年测试的数值相比不应有显著的变化，且不大于表4.13数值；电压为35kV且容量为10000kVA及以上变压器系统性检修后，被测绕组的 $\tan\delta$ 不应大于产品出厂试验值的130%。

表 4.13　介质损耗因数 $\tan\delta$ 要求

绕组温度（℃）	10	20	30	40	50	60	70
3150kVA及以下 $\tan\delta$	1.5	2	3	4	6	8	11

（5）额定电压下的空载合闸试验，冲击3次无异常。

（6）测量额定电压下的空载电流和空载损耗，与出厂试验相比应无明显变化。

4.1.2.5.4　试运行

（1）空载试运行持续时间不少于4h。

（2）试运行中仪表指示应正常，空载电流不超过规定值。

（3）试运行中仔细观察变压器本体，各部应无异常。

（4）试运行中变压器运行中不应该有异声。

4.1.2.6　质量验收表

干式变压器质量验收表见表4.14。

表 4.14　干式变压器质量验收表

	检修内容	验收标准	备注
维护性检修	检查清扫变压器外箱内外灰尘、污垢等	变压器箱内外整洁，无锈蚀、灰尘、污垢等	
	检查套管及接线板等电气连接部分	（1）各部件连接良好，无损伤和局部过热痕迹和变形，无开裂、螺栓拧紧，部件固定。 （2）套管表面清洁无垢，无破裂和爬电痕迹，固定牢固，螺栓、垫片、法兰、填料等完好紧密。	
	消除运行记录缺陷，更换易损件	各种附件齐全完好	

续表

检修内容		验收标准	备注
维护性检修	检查接地装置	接地装置良好，接地电阻与往年相比变化不大	
	冷却系统及其测温装置二次回路检查	（1）冷却系统完好、运转正常。 （2）干式变压器的温度控制系统回路接线良好，器件完好	
	检查铁芯及其夹紧件，检查铁芯接地情况	铁芯无外伤、变形、烧伤、位移，硅钢片无变色，接地系统完整可靠	
	检查变压器线圈及其夹紧装置、垫块、引线、接线板、各部分螺栓等	（1）线圈位置正确，无损伤，无破裂，无位移，无变色，机械支撑牢固。 （2）线圈绝缘良好。其判别方法为绝缘处于良好状态：色泽新鲜均一，无裂纹损伤；绝缘处于可使用状态：色泽略暗，绝缘较硬，不开裂、不脱落；绝缘处于勉强可用状态：色泽较暗，绝缘发脆，有轻微裂纹，但变形不大，不脱落；绝缘处于不能使用状态：绝缘裂化并脱落。 （3）垫块完整，排列整齐，无松动，无歪斜错乱。 （4）高、低压绕组三相直流电阻平衡，阻值与出厂说明书或上次测试值相比无显著增大。 （5）绕组的绝缘电阻值与出厂说明书要求或上次测试值相比无明显降低。 （6）引线焊接良好，无裂纹、虚焊、脱焊	
	外箱防腐	变压器外箱油漆及标志完好、清晰，无锈蚀	
系统性检修	（1）解体检修。 （2）检修重要部件、检查铁芯、更换接引线等	（1）测量高低压绕组的绝缘电阻和吸收比。绝缘电阻值与出厂说明书要求或上次测试数值相比无明显降低，且不小于表4.9的数值，吸收比不低于1.3。 （2）测量高、低压绕组的直流电阻。1.6MVA以上（以下）变压器，各相绕组电阻相间的差别不应大于三相平均值的2%（4%），无中性点引出的绕组，线间差别不应大于三相平均值的1%（2%）。阻值与以前（出厂或交接时）测试值相比变化不大于2%。 （3）绕组连同套管的交流耐压试验。系统性检修时1min工频耐压试验电压为出厂试验电压的85%，更换绕组时试验电压为出厂试验电压。干式变压器出厂试验电压标准见表4.10。 （4）测量铁芯（带引外接地）对地绝缘电阻。用1000V或2500V兆欧表测量，绝缘电阻标准自定且与以前测试结果相比无显著差别。 （5）测量穿心螺栓、铁轭夹件、绑扎钢带、铁芯、线圈压环及屏蔽等的绝缘电阻。用1000V或2500V兆欧表测量铁轭梁和穿芯螺栓间（不可接触的）等绝缘电阻，绝缘电阻标准自定且与以前测试结果相比无显著差别，测量时应该将连接片断开（不能断开者可不进行）。 （6）检查绕组所有分接头的电压比，比值与铭牌值不应有显著差别且符合规律。电压35kV以下，电压比小于3的变压器电压比允许偏差为±1%；其他所有变压器额定分接电压比允许偏差为±0.5%；其他电压等级的分接电压比应在变压器阻抗电压值（%）的1/10以内，但不得超过±1%。 （7）测温装置及其二次回路试验。测温电阻值应和出厂值相符，用2500V兆欧表测量回路绝缘电阻一般不低于1MΩ	
	更换绕组后的试验项目	（1）按照系统性检修后的全部试验项目进行。 （2）校定三相变压器联结组别和单相变压器引出线的极性，且必须与变压器的标志（铭牌和顶盖上的符号）相符。 （3）测量变压器额定电流下的阻抗（无条件时可在不小于1/4额定电流下测量），其值与出厂试验值相比应无明显变化。 （4）测量绕组连同套管的介质损耗因数$\tan\delta$。容量在3150kVA及以上变压器系统性检修后$\tan\delta$与历年测试的数值相比不应有显著的变化，且不大于表4.13的数值；电压为35kV且容量为10000kVA及以上变压器系统性检修后，被测绕组的$\tan\delta$不应大于产品出厂试验值的130%。 （5）额定电压下的空载合闸试验，冲击3次无异常。 （6）测量额定电压下的空载电流和空载损耗，与出厂试验相比应无明显变化	

续表

检修内容	验收标准	备注
试运行	（1）空载试运行持续时间不少于4h。 （2）试运行中仪表指示应正常，空载电流不超过规定值。 （3）试运行中仔细观察变压器本体，各部应无异常。 （4）试运行中变压器运行中不应该有异声	

4.2 配电设施

4.2.1 电压互感器和电流互感器

4.2.1.1 适用范围

本节适用于6～110kV电压互感器和电流互感器，规定了天然气处理厂电压互感器和电流互感器检修准备工作、检修内容和质量标准。

4.2.1.2 编写依据

（1）GB 50148《电气装置安装工程 电力变压器、油浸电抗器、互感器施工及验收规范》。

（2）GB 50150《电气装置安装工程 电气设备交接试验标准》。

（3）DL/T 596《电力设备预防性试验规程》。

（4）DL/T 727《互感器运行检修导则》。

（5）SHS 06002《变压器、互感器维护检修规程》。

（6）互感器制造厂的安装使用说明书。

4.2.1.3 检修准备

（1）根据设备状况，确定检修内容，编制检修计划、进度和方案。

（2）组织好检修人员，进行技术交底，讨论完善检修方案，明确检修任务。

（3）备好检修用设备、材料、工器具、备品配件及文明、安全检修所用物品。

（4）做好安全防护措施，办好有关安全工作票证。

4.2.1.4 检修内容

4.2.1.4.1 维护性检修的项目

（1）清扫各部及套管，检查瓷套管有无裂纹及破损。

（2）检查引线接头有无过热，接触是否良好，螺栓有无松动，紧固各部螺栓。

（3）检查（可看到的）铁芯、线圈有无松动、变形、过热、老化及剥落现象。

（4）检查接地线是否完好牢固。

（5）检查清扫油位指示器、放油阀门及油箱外壳，紧固各部螺栓，消除渗漏油。

（6）更换硅胶和取样试验，补充绝缘油。

（7）进行规定的测量和试验。

（8）检查SF$_6$绝缘互感器气体压力在正常范围内。

（9）检查复合绝缘材料外表有无机械损伤或明显放电痕迹。

4.2.1.4.2 系统性检修的项目

（1）解体检修。

（2）检修铁芯及线圈。

（3）检修引线、套管、瓷套、油箱。

（4）更换密封垫。

（5）检修油位指示器（气体压力指示器）、放油阀、吸湿器等附件。

（6）补充或更换绝缘油（SF$_6$）。

（7）油箱外壳和附件进行防腐。

（8）检查接地线。

（9）必要时对绝缘进行干燥处理。

（10）进行规定的测量和试验。

（11）SF$_6$密度继电器校验。

4.2.1.5 验收标准

4.2.1.5.1 质量标准

（1）螺栓应无松动，附件齐全完整，外观检查应完整无缺损。

（2）铁芯无变形且清洁紧密，无锈蚀，穿芯螺栓应绝缘良好。

（3）线圈绝缘应完好，连接正确、紧固，油路应无堵塞现象。

（4）绝缘支持物应牢固，无损伤。

（5）互感器内部应清洁，无油垢。

（6）二次接线板完整，引出端子连接牢固，绝缘良好，标志清晰。

（7）所有静密封点均无渗油（或漏气）。

（8）具有吸湿器的互感器，其吸湿剂应干燥，其油位应正常。

（9）电容式电压互感器必须根据产品成套供应的组件编号进行回装，不得互换，各组件连接处的接触面无氧化锈蚀，且润滑良好。

（10）互感器的下列部位应接地良好。分级绝缘的电压互感器，其一次线圈的接地引出端子；电容型绝缘的电流互感器，其一次线圈未屏蔽的引出端子及铁芯引出接地端子；互感器的外壳；暂不使用的电流互感器的二次线圈应短路后接地。

4.2.1.5.2 试验

（1）电流互感器的试验项目和标准，见表4.15。

表4.15　电流互感器的试验项目、周期和要求

序号	项目	要求	说明
1	绕组及末屏的绝缘电阻	（1）绕组绝缘电阻与初始值及历次数据比较，不应有显著变化。 （2）电容型电流互感器末屏对地绝缘电阻一般不低于1000MΩ	采用2500V兆欧表

续表

序号	项目	要求	说明
2	tanδ及电容量	（1）主绝缘tanδ(%)不应大于下表中的数值，且与历年数据比较，不应有显著变化： 	电压等级（kV）		20~35	66~110	220	330~500
---	---	---	---	---	---
大修后	油纸电容型	—	1.0	0.7	0.6
	充油型	3.0	2.0	—	—
	胶纸电容型	2.5	2.0	—	—
运行中	油纸电容型	—	1.0	0.8	0.7
	充油型	3.5	2.5	—	—
	胶纸电容型	3.0	2.5	—	—	 （2）电容型电流互感器主绝缘电容量与初始值或出厂值差别超出±5%范围时应查明原因。 （3）当电容型电流互感器末屏对地绝缘电阻小于1000MΩ时，应测量末屏对地tanδ，其值不大于2%	（1）主绝缘tanδ试验电压为10kV，末屏对地tanδ试验电压为2kV。 （2）油纸电容型tanδ一般不进行温度换算，当tanδ与出厂值或上一次试验值比较有明显增长时，应综合分析tanδ与温度、电压的关系，当tanδ随温度明显变化或试验电压由10kV升到$U_m/\sqrt{3}$时，tanδ增量超过±0.3%，不应继续运行。 （3）固体绝缘互感器可不进行tanδ测量
3	油中溶解气体色谱分析	油中溶解气体组分含量（体积分数）超过下列任一值时应引起注意： （1）总烃：100×10^{-6}。 （2）H_2：150×10^{-6}。 （3）C_2H_2：2×10^{-6}（110kV及以下）；1×10^{-6}（220~500kV）	（1）新投运互感器的油中不应含有C_2H_2。 （2）全密封互感器按制造厂要求（如果有）进行
4	交流耐压试验	（1）一次绕组按出厂值的85%进行。出厂值不明的按下列电压进行试验： | 电压等级（kV）	3	6	10	15	20	35	66
---	---	---	---	---	---	---	---
试验电压（kV）	15	21	30	38	47	72	120	 （2）二次绕组之间及末屏对地为2kV。 （3）全部更换绕组绝缘后，应按出厂值进行	
5	局部放电测量	（1）固体绝缘互感器在电压为$1.1U_m/\sqrt{3}$时，放电量不大于100pC，在电压为$1.1U_m$时（必要时），放电量不大于500pC。 （2）110kV及以上油浸式互感器在电压为$1.1U_m/\sqrt{3}$时，放电量不大于20pC	
6	极性检查	与铭牌标志相符	
7	各分接头的变比检查	与铭牌标志相符	更换绕组后应测量比值差和相位差
8	校核励磁特性曲线	与同类型互感器特性曲线或制造厂提供的特性曲线相比较，应无明显差别	继电保护有要求时进行
9	密封检查	应无渗漏油现象	试验方法按制造厂规定
10	一次绕组直流电阻测量	与初始值或出厂值比较，应无明显差别	
11	绝缘油击穿电压	见第4.1.1节相关内容	

注：投运前是指交接后长时间未投运而准备投运之前，以及库存的新设备投运之前。

（2）电容式电压互感器电容元件的试验项目和标准，见表4.16。

表4.16　电容式电压互感器电容元件的试验项目和标准

序号	项目	标准	说明
1	测量两极间绝缘电阻	绝缘电阻标准自定	用2500V兆欧表
2	测量电容器电容值	电容值偏差不超过铭牌值的-5%~10%	
3	测量介质损耗因数tanδ值	运行中不应大于0.8%	大于0.5%时应注意

注：（1）渗油时停止使用。
　　（2）多节组合的电容器应分节测量。

（3）电磁式电压互感器的试验项目和标准，见表4.17。

表4.17　电磁式电压互感器的试验项目和标准

序号	项目	要求						说明
1	绝缘电阻	自行规定						一次绕组用2500V兆欧表，二次绕组用1000V或2500V兆欧表
2	tanδ(20kV及以上)	绕组绝缘tanδ(%)不应大于下表中数值：						串级式电压互感器的tanδ试验方法建议采用末端屏蔽法，其他试验方法与要求自行规定
		温度（℃）	5	10	20	30	40	
		35kV及以下 大修后	1.5	2.5	3.0	5.0	7.0	
		35kV及以下 运行中	2.0	2.5	3.5	5.5	8.0	
		35kV以上 大修后	1.0	1.5	2.0	3.5	5.0	
		35kV以上 运行中	1.5	2.0	2.5	4.0	5.5	
		支架绝缘tanδ一般不大于6%						
3	油中溶解气体的色谱分析	油中溶解气体组分含量(体积分数)超过下列任一值时应引起注意： （1）总烃：$100×10^{-6}$。 （2）H_2：$150×10^{-6}$。 （3）C_2H：$22×10^{-6}$						（1）新投运互感器的油中不应含有C_2H_2。 （2）全密封互感器按制造厂要求（如果有）进行
4	交流耐压试验	一次绕组按出厂值的85%进行，出厂值不明的，按下列电压进行试验：						（1）串级式或分级绝缘式的互感器用倍频感应耐压试验。 （2）进行倍频感应耐压试验时应考虑互感器的容升电压。 （3）倍频耐压试验前后，应检查有否绝缘损伤
		电压等级（kV）	3	6	10	15	20	35	66	
		试验电压（kV）	15	21	30	38	47	72	120	
		二次绕组之间及末屏对地为2kV，全部更换绕组绝缘后按出厂值进行						
5	局部放电测量	（1）固体绝缘相对地电压互感器在电压为$1.1U_m/\sqrt{3}$时，放电量不大于100pC，在电压为$1.1U_m$时（必要时），放电量不大于500pC。固体绝缘相对相电压互感器，在电压为$1.1U_m$时，放电量不大于100pC。 （2）110kV及以上油浸式电压互感器在电压为$1.1U_m/\sqrt{3}$时，放电量不大于20pC						出厂时有试验报告者投运前可不进行试验或只进行抽查试验

续表

序号	项目	要求	说明
6	空载电流测量	（1）在额定电压下，空载电流与出厂数值比较无明显差别。 （2）在下列试验电压下，空载电流不应大于最大允许电流，中性点非有效接地系统为$1.9U_n/\sqrt{3}$，中性点接地系统为$1.5U_n/\sqrt{3}$	
7	密封检查	应无渗漏油现象	试验方法按制造厂规定
8	铁芯夹紧螺栓（可接触到的）绝缘电阻	自行规定	采用2500V兆欧表
9	联接组别和极性	与铭牌和端子标志相符	
10	电压比	与铭牌标志相符	更换绕组后应测量比值差和相位差
11	绝缘油击穿电压	见第4.1.1节	

注：投运前是指交接后长时间未投运而准备投运之前，以及库存的新设备投运之前。

（4）交流耐压试验电压标准，见表4.18。

表4.18 交流耐压试验电压标准

额定电压（kV）			6	10	15	20	35	44	60	110	154	220
最高工作电压（kV）			6.9	11.5	17.5	23.0	40.5	50.6	69.0	126.0	177.0	252.0
交流耐压试验电压（kV）	电压互感器	出厂	32	42	55	65	95		140	200		400
		交接及系统性检修	28	38	50	59	85	100	125	180（210）	（290）	360
	电流互感器	出厂	32	42	55	65	95		155	250		470
		交接及系统性检修	28	38	50	59	85	105	140	225（260）	（330）	425

注：（1）括号中的数值适用于小接地短路电流系统。
（2）出厂试验电压系根据GB 311《绝缘配合》。
（3）互感器二次线圈绝缘的交流耐压试验电压出厂为2kV，系统性检修为1kV。
（4）电容式电压互感器的电容分压器部分的试验项目、周期和要求参照DL/T 596《电力设备预防性试验规程》。

4.2.1.5.3 试运行

（1）试运行前应进行下列检查：外观完整无缺损；油浸式互感器应无渗油，油位指示正确（SF_6绝缘互感器气体压力在正常范围内，无漏气）；保护间隙的距离应符合规定；油漆完整，相色正确，接地良好。

（2）试运行时应进行下列检查：表面及内部均应无放电声或其他异音；表计指示正常，装有三相表计时三相表计指示平衡，无缺相或不平衡现象；油温、油位（或气压）正常，无渗油（或漏气）。

4.2.1.6 质量验收表

电压互感器和电流互感器质量验收表见表4.19。

表4.19 电压互感器和电流互感器质量验收表

	检修内容	验收标准	备注
维修性检修	清扫各部及套管，检查瓷套管有无裂纹及破损	套管、瓷套管无裂纹及破损	
	检查引线接头有无过热，接触是否良好，螺栓有无松动，紧固各部螺栓	螺栓应无松动，附件齐全完整，外观检查应完整无缺损	
	检查（可看到的）铁芯、线圈有无松动、变形、过热、老化及剥落现象	铁芯线圈无松动、变形、过热、老化及剥落	
	检查接地线是否完好牢固	互感器的下列部位应接地良好。分级绝缘的电压互感器，其一次线圈的接地引出端子；电容型绝缘的电流互感器，其一次线圈未屏蔽的引出端子及铁芯引出接地端子；互感器的外壳；暂不使用的电流互感器的二次线圈应短路后接地	
	（1）检查清扫油位指示器、放油阀门及油箱外壳，紧固各部螺栓，消除渗漏油。（2）更换密封垫	所有静密封点均无渗油（或漏气）	
	更换硅胶和取样试验，补充绝缘油	按照互感器制造厂家要求	
	进行规定的测量和试验	参照试验部分内容	
	检查SF_6绝缘互感器气体压力在正常范围内	压力在正常范围内	
	检查复合绝缘材料外表有无机械损伤或明显放电痕迹	无机械损伤或明显放电痕迹	
系统性检修	解体检修	按照互感器制造厂家要求	
	检修铁芯及线圈	（1）铁芯无变形且清洁紧密，无锈蚀，穿芯螺栓应绝缘良好。（2）线圈绝缘应完好，连接正确、紧固，油路应无堵塞现象。（3）绝缘支持物应牢固，无损	
	检修引线、套管、瓷套、油箱	二次接线板完整，引出端子连接牢固，绝缘良好，标志清晰	
	检修油位指示器（气体压力指示器）、放油阀、吸湿器等附件	具有吸湿器的互感器，其吸湿剂应干燥，其油位应正常	
	补充或更换绝缘油（SF_6）	按照互感器制造厂家要求	
	油箱外壳和附件进行防腐	电容式电压互感器必须根据产品成套供应的组件编号进行回装，不得互换，各组件连接处的接触面无氧化锈蚀，且润滑良好	
	必要时对绝缘进行干燥处理	按照互感器制造厂家要求	
	SF_6密度继电器校验	按照DL/T 596《电力设备预防性试验规程》或其他相应的标准规范	

续表

检修内容	验收标准	备注
试验	（1）电流互感器的试验项目和标准，见表4.15。 （2）电容式电压互感器电容元件的试验项目和标准，见表4.16。 （3）电磁式电压互感器的试验项目和标准，见表4.17。 （4）交流耐压试验电压标准，见表4.18。	
试运	（1）试运行前应进行下列检查：外观完整无缺损；油浸式互感器应无渗油，油位指示正确（SF_6绝缘互感器气体压力在正常范围内，无漏气）；保护间隙的距离应符合规定；油漆完整，相色正确，接地良好。 （2）试运行时应进行下列检查：表面及内部均应无放电声或其他异音；表计指示正常，装有三相表计时三相表计指示平衡，无缺相或不平衡现象；油温、油位（或气压）正常，无渗油（或漏气）。	

4.2.2 电力电容器

4.2.2.1 适用范围

本节适用于6～10kV电力电容器，规定了天然气处理厂电力电容器检修准备工作、检修内容和验收质量标准。

4.2.2.2 编写依据

（1）GB 50150《电气装置安装工程 电气设备交接试验标准》。

（2）DL/T 5759《配电系统电气装置安装工程施工及验收规范》。

（3）DL/T 596《电力设备预防性试验规程》。

（4）电力电容器制造厂的安装使用说明书。

4.2.2.3 检修准备

（1）根据设备状况，确定检修内容，对检修过程中的风险进行辨识，编制检修计划、进度和方案。

（2）组织有关检修人员，进行技术交底，讨论完善检修方案，明确检修任务和检修质量标准。

（3）备齐检修所用设备、材料、工器具、备品配件和文明、安全检修所用物品。

（4）落实安全防护措施，根据需要办好工作票及有关作业许可证等。

4.2.2.4 检修内容

（1）电容器外部清扫检查。

（2）支持绝缘子清扫检查。

（3）构架清扫检查。

（4）接地线清扫检查。

（5）与母线连接引线清扫检查。

（6）放电回路检查。

（7）更换熔断器熔丝。

（8）自动补偿控制器。

4.2.2.5 验收标准

（1）电容器外部清扫检查。

①清洁无灰尘，固定牢靠；

②套管无裂纹、破损或掉釉现象；

③引出线端连接牢固；

④套管芯棒无弯曲、滑扣；

⑤外壳无裂缝、无渗油；

⑥外壳上设有温度计插筒时，筒内应清洁，并注入绝缘油。

（2）支持绝缘子清扫检查。

①无裂纹、破损或放电痕迹；

②清洁无灰尘，固定牢靠。

（3）构架清扫检查。

①防腐良好；

②固定牢靠。

（4）接地线清扫检查：完整良好。

（5）与母线连接引线清扫检查：连接螺栓齐全、牢固，接头接触良好。

（6）放电回路检查。

①操作灵活；

②检查放电电阻回路完整（用500V兆欧表）。

（7）更换熔断器熔丝。

①换熔丝前，应先检测电容量，超过其额定值10%时，电容器不宜继续运行；

②熔丝额定电流一般不超过电容器额定电流的130%；

③检查熔断器清洁无灰尘，接触良好，无锈蚀现象。

（8）自动补偿控制器。

①外观应清洁，盘面、键盘、显示器和指示灯完好；

②接线良好，插件和固定螺栓无松动和锈蚀现象；

③控制回路的元器件和插件板应清洁无损伤无脱焊、过热现象。

（9）电力电容器试验项目与标准，见表4.20。

表4.20 电力电容器试验项目与标准

序号	项目	质量标准	说明
1	测量两极对外壳及两极间绝缘电阻	绝缘电阻自行规定	1000V以下用1000V兆欧表
2	测量电容值	电容值的偏差不超过铭牌值的±10%	
3	冲击合闸试验	在电网额定电压下进行三次合闸试验，当开关合闸时，熔断器不应熔断，电容器组各相电流差值不应超过5%	

续表

序号	项目	质量标准			说明
4	两极对外壳的交流耐压试验	试验持续时间为10s，试验电压按出厂试验电压的85%，如无出厂试验电压可按下列数值：			3kV以下者可不做
		额定电压（kV）	出厂试验电压（kV）	试验电压（kV）	
		<0.5	2.5	2.1	
		1	5	4.2	
		3	18	15	
		6	25	21	
		10	35	30	

（10）试运行。

①试运前应进行下列检查：外观完整无缺；箱体无渗漏油；支持绝缘子、瓷套管等清洁；连接螺栓完好，外壳、构架接地良好；熔断器完好，接触紧密；防腐良好，相色正确。

②试运行时应进行下列检查：内外部均无放电或其他异常声音；三相电流平衡，其差值在允许范围内；切换检查三相电压指示平衡。

4.2.2.6　质量验收表

电力电容器质量验收表见表4.21。

表4.21　电力电容器质量验收表

检修内容	验收标准	备注
电容器外部清扫检查	（1）清洁无灰尘，固定牢靠。 （2）套管无裂纹、破损或掉釉现象。 （3）引出线端连接牢固。 （4）套管芯棒无弯曲、滑扣。 （5）外壳无裂缝、无渗油。 （6）外壳上设有温度计插筒时，筒内应清洁，并注入绝缘油	
支持绝缘子清	（1）无裂纹、破损或放电痕迹。 （2）清洁无灰尘，固定牢靠	
构架清扫检查	（1）防腐良好。 （2）固定牢靠	
接地线清扫检查	完整良好	
与母线连接引线清扫检查	连接螺栓齐全、牢固，接头接触良好	
放电回路检查	（1）操作灵活。 （2）检查放电电阻回路完整（用500V兆欧表）	
更换熔断器熔丝	（1）换熔丝前，应先检测电容量，超过其额定值10%时，电容器不宜继续运行。 （2）熔丝额定电流一般不超过电容器额定电流的130%。 （3）检查熔断器清洁无灰尘，接触良好，无锈蚀现象	
自动补偿控制器	（1）外观应清洁，盘面、键盘、显示器和指示灯完好。 （2）接线良好，插件和固定螺栓无松动和锈蚀现象。 （3）控制回路的元器件和插件板应清洁无损伤、脱焊、过热现象	

续表

检修内容	验收标准	备注
试验	试验项目与标准，见表4.20	
试运行	（1）试运前应进行下列检查：外观完整无缺；箱体无渗漏油；支持绝缘子、瓷套管等清洁；连接螺栓完好，外壳、构架接地良好；熔断器完好，接触紧密；防腐良好，相色正确。 （2）试运行时应进行下列检查：内外部均无放电或其他异常声音；三相电流平衡，其差值在允许范围内；切换检查三相电压指示平衡	

4.2.3 电抗器

4.2.3.1 适用范围

本节适用于6～10kV电抗器，规定了天然气处理厂电抗器检修准备工作、检修内容和验收质量标准。

4.2.3.2 编写依据

（1）GB 50150《电气装置安装工程 电气设备交接试验标准》。

（2）DL/T 596《电力设备预防性试验规程》。

（3）DL/T 5759《配电系统电气装置安装工程施工及验收规范》。

（4）电抗器制造厂的安装使用说明书。

4.2.3.3 检修准备

（1）根据设备状况，确定检修内容，对检修过程中的风险进行辨识，编制检修计划、进度和方案。

（2）组织有关检修人员，进行技术交底，讨论完善检修方案，明确检修任务和检修质量标准。

（3）备齐检修所用设备、材料、工器具、备品配件和文明、安全检修所用物品。

（4）落实安全防护措施，根据需要办好工作票及有关作业许可证等。

4.2.3.4 检修内容

（1）清扫支持绝缘子、混凝土支柱和线圈，检查支持绝缘子的接地情况。

（2）检查各部件受力是否均匀，有无变形损坏，垂直安装的电抗器应检查各相中心线是否一致。

（3）检查紧固各部螺栓。

（4）检查各部防腐情况。

（5）检查清扫风道。

（6）修复或更换损坏部件。

4.2.3.5 验收标准

4.2.3.5.1 质量标准

（1）支持绝缘子表面应光滑平整，无破损裂纹，附件齐全，绝缘电阻符合要求，接地良好，支持绝缘子的接地线不应构成闭合环路。

（2）混凝土支柱无严重损伤、破裂，当表面裂纹长度不超过柱子径向尺寸的1/3，且其宽度不超过 0.5mm 时，可予以填补处理，并在其表面涂以防潮绝缘漆；混凝土支柱表面漆层损坏脱落处，也应补涂防潮绝缘漆，涂漆后均应进行烘干处理。

（3）线圈应无变形，绝缘良好，无受潮老化现象。

（4）各部螺栓齐全紧固，接头无过热现象。

（5）各部油漆完整，无缺损变色现象。

（6）风道清洁畅通，周围无杂物。

4.2.3.5.2 试验

电抗器试验项目与标准，见表 4.22。

表 4.22　电抗器试验项目与标准

序号	试验项目		试验标准								
1	测量支持绝缘子的绝缘电阻		用2500V（或1000V）兆欧表，不应低于300MΩ								
2	主绝缘的交流耐压试验	额定电压（kV）	3	6	10	15	20	35	44	60	110	220
		试验电压（kV）	24	32	42	55	65	95	105	155	250	470
3	测量线圈对固定螺栓的绝缘电阻		用2500V（或1000V）兆欧表，绝缘电阻不小于1MΩ								

4.2.3.5.3 试运行

（1）试运前应进行下列检查：外观清洁，完整无缺损；支持绝缘子接地良好；线圈无变形，绝缘良好；螺栓齐全紧固；油漆完整无变色。

（2）试运行时应进行下列检查：支持绝缘子，线圈对固定螺栓无放电；引线接头无发热现象。

4.2.3.6 质量验收表

电抗器质量验收表见表 4.23。

表 4.23　电抗器质量验收表

检修内容		验收标准	备注
电容器外部清扫检查	清扫支持绝缘子、混凝土支柱和线圈，检查支持绝缘子的接地情况	（1）支持绝缘子表面应光滑平整，无破损裂纹，附件齐全，绝缘电阻符合要求，接地良好，支持绝缘子的接地线不应构成闭合环路。 （2）线圈无变形，绝缘良好，无受潮老化现象。 （3）混凝土支柱无严重损伤、破裂，当表面裂纹长度不超过柱子径向尺寸的1/3，且其宽度不超过0.5mm时，可予以填补处理，在其表面涂以防潮绝缘漆；混凝土支柱表面漆层损坏脱落处，也应补涂防潮绝缘漆，涂漆后均应进行烘干处理	
电容器外部清扫检查	检查各部件受力是否均匀，有无变形损坏，垂直安装的电抗器应检查各相中心线是否一致	各部件受力均匀，无变形损坏，垂直安装的电抗器应各相中心线一致	
	检查紧固各部螺栓	各部螺栓齐全紧固，接头无过热现象	
	检查各部防腐情况	各部油漆完整，无缺损变色现象	
	检查清扫风道	风道清洁畅通，周围无杂物	
	修复或更换损坏部件	按照电抗器制造厂家要求及现场实际	

续表

检修内容	验收标准	备注
试验	参照表4.22试验项目及标准	
试运行	（1）试运前应进行下列检查：外观清洁，完整无缺损；支持绝缘子接地良好；线圈无变形，绝缘良好；螺栓齐全紧固；油漆完整无变色。 （2）试运行时应进行下列检查：支持绝缘子、线圈对固定螺栓无放电；引线接头无发热现象	

4.2.4 高压真空断路器

4.2.4.1 适用范围

本节适用于 6～110kV 高压真空断路器，规定了天然气处理厂高压真空断路器检修准备工作、检修内容和验收质量标准。

4.2.4.2 编写依据

（1）GB 50150《电气装置安装工程 电气设备交接试验标准》。
（2）DL/T 403《高压交流真空断路器》。
（3）DL/T 596《电力设备预防性试验规程》。
（4）高压真空断路器制造厂的安装使用说明书。

4.2.4.3 检修准备

（1）根据设备状况，确定检修内容，编制检修计划、进度和方案。
（2）组织好检修人员，进行技术交底，完善检修方案，明确检修任务。
（3）备好检修用设备、材料、工器具、备品备件及文明、安全检修所用物品。
（4）做好安全防护措施，办理有关安全工作票证等。

4.2.4.4 检修内容

（1）清扫各部件，检查、紧固各部件螺栓。
（2）检查支持绝缘子、绝缘拉杆、压敏电阻和接地线。
（3）检查真空灭弧室及其导电连接。
（4）检查调整操动机构。
（5）检查辅助开关、微动开关和二次回路。
（6）断路器的预防性试验。
（7）过电压吸收装置的预防性试验。
（8）真空灭弧室的真空度检查。
（9）真空灭弧室触头消耗程度的检查。
（10）继电保护联动试验。

4.2.4.5 验收标准

（1）清扫各部件，检查、紧固各部件螺栓。
①各部件应无油污、无锈蚀、无变形及严重磨损痕迹；

②各紧固螺栓、垫片、弹簧垫圈齐全，弹簧垫圈压紧压平，开口销子开口良好，挡卡应无脱落。

（2）检查支持绝缘子、绝缘拉杆、压敏电阻和接地线。

①绝缘子、绝缘拉杆、压敏电阻表面应清洁、无油污；

②绝缘子、绝缘拉杆、压敏电阻无损伤，无放电现象；

③接地良好。

（3）检查真空灭弧室及其导电连接。

①真空灭弧室无损伤，表面应清洁、无灰尘、无油污，抽真空封口的保护帽应完整无松动脱落现象；

②灭弧室导向套的装配应保证动导电杆和静导电杆的同轴度要求；

③真空灭弧室上、下导电板连接时，不应产生过大的应力，以防灭弧室所受应力过大而破损；

④真空灭弧室导电杆与导电夹的连接应紧密，导电夹紧固后应保证其一侧有不小于1mm的间隙；

⑤软连接表面齐整、无毛刺，表面缝隙无污垢，断裂根数不能超过总根数的5%，且断裂处应用焊锡焊牢；

⑥各导电连接面均涂上中性凡士林或导电膏；

⑦所有导电连接处不应有过热现象。

（4）检查调整操动机构。

①各部件应无变形、磨损现象；弹簧无锈蚀、裂纹、断裂及弹力不足等不良情况；连接传动件的轴孔配合良好，转动灵活并均加上润滑油（脂）；

②分、合闸线圈铜套应清洁无油污、无变形现象，分、合闸电磁铁的铁心动作灵活无卡涩现象；

③分、合闸铁心推（拉）杆的伸出长度及分合闸限位螺钉等应调整正确，符合制造厂规定；

④各部调整间隙均应符合制造厂规定；

⑤油缓冲器动作应灵活、无卡阻现象、无渗漏油现象；

⑥操动机构组装完毕应进行分合闸试验，做到连续电动分、合闸10次无误动，无拒动，合闸过程中无空合、跳跃现象后方可进行组装真空灭弧室的工作。

（5）检查辅助开关、微动开关和二次回路。

①辅助开关和微动开关弹簧无锈蚀、断裂及弹力不足等现象；接点无污垢，无严重烧伤，接触良好可靠；

②辅助开关、微动开关应能可靠切换电路，转动灵活，无卡阻现象；

③二次回路接线螺栓应紧固无氧化、锈蚀；

④二次插头座无变形、烧损，插头接触良好、可靠；

⑤二次回路绝缘电阻不小于1MΩ（用500V或1000V兆欧表）。

（6）断路器的预防性试验应符合DL/T 596《电力设备预防性试验规程》中有关规定。

（7）过电压吸收装置的预防性试验。

①压敏电阻的预防性试验应符合 DL/T 596《电力设备预防性试验规程》中有关规定；
②阻容吸收装置的测试应符合制造厂的规定。

（8）真空灭弧室的真空度检查：12kV 真空灭弧室动静触头开距达到制造厂规定值，在断口间施加 42kV 工频电压 1min 应无闪络和击穿现象（无专用仪器时可用在真空灭弧室断口间施加工频电压的方法代替）。

（9）真空灭弧室触头消耗程度的检查：超行程应符合制造厂规定，当超行程累计减少值超过制造厂规定时应更换真空灭弧室。

（10）继电保护联动试验：继电保护动作时，断路器动作正常，无误动、拒动等现象。

4.2.4.6 质量验收表

高压真空断路器质量验收表见表 4.24。

表 4.24 高压真空断路器质量验收表

检修内容	验收标准	备注
清扫各部件，检查、紧固各部件螺栓	（1）各部件应无油污、无锈蚀、无变形及严重磨损痕迹。 （2）各紧固螺栓、垫片、弹簧垫圈齐全，弹簧垫圈压紧压平，开口锴子开口良好，挡卡应无脱落	
检查支持绝缘子、绝缘拉杆、压敏电阻和接地线	（1）绝缘子、绝缘拉杆、压敏电阻表面应清洁、无油污。 （2）绝缘子、绝缘拉杆、压敏电阻无损伤，无放电现象。 （3）接地良好	
检查真空灭弧室及其导电连接	（1）真空灭弧室无损伤，表面应清洁、无灰尘、无油污，抽真空封口的保护帽应完整无松动脱落现象。 （2）灭弧室导向套的装配应保证动导电杆和静导电杆的同轴度要求。 （3）真空灭弧室上、下导电板连接时，不应产生过大的应力，以防灭弧室所受应力过大而破损。 （4）真空灭弧室导电杆与导电夹的连接应紧密，导电夹紧固后应保证其一侧有不小于 1mm 的间隙。 （5）软连接表面齐整、无毛刺，表面缝隙无污垢，断裂根数不能超过总根数的 5%，且断裂处应用焊锡焊牢。 （6）各导电连接面均涂上中性凡士林或导电膏。 （7）所有导电连接处不应有过热现象	
检查调整操动机构	（1）各部件应无变形、磨损现象；弹簧无锈蚀、裂纹、断裂及弹力不足等不良情况；连接传动件的轴孔配合良好，转动灵活并均加上润滑油（脂）。 （2）分、合闸线圈铜套应清洁无油污、无变形现象，分、合闸电磁铁的铁心动作灵活无卡涩现象。 （3）分、合闸铁心推（拉）杆的伸出长度及分合闸限位螺钉等应调整正确，符合制造厂规定。 （4）各部调整间隙均应符合制造厂规定。 （5）油缓冲器动作应灵活、无卡阻现象、无渗漏油现象。 （6）操动机构组装完毕应进行分合闸试验，做到连续电动分、合闸 10 次无误动，无拒动，合闸过程中无空合、跳跃现象后方可进行组装真空灭弧室的工作断路器的预防性试验	

续表

检修内容	验收标准	备注
检查辅助开关、微动开关和二次回路	（1）辅助开关和微动开关弹簧无锈蚀、断裂及弹力不足等现象；接点无污垢，无严重烧伤，接触良好可靠。 （2）辅助开关、微动开关应能可靠切换电路，转动灵活，无卡阻现象。 （3）二次回路接线螺栓应紧固无氧化、锈蚀。 （4）二次插头座无变形、烧损，插头接触良好、可靠。 （5）二次回路绝缘电阻不小于1MΩ（用500V或1000V兆欧表）	
过电压吸收装置的预防性试验	应符合DL/T 596《电力设备预防性试验规程》中有关规定	
过电压吸收装置的预防性试验	（1）压敏电阻的预防性试验应符合DL/T 596《电力设备预防性试验规程》中有关规定。 （2）阻容吸收装置的测试应符合制造厂的规定	
真空灭弧室的真空度检查	12kV真空灭弧室动静触头开距达到制造厂规定值，在断口间施加42kV工频电压1min应无闪络和击穿现象（无专用仪器时可用在真空灭弧室断口间施加工频电压的方法代替）	
真空灭弧室触头消耗程度的检查	超行程应符合制造厂规定。当超行程累计减少值超过制造厂规定时应更换真空灭弧室	
继电保护联动试验	继电保护动作时，断路器动作正常，无误动、拒动等现象	

4.2.5 SF_6断路器

4.2.5.1 适用范围

本节适用于厂6～110kV SF_6断路器，规定了天然气处理厂SF_6断路器检修准备工作、检修内容和验收质量标准。

4.2.5.2 编写依据

（1）GB 50150《电气装置安装工程 电气设备交接试验标准》。
（2）DL/T 596《电力设备预防性试验规程》。
（3）DL/T 739《LW-10型六氟化硫检修工艺规程》。
（4）SF_6断路器制造厂的安装使用说明书。

4.2.5.3 检修准备

（1）根据设备状况，确定检修内容，编制检修计划、进度和方案。
（2）组织好检修人员，进行技术交底，完善检修方案，明确检修任务。
（3）备好检修用设备、材料、工器具、备品备件及文明、安全检修所用物品。
（4）做好安全防护措施，办理有关安全工作票证等。

4.2.5.4 检修内容

4.2.5.4.1 清扫及外观检查

（1）检查断路器瓷件表面并清洗。
（2）检查断路器各部件腐蚀情况，若有腐蚀需补漆；若紧固件有腐蚀，需更换。

4.2.5.4.2 机构及附件检查
（1）检查各紧固件是否松动。
（2）对操动机构进行详细维护检查，处理漏油、漏气或某些缺陷，更换某些零部件。
（3）检查维修辅助开关。
（4）检查或校验压力表、压力开关、密度继电器或密度压力表是否合格。
（5）检查传动部位及齿轮等的磨损情况，对转动部件添加润滑剂。
（6）检查接地装置。

4.2.5.4.3 性能测试
（1）检查断路器的最低动作压力与动作电压试验。
（2）进行绝缘电阻、回路电阻测量。
（3）检查一次线端板是否有过热变色现象，若有需处理。
（4）检查二次接线是否牢固，电气指令是否能可靠执行。
（5）补充SF_6及进行SF_6水分测量（必要时）。
（6）检查"五防"[防止误分、合断路器；防止带负荷分、合隔离开关；防止带电挂（合）接地线（接地开关）；防止带地线送电；防止误入带电间隔]性能。

4.2.5.4.4 解体检修
（1）吸附干燥及更换。
（2）检查灭弧室密封，更换密封环。
（3）更换部分磨损的零件。
（4）检查绝缘拉杆、导电杆及导电接触面。
（5）更换不合格的绝缘件。
（6）清扫SF_6气室里的金属微粒粉末，清除SF_6的分解物。

4.2.5.5 验收标准
4.2.5.5.1 清扫及外观检查
（1）瓷件表面无污物、无尘；瓷面光洁、无破裂，无放电闪络痕迹。
（2）各部件完好无腐蚀。

4.2.5.5.2 机构及附件检查
（1）应紧固牢靠。
（2）手动和电动分、合闸正常，无卡涩、操动机构动作灵活、可靠；各连接部件无漏油、无漏气、液压油油位或氮气罐压力及弹簧储能指示正常。
（3）开关和接点动作灵活准确，接触良好。
（4）符合制造厂规定，压力开关动作可靠，表计校验合格。
（5）润滑良好，无锈蚀，传动时无杂音，转动灵活。
（6）连接良好，接地电阻不大于4Ω。

4.2.5.5.3 性能测试
（1）按制造厂规定操动机构分、合闸电磁铁或合闸接触器端子上的最低动作电压应在操作电压额定值的30%~65%之间。

（2）在使用电磁机构时，合闸电磁铁线圈通流时的端电压为操作电压额定值的80%（关合电流峰值大于及等于50kA时为85%）时应可靠动作。

（3）绝缘电阻、回路电阻符合制造厂家规定。

（4）一次线端板无过热氧化现象，导电良好。

（5）二次接线牢固，各电器元件动作可靠，信号正确无误。

（6）SF_6质量检测合格，符合国家标准规定或制造厂要求。

（7）"五防"联锁机构、制动机构、固定机构可靠无误。

4.2.5.5.4 解体检修

（1）吸附剂的种类、用量及质量符合制造厂规定。

（2）密封槽面不能有划痕，密封槽及法兰平面不能生锈；密封槽面的修磨应符合制造厂要求；密封环的放置和密封脂的使用应正确。

（3）更换的零部件装配正确，符合制造厂技术标准。

（4）应无变形，无锈蚀，光滑。无严重磨损，动作灵活。导电杆行程调整在规定范围内，导电接触面重新镀银或刷镀锡。

（5）各绝缘子无受力变形、无裂纹；主回路和低压回路的绝缘电阻合格。

（6）将灭弧室里的金属部件和绝缘部件清扫干净，SF_6质量合格。

4.2.5.5.5 试验

断路器的试验符合表4.25试验标准。SF_6的湿度以及气体的其他检测项目见表4.26。

表4.25 断路器的试验项目与标准

序号	项目	标准	说明
1	SF_6的湿度以及气体的其他检测项目	见表4.26	
2	SF_6泄漏	年漏气率不大于1%或按制造厂要求	
3	辅助回路和控制回路绝缘电阻	绝缘电阻不低于1MΩ	用1000V兆欧表
4	耐压试验	交流耐压或操作冲击耐压的试验电压按出厂试验电压值的80%	试验应在SF_6额定压力下进行
5	辅助回路和控制回路的交流耐压	试验电压为1kV	可用2500V兆欧表代替 耐压试验后的绝缘电阻值不应降低
6	断口间并联电容器的绝缘电阻、电容量和tanδ	（1）瓷柱式断路器，与断口同时测量，测得的电容值和tanδ与原始值比较，应无明显变化。 （2）罐式断路器按制造厂规定	（1）交接、系统性检修时，对瓷柱式应测量电容器和断口并联后的整体电容值和tanδ，作为该设备的原始数据。 （2）对罐式断路器必要时进行试验，试验方法按制造厂规定
7	合闸电阻值和合闸电阻的投入时间	（1）除制造厂另有规定外，阻值变化允许范围不得大于±5%。 （2）合闸电阻的提前投入时间按制造厂规定校核	罐式断路器的合闸电阻布置在罐体内部，只在解体系统性检修时测量
8	断路器的速度特性	测量方法和测量结果符合制造厂规定	制造厂有要求时测

续表

序号	项目	标准	说明
9	断路器的时间特性	（1）断路器的合、分闸时间，主、辅触头的配合时间应符合制造厂规定。 （2）除制造厂另有规定外，断路器的合、分闸同期性应满足下列要求：相间合闸不同期不大于5ms；相间分闸不同期不大于3ms；同相各断口间合闸不同期不大于3ms；同相各断口间分闸不同期不大于2ms	
10	分、合闸电磁铁的动作电压	（1）断路器可靠动作时操作机构的最低动作电压应在操作电压额定值的0.30~0.65之间。 （2）在使用电磁机构时，合闸电磁铁线圈的端电压为操作电压额定值的80%（关合电流峰值大于及等于50kA时为85%）时应可靠动作	采用突然加压法
11	导电回路电阻	（1）交接时的回路电阻值应符合制造厂规定。 （2）运行中，敞开式断路器的回路电阻值不大于交接试验值的120%	如用直流压降法测量，电流不小于100A
12	测量分、合闸线圈的直流电阻及绝缘电阻	（1）直流电阻应符合制造厂规定。 （2）绝缘电阻不小于1MΩ	用1000V兆欧表
13	SF$_6$密度继电器检查及压力表校验	应符合制造厂规定	
14	机构压力表校验（或调整），机构操作压力（气压、液压）整定值校验，机械安全阀校验	按制造厂规定	对气动机构应校验各级气阀的整定值（减压阀及机械安全阀）
15	操动机构在分闸、合闸及重合闸下的操作压力（气压，液压）下降值	应符合制造厂规定	
16	液（气）压操动机构的泄漏试验	按制造厂规定	
17	油（气）泵补压及零起打压的运转时间	应符合制造厂规定	
18	液压机构及采用差压原理的气动机构的防失压慢分试验	按制造厂规定	
19	闭锁、防跳跃及防止非全相合闸等辅助控制装置的动作性能	按制造厂规定	

表4.26　SF$_6$试验项目与标准

序号	项目	要求	说明
1	湿度（μL/L）20℃	（1）断路器灭弧室：大修后不大于150，运行中不大于300。 （2）其他隔室：大修后不大于250，运行后不大于500	（1）按GB5832.1《气体分析 微量水分的测定 第1部分：电解法》、GB5832.2《气体分析 微量水分的测定 第2部分：露点法》、DL/T506《六氟化硫电气设备中绝缘气体湿度测量方法》进行。 （2）新装及大修后1年内复测湿度，不符合要求则应按实际情况增加检测次数

续表

序号	项目	要求	说明
2	密度（kg/m³）（标准状况）	6.16	按SD 308《六氟化硫新气密度测定法》进行
3	毒性	无毒	按GB/T 12022《工业六氟化硫》进行
4	酸度（μg/g）	≤0.3	按GB/T 12022《工业六氟化硫》进行
5	空气（m/m）	≤0.05%	按GB/T 12022《工业六氟化硫》进行
6	可水解氟化物（μg/g）	≤1.0	按GB/T 12022《工业六氟化硫》进行
7	矿物油（μg/g）	≤10	按GB/T 12022《工业六氟化硫》进行
8	电弧分解物	待定	

4.2.5.6 质量验收表

SF_6断路器质量验收表见表4.27。

表 4.27　SF_6断路器质量验收表

检修内容		验收标准	备注
清扫及外观检查	检查断路器瓷件表面并清洗	瓷件表面无污物、无尘；瓷面光洁、无破裂，无放电闪络痕迹	
	检查断路器各部件腐蚀情况，若有腐蚀需补漆；若紧固件有腐蚀，需更换	各部件完好无腐蚀	
机构及附件检查	检查各紧固件是否松动	紧固件应紧固牢靠	
	对操动机构进行详细维护检查，处理漏油、漏气或某些缺陷，更换某些零部件	手动和电动分、合闸正常，无卡涩，操动机构动作灵活、可靠；各连接部件无漏油、无漏气，液压油油位或氮气罐压力及弹簧储能指示正常	
	检查维修辅助开关	开关和接点动作灵活准确，接触良好	
	检查或校验压力表、压力开关、密度继电器或密度压力表是否合格	符合制造厂规定，压力开关动作可靠，表计校验合格	
	检查传动部位及齿轮等的磨损情况，对转动部件添加润滑剂	润滑良好，无锈蚀，传动时无杂音，转动灵活	
	检查接地装置	连接良好，接地电阻不大于4Ω	
性能测试	检查断路器的最低动作压力与动作电压试验	（1）按制造厂规定操动机构分、合闸电磁铁或合闸接触器端子上的最低动作电压应在操作电压额定值的30%～65%之间。 （2）在使用电磁机构时，合闸电磁铁线圈通流时的端电压为操作电压额定值的80%（关合电流峰值大于及等于50kA时为85%）时应可靠动作	
	进行绝缘电阻、回路电阻测量	绝缘电阻、回路电阻符合制造厂家规定	
性能测试	检查一次线端板是否有过热变色现象，若有需处理	一次线端板无过热氧化现象，导电良好	
	检查二次接线是否牢固，电气指令是否能可靠执行	二次接线牢固，各电器元件动作可靠，信号正确无误	
	补充SF_6及进行SF_6水分测量（必要时）	SF_6质量检测合格，符合国家标准规定或制造厂要求	
	检查"五防"性能	"五防"联锁机构、制动机构、固定机构可靠无误	

续表

检修内容		验收标准	备注
解体检修	吸附干燥及更换	吸附剂的种类、用量及质量符合制造厂规定	
	检查灭弧室密封，更换密封环	密封槽面不能有划痕，密封槽及法兰平面不能生锈；密封槽面的修磨应符合制造厂要求；密封环的放置和密封脂的使用应正确	
	更换部分磨损的零件	更换的零部件装配正确，符合制造厂技术标准	
	检查绝缘拉杆、导电杆及导电接触面	应无变形，无锈蚀，光滑。无严重磨损，动作灵活。导电杆行程调整在规定范围内，导电接触面重新镀银或刷镀锡	
	更换不合格的绝缘件	各绝缘子无受力变形、无裂纹；主回路和低压回路的绝缘电阻合格	
	清扫SF_6气室里的金属微粒粉末，清除SF_6的分解物	将灭弧室里的金属部件和绝缘部件清扫干净，SF_6质量合格	
	试验	符合表4.25试验标准	

4.2.6 高压负荷开关

4.2.6.1 适用范围

本节适用于6～35kV高压负荷开关，规定了天然气处理厂高压负荷开关检修准备工作、检修内容和质量标准。

4.2.6.2 编写依据

（1）GB 50150《电气装置安装工程 电气设备交接试验标准》。
（2）DL/T 596《电力设备预防性试验规程》。
（3）DL/T 5759《配电系统电气装置安装工程施工及验收规范》。
（4）高压负荷开关制造厂的安装使用说明书。

4.2.6.3 检修准备

（1）根据设备状况，确定检修内容，编制检修计划、进度和方案。
（2）组织好检修人员，进行技术交底，完善检修方案，明确检修任务。
（3）备好检修用设备、材料、工器具、备品备件及文明、安全检修所用物品。
（4）做好安全防护措施，办理好工作票、动火票等。

4.2.6.4 检修内容

（1）清扫负荷开关所有部件上的灰尘、污物。
（2）检修瓷质部分。
（3）检修接触部分。
（4）检修机构及转动部分。
（5）检修灭弧装置。
（6）检修后的调整试验。

（7）金属构架除锈防腐。

4.2.6.5 验收标准

4.2.6.5.1 质量标准

（1）负荷开关的所有部件，均应清洁无灰尘、油污。

（2）仔细检查各种绝缘件，应无损伤、裂纹、断裂、老化及放电痕迹。

（3）检查触头烧伤情况，对烧伤表面可用细锉修整，然后涂导电膏或中性凡士林，注油负荷开关要测接触电阻。

（4）检修后三相触头接触时，其同期误差应符合产品的技术要求，动刀片插入静触座的深度不应小于刀宽度的90%。

（5）调整灭弧触头位置，使其与喷嘴之间不应有过分摩擦。

（6）检修调整触头断开顺序，使灭弧触头的接触要先于主触头，分开时其顺序相反。

（7）清洗导电部分旧油脂，涂以导电膏或中性凡士林，触头接触紧密，两侧压力均匀。

（8）机构和传动部分检修后应达到下列要求：所有传动机构应转动灵活，无卡涩现象，并涂以适合当地气候条件的润滑脂；传动部分的定位螺钉应调整适当，并加以固定，防止传动装置的拐臂越过死点；负荷开关的传动拉杆及保护环应完好；操动机构检修后，应进行不少于3～5次的合闸试验，刀片与触座的接触应良好。

（9）灭弧筒内产生气体的有机绝缘物，应完整无裂纹；灭弧触头与灭弧筒的间隙应符合产品的技术规定。

（10）合闸时，固定主触头应可靠地与主刀刃接触，分闸时，三相灭弧刀刃应同时跳离灭弧触头。

（11）检修调整负荷开关合闸后触头间的相对位置，备用行程及拉杆角度，应符合产品的技术规定。

（12）开关的辅助切换接点应牢固，动作准确，接触良好。

（13）检修完毕后，应进行速度试验，其刚分速度和刚合速度应符合产品的技术要求。

（14）负荷开关的金属构架应防腐良好，接地可靠。

4.2.6.5.2 试验

试验项目与标准，参照国家电力行业标准DL/T 596《电力设备预防性试验规程》的有关规定执行。

4.2.6.6 质量验收表

高压负荷开关质量验收表见表4.28。

表4.28 高压负荷开关质量验收表

检修内容	验收标准	备注
清扫负荷开关所有部件上的灰尘、污物	负荷开关的所有部件，均应清洁无灰尘、油污	
检修瓷质部分	仔细检查各种绝缘件，应无损伤、裂纹、断裂、老化及放电痕迹	

续表

检修内容	验收标准	备注
检修接触部分	（1）检查触头烧伤情况，对烧伤表面可用细锉修整，然后涂导电膏或中性凡士林，注油负荷开关要测接触电阻。 （2）检修后三相触头接触时，其同期误差应符合产品的技术要求，动刀片插入静触座的深度不应小于刀宽度的90%。 （3）调整灭弧触头位置，使其与喷嘴之间不应有过分摩擦。 （4）检修调整触头断开顺序，使灭弧触头的接触要先于主触头，分开时其顺序相反。 （5）清洗导电部分旧油脂，涂以导电膏或中性凡士林，触头接触紧密，两侧压力均匀。 （6）合闸时，固定主触头应可靠地与主刀刃接触。 （7）分闸时，三相灭弧刀刃应同时跳离灭弧触头	
检修机构及转动部分	（1）所有传动机构应转动灵活，无卡涩现象，并涂以适合当地气候条件的润滑脂； （2）传动部分的定位螺钉应调整适当，并加以固定，防止传动装置的拐臂越过死点； （3）负荷开关的传动拉杆及保护环应完好； （4）操动机构检修后，应进行不少于3~5次的合闸试验，刀片与触座的接触应良好	
检修灭弧装置	灭弧筒内产生气体的有机绝缘物，应完整无裂纹；灭弧触头与灭弧筒的间隙应符合产品的技术规定	
金属构架除锈防腐	负荷开关的金属构架应防腐良好，接地可靠	
检修后的调整试验	（1）检修调整负荷开关合闸后触头间的相对位置，备用行程及拉杆角度，应符合产品的技术规定。 （2）开关的辅助切换接点应牢固，动作准确，接触良好。 （3）检修完毕后，应进行速度试验，其刚分速度和刚合速度应符合产品的技术要求	
试验	试验项目与标准，参照DL/T 596《电力设备预防性试验规程》的有关规定执行	

4.2.7 高压隔离开关

4.2.7.1 适用范围

本节适用于6~110kV高压隔离开关，规定了天然气处理厂高压隔离开关检修准备工作、检修内容和质量标准。

4.2.7.2 编写依据

（1）GB 50150《电气装置安装工程 电气设备交接试验标准》。
（2）DL/T 596《电力设备预防性试验规程》。
（3）DL/T 5759《配电系统电气装置安装工程施工及验收规范》。
（4）高压隔离开关制造厂的安装使用说明书。

4.2.7.3 检修准备

（1）根据设备状况，确定检修内容，编制检修计划、进度和方案。
（2）组织好检修人员，进行技术交底，完善检修方案，明确检修任务。
（3）备好检修用设备、材料、工器具、备品备件及文明、安全检修所用物品。
（4）做好安全防护措施，办理好工作票、动火票等。

4.2.7.4 检修内容

（1）清扫灰尘、污物。

（2）检查修理瓷质部分。

（3）检修接触部分。

（4）检修操作和传动机构。

（5）检修各种附件。

（6）检修后的调整试验。

（7）金属构架除锈防腐。

4.2.7.5　验收标准

4.2.7.5.1　质量标准

（1）清扫各部灰尘、污物，使其清洁无杂物。

（2）检修各支持、传动瓷件，应完整无裂纹，无放电痕迹，瓷铁黏合牢固。

（3）检修隔离开关的接触部分，应符合下列标准：

①以 0.05mm×10mm 塞尺检查，对于线接触应塞不进去，对于面接触，其塞入深度在接触面宽度为 56mm 及以下时，不应超过 4mm，接触面宽度为 63mm 及以上时，不应超过 6mm，触头间两侧的压力应均匀。调节固定座的位置，使动触头刀片刚好插入刀口，动触片插入静触座的深度不应小于刀片宽度的 90%，动触片与动触头固定的底部要保持 4~6mm 的间隙。

②接触表面应平整、光洁，无氧化膜，并涂一层导电膏或中性凡士林，载流部分的可挠连接不得有折损、锈蚀、凹陷等缺陷。刀口的压簧应无失效、锈蚀现象。

③隔离开关的各支柱绝缘子的连接应牢固，触头相互对准，接触良好。

（4）检修后的传动装置应满足下列要求：

①隔离开关的操作拉杆及保护环应完好。

②拉杆应校直，其与带电部分的距离应符合规定，当不符合时允许弯曲，但应弯成与原拉杆平行。

③定位螺钉应调整适当，并加以固定，防止转动装置拐臂越过死点。

④所有转动部分应涂以适合当地气候条件的润滑油脂。

⑤接地刀刃转轴上的扭力弹簧，应调整至操作力矩最小，并打入圆锥销加以固定；其操作把手应涂以黑色油漆。

⑥延长轴、轴承、联轴器、中间轴轴承及拐臂等传动部件，其位置应正确，固定牢靠，传动齿轮咬合准确，操作轻便灵活。

（5）检修后整组隔离开关应符合下列标准要求：

①隔离开关的相间连杆应在同一水平线上。

②各相支柱绝缘子应垂直于底座平面（"V"形隔离开关除外），且连接牢固，同一绝缘子柱的各绝缘子中心线应在同一垂直面内。

③隔离开关的各支柱绝缘子的连接应牢固，触头相互对准，接触良好。

（6）隔离开关检修调整后，应符合下列要求：

①当拉杆式手动操作机构的手柄位于上部或左端的极限位置时，或蜗轮杆式机构的手柄位于顺时针方向旋转的极限位置时，应是隔离开关的合闸位置。

②隔离开关合闸后，触头间的相对位置、备用行程以及分闸状态时触头间的净距或拉杆角度，应符合产品的技术规定。

③具有灭弧触头的隔离开关，由分到合时，灭弧触头应先于主触头接触，从合到分时，顺序相反。

④三相联动的隔离开关，其三相同期误差，应符合产品的技术规定。

⑤隔离开关的闭锁位置，应动作灵活，准确可靠，带有接地刀刃的隔离开关，接地刀刃与主触头的机械闭锁应准确可靠。

⑥隔离开关的（连动）辅助接点（触头）应牢固、动作准确，接触良好。

⑦户外隔离开关的金属构件应无锈蚀；带熔断器的刀开关，槽形导轨必须垂直，无积垢，使操作灵活。

⑧具有电动、气动操作机构的隔离刀闸，其操作用电动机、气动阀及电动、气动回路应运行可靠。

⑨隔离开关的非导电金属部分接地应完好。隔离开关的固定零件均应镀锌，并齐全牢固。

（7）隔离开关的固定零件均应镀锌，并齐全牢固。户外隔离开关的金属构件应无锈蚀。

4.2.7.5.2 试验

试验项目与标准，参照 DL/T 596《电力设备预防性试验规程》的有关规定执行。

4.2.7.6 质量验收表

高压隔离开关质量验收表见表 4.29。

表 4.29 高压隔离开关质量验收表

检修内容	验收标准	备注
清扫灰尘、污物	清扫各部灰尘、污物，使其清洁无杂物	
检查修理瓷质部分	检修各支持、传动瓷件，应完整无裂纹，无放电痕迹，瓷铁黏合牢固	
检修接触部分	（1）以0.05mm×10mm塞尺检查，对于线接触应塞不进去，对于面接触，其塞入深度在接触面宽度为56mm及以下时，不应超过4mm，接触面宽度为63mm及以上时，不应超过6mm，触头间两侧的压力应均匀。调节固定座的位置，使动触头刀片刚好插入刀口，动触片插入静触座的深度不应小于刀片宽度的90%，动触片与动触头固定的底部要保持4～6mm的间隙。 （2）接触表面应平整、光洁，无氧化膜，并涂一层导电膏或中性凡士林，载流部分的可挠连接不得有折损、锈蚀、凹陷等缺陷。 （3）隔离开关的各支柱绝缘子的连接应牢固，触头相互对准，接触良好	
检修操作和传动机构	（1）隔离开关的操作拉杆及保护环应完好。 （2）拉杆应校直，其与带电部分的距离应符合规定，当不符合时允许弯曲，但应弯成与原拉杆平行。 （3）定位螺钉应调整适当，并加以固定，防止转动装置拐臂越过死点；所有转动部分应涂以适合当地气候条件的润滑油脂。 （4）接地刀刃转轴上的扭力弹簧，应调整至操作力矩最小，并打入圆锥销加以固定。 （5）其操作把手应涂以黑色油漆。 （6）延长轴、轴承、联轴器、中间轴轴承及拐臂等传动部件，其位置应正确，固定牢靠，传动齿轮咬合准确，操作轻便灵活	

续表

检修内容	验收标准	备注
检修各种附件	按照高压隔离开关制造厂家要求	
金属构架除锈防腐	隔离开关的固定零件均应镀锌,并齐全牢固。户外隔离开关的金属构件应无锈蚀	
整组隔离开关检修	(1)隔离开关的相间连杆应在同一水平线上。 (2)各相支柱绝缘子应垂直于底座平面("V"形隔离开关除外),且连接牢固,同一绝缘子柱的各绝缘子中心线应在同一垂直面内。 (3)隔离开关的各支柱绝缘子的连接应牢固,触头相互对准,接触良好	
检修后的调整试验	(1)当拉杆式手动操作机构的手柄位于上部或左端的极限位置时,或蜗轮杆式机构的手柄位于顺时针方向旋转的极限位置时,应是隔离开关的合闸位置。 (2)隔离开关合闸后,触头间的相对位置、备用行程以及分闸状态时触头间的净距或拉杆角度,应符合产品的技术规定。 (3)具有灭弧触头的隔离开关,由分到合时,灭弧触头应先于主触头接触,从合到分时,顺序相反。 (4)三相联动的隔离开关,其三相同期误差,应符合产品的技术规定。 (5)隔离开关的闭锁位置,应动作灵活,准确可靠,带有接地刀刃的隔离开关,接地刀刃与主触头的机械闭锁应准确可靠。 (6)隔离开关的(连动)辅助接点(触头)应牢固、动作准确,接触良好。 (7)隔离开关的固定零件均应镀锌,并齐全牢固;户外隔离开关的金属构件应无锈蚀。 (8)带熔断器的刀开关,槽形导轨必须垂直,无积垢,使操作灵活。 (9)具有电动、气动操作机构的隔离刀闸,其操作用电动机、气动阀及电动、气动回路应运行可靠。 (10)隔离开关的非导电金属部分接地应完好	
试验	试验项目与标准,参照DL/T 596《电力设备预防性试验规程》的有关规定执行	

4.2.8 高低压配电柜(含控制、保护盘)

4.2.8.1 适用范围

本节适用于35kV及以下高低压配电柜,规定了天然气处理厂高低压配电柜检修准备工作、检修内容和质量标准。

4.2.8.2 编写依据

(1)GB 50150《电气装置安装工程 电气设备交接试验标准》。
(2)DL/T 596《电力设备预防性试验规程》。
(3)DL/T 5759《配电系统电气装置安装工程施工及验收规范》。
(4)高低压配电柜制造厂的安装使用说明书。

4.2.8.3 检修准备

(1)根据设备状况,确定检修内容,编制检修计划、进度和方案。
(2)组织好检修人员,进行技术交底,完善检修方案,明确检修任务。
(3)备好检修用设备、材料、工器具、备品备件及文明、安全检修所用物品。

（4）做好安全防护措施，办理好工作票、动火票等。

4.2.8.4 检修内容

（1）清扫柜内外设备的灰尘，污物。

（2）检查各接触部位螺栓紧固情况，有无过热、放电痕迹。

（3）检查主回路元器件，继电器，保护模块，测量仪表及二次回路的完好情况。

（4）检查防误联锁装置的性能和动作情况。

（5）检查抽屉式配电柜和手车式配电柜的抽屉，手车动作情况。

（6）检查照明装置的完好情况。

（7）检查接地装置的完好情况。

（8）检查高、低压配电柜内部防火隔离设施的完好情况。

（9）检查高、低压配电柜内各支持绝缘子的完好情况。

（10）修理、更换损坏的零部件。

（11）测量各配电回路和二次回路绝缘情况。

（12）柜内元器件耐压试验。

（13）保护设备整组试验。

4.2.8.5 验收标准

4.2.8.5.1 质量标准

（1）柜内无灰尘，无杂物。

（2）盘、柜本体及盘、柜内设备各部件安装牢固，电气连接部分连接可靠，接触良好。

（3）柜内电器元件的检修按相应标准执行。

（4）电流试验柱及切换压板应接触良好。

（5）信号回路的信号灯、光字牌、电铃、事故蜂鸣器等应显示准确，工作可靠。

（6）表计指示范围应正确、清晰。

（7）手车、抽屉推拉应轻便灵活，无卡阻碰撞现象。

（8）动、静触头中心线应一致，接触紧密良好；手车推入工作位置后，动触头顶部与静触头底部的间隙应符合产品技术要求。

（9）二次回路辅助开关的切换接点应动作准确，接触可靠。

（10）二次回路中的插头、插座应完好无损。

（11）防误闭锁装置应动作正确可靠。

（12）安全隔离板应开启灵活，随手车的进出而相应动作。

（13）手车、抽屉与柜体间的接地触头应接触紧密，当手车、抽屉推入柜内时，其接地触头比主触头先接触，拉出时则相反。

（14）盘、柜的接地应牢固良好，装有电器可开闭的门，应以软导线与接地的金属构架可靠地连接。

（15）柜内照明装置齐全好用。

（16）手车柜内电加热器完好。

（17）端子板应无损坏，固定可靠，绝缘良好。

(18)盘、柜上的各元器件、小母线、端子排等应清晰标明其名称、编号，必要时标明其用途及操作位置。

(19)盘、柜油漆应完整良好。

4.2.8.5.2　试验

试验项目及标准：参照 DL/T 596《电力设备预防性试验规程》的有关规定执行；对防误装置，按系统动作要求进行模拟试验，动作应准确。

4.2.8.6　质量验收表

高低压配电柜质量验收表见表 4.30。

表 4.30　高低压配电柜质量验收表

检修内容	验收标准	备注
清扫柜内外设备的灰尘，污物	柜内无灰尘，无杂物	
检查各接触部位螺栓紧固情况，有无过热、放电痕迹	(1)盘、柜本体及盘、柜内设备各部件安装牢固，电气连接部分连接可靠，接触良好，无过热、放电痕迹。 (2)电流试验柱及切换压板应接触良好	
检查主回路元器件，继电器，保护模块，测量仪表及二次回路的完好情况	(1)信号回路的信号灯、光字牌、电铃、事故蜂鸣器等应显示准确，工作可靠。 (2)表计指示范围应正确、清晰	
检查防误联锁装置的性能和动作情况	防误闭锁装置应动作正确可靠	
检查抽屉式配电柜和手车式配电柜的抽屉，手车动作情况	(1)手车、抽屉推拉应轻便灵活，无卡阻碰撞现象。 (2)动、静触头中心线应一致，接触紧密良好；手车推入工作位置后，动触头顶部与静触头底部的间隙应符合产品技术要求	
检查照明装置的完好情况	(1)柜内照明装置齐全好用。 (2)手车柜内电加热器完好	
检查接地装置的完好情况	盘、柜的接地应牢固良好，装有电器可开闭的门，应以软导线与接地的金属构架可靠地连接	
检查高、低配电柜内部防火隔离设施的完好情况	安全隔离板应开启灵活，随手车的进出而相应动作	
检查高、低压配电柜内各支持绝缘子的完好情况	(1)手车、抽屉与柜体间的接地触头应接触紧密，当手车、抽屉推入柜内时，其接地触头比主触头先接触，拉出时则相反。 (2)端子板应无损坏，固定可靠，绝缘良好	
修理、更换损坏的零部件	柜内电器元件的检修按相应标准执行	
测量各配电回路和二次回路绝缘情况	(1)二次回路辅助开关的切换接点应动作准确，接触可靠。 (2)二次回路中的插头、插座应完好无损	
检查柜体外观及锈蚀情况	(1)盘、柜上的各元器件、小母线、端子排等应清晰标明其名称、编号，必要时标明其用途及操作位置。 (2)盘、柜油漆应完整良好	
柜内元器件耐压试验	按照高低压开关柜制造厂家及 DL/T 596《电力设备预防性试验规程》等要求	
保护设备整组试验	按照高低压开关柜制造厂家及 DL/T 596《电力设备预防性试验规程》等要求	

续表

检修内容	验收标准	备注
试验	试验项目与标准，参照DL/T 596《电力设备预防性试验规程》的有关规定执行；对防误装置，按系统动作要求进行模拟试验，动作应准确	

4.2.9 框架式自动空气开关

4.2.9.1 适用范围

本节适用于1kV以下框架式自动空气开关的维护及检修；规定了天然气处理厂框架式自动空气开关的检修准备工作、检修内容和质量标准。

4.2.9.2 编写依据

（1）GB 50150《电气装置安装工程 电气设备交接试验标准》。

（2）GB/T 14048.2《低压开关设备和控制设备 第2部分：断路器》。

（3）GB 50254《电气装置安装工程 低压电器施工及验收规范》。

（4）DL/T 5161.12《电气装置安装工程质量检验及评定规程 第12部分：低压电器施工质量检验》。

（5）框架式自动空气开关制造厂的安装使用说明书。

4.2.9.3 检修准备

（1）根据设备状况，确定检修内容，编制检修计划、进度和方案。

（2）组织好检修人员，进行技术交底，完善检修方案，明确检修任务。

（3）备好检修用设备、材料、工器具、备品备件及文明、安全检修所用物品。

（4）做好安全防护措施，办理好工作票、动火票等。

4.2.9.4 检修内容

（1）开关及连接件清扫检查。

（2）二次线端子检查紧固。

（3）联锁触头检查。

（4）引线接头检查紧固。

（5）触头及灭弧室检修。

（6）开关操作机构检修。

（7）开关的保护与操作元件检修。

（8）开关各附属零件检修。

（9）开关分、合闸操作试验。

（10）开关绝缘测试。

（11）智能型控制器检查、整定、试验。

4.2.9.5 验收标准

4.2.9.5.1 质量验收

（1）触头及灭弧室的检修，触头检修，见表4.31；灭弧室检修，见表4.32；操作机构的检修，见表 4.33。

表 4.31 触头检修项目

序号	检修工艺	质量标准
1	检查开关各触头的接触面，观察在触头接触面上形成有小的金属粒时，用细锉将其消除	接触面必须保持清洁光滑，打磨后的触头应保持原有形状
2	用0.05mm厚塞尺检查各触头应接触良好，否则应用细锉将凸出部分锉平	触头线接触长度不小于全长的75%
3	检查触头有无严重烧损，若烧损严重则必须更换并进行调整	触头合金厚度被磨损至原厚度1/3时，必须更换
4	用测力计测量各触头接触部分压力。不符合标准则进行调整或更换弹簧	触头压力应符合制造厂家的规定值
5	用手动合闸，检查开关触头闭合和断开情况	合闸时，弧触头先接触，而后是副触头，最后是主触头接触；断开时，次序与合闸时相反
6	检查触头位置及间隙，若不满足要求则应调整相互之间的位置，在调整时应先从主触头开始	此间距应符合制造厂家的规定值
7	检查各触头同期接触的情况	各触头不同期值应符合制造厂家的规定值
8	检查各触头固定是否牢固，连接是否良好	弹簧性能正常，连接铜片紧密，无断裂、断片等不良现象

表 4.32 灭弧室检修项目

序号	检修工艺	质量标准
1	检查灭弧罩	灭弧罩应完整无缺且稳固，板内各片无烧灼、破裂或松动现象
2	检查灭弧室安装情况	灭弧室安装正确，不偏斜。灭弧室应固定牢靠。触头开合时能自由活动，如有卡涩或固定不紧等缺陷时，可调整两侧夹紧钢片

表 4.33 操作机构检修项目

序号	检修工艺	质量标准
1	将操作机构用清洗剂冲洗干净，并消除发现的缺陷，在活动部分加润滑油	机构各部件完整无缺、无磨损、变形等情况
2	检查各弹簧有无缺陷，必要时更换	各弹簧应无生锈、变形、断裂现象，弹簧各匝间的距离应均匀
3	合闸装置用清洗剂擦去铁芯油污	清擦干净，零件无损坏，返回弹簧动作可靠
4	将主轴转动几次，观察各部分有无卡涩现象；转动后各部件应能依靠轴上弹簧予以自由复归	各部分应无卡涩现象
5	电动机操作机构的电动机绝缘测量（仅对DW型开关）	用500V兆欧表测量绝缘电阻值不应低于0.5MΩ
6	用手动、电动进行操作，仔细观察各机构是否动作灵活，有无卡涩等不正常现象	各部件应干净，无油垢，动作灵活，无卡涩现象

注：本表仅针对框架式自动空气开关操作机构的检修，塑壳空气开关一般不做这方面的检修。

（2）保护及操作元件的检修，见表 4.34。

表 4.34　保护及操作元件检修项目

序号	检修工艺	质量标准
1	检查各脱扣器的线圈及铁芯部分	用500V兆欧表测绝缘电阻不应低于1MΩ；铁芯无锈蚀，连动部分灵活，动作准确
2	检查释能电磁铁的线圈绝缘是否良好	用500V兆欧表测绝缘电阻不应低于1MΩ
3	检查各控制部分接线	控制线各处接头紧固

（3）开关各附属零件的检修，见表 4.35。

表 4.35　开关各附属零件检修项目

序号	检修工艺	质量标准
1	检查开关与母线连接是否紧密	接头处应无过热现象
2	检查辅助开关动作是否正常，动静接点有无烧损现象	处理或更换

4.2.9.5.2　检修后的检查测试

（1）检修后应进行全面检查，各部零件齐全完整，组装正确。

（2）用 500V 兆欧表测量开关相间对地绝缘电阻一般不低于 1MΩ。在潮湿地区，最低不小于 0.5MΩ；用手动、电动分别试验开关分、合闸两次，检查开关动作灵活可靠，无卡涩现象。

（3）测量分、合闸电磁铁和各脱扣器的动作电压，应满足以下标准，不同型号的开关该数据有所不同，应参考制造商的要求。

①当自动空气开关的闭合位置，欠电压脱扣器额定电压下加热至稳定温度应在额定电压 35% ~ 70% 之间动作，自动空气开关可靠断开。

②当开关在开位置，电源电压低于欠电压脱扣器额定电压的 35% 时，自动空气开关应不能闭合；但当电源电压等于或超过 85% 额定电压时，必须保证开关能可靠闭合。

③具有延时欠电压脱扣时间内，如电源电压恢复至 85% 额定值，动作机构应能返回原来位置，开关不应断开。

④短时工作的合闸线圈在额定电压，分闸线圈在 75% ~ 110% 额定电压范围内均应可靠动作。

（4）合闸、分闸电磁铁线圈的绝缘电阻和导电回路直流电阻，用 500V 或 1000V 兆欧表测量，绝缘电阻不应低于 1MΩ，直流电阻值应符合制造厂规定。

4.2.9.6　质量验收表

框架式自动空气开关质量验收表见表 4.36。

表 4.36 框架式自动空气开关质量验收表

检修内容	验收标准	备注
开关及连接件清扫检查	开关外观完好整洁，各部零件齐全完整，连接件紧固牢靠，无发热变色	
二次线端子检查紧固	端子紧固	
联锁触头检查	触头检修，见表4.31	
触头及灭弧室检修	灭弧室检修，见表4.32	
引线接头检查紧固	引线接头紧固，无发热、变色及放电痕迹	
开关操作机构检修	操作机构的检修，见表4.33	
开关的保护及操作元件检修	保护及操作元件的检修，见表4.34	
开关各附属零件检修	开关各附属零件的检修，见表4.35	
开关分、合闸操作试验	测量分、合闸电磁铁和各脱扣器的动作电压，应满足以下标准，不同型号的开关该数据有所不同，应参考制造商的要求： （1）当自动空气开关的闭合位置，欠电压脱扣器额定电压下加热至稳定温度应在额定电压35%～70%之间动作，自动空气开关可靠断开 （2）当开关在开位置，电源电压低于欠电压脱扣器额定电压的35%时，自动空气开关应不能闭合；但当电源电压等于或超过85%额定电压时，必须保证开关能可靠闭合 （3）具有延时欠电压脱扣时间内，如电源电压恢复至85%额定值，动作机构应能返回原来位置，开关不应断开 （4）短时工作的合闸线圈在额定电压，分闸线圈在75%～110%额定电压范围内均应可靠动作	
开关绝缘测试	用500V兆欧表测量开关相间对地绝缘电阻一般不低于1MΩ。在潮湿地区，最低不小于0.5MΩ	
智能型控制器检查、整定、试验	（1）用手动、电动分别试验开关分、合闸两次，检查开关动作灵活可靠，无卡涩现象 （2）按照框架式自动空气开关制造厂家要求或相关继电保护整定要求	

4.2.10 电缆线路

4.2.10.1 适用范围

本节适用于高、低压电力电缆线路，规定了天然气处理厂高、低压电力电缆线路检修准备工作、检修内容和质量标准。

4.2.10.2 编写依据

（1）GB 50217《电力工程电缆设计标准》。

（2）DL/T 413《额定电压 35kV(U_m=40.5kV) 及以下电力电缆热缩式附件技术条件》。

（3）DL/T 596《电力设备预防性试验规程》。

（4）DL/T 1253《电力电缆线路运行规程》。

（5）高压电缆中间接头和终端头检修，参照高压电力电缆中间接头和终端头制造商制作工艺说明。

4.2.10.3　检修准备

（1）根据设备状况，确定检修内容，编制检修计划、进度和方案。

（2）组织好检修人员，进行技术交底，完善检修方案，明确检修任务。

（3）备好检修用设备、材料、工器具、备品备件及文明、安全检修所用物品。

（4）做好安全防护措施，办理好工作票、动火票等。

4.2.10.4　检修内容

（1）户内终端头的检修。

（2）户外终端头的检修。

（3）廊道、隧道、桥架中电缆的检修。

（4）电缆沟中电缆的检修。

4.2.10.5　验收标准

4.2.10.5.1　户内终端头的检修

（1）清洁终端头，无电晕放电痕迹。

（2）检查终端头固定牢靠、引出线接触良好，无过热现象。

（3）核对线路铭牌及相位颜色、标志应清晰正确。

（4）检查电缆铠装及支架和油漆完好。

（5）检查接地线完好并接地良好。

4.2.10.5.2　户外终端头的检修

（1）清洁终端头匣及套管，检查壳体及套管无裂纹和表面无放电痕迹。

（2）检查终端头固定牢靠、引出线接触良好，无过热和腐蚀。

（3）核对线路铭牌及相位，颜色应清晰。

（4）检查电缆铠装层、保护管及支架完好。

（5）检查电缆护套无龟裂和腐蚀情况。

（6）检查接地线完好和接触良好。

（7）检查终端匣内绝缘胶无水分，必须要时对绝缘胶进行补充。

4.2.10.5.3　廊道、隧道、桥架中电缆的检修

（1）检查电缆在支架上无损伤。

（2）检查电缆护套无损伤。

（3）检查电缆中间接头无过热和腐蚀。

（4）检查电缆支架无锈烂，脱落。

（5）检查电缆有关防护设施完整。

（6）检查电缆中间头接地线完好。

（7）检查电缆支架、桥架接地良好。

4.2.10.5.4　电缆沟中电缆的检修

（1）检查全部中间接头无变形、无过热和腐蚀。

（2）检查中间接头接地线完好。

（3）检查中间接头两侧各长 3m 左右的电缆在支架上无损伤，护套无损伤，支架无锈

烂，脱落。

4.2.10.5.5　电力电缆线路试验

参照 DL/T 596《电力设备预防性试验规程》有关内容。

4.2.10.6　质量验收表

电缆线路质量验收表见表 4.37。

表 4.37　电缆线路质量验收表

检修内容	验收标准	备注
户内终端头的维修	（1）清洁终端头，检查有无电晕放电痕迹。 （2）检查终端头固定是否牢靠、引出线接触是否良好，有无过热。 （3）核对线路铭牌及相位颜色、标志应清晰正确。 （4）检查电缆铠装及支架锈烂和油漆完好情况。 （5）检查接地线应完好并接地良好	
户外终端头的维修	（1）清洁终端头匣及套管，检查壳体及套管有无裂纹和表面有无放电痕迹。 （2）检查终端头固定是否牢靠、引出线接触是否良好，有无过热和腐蚀。 （3）核对线路铭牌及相位，颜色应清晰。 （4）检查电缆铠装层、保护管及支架腐蚀情况。 （5）检查电缆护套龟裂和腐蚀情况。 （6）检查接地线应完好和接触良好。 （7）检查终端匣内绝缘胶有无水分，对绝缘胶进行补充	
廊道、隧道、桥架中电缆的维修	（1）检查电缆在支架上有无损伤。 （2）检查电缆护套有无损伤。 （3）检查电缆中间接头有无过热和腐蚀。 （4）检查电缆支架有无锈烂、脱落。 （5）检查电缆有关防护设施是否完整。 （6）检查电缆中间头接地线是否完好。 （7）检查电缆支架、桥架接地是否良好	
电缆沟中电缆的维修	（1）检查全部中间接头有无变形、有无过热和腐蚀。 （2）检查中间接头接地线是否完好。 （3）检查中间接头两侧各长3m左右的电缆在支架上有无损伤，护套有无损伤，支架有无锈烂、脱落	
电力电缆线路试验	参照 DL/T 596《电力设备预防性试验规程》有关内容	

4.3　用电设施

4.3.1　防爆型异步电动机

4.3.1.1　适用范围

本节适用于防爆型异步电动机的维护及检修；规定了天然气处理厂防爆型异步电动机检修准备工作、检修内容和质量标准。

4.3.1.2 编写依据

（1）GB 755《旋转电机 定额和性能》。

（2）GB 3836.1《爆炸性环境 第 1 部分：设备 通用要求》。

（3）GB 3836.2《爆炸性环境 第 2 部分：由隔爆外壳"d"保护的设备》。

（4）GB 3836.3《爆炸性环境 第 3 部分：由增安型"e"保护的设备》。

（5）GB 3836.4《爆炸性环境 第 4 部分：由本质安全型"i"保护的设备》。

（6）GB 3836.16《爆炸性环境 第 16 部分：电气装置的检查和维护》。

（7）GB 3836.20《爆炸性环境 第 20 部分：设备保护级别（EPL）为 Ga 级的设备》。

（8）GB 50150《电气装置安装工程 电气设备交接试验标准》。

（9）GB 50254《电气装置安装工程 低压电器施工及验收规范》。

（10）GB 50257《电气装置安装工程 爆炸和火灾危险环境电气装置施工及验收规范》。

（11）DL/T 596《电力设备预防性试验规程》。

（12）DL/T 5161.12《电气装置安装工程质量检验及评定规程 第 12 部分：低压电器施工质量检验》。

（13）劳人护〔1987〕36 号《中华人民共和国爆炸危险场所电气安全规程（试行）》。

（14）电动机制造厂的安装使用说明书。

4.3.1.3 检修准备

（1）根据设备状况，确定检修内容，编制检修计划、进度和方案。

（2）组织好检修人员，进行技术交底，完善检修方案，明确检修任务。

（3）备好检修用设备、材料、工器具、备品备件及文明、安全检修所用物品。

（4）做好安全防护措施，办理好工作票、动火票等。

4.3.1.4 检修内容

（1）检查电动机外观，清扫电动机外壳。

（2）更换或修理损坏的零部件，紧固螺栓。

（3）检查所有机械连接，如外风扇、风罩、防水环等是否牢靠。

（4）检查电动机外线口的密封情况，检查电动机机身接地情况。

（5）电动机解体，抽芯检查清扫。

（6）打开轴承外盖，检查轴承状况及润滑脂、油质、油量情况，必要时加油。

（7）检查电气连接有无松动或缺陷并测试电动机、电缆绝缘电阻。

（8）在进行以上各项工作中，所有拆动的隔爆面要进行清理、除锈、涂敷防锈油，并检查隔爆面的完整性。

（9）更换转子或修理铁芯。

（10）修理或更换损坏的零部件，如电动机端盖的止口镶套，更换端盖、轴承、老化的密封垫、转子轴镶套，焊补等。

（11）修理各接触面、隔爆面，进行除锈并检查隔爆间隙。

（12）进行绕组绝缘处理及各部电气连接过热处理。

（13）根据需要改变电动机内部接线方式。

（14）修理电动机冷却系统。

（15）必要时清洗或更换绕组。

4.3.1.5 验收标准

4.3.1.5.1 电动机外观检查及清扫

（1）电动机外观整洁，防爆标志及铭牌清楚，油漆完好无锈蚀。

（2）所有机械连接，如外风扇、风罩、防水环等连接牢靠。

（3）电动机外壳及接线盒内接地良好。

（4）电动机引入装置所用的密封垫与电缆外径配合应紧密。

4.3.1.5.2 解体检查检修

（1）拆卸电动机的进线。

①打开电动机接线盒，将电动机进线及接地线拆除，并做好相位标记，将电缆或引线与电动机分离。

②检查电动机接线盒、接线柱、护套等完整无损，无开焊、过热现象，检查接线盒内壁耐弧漆无脱落损伤，必要时及时补涂。

③接线盒内接线柱与电源线连接的可靠性，在受到温度变化，振动等因素的影响时，均不应发生接触不良现象，具体要求如下：连接件的连接要牢固，不能因振动、发热、导体与绝缘体的热胀冷缩等原因而松动，采用螺母压紧导线时，应设置弹性垫圈或使用双螺母；接线柱应有防止松动的措施；采用弓形垫或碗形垫圈，以压紧多股线或采用专用的接线头连接导线，不允许只用压紧螺母来压紧导线；各裸露导电部件之间，导电部件与外壳之间的电气间隙和爬电距离要符合规定。

④若接线柱与电动机绕组引线接触不良过热，则应重新压接或焊接，特别是原连接是采用硬点压接方式的要注意检查有无压断线、接触面不够、接线端子截面不够等状况。

⑤电动机定子绕组、电源电缆等绝缘电阻吸收比应合格，详见表4.38。

表 4.38　交流异步电动机的试验项目、周期和标准

序号	项目	标准	说明
1	测量绕组的绝缘电阻和吸收比	绝缘电阻：1000V以下电动机不应低于0.5MΩ；1000V及以上电动机耐压前定子绕组接近运行温度时的绝缘电阻不应低于1MΩ/kV；投运前常温下的绝缘电阻（包括电缆）不应低于1MΩ/kV；转子绕组的绝缘电阻不应低于0.5MΩ/kV。 吸收比：自行规定	（1）500kW以上电动机应测吸收比。 （2）1000V以下电动机用1000V兆欧表，1000V以上用2500V兆欧表。 （3）维护性检修时定子绕组可与其所连接的电缆一起测量；转子绕组可与其起动设备一起测量。 （4）有条件应分相测量
2	测量绕组的直流电阻	1000V以上或250kW以上电动机各相绕组直流电阻值的差别不应超过最小值的2%，并应该注意相同差别的历年相对变化，其余自行规定	中性点未引出时可测量线间电阻，1000V以上或250kW以上电动机各线间直流电阻的差别不应超过1%
3	1000V以上电动机定子绕组直流耐压试验及泄漏电流测量	试验电压标准如下： 全部更换绕组，$3U_e$；系统性检修或局部更换绕组，$2.5U_e$；每两年1次预防试验，$2.5U_e$	有条件时应分相进行

续表

序号	项目	标准			说明
4	定子绕组的交流耐压试验	（1）不更换绕组和局部更换定子绕组后试验电压为 $1.5U_e$，但不低于1000V。 （2）全部更换定子绕组后试验电压为 $2U_e+1000V$，但不低于1500V			低压250kW以下电动机交流耐压试验可用2500V兆欧表代替
5	绕线式电动机转子绕组的交流耐压试验	试验电压标准如下：			短接转子绕组直接启动的绕线式电动机可不做交流耐压试验。U_k为转子堵住时，在定子绕组上加额定电压 U_e后，于滑环上测得的电压
			不可逆的	可逆的	
		系统性检修不换绕组时，局部换绕组	$1.5U_k$但不小于1000V	$3.0U_k$但不小于2000V	
		全部换绕组后	$2U_k+1000V$	$4U_k+1000V$	

（2）拆除联轴器：拆卸前注意做好标记，用专用拉具将联轴器慢慢拉出。

（3）拆风扇：先将风扇拆下再将风扇的开口销拿掉或将固定螺栓松脱，用专用拉具将其拉出。

（4）拆卸端盖、抽转子。

①先在电动机前后端盖与机座的接缝处（止口）及轴承盖与端盖的接触处做好标记以便复位。一般电动机先拆卸前侧轴承盖，后拆后侧轴承盖、电动机端盖。其具体做法是：先将电动机轴承盖螺栓拆掉，将轴承盖拿下，再将端盖螺栓全部拆掉。将其两个螺栓旋于端盖上两个顶丝孔中，两螺栓均匀用力向里转（较大端盖要用吊绳将端盖先挂上）将端盖拿下。

②一般小型电动机应先拆前侧轴承盖、端盖，然后将转子带着后侧端盖一起抽出。对于大风扇在机壳内的电动机，可将转子连同大风扇及风扇侧的端盖一起抽出。

③大中型电动机转子较重，要配备专业起重人员及工具设备将转子吊住平稳抽出。抽出或装配转子所用钢丝绳不允许碰到转子、轴承、风扇、滑环和线圈，不能损坏各部隔爆面、接触面。注意不使转子碰到定子，用钢丝绳拴转子的部分必须衬以木垫防止转子在钢丝绳上滑动，应将转子放在硬衬垫上。

（5）轴承的拆卸、清洗与一般检查。

①拆卸轴承应选用适宜的专用拉具。在轴承拆卸前，应将轴承用清洗剂清洗干净，检查它是否有损坏。检查时，用手旋转轴承外套，观察其转动是否灵活，观察滚道，保持器（轴承架）及滚珠或滚柱表面是否有无锈迹、斑痕及保持器的铆钉是否松动，检查其间隙是否超出规定值。

②滚动轴承允许的间隙见表4.39，滚动轴承允许轴向间隙为0.3mm。

③防爆电动机的轴与轴孔隔爆结合面应符合制造厂规定，不应产生摩擦。

④采用滚动轴承的增安型电动机定子与转子间径向单边气隙最小值应不小于表4.40规定值。

表 4.39 滚动轴承允许间隙

轴承内径（mm）	直径方向的间隙（mm）		
	新滚柱轴承	新滚珠轴承	磨损最大允许值
20～30	0.01～0.02	0.02～0.05	0.1
35～50	0.01～0.02	0.05～0.07	0.2
55～80	0.01～0.02	0.06～0.08	0.2
85～120	0.02～0.03	0.08～0.10	0.3
130～150	0.02～0.04	0.10～0.12	0.3

表 4.40 定子与转子间径向单边气隙值

极数	径向单边气隙与转子直径D的关系（mm）		
	$D \leq 75mm$	$75mm < D \leq 750mm$	$D > 750mm$
2	0.25	0.25+（$D-75$）/300	2.7
4	0.2	0.2+（$D-75$）/500	1.7
6极以上	0.2	0.2+（$D-75$）/800	1.2

⑤变极电动机单边气隙按最少极数计算，若铁芯长度L超过直径D的1.75倍，则气隙值按表内计算值乘以$L/1.75D$，配有一个或多个滑动轴承的电动机，其气隙值按表计算的值乘以1.5。

（6）检查定、转子铁芯。

①检查铁芯压紧，检查定子铁芯端部金属楔条牢固，铁芯松动要进行紧固处理，定、转子的槽楔松动要更换新的槽楔或加固处理。检查通风沟孔无油垢、灰尘；铁芯无局部过热变色。

②检查绕线组端部漆膜情况，确认绝缘无损坏，线圈端部绝缘漆膜发生龟裂、脱落应重新修复绝缘，绝缘损坏面较大时要对电动机干燥，重新浸漆或喷漆，若线圈端部有松动的地方，应加垫块用绑线把端部绑牢。

③检查转子两侧平衡块及平衡螺栓是否紧固，风扇本体及固定防护情况。增安型电动机还须检查定子与转子间径向单边气隙最小值不应小于规定值，风扇距风扇罩隔板以及紧固件的距离不应小于规定值。

（7）各部隔爆结合面修补方法。

①对有损伤、超标而允许修补后使用的隔爆面要进行修补。修补前应将缺陷处进行清洗，直到露出干净的金属表面为止，然后根据隔爆面的材料，一般钢质件采用58-2锡铅焊补。修补方法一般用熔焊或钎焊。

②钢件修补方法。熔焊修补可达到本金属同样的机械强度，焊补后进行机械加工可达到规定的隔爆参数，软钎焊修补采用40号锡铅焊料，焊剂可采用稀盐酸，在焊补之前，把缺陷部位的锈清理干净，然后用小木棒蘸上焊剂涂在缺陷处，用电烙铁加热焊料，是熔化

的焊料熔涂在缺陷处，待冷却后用刮刀、纱布、油石刮磨平整即可。

③铸铁件的修补方法。熔焊修补可采用铜镍电焊条，焊完后除去凸起部位，然后用油石研平，软钎焊可采用60号锡焊料焊补。

④钎焊方法：用手电钻或扁铲、刮刀等，将结合面的缺陷深处的型砂杂质去掉，用喷灯或其他加热器将缺陷处加热150～200℃，用玻璃棒或木棒沾焊药滴入缺陷处，用300W以上电烙铁将焊料熔化涂入缺陷处，待焊料冷却后磨平。

（8）隔爆型电动机隔爆结合面缺陷修补规定。

①隔爆结合面的宽度、间隙、加工粗糙度经修补后应符合GB 3836.13《爆炸性环境 第13部分：设备的修理、检修、修复和改造》第5条的规定。

②隔爆结合面，在规定长度（L）和螺孔边缘至隔爆结合面边缘的最短有效长度（L_1）的范围内，如有下列缺陷，可不经修补使用：

a. 对局部出现的缺陷，直径不大于1mm，深度不大于2mm的针孔或砂眼，在40mm、25mm、15mm的隔爆结合面上，每平方厘米内不超过5个，10mm隔爆结合面上不超过2个。

b. 偶尔产生的机械伤痕深度和宽度均不大于0.5mm其长度保证剩余无伤隔爆结合面的有效长度不小于规定长度的2/3。但伤痕两侧高于无伤表面的凸起部分必须磨平（无伤隔爆面的有效长度可以几段相加）。

c. 电动机静止部分隔爆结合面，在规定长度（L）及螺孔边缘至隔爆结合面边缘的最短有效长度（L_1）的范围内，缺陷如大于上述a、b项内的规定，但有一段连续无伤隔爆面的有效长度不小于表4.41的规定，则可以修补。

表4.41　L 或 L_1 的长度值

隔爆结合面长度L或L_1（mm）	连续无伤隔爆结合面的有效长度（mm）
40	20
25	13
15	8
10	5
8	5

d. 如果缺陷超过本条b项内的规定，有下列情况之一者，则不许焊补，须更换配件或降低防爆等级使用：螺孔周围5mm范围内的缺陷；L 或 L_1 为5mm范围内的缺陷，活动隔爆结合面缺陷，隔爆结合面上有疏松现象的铸件。

（9）组装。

①轴承安装一般应采用热装法，利用加热器具将轴承加热到90℃左右再装到轴上。注意：轴承润滑油要在轴承装在轴上冷却后加注，密封轴承带油加热只能采用不使油变质的加热方式，如电加热，且最高温度不能超过100℃。

②轴承用润滑油脂牌号要选用正确，注油量要适宜，同一轴承不得加入不同的油脂。滚动轴承添加油脂的标准按电动机的同步转速确定，见表4.42。

表 4.42　润滑油脂加入量

同步转速（r/min）	加入量
1500以下	加入轴承腔的2/3
1500~3000	加入轴承腔的1/2

③轴承安装后，轴承套圈端面必须紧靠轴肩的端面，不应留有空隙。为此，可在轴承冷却过程中，用小锤通过垫子轻敲轴承内套使其紧靠，用手转动轴承应轻快灵活无振动地旋转。

④各部件依次组装，注意各部结合面要干净，要在结合面上均匀地涂一层防锈油脂（可用润滑油）。增安型电动机的各部结合面要均匀地抹上一层密封胶，对所有的连接螺栓、螺栓在装配时也应涂抹一层密封胶再进行装配。

⑤紧固各端盖的螺栓，两侧对应均匀用力紧固。

4.3.1.5.3　试验

参照 DL/T 596《电力设备预防性试验规程》有关内容或表 4.38 内容。

4.3.1.5.4　空载试验

（1）参照国家电动机在连接负荷前做空载试验，200kW 及以上的电动机运行 4h，200kW 以下的电动机运行 1h，但以轴承温度稳定半小时为标准。

（2）测试电动机的空载电流，三相电流是否平衡，相互差别不大于平均值的 10%，当空载电流过大或过小时，应查找原因，予以消除。

（3）检查电动机振动、轴承、温度，轴承运转声音无异常等。

4.3.1.5.5　试运行

电动机旋转方向应与要求相符合，运转中无杂音，记录启动时间、空载电流、负荷电流、各部温度变化值、各部振动值，检查水冷风冷情况及开关运行状况，滑环及电刷的工作情况应正常。

4.3.1.6　质量验收表

防爆型异步电动机质量验收表见表 4.43。

表 4.43　防爆型异步电动机质量验收表

检修内容		验收标准	备注
电动机外观检查及清扫	检查电动机外观，清扫电动机外壳	电动机外观整洁，防爆标志及铭牌清楚，油漆完好无锈蚀	
	更换或修理损坏的零部件，紧固螺栓	按照电动机制造厂家要求，螺栓紧固	
	检查所有机械连接，如外风扇、风罩、防水环等是否牢靠	所有机械连接，如外风扇、风罩、防水环等连接牢靠	
	检查电动机外线口的密封情况，检查电动机机身接地情况	（1）电动机引入装置所用的密封垫与电缆外径配合应紧密。 （2）电动机外壳及接线盒内接地良好	

续表

	检修内容	验收标准	备注
解体检查检修	电动机解体，抽芯检查清扫	电动机内部完好、洁净	
	打开轴承外盖检查轴承状况及润滑脂、油质、油量情况，必要时加油	（1）轴承用润滑油脂牌号要选用正确，注油量要适宜，同一轴承不得加入不同的油脂。 （2）滚动轴承添加油脂的标准按电动机的同步转速确定，见表4.42	
	检查电气连接有无松动或缺陷，并测试电动机、电缆绝缘电阻	（1）检查电动机接线盒、接线柱、护套等完整无损，无开焊、过热现象，检查接线盒内壁耐弧漆无脱落损伤，必要时及时补涂。 （2）接线盒内接线柱与电源线连接的可靠性，在受到温度变化，振动等因素的影响时，均不应发生接触不良现象，具体要求如下：连接件的连接要牢固，不能因振动、发热、导体与绝缘体的热胀冷缩等原因而松动，采用螺母压紧导线时，应设置弹性垫圈或使用双螺母；接线柱应有防止松动的措施；采用弓形垫或碗形垫圈，以压紧多股线或采用专用的接线头连接导线，不允许只用压紧螺母来压紧导线；各裸露导电部件之间，导电部件与外壳之间的电气间隙和爬电距离要符合规定。 （3）若接线柱与电动机绕组引线接触不良过热，则应重新压接或焊接，特别是原连接是采用硬点压接方式的要注意检查有无压断线、接触面不够、接线端子截面不够等状况。 （4）按照DL/T 596《电力设备预防性试验规程》或电动机制造厂家要求，电动机、电缆绝缘电阻均合格，且与往年变化不大，否则查明原因并解决	
	修理各接触面、隔爆面，进行除锈并检查隔爆间隙	（1）隔爆结合面的宽度、间隙、加工粗糙度经修补后应符合GB 3836.13《爆炸性环境 第13部分：设备的修理、检修、修复和改造》的规定。 （2）隔爆结合面在规定长度（L）和螺孔边缘至隔爆结合面边缘的最短有效长度（L_1）的范围内，如有下列缺陷，可不经修补使用： 对局部出现的缺陷，直径不大于1mm，深度不大于2mm的针孔或砂眼，在40mm、25mm、15mm的隔爆结合面上，每平方厘米内不超过5个，10mm隔爆结合面上不超过2个。 （3）电动机静止部分隔爆结合面，在规定长度（L）及螺孔边缘至隔爆结合面边缘的最短有效长度（L_1）的范围内，缺陷如大于上述（1）（2）项内的规定，但有一段连续无伤隔爆面的有效长度不小于表4.41的规定，则可以修补。 （4）如果缺陷超过上述（2）项内的规定，有下列情况之一者，则不许焊补，须更换配件或降低防爆等级使用：螺孔周围5mm范围内的缺陷；L或L_1为5mm范围内的缺陷，活动隔爆结合面缺陷，隔爆结合面上有疏松现象的铸件	
	更换转子或修理铁芯	（1）检查铁芯压紧，检查定子铁芯端部金属楔条牢固，铁芯松动要进行紧固处理，定、转子的槽楔松动要更换新的槽楔或加固处理。检查通风沟孔无油垢、灰尘；铁芯无局部过热变色。 （2）检查绕线组端部漆膜情况，确认绝缘无损坏，线圈端部绝缘漆膜发生龟裂、脱落应重新修复绝缘，绝缘损坏面较大时要对电动机干燥，重新浸漆或喷漆，若线圈端部有松动的地方，应加垫块均绑线把端部绑牢。 （3）检查转子两侧平衡块及平衡螺栓是否紧固，风扇本体及固定防护情况。增安型电动机还须检查定子与转子间径向单边气隙最小值不应小于规定值，风扇距风扇罩隔板以及紧固件的距离不应小于规定值。 （4）偶尔产生的机械伤痕深度和宽度均不大于0.5mm，其长度保证剩余无伤隔爆结合面的有效长度不小于规定长度的2/3。但伤痕两侧高于无伤表面的凸起部分必须磨平（无伤隔爆面的有效长度可以几段相加）	

续表

检修内容		验收标准	备注
解体检查检修	修理或更换损坏的零部件，如电动机端盖的止口镶套，更换端盖、轴承、老化的密封垫、转子轴镶套、焊补等	（1）检查轴承外套，观察其转动是否灵活，观察滚道，保持器（轴承架）及滚珠或滚柱表面是否有无锈迹、斑痕及保持器的铆钉是否松动，检查其间隙是否超出规定值。 （2）滚动轴承允许的间隙见表4.39，滚动轴承允许轴向间隙为0.3mm。 （3）防爆电动机的轴与轴孔隔爆结合面应符合制造厂规定，不应产生摩擦。 （4）采用滚动轴承的增安型电动机定子与转子间径向单边气隙最小值应不小于表4.40规定值。 （5）变极电动机单边气隙按最少极数计算，若铁芯长度L超过直径D的1.75倍，则气隙值按表内计算值乘以$L/1.75D$，配有一个或多个滑动轴承的电动机，其气隙值按表计算的值乘以1.5。 （6）按照电动机制造厂家要求	
	根据需要改变电动机内部接线方式	按照现场实际工况要求，注意接线方式的改变对负荷及供电系统的影响	
	修理电动机冷却系统	按照电动机制造厂家要求	
	（1）进行绕组绝缘处理及各部电气连接过热处理。 （2）清洗或更换绕组（必要时）	电动机定子绕组、电源电缆等绝缘电阻吸收比应合格，详见表4.36	
组装		（1）轴承安装一般应采用热装法，利用加热器具将轴承加热到90℃左右再装到轴上。注意：轴承润滑油要在轴承装在轴上冷却后加注，密封轴承带油加热只能采用不使油变质的加热方式，如电加热，且最高温度不能超过100℃。 （2）轴承安装后，轴承套圈端面必须紧靠轴肩的端面，不应留有空隙。为此，可在轴承冷却过程中，用小锤通过垫子轻敲轴内小套使其紧靠，用手转动轴承应轻快灵活无振动地旋转。 （3）各部件依次组装，注意各部结合面要干净，要在结合面上均匀地涂一层防锈油脂（可用润滑油）。增安型电动机的各部结合面要均匀地抹上一层密封胶，对所有的连接螺栓、螺栓在装配时也应涂抹一层密封胶再进行装配。 （4）紧固各端盖的螺栓，两侧对应均匀用力紧固	
空载试验		（1）参照国家电动机在连接负荷前做空载试验，200kW及以上的电动机运行4h，200kW以下的电动机运行1h，但以轴承温度稳定半小时为标准。 （2）测试电动机的空载电流，三相电流是否平衡，相互差别不大于平均值的10%，当空载电流过大或过小时，应查找原因，予以消除	
试运行		电动机旋转方向应与要求相符合，运转中无杂音，记录启动时间、空载电流、负荷电流、各部温度变化值、各部振动值，检查水冷风冷情况及开关运行状况，滑环及电刷的工作情况应正常	

4.3.2 防爆电器

4.3.2.1 适用范围

本节适用于隔爆动力配电箱、防爆按钮、防爆插销的维护及检修；规定了天然气处理厂隔爆动力配电箱、防爆按钮、防爆插销检修准备工作、检修内容和质量标准。

4.3.2.2 编写依据

（1）劳人护〔1987〕36号《中华人民共和国爆炸危险场所电气安全规程（试行）》。
（2）GB 3836.1《爆炸性环境 第1部分：设备 通用要求》。

（3）GB 3836.2《爆炸性环境 第 2 部分：由隔爆外壳"d"保护的设备》。
（4）GB 3836.3《爆炸性环境 第 3 部分：由增安型"e"保护的设备》。
（5）GB 3836.4《爆炸性环境 第 4 部分：由本质安全型"i"保护的设备》。
（6）GB 3836.16《爆炸性环境 第 16 部分：电气装置的检查和维护》。
（7）GB 3836.20《爆炸性环境 第 20 部分：设备保护级别（EPL）为 Ga 级的设备》。
（8）GB 50150《电气装置安装工程电气设备交接试验标准》。
（9）GB 50254《电气装置安装工程 低压电器施工及验收规范》。
（10）DL/T 5161.12《电气装置安装工程质量检验及评定规程 第 12 部分：低压电器施工质量检验》。
（11）JB/T 3019《户内、户外防爆防腐低压电器》。
（12）防爆电器制造厂的安装使用说明书。

4.3.2.3　检修准备
（1）根据设备状况，确定检修内容，编制检修计划、进度和方案。
（2）组织好检修人员，进行技术交底，完善检修方案，明确检修任务。
（3）备好检修用设备、材料、工器具、备品备件及文明、安全检修所用物品。
（4）做好安全防护措施，办理好工作票、动火票等。

4.3.2.4　检修内容
（1）清扫防爆电器设备并解体检查。
（2）修理及更换易损耗的零部件。
（3）检查和调整操作机构。
（4）清理和修理防爆面。
（5）测量防爆结合面的最大间隙。
（6）检查防爆外壳有无因外力损伤而发生局部变形或裂纹。
（7）检查与修理电器元件。
（8）检查调整各进出线口密封情况。
（9）检查接地、接零装置。

4.3.2.5　验收标准
4.3.2.5.1　解体检查及检修
（1）检查调整设备内部动作机构动作是否灵活，有无卡阻现象。若因缺油、锈蚀而卡阻，应除锈、加油，损坏零部件应予更换。
（2）检查进、出线密封情况，密封圈老化情况。必要时更换密封圈。
（3）检查电气设备的配线连接是否牢固，并有防松措施。
（4）检查防爆电器外壳的接地、接零装置应可靠。
（5）检查内装电器元器件。
（6）检查防爆电器的运行记录，处理记录上的问题。
（7）内装防爆电器元件不得随意更换为其他非防爆电器元件。
（8）电器元件的检修参照有关电器元件检修标准。

（9）金属隔爆面上出现的砂眼及机械损伤应符合表 4.44、表 4.45 的规定，如果大于规定应予更换。

表 4.44　金属隔爆面砂眼及机械损伤要求

隔爆面长度L（mm）	局部出现的砂眼		
	直径（mm）	深度（mm）	数量（个/cm²）
10	<1	≤2	不超过2
15			不超过2
25			不超过5
40			不超过5

表 4.45　金属隔爆面机械损伤要求

隔爆面长度 L（mm）	机械伤痕的深度与宽度（mm）	无伤隔爆面的有效长度L（mm）	
		有螺孔的隔爆面	无螺孔的隔爆面
10	<0.5	$L'>2/3L_1$	$L'>2/3×10$
15			$L'>2/3×15$
25			$L'>2/3×25$
40			$L'>2/3×40$

注：(1) 伤痕两侧高于无伤表面的凸起部分必须磨平。
　　(2) 为有螺孔隔爆面的螺孔边缘至隔爆面的内边缘的最短有效长度。
　　(3) 无伤隔爆面的有效长度 L'，应以几段无伤痕部分的有效长度相加计算之。
　　(4) L_1 是螺孔边缘至隔爆结合面边缘的最短有效长度。

（10）检查静止隔爆器结合面、操纵杆与杆孔隔爆面结合面最大间隙 W 应符合表 4.46 规定。

表 4.46　隔爆结合面最大间隙要求

外壳净容积 V（L）	隔爆面长度 L（mm）	不同级别隔爆结合面最大间隙W（mm）		
		IIA	IIB	IIC
$V≤0.02$	5	0.20	0.15	采用试验确定的最大不传爆间隙的50%
$0.02<V≤0.5$	10	0.20	0.15	
$V>0.5$	15	0.25	0.15	
	25	0.30	0.20	
	40	0.40	0.25	

（11）防爆外壳若因外力而出现裂缝，建议更换新的防爆外壳。
（12）螺纹防爆结合面不少于6扣。
（13）防爆结合面应涂非凝结性润滑脂或防腐剂防锈。
（14）防爆插销在断电瞬间，外壳防爆结合面最大直径差 W 和最小有效长度应符合表4.47规定。

表 4.47　防爆插销外壳防爆结合面最大直径差 W 和最小有效长度 L 要求

外壳净容积 V（L）	最小有效长度 L（mm）	不同级别外壳防爆结合面最大直径差 W（mm）		
		IIA	IIB	IIC
$V \leqslant 0.5$	15	0.3	0.2	采用试验确定的最大不传爆间隙的50%
$V > 0.5$	25	0.4	0.3	

（15）检查插销，防止插头骤然拨脱的闭锁装置应可靠。
（16）检查插销插头插入后开关才能关合、开关在分断位置插头才能插入或拨脱的闭锁机构应可靠。
（17）必须保证插销在插头插入时，接地、接零插头应先接通。拨脱时，接地、接零插头应后断开。

4.3.2.5.2　绝缘测试

用500V兆欧表测量电器带电部分与金属外壳的绝缘电阻值不低于 $1M\Omega$。

4.3.2.5.3　通电试验

（1）断开所有负荷电缆，接通电源。
（2）盖好各隔爆腔盖板，拧紧螺栓及各进出口密封圈应压紧。
（3）检查仪表及指示灯无误，试验操作机构动作灵活无卡阻现象，安全联锁可靠。

4.3.2.6　质量验收表

防爆电器质量验收表见表4.48。

表 4.48　防爆电器质量验收表

检修内容	验收标准	备注
清扫防爆电器设备并解体检查	防爆电器内外洁净，无油漆及标识脱落，无锈蚀	
检查和调整操作机构	检查调整设备内部动作机构动作是否灵活，有无卡阻现象。若因缺油、锈蚀而卡阻，应除锈、加油，损坏零部件应予更换	
（1）清理和修理防爆面（2）测量防爆结合面的最大间隙	（1）金属隔爆面上出现的砂眼及机械损伤应符合表4.44、表4.45的规定，如果大于规定应予更换。（2）检查静止隔爆器结合面、操纵杆与杆孔隔爆面结合面的最大间隙 W 应符合表4.44规定（3）螺纹防爆结合面不少于6扣。（4）防爆结合面应涂非凝结性润滑脂或防腐剂防锈	

续表

检修内容	验收标准	备注
检查防爆外壳有无因外力损伤而发生局部变形或裂纹	防爆外壳若因外力而出现裂缝，建议更换新的防爆外壳。对于增安型电气设备的外壳，可采用一般电气产品外壳的修理工艺方法进行修理，以恢复其原来的防护等级，具体要求如下：内部装有裸露带电零部件的外壳，至少具有IP54的防护等级；内部仅装有绝缘带电零部件的外壳，至少具有IP44的防护等级	
（1）检查与修理电器元件。 （2）修理及更换易损耗的零部件	（1）内装电器元件的电气性能、发热、绝缘情况良好。 （2）检查防爆电器的运行记录，处理记录上的问题。 （3）内装防爆电器元件不得随意更换为其他非防爆电器元件。 （4）电器元件的检修参照有关电器元件检修标准	
检查调整各进出线口密封情况	（1）检查电气设备的配线连接是否牢固，并有防松措施。 （2）检查进、出线密封情况，密封圈老化情况。必要时更换密封圈	
检查防爆插销	（1）防爆插销在断电瞬间，外壳防爆结合面最大直径差W和最小有效长度应符合表4.47规定。 （2）检查插销，防止插头骤然拔脱的闭锁装置应可靠。 （3）检查插销插头插入后开关才能关合、开关在分断位置插头才能插入或拔脱的闭锁机构应可靠。 （4）必须保证插销在插头插入时，接地、接零插头应先接通。拔脱时，接地、接零插头应后断开	
检查接地、接零装置	检查防爆电器外壳的接地、接零装置应可靠	
绝缘测试	用500V兆欧表测量电器带电部分与金属外壳的绝缘电阻值不低于1MΩ	
通电试验	断开所有负荷电缆，接通电源；盖好各隔爆腔盖板，拧紧螺栓及各进出口密封圈应压紧；检查仪表及指示灯无误，试验操作机构动作灵活无卡阻现象，安全联锁可靠	

4.3.3 照明装置

4.3.3.1 适用范围

本节适用于三相四线制220V照明装置的维护及检修；规定了天然气处理厂三相四线制220V照明装置检修准备工作、检修内容和质量标准。

4.3.3.2 编写依据

（1）GB 3836.1《爆炸性环境 第1部分：设备 通用要求》。

（2）GB 3836.2《爆炸性环境 第2部分：由隔爆外壳"d"保护的设备》。

（3）GB 3836.16《爆炸性环境 第16部分：电气装置的检查和维护》。

（4）GB 50150《电气装置安装工程电气设备交接试验标准》。

（5）GB 50254《电气装置安装工程 低压电器施工及验收规范》。

（6）DL/T 5161.12《电气装置安装工程质量检验及评定规程 第12部分：低压电器施工质量检验》。

（7）DL/T 5759《配电系统电气装置安装工程施工及验收规范》。

（8）JB/T 3019《户内、户外防爆防腐低压电器》。

（9）照明装置制造厂的安装使用说明书。

4.3.3.3 检修准备
（1）根据设备状况，确定检修内容，编制检修计划、进度和方案。
（2）组织好检修人员，进行技术交底，完善检修方案，明确检修任务。
（3）备好检修用设备、材料、工器具、备品备件及文明、安全检修所用物品。
（4）做好安全防护措施，办理好工作票、动火票等。

4.3.3.4 检修内容
（1）日常维护及故障处理。
（2）灯泡（管）及其损坏件更换。
（3）照明箱清扫检修及更换。
（4）修复及更换损坏或脱落的灯具、接线盒、配管及电缆。
（5）开关检修与更换。
（6）照明控制器的检修。

4.3.3.5 验收标准

4.3.3.5.1 灯具检修
（1）灯具应保持其原有的防爆、防尘、防水性能，部件齐全，灯罩清扫干净。
（2）钢管配线的照明装置更换的灯具不得低于本防爆区域等级，灯泡不应超过设计容量。
（3）装配灯具的管内导线不准有接头，螺口灯头螺纹接零线。
（4）钢管配线的照明装置灯具与接线盒的连接管螺纹要紧密，不得使导线扭结，接头要牢固。
（5）碘钨灯管应保持水平状态，倾斜度不大于4℃。
（6）灯管周围不得有易燃物。
（7）灯管电极与灯座的接触稳固，不得松动或接触不实。
（8）灯管表面无油脂。
（9）不镀锌件应防腐。

4.3.3.5.2 开关检修
（1）防爆开关检修组装时应保持防爆结合面良好，螺栓齐全，密封紧密，动作灵活。
（2）防爆开关与配管连接处的螺纹应紧密。
（3）导线与开关连接牢固，开关应控制火线。

4.3.3.5.3 接线盒检修
（1）防爆接线盒应保持防爆性能，螺栓齐全，未用出线口应密封。
（2）钢管配线的照明装置接线盒与配管连接处螺纹应严密紧实。

4.3.3.5.4 导线更换
（1）导线及电缆更换应满足容量要求，导线绝缘强度不低于500V，电缆绝缘强度不低于1000V。
（2）导线及电缆部分更换选用的材质应与原导线相同，否则接头必须做特殊处理。
（3）导线连接应采用压接、螺栓连接或焊接。

（4）导线穿管，管口处应套绝缘管以防导线损伤。

（5）同一电路的导线应穿在同一管内，多股导线穿管时，导线截面积的总和应不超过管内截面积的 40%。

（6）导管内径不小于导线管束直径的 1.4~1.5 倍。

（7）导线连接处缠绕的绝缘带应严密防潮。

4.3.3.5.5 照明箱检修

（1）箱内外清洁，开关齐全，部件完整，操作灵活，各回路有编号并正确清晰。

（2）防爆照明箱检修组装时应保持防爆特性，螺栓齐全紧固密封良好。

（3）熔断器齐全配套，无损坏，熔丝应与负荷匹配，不允许超过导线允许电流。

（4）端子板牢固，接线无锈蚀，导线接触良好。

（5）每回路用 500V 兆欧表测试对地绝缘电阻值，每千伏不得低于 $1M\Omega$。

（6）配进出箱管，排列整齐美观，弯度均应一致，管头应用锁紧螺母或护口固定严密紧实。

（7）箱体应可靠接地。

4.3.3.5.6 总开关检修

（1）开关操作灵活，各部动、静触头接触良好，部件齐全。

（2）双回路自控电源控制回路动作可靠切换准确。

（3）熔断器应配套合理牢固，接触良好。

4.3.3.5.7 配管及电缆线路检修

（1）防爆场所配管的管壁厚度不应小于 3mm。

（2）在水泥混凝土及埋入地下的配线管壁厚不应小于 3mm。

（3）非防爆区配管，管与管的连接处与电气器具所有连接处均焊接跨接地线。

（4）防爆场所配管，管与管连接处应无滑扣，螺纹啮合应紧密。并涂有导电性能的防腐脂或磷化膏、204 润滑油脂、工业凡士林油。但不得缠绕麻及涂其他油脂，且有效扣数不少于 6 扣（指粗牙、圆柱螺纹）。其外露螺纹不宜过长，必须设锁紧螺母。

（5）防爆场所除设计有特殊规定外，连接处一般不得接跨接地线。

（6）防爆场所钢管配线的照明装置管与管之间连接、管与其他电器器具连接有困难时不准采用倒扣，应使用防爆活接头连接。

（7）管路通过楼板或地面引入其场所时，均应在楼板或地面的上方装设纵向式密封件，管径为 50mm 及以上的管路在距引入的接线箱 450mm 以内及每距 15m 处应装设一密封件。

（8）检修配管线路超过下列长度时，中间应设接线盒，其位置应便于穿线，见表 4.49。

表 4.49 配管线路中接线盒数量

配管长度超过（m）	应加接线盒	配管长度超过（m）	应加接线盒
45	无弯曲	20	两个弯曲
35	一个弯曲	12	三个弯曲

（9）配管水平或竖直敷设，允许偏差值 2m 以内 3mm，全长不超过管内径 1/2。

（10）配管弯曲处不应有折扁、裂缝、凹陷等现象，弯扁程度不应大于管外径 10%，弯曲半径一般不小于管外径 6 倍，如有一个弯曲时不小于管外径 4 倍。

（11）配管与建筑物的伸缩交叉的配管处应有补偿装置。

（12）电缆照明线路中间部分不允许有接头，接线盒及所连接电气器具进出线口处应有密封橡胶护套紧固锁紧螺母。

（13）电缆固定钢支架上应横平竖直，保持同一水平其高低不应超过 ±5mm，管卡子规格应与配管外径、电缆外径规格一致。

（14）配管弯曲处，终端处两侧应设管卡子支持点。管卡子布局均匀，线路中间支架与固定点距离应符合表 4.50 规定。

表 4.50 配管线路中接线盒数量

敷设方式	钢管名称	最大允许距离（m）			
		钢管直径 15～20mm	钢管直径 25～30mm	钢管直径 40～45mm	钢管直径 65～100mm
吊架、支架或沿墙敷设	厚钢管	1.5	3.0	3.5	3.5
	薄钢管	1	1.5	2	

（15）配管金属支架均应牢固接地，或接零。

4.3.3.5.8 照明控制器检修

（1）控制器每年进行一次检修。

（2）外观应清洁，盘面、键盘、显示器和指示灯齐全且指示准确。

（3）接线良好，插件和固定螺栓无松动和锈蚀现象。

（4）主回路的熔断器及阻容保护等元件无损伤过热现象。

（5）主回路调压元件无过热老化变色现象，必要时测量其主要参数。

（6）控制回路的元器件和插件应清洁无损伤、无脱焊、过热现象。

（7）输出电压精度与定时精度符合说明书要求。

4.3.3.6 质量验收表

照明装置质量验收表见表 4.51。

表 4.51 照明装置质量验收表

检修内容	验收标准	备注
灯具检修	（1）灯具应保持其原有的防爆、防尘、防水性能，部件齐全，灯罩清扫干净。 （2）钢管配线的照明装置更换的灯具不得低于本防爆区域等级，灯泡不应超过设计容量。 （3）装配灯具的管内导线不准有接头，螺口灯头螺纹接零线。 （4）钢管配线的照明装置灯具与接线盒的连接管螺纹要紧密，不得使导线扭结，接头要牢固。 （5）碘钨灯管应保持水平状态，倾斜度不大于4℃。 （6）灯管周围不得有易燃物。 （7）灯管电极与灯座的接触稳固，不得松动或接触不实。 （8）灯管表面无油脂。 （9）不镀锌件应防腐。	

续表

检修内容	验收标准	备注
防爆开关检修	（1）防爆开关检修组装时应保持防爆结合面良好，螺栓齐全，密封紧密，动作灵活。 （2）防爆开关与配管连接处的螺纹应紧密。 （3）导线与开关连接牢固，开关应控制火线	
接线盒检修	（1）防爆接线盒应保持防爆性能，螺栓齐全，未用出线口应密封。 （2）钢管配线的照明装置接线盒与配管连接处螺纹应严密紧实	
导线更换	（1）导线及电缆更换应满足容量要求，导线绝缘强度不低于500V，电缆绝缘强度不低于1000V。导线及电缆部分更换选用的材质应与原导线相同，否则接头必须做特殊处理。 （2）导线连接应采用压接、螺栓连接或焊接。 （3）导线穿管，管口处应套绝缘管以防导线损伤。 （4）同一电路的导线应穿在同一管内，多股导线穿管时，导线截面积的总和应不超过管内截面积的40%。 （5）导管内径不小于导线管束直径的1.4~1.5倍。 （6）导线连接处缠绕的绝缘带应严密防潮	
照明箱检修	（1）箱内外清洁，开关齐全，部件完整，操作灵活，各回路有编号并正确清晰。 （2）防爆照明箱检修组装时应保持防爆特性，螺栓齐全紧固密封良好。 （3）熔断器齐全配套，无损坏，熔丝应与负荷匹配，不允许超过导线允许电流。 （4）端子板牢固，接线无锈蚀，导线接触良好。 （5）每回路用500V兆欧表测试对地绝缘电阻值，每千伏不得低于1MΩ。 （6）配进出箱管，排列整齐美观，弯度均应一致，管头应用锁紧螺母或护口固定严米紧实。 （7）箱体应可靠接地	
总开关检修	（1）开关操作灵活，各动、静触头接触良好，部件齐全。 （2）双回路自控电源控制回路动作可靠切换准确。 （3）熔断器应配套合理牢固，接触良好	
配管及电缆线路检修	（1）防爆场所配管的管壁厚度不应小于3mm。 （2）在水泥混凝土及埋入地下的配线管厚不小于3mm。 （3）非防爆区配管，管与管的连接处与电气器具所有连接处均焊接跨地线。 （4）防爆场所配管，管与管连接处应无滑扣，螺纹啮合应紧密。并涂有导电性能的防腐脂或磷化膏、204润滑油脂、工业凡士林油。但不得缠绕麻及涂其他油脂，且有效扣数不少于6扣（指粗牙、圆柱螺纹）其外露螺纹不宜过长，必须设锁紧螺母。 （5）防爆场所除设计有特殊规定外，连接处一般不得接跨接地线。 （6）防爆场所钢管配线的照明装置管与管之间连接、管与其他电器器具连接有困难时不准采用倒扣，应使用防爆活接头连接。 （7）防爆场所配管，管径超过50mm不在墙、楼板处加隔离密封盒。 （8）管路通过楼板或地面引入其场所时，均应在楼板或地面的上方装设纵向式密封件，管径为50mm及以上的管路在距引入的接线箱450mm以内及每距15m处应装设一密封件。 （9）检修配管线路超过表4.49中的长度时，中间应设接线盒，其位置应便于穿线。 （10）配管水平或竖直敷设，允许偏差值2m以内3mm，全长不超过管内径1/2。 （11）配管弯曲处不应有折扁、裂缝、凹陷等现象，弯扁程度不应大于管外径10%，弯曲半径一般不小于管外径6倍，如有一个弯曲时不小于管外径4倍。 （12）配管与建筑物的伸缩交叉的配管处应有补偿装置。 （13）电缆照明线路中间部分不允许有接头，接线盒及所连接电气器具进出线口处应有密封橡胶护套紧固锁紧螺母。 （14）电缆固定钢支架上应横平竖直，保持同一水平其高低不应超过±5mm，管卡子规格应与配管外径、电缆外径规格一致。 （15）配管弯曲处，终端处两侧应设管卡子支持点。 （16）管卡子布局均匀，线路中间支架与固定点距离应符合表4.50规定。 （17）配管金属支架均应牢固接地，或接零	

续表

检修内容	验收标准	备注
照明控制器检修	（1）控制器每年进行一次检修。 （2）外观应清洁，盘面、键盘、显示器和指示灯齐全且指示准确。 （3）接线良好，插件和固定螺栓无松动和锈蚀现象。 （4）主回路的熔断器及阻容保护等元件无损伤过热现象。 （5）主回路调压元件无过热老化变色现象，必要时测量其主要参数。 （6）控制回路的元器件和插件应清洁无损伤、无脱焊、过热现象。 （7）输出电压精度与定时精度符合说明书要求	

4.3.4 UPS 及 EPS 装置

4.3.4.1 适用范围

本节适用于不间断电源（UPS）和应急电源（EPS）的维护及检修；规定了天然气处理厂 UPS 及 EPS 检修准备工作、检修内容和质量标准。

4.3.4.2 编写依据

（1）GB/T 14715《信息技术设备用不间断电源通用规范》。
（2）YD/T 1970.4《通信局（站）电源系统维护技术要求 第 4 部分：不间断电源（UPS）系统》。
（3）YD/T 1095《通信用交流不间断电源（UPS）》。
（4）YD/T 2062《通信用应急电源（EPS）》。
（5）UPS 及 EPS 制造厂的安装使用说明书。

4.3.4.3 检修准备

（1）根据设备的运行状况，确定检修内容，制定检修计划、进度和方案。
（2）组织好有接地施工资质的检修队伍，完善检修方案，明确检修任务和分工。
（3）准备好检修所需设备、材料、工器具、备品配件和安全检修所需物品和设施。
（4）准备好检修所需的表格和有关的图纸、资料等。
（5）进行作业前安全分析及技术交底，办理相应的工作票，做好安全措施。

4.3.4.4 检修内容

（1）清扫 UPS 及 EPS 装置。
（2）检查所有接线。
（3）校验所有表计。
（4）检查主回路元件。
（5）检查清扫插件。
（6）检修电源开关、控制开关。
（7）检修辅助系统。
（8）检查保护回路。
（9）检修蓄电池组。
（10）检查各信号显示系统、报警回路。

4.3.4.5 验收标准

4.3.4.5.1 解体检修

（1）外观应清洁，盘面应无脱漆、锈蚀，标志应正确、齐全。

（2）所有接线应无过热，元件、插件的固定螺栓应无松动和锈蚀。

（3）电压表、电流表、频率表等表计的检验，应符合表计检验规程。

（4）主电路中的各部件应无损伤和过热，电子元件应无脱焊、虚焊。

（5）所有插件应清洁，无损伤；插件上的电子元件应无脱焊、虚焊、过热、老化现象；功能参数符合说明书要求。

（6）所有开关应完好无损且动作灵活、可靠。

（7）照明、冷却等辅助系统应完好，运行正常。

（8）保护回路中的元器件应无损伤，继电器的整定值准确。

（9）检查蓄电池完好，蓄电池极柱、连接条清洁、无损伤变形、无松动；电池壳体无渗漏或变形；极柱、安全阀周围无结晶生卤现象。

（10）蓄电池组充电电压、电流正常，充电电流限流值、电池组告警电压值、电池组脱离电压值设置正确，蓄电池组充放电试验应符合第 4.3.6 节蓄电池容量及性能试验要求。

（11）输出电压误差、波形、相位偏差和输出电源频率、静态开关切换时间应符合说明书规定。

（12）UPS 逆变与旁路的压差应符合说明书规定、逆变与旁路转换时间应符合表 4.52 规定。

表 4.52 旁路逆变转换时间

项目	技术要求			备注
	Ⅰ	Ⅱ	Ⅲ	
旁路逆变转换时间（ms）	1	2	4	额定输出容量>10kVA
	1	4	8	额定输出容量≤10kVA

（13）各检测点的主要性能参数应符合说明书规定，说明书无规定时，应与初次检测结果相符（在相同的测试条件下）。

（14）主回路的绝缘电阻应大于 5MΩ。

（15）模拟保护动作时，信号显示系统应显示正确，报警电路应可靠报警。

（16）显示面板按键灵活、完好，显示的输入线电压、相电压、输入频率、功率因数、效率、负荷率、输出电压、输出频率、蓄电池充电电压及电流数据等与实测数据误差在 5% 以内，如有问题查明原因并解决。

（17）自冷却风扇故障后一般不维修，故障后应同型号替换，风扇电源类型（DC 或 AC）、电压、功率、安装尺寸等参数要与设备匹配，检修要求参照设备厂家技术说明书。

（18）机柜冷却风扇应工作正常，通风顺畅，输出处无明显的高温；过滤网或通风栅格及进出风口无堵塞、无杂音。

4.3.4.5.2 试运

带负荷运行 4h，其各性能指标符合要求，无异常现象。

4.3.4.6 质量验收表

UPS 及 EPS 装置质量验收表见表 4.53。

表 4.53 UPS 及 EPS 装置质量验收表

检修内容	验收标准	备注
清扫UPS及EPS装置	外观应清洁，盘面应无脱漆、锈蚀，标志应正确、齐全	
检查所有接线	所有接线应无过热，元件、插件的固定螺栓应无松动和锈蚀	
校验所有表计	电压表、电流表、频率表等表计的检验，应符合表计检验规程	
检查主回路元件	（1）主电路中的各部件应无损伤和过热，电子元件应无脱焊、虚焊。 （2）主回路的绝缘电阻应大于5MΩ	
检查清扫插件	所有插件应清洁，无损伤；插件上的电子元件应无脱焊、虚焊、过热、老化现象；功能参数符合说明书要求	
检修电源开关、控制开关	所有开关应完好无损且动作灵活、可靠	
检修辅助系统	照明、冷却等辅助系统应完好，运行正常	
检查保护回路	保护回路中的元器件应无损伤，继电器的整定值准确	
检修蓄电池组	（1）检查蓄电池完好，蓄电池极柱、连接条清洁、无损伤变形、无松动；电池壳体无渗漏或变形；极柱、安全阀周围无结晶生卤现象。 （2）蓄电池组充电电压、电流正常，充电电流限流值、电池组告警电压值、电池组脱离电压值设置正确，蓄电池组充放电试验应符合第4.3.6节蓄电池容量及性能试验要求	
检查各信号显示系统、报警回路	（1）显示面板按键灵活、完好，显示的输入线电压、相电压、输入频率、功率因数、效率、负荷率、输出电压、输出频率、蓄电池充电电压及电流数据等与实测数据误差在5%以内，如有问题查明原因并解决。 （2）模拟保护动作时，信号显示系统应显示正确，报警电路应可靠报警	
检查检测各主要显示参数及性能参数	（1）输出电压误差、波形、相位偏差和输出电源频率、静态开关切换时间应符合说明书规定。 （2）UPS逆变与旁路的压差应符合说明书规定、逆变与旁路转换时间应符合表4.52规定。 （3）各检测点的主要性能参数应符合说明书规定，说明书无规定时，应与初次检测结果相符（在相同的测试条件下）	
检查冷却通风系统及机柜	（1）自冷却风扇故障后一般不维修，故障后应同型号替换，风扇电源类型（DC或AC）、电压、功率、安装尺寸等参数要与设备匹配，检修要求参照设备厂家技术说明书。 （2）机柜冷却风扇应工作正常，通风顺畅，输出处无明显的高温；过滤网或通风栅格及进出风口无堵塞、无杂音	
试运	带负荷运行4h，其各性能指标符合要求，无异常现象	

4.3.5 直流电源装置

4.3.5.1 适用范围

本节适用于直流电源装置的维护及检修；规定了天然气处理厂直流电源装置检修准备

工作、检修内容和质量标准。

4.3.5.2　编写依据

（1）GB 50150《电气装置安装工程 电气设备交接试验标准》。

（2）GB 50254《电气装置安装工程 低压电器施工及验收规范》。

（3）DL/T 459《电力用直流电源设备》。

（4）DL/T 781《电力用高频开关整流模块》。

（5）DL/T 5161.12《电气装置安装工程质量检验及评定规程 第12部分：低压电器施工质量检验》。

（6）直流电源装置制造厂的安装使用说明书。

4.3.5.3　检修准备

（1）根据设备状况，确定检修内容，编制检修计划、进度和方案。

（2）组织好检修人员，进行技术交底，完善检修方案，明确检修任务。

（3）备好检修用设备、材料、工器具、备品备件及文明、安全检修所用物品。

（4）做好安全防护措施，办理好工作票、动火票等。

4.3.5.4　检修内容

（1）清扫直流电源装置。

（2）检查、紧固所有连接线。

（3）检查校验仪表。

（4）检查保护回路元器件。

（5）检查信号指示回路及报警回路。

（6）检查控制回路元器件。

（7）检查主回路元器件。

（8）检查辅助系统。

（9）检查充电装置（一般为高频开关整流模块）自冷却风扇。

（10）检查直流电源机柜冷却风扇。

4.3.5.5　验收标准

4.3.5.5.1　解体检修

（1）外观应清洁，盘面应无脱漆、锈蚀现象；盘面和元器件的各种标志应齐全、正确。

（2）所有接线应无过热，且线号清晰、正确，元件、插件的固定螺栓应无松动和锈蚀现象。

（3）所有开关、接触器应完整无缺陷，且动作灵活、可靠。

（4）电压表、电流表等表计的校验，应符合表计校验规程。

（5）过电压、过电流及短路等保护回路中的元器件，应齐全无损，其性能参数符合要求，继电器的整定值准确。

（6）信号回路和报警回路中的元件应无松动、损伤。

（7）控制回路的元器件和插件板，应清洁无损伤，插件上的电子元件，应无脱焊、过热现象，功能参数符合说明书的要求。

（8）整流变压器绝缘良好，无过热现象。

（9）滤波元件无变形、损伤等异常现象。
（10）主整流元件及高频开关功率模块的主要性能参数应符合元件的标准规定。
（11）降压回路硅元件无短路、断路现象。
（12）照明、冷却等辅助系统应完好，且运行正常。
（13）充电装置（一般为高频整流开关模块）自冷却风扇故障后一般不维修，故障后应同型号替换，风扇电源类型（DC或AC）、电压、功率、安装尺寸等参数要与充电装置契合，检修要求参照充电装置厂家技术说明书。
（14）直流电源机柜冷却风扇及过滤网表面应干净、无油污及灰尘，冷却风扇数量要满足散热要求，位置布置合理，内部元器件均应能得到冷却，工作时声音正常，噪声水平应符合要求；将柜门关好后，直流电源额定负荷工作状态下符合 DL/T 781《电力用高频开关整流模块》温升试验相关要求。

4.3.5.5.2　性能测试

（1）输出电压、电流的稳定精度，应符合说明书要求，说明书无规定时，输出电压整定在自动稳压范围内，其稳定精度不超过 ±2%；输出电流在额定值的20%～100%的范围内，其稳定精度不超过 ±5%。
（2）各检测点的主要性能参数，应符合说明书要求。
（3）主回路绝缘电阻，应大于5MΩ。

4.3.5.5.3　试验

直流电源装置试验项目与标准，见表4.54。

表 4.54　直流电源装置试验项目与标准

序号	项目	标准
1	保护动作模拟试验	信号显示及报警正确
2	回路切换试验	切换正确可靠
3	手动调节试验	手动电压、电流调节范围应符合说明书规定

4.3.5.5.4　试运

带负荷运行4h，其性能指标符合要求，无异常现象。

4.3.5.6　质量验收表

直流电源装置质量验收表见表4.55。

表 4.55　直流电源装置质量验收表

检修内容	验收标准	备注
清扫直流电源装置	外观应清洁，盘面应无脱漆、锈蚀现象；盘面和元器件的各种标志应齐全、正确	
检查、紧固所有连接线	所有接线应无过热，且线号清晰、正确，元件、插件的固定螺栓应无松动和锈蚀现象	
检查校验仪表	电压表、电流表等表计的校验，应符合表计校验规程	
检查保护回路元器件	过电压、过电流及短路等保护回路中的元器件，应齐全无损，其性能参数符合要求，继电器的整定值准确	

续表

检修内容	验收标准	备注
检查信号指示回路及报警回路	信号回路和报警回路中的元件应无松动、损伤	
检查控制回路元器件	控制回路的元器件和插件板，应清洁无损伤，插件上的电子元件，应无脱焊、过热现象，功能参数符合说明书的要求	
检查主回路元器件	（1）整流变压器绝缘良好，无过热现象。 （2）滤波元件无变形、损伤等异常现象。 （3）主整流元件及高频开关功率模块的主要性能参数应符合元件的标准规定。 （4）降压回路硅元件无短路、断路现象。 （5）所有开关、接触器应完整无缺陷，且动作灵活、可靠	
检查辅助系统	照明、冷却等辅助系统应完好，且运行正常	
检查充电装置（一般为高频开关整流模块）自冷却风扇	充电装置（一般为高频整流开关模块）自冷却风扇故障后一般不维修，故障后应同型号替换，风扇电源类型（DC或AC）、电压、功率、安装尺寸等参数要与充电装置契合，检修要求参照充电装置厂家技术说明书	
检查直流电源机柜冷却风扇	直流电源机柜冷却风扇及过滤网表面应干净、无油污及灰尘，冷却风扇数量要满足散热要求，位置布置合理，内部元器件均应能得到冷却，工作时声音正常，噪声水平应符合要求；将柜门关好后，直流电源额定负荷工作状态下符合DL/T 781—2021《电力用高频开关整流模块》温升试验相关要求	
性能测试	（1）输出电压、电流的稳定精度，应符合说明书要求，说明书无规定时，输出电压整定在自动稳压范围内，其稳定精度不超过±2%；输出电流在额定值的20%~100%的范围内，其稳定精度不超过±5%。 （2）各检测点的主要性能参数，应符合说明书要求。 （3）主回路绝缘电阻，应大于5MΩ	
试验	试验项目与标准，见表4.54	
试运	带负荷运行4h，其性能指标符合要求，无异常现象	

4.3.6 蓄电池

4.3.6.1 适用范围

本节适用于全封闭铅酸蓄电池的维护及检修；规定了天然气处理厂全封闭铅酸蓄电池检修准备工作、检修内容和质量标准。

4.3.6.2 编写依据

（1）GB 50150《电气装置安装工程 电气设备交接试验标准》。

（2）GB 50254《电气装置安装工程 低压电器施工及验收规范》。

（3）DL/T 637《电力用固定型阀控式铅酸蓄电池》。

（4）DL/T 5161.12《电气装置安装工程质量检验及评定规程 第12部分：低压电器施工质量检验》。

（5）YD/T 1970.10《通信局(站)电源系统维护技术要求 第10部分：阀控式密封铅酸蓄电池》。

（6）全封闭铅酸蓄电池制造厂的安装使用说明书。

4.3.6.3 检修准备

（1）根据设备状况，确定检修内容，编制检修计划、进度和方案。
（2）组织好检修人员，进行技术交底，完善检修方案，明确检修任务。
（3）备好检修用设备、材料、工器具、备品备件及文明、安全检修所用物品。
（4）做好安全防护措施，办理好工作票、动火票等。

4.3.6.4 检修内容

（1）检查清扫蓄电池及其室（柜）内的灰尘。
（2）测量电池端电压，抽检单节蓄电池电压、内阻并记录。
（3）检查蓄电池的浮充电流。
（4）对蓄电池进行均衡充电。
（5）紧固蓄电池接线柱。
（6）处理已发现的蓄电池缺陷。
（7）检查蓄电池的连接线。
（8）进行活化并核对蓄电池容量。

4.3.6.5 验收标准

4.3.6.5.1 检查清扫

（1）蓄电池外壳完好洁净，无变形和渗漏，导线和连接线连接可靠，无明显腐蚀。
（2）蓄电池台架牢固，绝缘支柱良好，室内清洁无尘，通风良好。

4.3.6.5.2 蓄电池活化

（1）蓄电池的活化和均衡充电应根据说明书进行。
（2）超深度放电或充电不当，使电池电压、电阻不平衡时，需要进行均衡充电。
（3）在充电过程中如温度超过45℃，必须采取措施或停止充电，或转换成浮充状态，以便令温度降下来。

4.3.6.5.3 容量试验

（1）蓄电池浮充状态容量试验：对于浮充状态的蓄电池，在活化前，按说明书要求的放电制度进行放电，并计算其容量。
（2）蓄电池浮充状态容量低于额定容量的50%时，应增大浮充电流或进行活化和均衡充电。
（3）蓄电池容量试验：蓄电池进行活化后，静置24h，按说明书要求进行放电，并计算其容量。
（4）经反复活化后，蓄电池容量仍低于额定容量的80%时，应进行鉴定处理。
（5）蓄电池进行容量试验后，要立即充电恢复其容量。
（6）蓄电池放电时，2V单节蓄电池终止电压一般为1.8V、6V单节蓄电池终止电压一般为5.25V、12V单节蓄电池终止电压一般为10.8V（放电电流小于$0.1C_{10}$），以上终止电压参照执行。
（7）蓄电池的活化可根据情况进行放、充电循环。
（8）测量蓄电池内阻应换算到15℃时的内阻为准。
（9）蓄电池放电后到充电的间隔时间，一般不应超过10h。

（10）蓄电池充电时，电解液温度不应超过45℃，否则应减小充电电流或暂时停止充电。
（11）电池的浮充电电流应符合说明书要求。
（12）蓄电池检修后的容量应在额定容量的80%以上。

4.3.6.5.4 性能试验

全封闭铅酸蓄电池性能试验项目与标准见表4.56。

表4.56 全封闭铅酸蓄电池性能试验项目与标准

序号	项目	标准
1	检查蓄电池容量	测量25℃，其容量应不低于额定容量的80%
2	测量每个电池电压	浮充时测量，应在2.25～2.3V范围内
3	测量蓄电池的内阻	符合说明书要求
4	测量蓄电池的绝缘电阻	（1）新电池绝缘电阻应不小于1MΩ。 （2）旧电池绝缘电阻应不小于100Ω/V

4.3.6.5.5 试运

试运方法：蓄电池应为浮充电方式。

4.3.6.6 质量验收表

蓄电池质量验收表见表4.57。

表4.57 蓄电池质量验收表

检修内容		验收标准	备注
检查清扫	检查清扫蓄电池及其室（柜）内的灰尘，连线是否可靠，有无泄漏或腐蚀	蓄电池外壳完好洁净，无变形和渗漏，导线和连接线连接可靠，无明显腐蚀	
	检查蓄电池台架是否牢固，绝缘支柱是否良好，通风设施	蓄电池台架牢固，绝缘支柱良好，室内清洁无尘，通风良好	
（1）紧固蓄电池接线柱。 （2）检查蓄电池的连接线		（1）蓄电池接线柱接线严紧牢固。 （2）连接线无老化变色现象	
处理已发现的蓄电池缺陷		按照蓄电池制造厂家要求	
（1）检查蓄电池的浮充电流。 （2）对蓄电池进行均衡充电		（1）检修前测量设置的浮充电流值，确定处于制造厂家推荐的合理的区间。 （2）蓄电池的浮充电流实际值与显示值一致。 （3）按照蓄电池制造厂家要求或容量试验相关要求	
测量电池端电压，抽检单节蓄电池电压、内阻并记录		按照容量试验要求记录	
进行活化并核对蓄电池容量		按照蓄电池活化及容量试验要求，不合格及时更换	
蓄电池活化		（1）蓄电池的活化和均衡充电应根据说明书进行。 （2）超深度放电或充电不当，使电池电压、电阻不平衡时，需要进行均衡充电。 （3）在充电过程中如温度超过45℃，必须采取措施或停止充电，或转换成浮充状态，以便令温度降下来	

续表

检修内容	验收标准	备注
容量试验	（1）蓄电池浮充状态容量试验：对于浮充状态的蓄电池，在活化前，按说明书要求的放电制度进行放电，并计算其容量。 （2）蓄电池浮充状态容量低于额定容量的50%时，应增大浮充电流或进行活化和均衡充电。 （3）蓄电池容量试验：蓄电池进行活化后，静置24h，按说明书要求进行放电，并计算其容量。 （4）经反复活化后，蓄电池容量仍低于额定容量的80%时，应进行鉴定处理。 （5）蓄电池进行容量试验后，要立即充电恢复其容量。 （6）蓄电池放电时，2V单节蓄电池终止电压一般为1.8V、6V单节蓄电池终止电压一般为5.25V、12V单节蓄电池终止电压一般为10.8V（放电电流小于$0.1C_{10}$），以上终止电压参照执行。 （7）蓄电池的活化可根据情况进行放、充电循环。 （8）测量蓄电池内阻应换算到15℃时的内阻为准。 （9）蓄电池放电后到充电的间隔时间，一般不应超过10h。 （10）蓄电池充电时，电解液温度不应超过45℃，否则应减小充电电流或暂时停止充电。 （11）电池的浮充电电流应符合说明书要求。 （12）蓄电池检修后的容量应在额定容量的80%以上	
性能测试	全封闭铅酸蓄电池性能试验项目与标准见表4.56	
试运	试运方法：蓄电池应为浮充电方式	

4.4 防雷设施

4.4.1 接地装置

4.4.1.1 适用范围

本节适用于设备（包括塔、罐、金属管道）、自备电站、电力线路和电气设备的工作接地、保护接地、防雷及防静电接地装置的维护及检修；规定了天然气处理厂接地装置检修准备工作、检修内容和质量标准。

本节不适用于电化防腐阴极保护接地装置。

4.4.1.2 编写依据

（1）GB 50057《建筑物防雷设计规范》。

（2）GB 50169《电气装置安装工程 接地装置施工及验收规范》。

（3）GB 50303《建筑电气工程施工质量验收规范》。

4.4.1.3 检修准备

（1）根据设备的运行状况，确定检修内容，制定检修计划、进度和方案。

（2）组织好有接地施工资质的检修队伍，完善检修方案，明确检修任务和分工。

（3）准备好检修所需设备、材料、工器具、备品配件和安全检修所需物品和设施。

（4）准备好检修所需的表格和有关的图纸、资料等。

（5）进行作业前安全分析及技术交底，办理相应的工作票，做好安全措施。

4.4.1.4 检修内容

(1)检查检修地面及埋地引线的连接点、螺栓和防腐。
(2)检查检修接地体。
(3)测量接地装置的接地电阻。

4.4.1.5 验收标准

4.4.1.5.1 检修地面及埋地引线

(1)更换已损坏的连接片及螺栓,对腐蚀截面大于原截面1/3的地面引线可采用并接线加强措施,其截面不小于原引线截面,且材质应相同。对地面引线应测量连接点的直流电阻和重刷防腐涂料。

(2)视情况抽查埋地引线的腐蚀情况,检查范围为入土段不少于0.5～1m。

(3)视情况更换地面引线、埋地引线及连接片、连接点。

(4)用螺栓连接的连接点接触面必须良好,螺栓必须紧固。

(5)人工接地装置或利用建筑物基础钢筋的接地装置必须在地面以上按设计要求位置设测试点,除自然引下线外,每根引下线与接地装置的连接处应设断接卡,断接卡的连接采用螺栓连接,接触面积与螺栓规格参见表4.58。

表 4.58 接触面积与螺栓规格

接触面积（mm²）	400	625	900	1400	2500
螺栓规格	M8	M10	M12	M16	M20
使用场合	室内		室外		

4.4.1.5.2 检查检修接地体

(1)抽查接地体的腐蚀情况（垂直接地体宜挖至裸露0.3m处）,当直径或截面积小于下述要求值时,就进行更换：圆钢φ10mm；扁钢截面为25mm×4mm；角钢厚度为4mm；钢管壁厚为3.5mm；经检查确认接地装置良好,可延长系统性检修周期,但必须做详细记录。

(2)防雷接地的人工接地装置的接地干线埋设,经人行通道处埋地深度不应小于1m,且应采取均压措施或在其上方铺设卵石或沥青地面。人工接地装置离开建（构）筑物、罐、塔等设备的水平距离不应小于3m。

(3)当设计无要求时,接地装置顶面埋设深度不应小于0.6m。圆钢、角钢及钢管接地极应垂直埋入地下,间距不应小于5m。接地装置的焊接应采用搭焊。搭接长度应符合下列规定：

①扁钢与扁钢搭接为扁钢宽度的2倍,不少于三面施焊。
②圆钢与圆钢搭接为圆钢直径的6倍,双面施焊。
③圆钢与扁钢搭接为圆钢直径的6倍,双面施焊。
④扁钢与钢管,扁钢与角钢焊接,紧贴外侧两面,或紧贴3/4钢管表面,上下两侧施焊；除埋设在混凝土中的焊接接头外,应有防腐措施。

(4)接地装置应集中引线,用干线把接地装置并联焊接成一个环路,干线的材质与接地装置焊接点的材质应相同,钢制的采用热浸镀锌扁钢,引出线不少于2处。

（5）当无设计要求时，接地装置的材料宜采用钢材，热浸镀锌处理。最小允许规格、尺寸应符合表 4.59，在腐蚀性较强的场所适当加大截面。

表 4.59 最小允许规格和尺寸

种类、规格及单位		敷设位置及使用类别			
		地上		地下	
		室内	室外	交流电流回路	直流电流回路
圆钢直径（mm）		6	8	10	12
扁钢	截面积（mm²）	60	100	100	100
	厚度（mm）	3	4	4	6
角钢厚度（mm）		2	2.5	4	6
钢管管壁厚度（mm）		2.5	2.5	3.5	4.5

（6）接地装置检修时应采取临时接地措施（接入接地干线）。
（7）检修所更换的接地装置的导体截面与材质均应符合规范要求。
（8）焊接必须牢固无虚焊、松脱，焊缝高应不小于 4mm。

4.4.1.5.3 测量接地装置的接地电阻

（1）接地装置的接地电阻必须符合表 4.60。

表 4.60 接地装置的试验项目和要求

序号	项目	要求	说明
1	有效接地系统的电力设备的接地电阻	$R \leqslant 2000/I$ 或 $R \leqslant 0.5\Omega$（当 $I>4000A$ 时），其中，I 为经接地网流入地中的短路电流，A；R 为考虑到季节变化的最大接地电阻，Ω	（1）测量接地电阻时，若在最小布极范围内土壤电阻率基本均匀，可采用各种补偿法，否则，应采用远离法在高土壤电阻率地区，接地电阻如按规定值要求，在技术经济上极不合理时，允许有较大的数值。但必须采取措施以保证发生接地短路时，在该接地网上：接触电压和跨步电压均不超过允许的数值；不发生高电位引外和低电位引内；3~10 kV阀式避雷器不动作。（2）在预防性试验前或每3年以及必要时验算一次短路电流值，并校验设备接地引下线的热稳定
2	非有效接地系统的电力设备的接地电阻	（1）当接地网与1 kV及以下设备共用接地时，接地电阻$R \leqslant 120/I$。（2）当接地网仅用于1 kV以上设备时，接地电阻$R \leqslant 250/I$。（3）在上述任一情况下，接地电阻一般不得大于10Ω	
3	利用大地作导体的电力设备的接地电阻	（1）长久使用时，接地电阻为$R \leqslant 50/I$。（2）临时利用时，接地电阻为$R \leqslant 100/I$	
4	1 kV以下电力设备的接地电阻	使用同一接地装置的所有这类电力设备，当总容量达到或超过100kVA时，其接地电阻不宜超过4Ω。如总容量小于100kVA时，则接地电阻允许大于4Ω，但不超过10Ω	对于在电源处接地的低压电力网（包括孤立运行的低压电力网）中的用电设备，只进行接零，不作接地。所用零线的接地电阻就是电源设备的接地电阻，其要求按本表序号2确定，但不得大于相同容量的低压设备的接地电阻

续表

序号	项目	要求	说明
5	独立微波站的接地电阻	不宜大于5Ω	
6	独立的燃油、易爆气体储罐及其管道的接地电阻	不宜大于30Ω	
7	露天配电设施避雷针的集中接地装置的接地电阻	不宜大于10Ω	与接地网连在一起的可不测量,但要求检查与接地网的连接情况,不得有开断、松脱或严重腐蚀等现象
8	发电房烟囱附近的吸风机及引风机处装设的集中接地装置的接地电阻	不宜大于10Ω	与接地网连在一起的可不测量,但要求检查与接地网的连接情况,不得有开断、松脱或严重腐蚀等现象
9	独立避雷针(线)的接地电阻	不宜大于10Ω	在高土壤电阻率地区难以将接地电阻降到10Ω时,允许有较大的数值,但应符合防止避雷针(线)对罐体及管、阀等反击的要求
10	与架空线直接连接的旋转电动机进线段排气式和阀式避雷器的接地电阻	排气式和阀式避雷器的接地电阻,分别不大于5Ω和3Ω,但对于300~1500kW的小型直配电动机,如不采用DL/T 620《交流电气装置的过电压保护和绝缘配合》中相应接线时,此值可酌情放宽	
11	有架空地线的线路杆塔的接地电阻	当杆塔高度在40m以下时,按下表要求,如杆塔高度达到或超过40m时,则取下表值50%,但当土壤电阻率大于2000Ω·m,接地电阻难以达到15Ω时可增加至20Ω 土壤电阻率(Ω·m) | 接地电阻(Ω) 100及以下 | 10 100~500 | 15 500~1000 | 20 1000~2000 | 25 2000以上 | 30	对于高度在40m以下的杆塔,如土壤电阻率很高,接地电阻难以降到30Ω时,可采用6~8根总长不超过500m的放射形接地体或连续伸长接地体,其接地电阻可不受限制。但对于高度达到或超过40m的杆塔,其接地电阻也不宜超过20Ω
12	无架空地线的线路杆塔接地电阻	种类 | 接地电阻(Ω) 非有效接地系统的钢筋混凝土杆、金属杆 | 30 中性点不接地的低压电力网的线路钢筋混凝土杆、金属杆 | 50 低压进户线绝缘子铁脚 | 30	

4.4.1.6 质量验收表

接地装置质量验收表见表4.61。

表 4.61 接地装置质量验收表

检修内容	验收标准	备注
检修地面及埋地引线	（1）更换已损坏的连接片及螺栓，对腐蚀截面大于原截面1/3的地面引线可采用并接线加强措施，其截面不小于原引线截面，且材质应相同。对地面引线应测量连接点的直流电阻和重刷防腐涂料。 （2）视情况抽查埋地引线的腐蚀情况，检查范围为入土段不少于0.5～1m。 （3）视情况更换地面引线、埋地引线及连接片、连接点。 （4）用螺栓连接的连接点接触面必须良好，螺栓必须紧固。 （5）人工接地装置或利用建筑物基础钢筋的接地装置必须在地面以上按设计要求位置设测试点，除自然引下线外，每根引下线与接地装置的连接处应设断接卡，断接卡的连接采用螺栓连接，接触面积与螺栓规格参见表4.58	
检查接地体	抽查接地体的腐蚀情况（垂直接地体宜挖至裸露0.3m处），当直径或截面积小于下述要求值时，就进行更换：圆钢ϕ10mm；扁钢截面为25mm×4mm；角钢厚度为4mm；钢管壁厚为3.5mm；经检查确认接地装置良好，可延长系统性检修周期，但必须做详细记录	
检修接地体	（1）防雷接地的人工接地装置的接地干线埋设，经人行通道处埋地深度不应小于1m，且应采取均压措施或在其上方铺设卵石或沥青地面。人工接地装置离开建（构）筑物、罐、塔等设备的水平距离不应小于3m。 （2）当设计无要求时，接地装置顶面埋设深度不应小于0.6m。圆钢、角钢及钢管接地极应垂直埋入地下，间距不应小于5m。 （3）接地装置应集中引线，用干线把接地装置并联焊接成一个环路，干线的材质与接地装置焊接点的材质应相同，钢制的采用热浸镀锌扁钢，引出线不少于2处。 （4）当无设计要求时，接地装置的材料宜采用钢材，热浸镀锌处理。最小允许规格、尺寸应符合表4.59，在腐蚀性较强的场所适当加大截面。 （5）接地装置检修时应采取临时接地措施（接入接地干线）。 （6）检修所更换的接地装置的导体截面与材质均应符合规范要求。 （7）焊接必须牢固无虚焊、松脱，焊缝高应不小于4mm	
测量接地装置的接地电阻	接地装置的接地电阻必须符合表4.60	

4.4.2 避雷线（网）及避雷针塔

4.4.2.1 适用范围

本节适用于备电站、电力线路避雷针、避雷网、避雷线的维护及检修；规定了天然气处理厂避雷线（网）及避雷针塔检修准备工作、检修内容和质量标准。

4.4.2.2 编写依据

（1）GB 50057《建筑物防雷设计规范》。

（2）GB 50169《电气装置安装工程 接地装置施工及验收规范》。

（3）GB 50303《建筑电气工程施工质量验收规范》。

4.4.2.3 检修准备

（1）根据设备的运行状况，确定检修内容，制定检修计划、进度和方案。

（2）组织好有接地施工资质的检修队伍，完善检修方案，明确检修任务和分工。

（3）准备好检修所需设备、材料、工器具、备品配件和安全检修所需物品和设施。

（4）准备好检修所需的表格和有关的图纸、资料等。

（5）进行作业前安全分析及技术交底，办理相应的工作票，做好安全措施。

4.4.2.4 检修内容

（1）检查避雷针及引下线有否断裂、腐蚀，更换避雷针接闪器、接地引下线。

（2）检查避雷线（网）及引下线有否断裂、腐蚀，紧固避雷线夹紧螺栓，调整避雷线的弛度，更换避雷线。

（3）更换紧固金具。

（4）避雷针塔紧固螺栓金属构件除锈刷漆，避雷针塔身补强处理。

4.4.2.5 验收标准

（1）避雷线的弛度应在设计弛度的 -2.5%～6% 范围内。

（2）避雷针塔倾斜度允许范围应符合：混凝土塔不大于15‰；50m以下高度的铁塔不大于10‰；50m以上高度的铁塔不大于5‰。

（3）避雷线（网）因腐蚀、损伤减少截面占总面积5%～17%时，应采取补修法处理；腐蚀和损伤减少截面超过17%时，应切断重接。

（4）钢筋混凝土结构的避雷针杆塔的保护层无脱落，钢筋不外露。

4.4.2.6 质量验收表

避雷线（网）及避雷针塔质量验收表见表4.62。

表4.62 避雷线（网）及避雷针塔质量验收表

	检修内容	验收标准	备注
避雷塔（针）	（1）检查避雷针及引下线有否断裂、腐蚀，更换避雷针接闪器、接地引下线。 （2）避雷针塔紧固螺栓金属构件除锈刷漆，避雷针塔身补强处理	（1）避雷针塔倾斜度允许范围应符合：混凝土塔不大于15‰；50m以下高度的铁塔不大于10‰；50m以上高度的铁塔不大于5‰。 （2）钢筋混凝土结构的避雷针杆塔的保护层无脱落，钢筋不外露	
避雷线（网）	（1）检查避雷线（网）及引下线有否断裂、腐蚀紧固避雷线夹紧螺栓，调整避雷线的弛度。 （2）更换避雷线。 （3）更换紧固金具	（1）避雷线的弛度应在设计弛度的-2.5%～6%范围内。 （2）避雷线（网）因腐蚀、损伤减少截面占总面积5%～17%时，应采取补修法处理；腐蚀和损伤减少截面超过17%时，应切断重接	

4.4.3 金属氧化物避雷器

4.4.3.1 适用范围

本节适用于金属氧化物避雷器的维护及检修；规定了天然气处理厂金属氧化物避雷器检修准备工作、检修内容和质量标准。

4.4.3.2 编写依据

（1）GB 50057《建筑物防雷设计规范》。

(2) GB 50169《电气装置安装工程 接地装置施工及验收规范》。
(3) GB 50303《建筑电气工程施工质量验收规范》。
(4) DL/T 596《电力设备预防性试验规程》。
(5) 氧化锌避雷器制造厂的安装使用说明书。

4.4.3.3 检修准备

(1) 根据设备的运行状况，确定检修内容，制定检修计划、进度和方案。
(2) 组织好有接地施工资质的检修队伍，完善检修方案，明确检修任务和分工。
(3) 准备好检修所需设备、材料、工器具、备品配件和安全检修所需物品和设施。
(4) 准备好检修所需的表格和有关的图纸、资料等。
(5) 进行作业前安全分析及技术交底，办理相应的工作票，做好安全措施。

4.4.3.4 检修内容

金属氧化物避雷器，是由氧化锌或氧化铋等具有压敏性能的压敏电阻片组合成的新型阀式避雷器。具有理想的阀特性。金属氧化物避雷器一般不进行系统性检修，只结合电气预防性试验或被保护设备检修时进行如下的工作：

(1) 检查外观，瓷瓶有否裂纹、损伤。
(2) 用干净的布擦拭外表，使表面清洁。

4.4.3.5 验收标准

按表 4.63 进行试验，试验不合格的及时更换。

表 4.63 金属氧化物避雷器试验项目及要求

序号	项目	要求	说明
1	绝缘电阻	35 kV 以上，不低于 2500MΩ；35 kV 以下，不低于 1000MΩ	采用 2500V 及以上兆欧表
2	1mA 直流参考电压值（U1mA）及 0.75U1mA 下的泄漏电流	(1) 不低于 GB 11032《交流无间隙金属氧化物避雷器》规定值。(2) U1mA 实测值与初始值或制造厂规定值比较，变化不应大于 ±5%。(3) 0.75U1mA 下的泄漏电流不应大于 50μA	(1) 要记录试验时的环境温度和相对湿度。(2) 测量电流的导线应使用屏蔽线。(3) 初始值系指交接试验和投产试验时的测量值
3	运行电压下的交流泄漏电流	测量运行电压下的全电流、阻性电流或功率损耗、测量值与初始值比较，有明显变化时加强监测，当阻性电流增加 1 倍时，应停电检查	应记录测量时的环境温度、相对湿度和运行电压。测量宜在瓷瓶表面干燥时进行，应注意相间干扰的影响
4	工频参考电流下的工频参考电压	应符合 GB 11032《交流无间隙金属氧化物避雷器》和制造厂规定	(1) 测量环境温度为 (20±15)℃。(2) 测量应每节单独进行，整相避雷器有一节不合格，应更换该节避雷器（或整相更换），保证该相避雷器为合格
5	底座绝缘电阻	自行规定	采用 2500V 及以上的兆欧表
6	检查放电计数器的动作情况	测试 3~5 次，均应正常动作，测试后计数器指示应调到 "0"	

4.4.3.6 质量验收表

金属氧化物避雷器质量验收表见表4.64。

表 4.64 金属氧化物避雷器质量验收表

检修内容	验收标准	备注
金属氧化物避雷器一般不进行系统性检修，只结合电气预防性试验或被保护设备检修时进行如下的工作： （1）检查外观，瓷瓶有无裂纹、损伤。 （2）用干净的布擦拭外表，使表面清洁	（1）检查金属氧化物避雷器外表面洁净、完好，有损伤时更换。 （2）参照表4.63进行试验，试验不合格的及时更换	

4.4.4 过电压保护器

4.4.4.1 适用范围

本节适用于过电压保护器的维护及检修；规定了天然气处理厂过电压保护器检修准备工作、检修内容和质量标准。

4.4.4.2 编写依据

（1）GB 50057《建筑物防雷设计规范》。
（2）GB 50169《电气装置安装工程 接地装置施工及验收规范》。
（3）GB 50303《建筑电气工程施工质量验收规范》。
（4）DL/T 596《电力设备预防性试验规程》。
（5）过电压保护器制造厂的安装使用说明书。

4.4.4.3 检修准备

（1）根据设备的运行状况，确定检修内容，制定检修计划、进度和方案。
（2）组织好有接地施工资质的检修队伍，完善检修方案，明确检修任务和分工。
（3）准备好检修所需设备、材料、工器具、备品配件和安全检修所需物品和设施。
（4）准备好检修所需的表格和有关的图纸、资料等。
（5）进行作业前安全分析及技术交底，办理相应的工作票，做好安全措施。

4.4.4.4 检修内容

过电压保护器一般不进行系统性检修，只在每年结合电气预防性试验或被保护设备检修时进行如下的工作：用干净的布擦抹其外表，使表面清洁明亮。

4.4.4.5 验收标准

（1）工频放电试验，按照厂家要求进行，功放值应为标准的 −10% ~ 20%，若超过20%，不得投入运行。
（2）各类过电压保护器的合格标准见表4.65至表4.68。

表 4.65 TBP-A 系列（电动机型）合格标准

电动机额定电压（kV）	有效值	3.15	10.5
保护器持续运行电压（kV）		3.8	12.7
工频放电电压（不小于）（kV）		5.2	17.2
直流1mA参考电压（不小于）（kV）	峰值	5	16.5
1.2/50冲击放电电压及残压（不大于）（kV）		7.5	24.8
100A操作冲击电流残压（不大于）（kV）		7	23.1
500A雷电冲击电流残压（不大于）（kV）		7.5	24.8
200μs方波冲击电流（A）			
安全净距离（不小于）（mm）		100	
沿面爬电距离（不小于）（mm）		75	
最小相间距离（mm）		120	

表 4.66 TBP-B 系列（发电机、变压器、母线、开关型）合格标准

保护对象的额定电压（kV）	有效值	3.15	6.3	10.5	13.8	15.75	18	35
保护器持续运行电压（kV）		3.8	7.6	12.7	16.7	19	21.8	42
工频放电电压（不小于）（kV）		7	14	23.2	32.1	36.6	41.8	72
直流1mA参考电压（不小于）（kV）	峰值	6.8	13.6	22.5	31.2	35.5	40.6	70
1.2/50冲击放电电压（不大于）（kV）		10.2	20.4	33.8	46.8	53.3	60.9	105
500A操作冲击电流残压（不大于）（kV）		10.2	20.4	33.8	46.8	53.3	60.9	105
5000A雷电冲击电流残压（不大于）（kV）		12	24	40	55	62.5	71.5	119
2000μs方波冲击电流（A）		400						
安全净距离（不小于）（mm）		100	100	130	190	190	220	300
沿面爬电距离（不小于）（mm）		75	150	250	350	390	450	1050
最小相间距离（mm）		120	120	150	210	210	240	480

表 4.67 TBP-C 系列（并联补偿电容器型）合格标准

保护对象的额定电压（kV）	有效值	3.15	6.3	10.5	35
保护器持续运行电压（kV）		3.8	7.6	12.7	42
工频放电电压（不小于）（kV）		7.4	14.6	24.4	74
直流1mA参考电压（不小于）（kV）	峰值	6.9	13.8	23	70
500A操作冲击电流残压（不大于）（kV）		10.4	20.7	34.5	105
5000A雷电冲击电流残压（不大于）（kV）		11.7	23.4	39.1	119
2000μs方波冲击电流（A）		400			
安全净距离（不小于）（mm）		80	100	130	300
沿面爬电距离（不小于）（mm）		200	200	210	1050
最小相间距离（mm）		120	120	150	480

表 4.68　TBP-O 电动机中性点过电压保护器合格标准

保护器持续运行电压有效值（kV）	电动机额定电压有效值（kV）	雷电冲击电流残压（不大于）（kV）	直流1mA参考电压（不小于）（kV）
2.13	3.15	6.0	3.4
4.6	6.3	12.0	6.9
7.6	10.5	19.0	11.3

4.4.4.6　质量验收表

过电压保护器质量验收表见表 4.69。

表 4.69　过电压保护器质量验收表

检修内容	验收标准	备注
过电压保护器一般不进行系统性检修，只在每年结合电气预防性试验或被保护设备检修时进行如下的工作：用干净的布擦抹其外表，使表面清洁明亮	工频放电试验，按照厂家要求进行，功放值应为标准的−10%～20%，若超过20%，不得投入运行。各类过电压保护器的合格标准见表4.65至表4.68	

5 分析化验设备检修规程

5.1 适用范围

本章适用于天然气处理厂化验室产品指标、过程指标分析用仪器,主要有气相色谱仪、原子吸收分光光度计、紫外可见分光光度计、微库仑总硫分析仪、精密水露点分析仪、电位滴定仪、红外分光测油仪、化学需氧量(COD)测定仪、生物化学需氧量(BOD_5)测定仪、酸度计、浊度计等。

5.2 编写依据

(1)国家计量检定规程(JJG)。
(2)化验分析仪器说明书。

5.3 检修准备

(1)准备好检修用专业工具和一般工器具。
(2)准备好标准物质。
(3)准备好需要的化学药剂。

5.4 检修内容

5.4.1 一般要求

(1)外形完好,标志齐全,零部件完整,固定牢靠,机芯整洁。
(2)各开关、按钮和调节器均能正常工作。
(3)气路无堵塞,无泄漏;阀门转动灵活,调节灵敏。
(4)流量计和压力表指针升降平稳、示值准确。
(5)指示仪表刻度和数字清晰,指针转动灵活,回零到位,指示或显示准确。
(6)仪表电路与外壳之间的绝缘电阻不小于20MΩ。
(7)仪器的使用说明书、设备卡、验收记录、使用记录、维修记录和检校记录齐全。

5.4.2 气相色谱仪

（1）检查柱箱温度是否准确、程序升温重复性、基线噪声、基线漂移、灵敏度或检测限的检定是否符合其说明书的要求。

（2）检查流速稳定性、定量重复性、衰减器换挡误差是否准确。

（3）检查仪器内部积灰情况。

（4）检查气路系统有无泄漏、堵塞。

（5）检查电池电压是否满足使用要求。

（6）检查汽化室玻璃衬管是否完好、清洁，有无裂纹。

（7）检查色谱柱是否完好，满足实际工作需要。

（8）检查热电偶电压是否正常。

（9）检查六通阀有无泄漏、堵塞。

（10）质量技术监督管理部门检定是否合格。

5.4.3 原子吸收分光光度计

（1）检查波长示值误差与重复性。

（2）检查仪器分辨率。

（3）检查仪器边缘波长处，对砷 193.7nm，铯 852.1nm 谱线进行测定时其瞬时噪声。

（4）采用火焰法检查铜的浓度检出限［置信因子 CL（$K=3$）］和精密度（RSD）。

（5）采用石墨炉法检查镉的质量检出限［置信因子 QL（$K=3$）］、特征量（C.M.）和精密度（RSD）。

（6）检查样品溶液吸喷量和表观雾化率。

（7）检查背景衰减信号值。

（8）检查基线稳定性。

5.4.4 紫外可见分光光度计

（1）仪器处于工作状态时，检查电源有无漂移，光源有无抖动和闪耀现象。

（2）检查氢灯或氘灯是否正常起辉，样品室内亮度是否均匀，有无边界清晰的光斑。

（3）检查仪器的波长准确度。

（4）检查波长重复性。

（5）检查示值灵敏度。

（6）检查光度灵敏度。

（7）检查仪器稳定度。

（8）检查仪器换挡偏差。

（9）检查透射比的正确度和重复性。

（10）检查杂散光。

（11）质量技术监督管理部门检定是否合格。

5.4.5 微库仑总硫分析仪

（1）检查仪器基线。
（2）检查仪器的转化率和重复性。
（3）检查电源、保险管。
（4）检查仪器内部积灰。
（5）检查气路系统。
（6）检查热电偶。
（7）检查各管式炉升温。
（8）检查石英裂解管。
（9）检查各转子流量计。
（10）检查电解池。
（11）质量技术监督管理部门检定是否合格。

5.4.6 精密水露点分析仪

（1）检查露点室和传感器。
（2）检查采样气路是否清洁、气密性是否良好。
（3）检查热电制冷器制冷效果是否正常。
（4）检查露点仪的示值误差。

5.4.7 电位滴定仪

（1）检查滴定系统中各连接件是否配合紧密，有无漏液、渗液的现象，液路中有无气泡。
（2）检查电极是否完好。
（3）检查仪器的搅拌速度是否正常调节。
（4）检查电位滴定仪的电极引用误差、电计电位重复性、电计输入电流、电计输入阻抗、仪器控制滴定灵敏度、滴定重复性是否满足技术要求。
（5）检查滴定管容量允差。
（6）质量技术监督管理部门检定是否合格。

5.4.8 红外分光测油仪

（1）检查仪器示值误差。
（2）检查仪器重复性。
（3）检查仪器零点漂移。
（4）检查仪器稳定性。
（5）质量技术监督管理部门检定是否合格。

5.4.9 化学需氧量（COD）测定仪

5.4.9.1 分光光度原理类仪器

（1）检查仪器温度示值误差。
（2）检查仪器温度均匀性。
（3）检查仪器消解时间示值误差。
（4）检查仪器示值误差。
（5）检查仪器重复性。
（6）检查仪器稳定性。
（7）质量技术监督管理部门检定是否合格。

5.4.9.2 电化学原理类仪器

（1）检查仪器示值误差。
（2）检查仪器重复性。
（3）质量技术监督管理部门检定是否合格。

5.4.10 生物化学需氧量（BOD_5）测定仪

（1）检查仪器测量系统的气密性。
（2）检查仪器的基本误差。
（3）检查仪器的线性。
（4）检查仪器的稳定性（零点漂移和量程漂移）。
（5）质量技术监督管理部门检定是否合格。

5.4.11 酸度计

（1）检查玻璃电极有无裂纹。
（2）检查内参比电极有无浸入内充溶液中。
（3）检查电极是否被污染。
（4）检查实验室酸度计（pH值计）是否满足技术指标要求。
（5）质量技术监督管理部门检定是否合格。

5.4.12 浊度计

（1）检查仪器的零点漂移。
（2）检查仪器的示值稳定性。
（3）检查仪器的重复性。
（4）质量技术监督管理部门检定是否合格。

5.4.13 溶解氧分析仪

（1）检查仪器极化电极效果。

(2)检查仪器电极是否完好。
(3)检查标定清理。
(4)质量技术监督管理部门检定是否合格。

5.5 验收标准

5.5.1 气相色谱仪

(1)柱箱温度准确、程序升温重复性、基线噪声、基线漂移、灵敏度或检测限的检定应符合其说明书的要求。

(2)流速稳定性、定量重复性、衰减器换挡误差项目的检定,应符合表5.1 的规定。

表5.1 气相色谱仪的主要技术指标

检定项目	技术指标	
	TCD(热导池检测器)	FID(氢火焰检测器)
载气流速稳定性(10min)(%)	1	—
柱箱温度稳定性(10min)(%)	0.5	0.5
程序升温重复性(%)	2	2
基线噪声(mV)	≤0.1	$\leq 1 \times 10^{-12}$①
基线漂移(30min)(mV)	≤0.2	$\leq 1 \times 10^{-11}$①
灵敏度(mV·mL/mg)	≥1000	—
检测限(g/s)	—	5×10^{-10}

①此单位为 A。

(3)仪器内部元器件无灰尘。
(4)检查气路系统无泄漏、堵塞。
(5)电池电压满足使用要求。
(6)汽化室玻璃衬管完好、清洁,无裂纹。
(7)色谱柱完好,满足实际工作需要。
(8)热电偶电压正常。
(9)六通阀无泄漏、堵塞。
(10)质量技术监督管理部门检定合格。

5.5.2 原子吸收分光光度计

(1)波长示值误差不大于 ±0.5nm,波长重复性优于 0.3nm。
(2)仪器光谱带宽为 0.2nm 时,应可分辨锰 279.5nm 和 279.8nm 双线。
(3)在仪器边缘波长处,应能对砷 193.7nm,铯 852.1nm 谱线进行测定,其瞬时噪声应小于 0.03A。

（4）火焰法测定铜的浓度检出限［CL（置信因子$K=3$）］和精密度（RSD）应分别不大于$0.02\mu g/mL$和1.5%。

（5）石墨炉法测定镉的质量检出限［QL（置信因子$K=3$）］、特征量（C.M.）和精密度（RSD），新仪器应分别不大于2pg、1pg和5%，使用中和修理后的仪器分别不大于4pg、2pg和7%。

（6）样品溶液注入量应不小于3mL/min；雾化率应不小于8%。

（7）在背景衰减信号约为1A时，校正后的信号应不大于该值的1/30。

5.5.3 紫外可见分光光度计

（1）仪器处于工作状态时，电源无漂移，光源无抖动和闪耀现象。

（2）氢灯或氘灯能正常起辉，仪器的波长度盘置于580nm处，在样品室内应能看到亮度均匀，边界清晰的光斑，光斑的亮度应随狭缝宽度的增大而增强。

（3）仪器的波长准确度应符合表5.2的要求。

表5.2 波长准确度

波长（nm）	准确度（nm）		波长（nm）	准确度（nm）	
	棱镜	光栅		棱镜	光栅
200	±0.2	±0.5	486.13	±1.0	±0.5
253.65	±0.3		（486.00）	±1.0	
296.73	±0.7		500	±1.1	
300	±0.4		528.7	±1.2	
313.15	±0.5		546.07	±1.3	
365.02	±0.6		579.07	±1.4	
400	±0.7		600	±1.5	
404.66	±0.7		690.72	±2.7	
435.83	±0.9		800	±4.0	
			808	±4.0	

（4）波长重复性：不大于相应波长准确度绝对值的1/2。

（5）示值灵敏度：仪器的透射比改变1%时，指零仪表指针的偏转应大于2mm；数字显示仪器不作要求。

（6）在相应波长下仪器的狭缝宽度即光度灵敏度，应不大于表5.3的规定。

表5.3 光度灵敏度

波长（nm）		200	625	800
狭缝宽度（nm）	蓝敏光电管	0.5	0.1	
	红敏光电管		0.06	0.1

（7）暗电流在三分钟内飘移所引起的透射比示值变化应小于 0.2%；光电流在三分钟内飘移所引起的透射比示值变化应小于 0.5%，数字显示仪器在探测器工作的情况下，允许末位数字有 ±1 的变动；电源电压 220V 变化 ±10% 时，所引起的透射比示值变化应不超过 ±0.5%。

（8）仪器选择开关（或按键）换挡所引起的透射比示值偏差应不超过 ±0.2%。

（9）仪器的透射比正确度与透射比重复性不超过表 5.4 的规定。

表 5.4 透射比正确度与透射比重复性

仪器情况	新仪器		使用中和修理后的仪器
正确度（%）	紫外光区	±0.6	—
	可见光区	±0.5	
重复性（%）	0.2		0.3

（10）检修后的仪器杂散光不大于 0.8%。

（11）经质量技术监督管理部门检定合格。

5.5.4 微库仑总硫分析仪

（1）基线验收：电位势能稳定在 −0.5 ~ +0.5mV 内的某一值上，漂移不大于 0.2mV。

（2）仪器的转化率和重复性，应符合表 5.5 的规定。

表 5.5 仪器的转化率和重复性

标气中硫含量（mg/m³）	样品进样量（mL）	转化率（%）	重复性（%）
100 ~ 1000	1	80 ± 5	<3
10 ~ 100	5	75 ± 5	<5
1 ~ 10	10	65 ± 5	<10

（3）仪器指示灯发光正常。

（4）仪器内部无灰尘。

（5）各连接点无泄漏。

（6）热电偶两头电压正常。

（7）各管式炉升温正常。

（8）石英裂解管无破损、无积碳。

（9）转子流量计浮子上下正常，显示稳定。

（10）对标气分析结果正常，电解池内所装固体碘正常，池内铂片无污染。

（11）经质量技术监督管理部门检定合格。

5.5.5 精密水露点分析仪

（1）露点室内无微粒、油污等污染物污染、镜面无划痕，所有光学器件无松动。

（2）采样气路清洁、气密性良好。

（3）热电制冷器制冷工作正常。

（4）露点仪按其最大允许误差分为一级和二级，露点仪的示值误差为仪器测量的平均值 Td 与计量检定值 Td' 之差，露点仪在露点温度 –70℃ ~ +40℃ 之间的最大允许误差应符合表 5.6 中的要求。

表 5.6 最大允许误差的要求

露点温度范围（℃）	–70 ~ –50	–50 ~ –20	–20 ~ +40
一级（最大允许误差）（℃）	0.3	0.2	0.15
二级（最大允许误差）（℃）	0.6	0.4	0.3

5.5.6 电位滴定仪

（1）滴定系统中各连接件配合紧密，无漏液、渗液的现象，液路中无气泡存在。

（2）电极完好。

（3）仪器的搅拌速度能快慢连续调节。

（4）电位滴定仪电极引用误差、电计电位重复性、电计输入电流、电计输入阻抗、仪器控制滴定灵敏度、滴定重复性的技术要求，应符合表 5.7 的规定。

表 5.7 电位滴定仪的技术要求

仪器级别	项目					
	电极引用误差（%）	电计电位重复性（%）	电计输入电流（A）	电计输入阻抗（Ω）	仪器控制滴定灵敏度（mV）	滴定重复性（%）
0.05	≤ ± 0.05	≤ 0.025	≤ 1×10^{-12}	3×10^{12}	≤ ± 3	≤ 0.2
0.1	≤ ± 0.1	≤ 0.05	≤ 2×10^{-12}	1×10^{12}	≤ ± 5	≤ 0.2
0.5	≤ ± 0.5	≤ 0.25	≤ 6×10^{-12}	1×10^{11}	≤ ± 10	≤ 0.3

（5）在标准温度 20℃ 时，滴定系统中滴定管的标称总容量至任意分量的误差，应不超过表 5.8 的规定；一级仪器配套的滴定管应满足 A 级的要求。

表 5.8 滴定管容量允差

滴定管标称总容量（mL）		2	5	10	15	20	25	50	100
容量允差（mL）	A	± 0.010	± 0..010	± 0.025	± 0.030	± 0.035	± 0.04	± 0.05	± 0.10
	B	± 0.020	± 0..020	± 0.050	± 0.060	± 0.070	± 0.08	± 0.10	± 0.20

（6）经质量技术监督管理部门检定合格。

5.5.7 红外分光测油仪

（1）选用规定浓度范围的相应标准物质进行检定，仪器的示值误差限为 ±5%。
（2）在相同的测量条件下，用同一标准物质进行连续 6 次测量，测量值的相对标准偏差应不大于 2%。
（3）在检定条件下，仪器连续运行 30min 后，零点漂移不应超过 2%。
（4）在检定条件下，3h 内稳定性不超过 5%。
（5）经质量技术监督管理部门检定合格。

5.5.8 化学需氧量（COD）测定仪

5.5.8.1 分光光度原理类仪器
（1）仪器在正常工作时，温度示值误差应不超过 ±2℃。
（2）仪器的温场均匀性应不大于 3℃。
（3）仪器消解时间示值误差不超过 ±2℃。
（4）在规定条件下，仪器示值误差应不超过 ±8%。
（5）在规定条件下，测量重复性应不大于 3%。
（6）仪器在 20min 内 COD 值变化小于 6mg/L 或吸光度值小于 0.005A（对不直接显示 COD 值的仪器）。
（7）质量技术监督管理部门检定合格。

5.5.8.2 电化学原理类仪器
（1）在规定条件下，仪器示值误差应不超过 ±2.0mg/L。
（2）在规定条件下，测量重复性应不大于 2%。
（3）质量技术监督管理部门检定合格。

5.5.9 生物化学需氧量（BOD_5）测定仪

（1）仪器的测量系统应密封，各部分不得有漏气现象。
（2）仪器测量无水亚硫酸钠标准溶液耗氧量的准确度为 ±5%。
（3）仪器在量程有效范围内的测量误差不应超过 ±5%。
（4）仪器连续运行到规定的时间（用于连续测量且测量过程中不能校正的仪器规定时间为 7 天，其他仪器规定时间为 7h）后，其零点漂移和量程漂移总量不大于基本误差。
（5）经质量技术监督管理部门检定合格。

5.5.10 酸度计

（1）玻璃电极无裂纹。
（2）内参比电极应浸入内充溶液中。
（3）电极没有被污染。
（4）实验室酸度计（pH 值计）的技术指标，应符合表 5.9 的规定。

表 5.9　酸度计的技术指标

分度值或最小显示值	电极示值误差（pH值）	输入电流（A）	输入阻抗引起的示值误差（pH值）	近似等效输入阻抗（Ω）
0.01	±0.01	6×10^{-12}	±0.01	3×10^{10}
温度补偿器误差（pH值）	电计示值重复性（pH值）	仪器示值总误差（pH值）	仪器示值重复性（pH值）	
±0.01	±0.01	±0.02	±0.01	

（5）经质量技术监督管理部门检定合格。

5.5.11　浊度计

（1）在 30min 内不超过所在量程范围的满量程值的 ±1.5%。

（2）在 30min 内的示值稳定性不超过所在量程范围的满量程值的 ±1.5%，仪器的示值相对误差应不大于 ±10%。

（3）当对同一样品重复进行测量时，测量值的相对标准偏差应不大于 2%。

（4）经质量技术监督管理部门检定合格。

5.5.12　溶解氧分析仪

（1）极化电极。

（2）破裂或膜表面受损，电极响应速度变慢，电极标定数值偏大，更换电极膜。

（3）仪器示值有偏差，可进行标定：数据标定，样品标定，空气标定，零点标定，温度标定。

（4）质量技术监督管理部门检定是否合格。

5.6　质量验收表

分析化验质量验收表见表 5.10。

表 5.10　分析化验质量验收表

	检修内容	验收标准	备注
气相色谱仪	气路系统密封性	符合GB/T 30431《实验室气相色谱仪》的规定，并且质量技术监督管理部门检定合格	
	柱箱温度控制系统		
	检测器系统		
	毛细管系统		
	仪器启动时间		
	仪器的定性和定量重复性		

续表

检修内容		验收标准	备注
原子吸收分光光度计	波长准确度与重复性	符合GB/T 21187《原子吸收分光光度计》的规定，并且质量技术监督管理部门检定合格	
	分辨率		
	基线稳定性		
	灵敏度		
	检出限		
	重复性		
	吸光度误差		
	边缘波长噪声		
	背景校正能力		
	狭缝换挡定位误差		
	安全要求		
	外观要求		
紫外可见分光光度计	波长准确度及重复性	符合JJF 1641《紫外可见分光光度计型式评价大纲》的规定，并且经质量技术监督管理部门检定合格	
	分辨率		
	透射比准确度及重复性		
	杂光		
	稳定性		
	外电压变化引起的透射比变化		
	基线直线性		
	漂移		
	噪声		
	安全要求		
微库仑总硫分析仪	基线稳定性	电位势能稳定在$-0.5 \sim +0.5$mV内的某一值上，漂移不大于0.2mV	
	仪器的转化率和重复性	符合表5.5的规定	
	电源和保险管	仪器指示灯发光正常	
	内部积灰	内部无积灰	
	气路系统密闭性	各连接点无泄漏	
	热电偶电压	热电偶电压正常，测量准确	
	各管式炉升温情况	各管式炉升温正常	
	石英裂解管	石英裂解管无破损、无积碳	
	转子流量计	浮子上下正常，显示稳定	
	电解池	电解池内所装固体碘正常，池内铂片无玷污，并且经质量技术监督管理部门检定合格	

续表

检修内容		验收标准	备注
精密水露点分析仪	露点仪的示值误差	符合JJG 499《精密露点仪检定规程》的规定，并且经质量技术监督管理部门检定合格	
	露点室和传感器		
	镜面、发光管、接收管或声表面波器件		
	气路管线密闭性		
	仪器外观		
电位滴定仪	滴定系统中各连接件及液路系统	各连接件配合紧密，无漏液、渗液的现象，液路中无气泡存在	
	电极是否完好	电极完好	
	搅拌速度是否正常调节	搅拌速度能快慢连续调节	
	电位滴定仪的电极引用误差、电计电位重复性、电计输入电流、电计输入阻抗、仪器控制滴定灵敏度、滴定重复性	符合JJG 814《自动电位滴定仪检定规程》的规定，并且经质量技术监督管理部门检定合格	
	滴定管容量允差	符合GB/T 12805《实验室玻璃仪器 滴定管》的规定。	
红外分光测油仪	仪器示值误差	符合JJG 950《水中油分浓度分析仪》的规定，经质量技术监督管理部门检定合格	
	重复性		
	零点漂移		
	稳定性		
	外观、电源电压的影响及绝缘电阻情况		
化学需氧量（COD）测定仪	温度示值误差	检修质量应符合JJG 975《化学需氧量（COD）测定仪检定规程》的规定，经质量技术监督管理部门检定合格	
	温度均匀性		
	消解时间示值误差		
	仪器示值误差		
	重复性		
	稳定性		
生物化学需氧量（BOD_5）测定仪	测量系统的气密封	各部分连接紧固，无漏气现象	
	基本误差	测量无水亚硫酸钠标准溶液耗氧量的准确度为±5%	
	仪器的线性	仪器量程有效范围内的测量误差不应超过±5%	
	仪器的稳定性	仪器其零点漂移和量程漂移总量不大于基本误差，经质量技术监督管理部门检定合格	
酸度计	法制计量管理标志和标识	符合JJG 119《实验室pH（酸度）计检定规程》的规定，经质量技术监督管理部门检定合格	
	玻璃电极和参比电极情况		
	外观及紧固件情况		

续表

	检修内容	验收标准	备注
浊度计	零点漂移	在30min内不超过所在量程范围的满量程值的±1.5%	
	示值稳定性	在30min内示值稳定性不超过所在量程范围的满量程值的±1.5%，仪器的示值相对误差应不大于±10%	
	重复性	当对同一样品重复进行测量时，测量值的相对标准偏差应不大于2%，经质量技术监督管理部门检定合格	
溶解氧分析仪	极化电极效果	极化电极正常	
	电极是否完好	电极标定合格	
	仪器的标定情况	仪器示值标定合格；质量技术监督管理部门检定是否合格	

6 防腐工程检修规程

6.1 适用范围

本章内容适用于天然气处理厂地上设备、管道和钢结构表面的防腐工程的检修和验收。

6.2 编写依据

（1）GB/T 8923.1《涂覆涂料前钢材表面处理 表面清洁度的目视评定 第1部分：未涂覆过的钢材表面和全面清除原有涂层后的钢材表面的锈蚀等级和处理等级》。

（2）GB/T 8923.2《涂覆涂料前钢材表面处理 表面清洁度的目视评定 第2部分：已涂覆过的钢材表面局部清除原有涂层后处理等级》。

（3）GB/T 8923.3《涂覆涂料前钢材表面处理 表面清洁度的目视评定 第3部分：焊缝、边缘和其他区域的表面缺陷的处理等级》。

（4）GB/T 8923.4《涂覆涂料前钢材表面处理 表面清洁度的目视评定 第4部分：与高压水喷射处理有关的初始表面状态、处理等级和闪锈等级》。

（5）GB/T 13452.2《色漆和清漆 漆膜厚度的测定》。

（6）GB/T 18570.3《涂覆涂料前钢材表面处理 表面清洁度的评定试验 第3部分：涂覆涂料前钢材表面的灰尘评定（压敏粘带法）》。

（7）SH/T 3022《石油化工设备和管道涂料防腐蚀设计标准》。

（8）SH/T 3137《石油化工钢结构防火保护技术规范》。

（9）SH/T 3548《石油化工涂料防腐蚀工程施工质量验收规范》。

（10）SY/T 4113.7《管道防腐层性能试验方法 第7部分：厚度测试》。

（11）SY/T 0319《钢质储罐防腐层技术规范》。

（12）SY/T 0407《涂装前钢材表面处理规范》。

（13）SY/T 7036《石油天然气站场管道及设备外防腐层技术规范》。

6.3 检修准备

（1）完成检修方案审批。

（2）备齐图纸、技术资料、相关记录表格。

（3）备齐机具、量具、材料和劳动保护用品。
（4）设备已与系统隔离并上锁挂牌，介质已排放干净，清洗完成，氮气置换、空气吹扫合格。
（5）检修前各项检测指标符合有关安全要求。
（6）施工人员已完成安全教育和技术培训，且考核合格。
（7）完成检修前交底工作。
（8）办理作业许可，落实安全措施。
（9）相关防腐产品应有产品质量合格证，或有相关质检部门质量检验合格证。
（10）其他需要准备的工作。

6.4 检修内容

6.4.1 检修流程

地上设备、管道及钢结构防腐检修流程一般步骤为：拆除绝热层（若有）→表面处理及质量检查→防腐施工及质量检查→恢复绝热层（若有）。

6.4.2 表面处理及质量检查

地上设备、管道及钢结构基体表面除锈等级、表面粗糙度、灰尘度及盐分含量是否符合设计文件、产品技术文件或标准要求。

6.4.3 防腐施工及质量检查

（1）防腐产品品种、质量和匹配性是否符合设计文件、产品技术文件或标准要求。
（2）防腐施工后防腐层的结构、厚度和质量是否符合设计文件、产品技术文件或标准要求。

6.5 验收标准

6.5.1 表面处理及质量检查

（1）基材表面如有凹凸不平、焊缝及非圆弧拐角，应先进行处理。
（2）基材表面应无旧涂层，若存在应清除干净。
（3）基材表面如有毛刺、焊渣、积尘及疏松的氧化皮，应清除干净。
（4）基材表面如有油污和积垢，应按照 SY/T 0407《涂装前钢材表面预处理规范》规定的清洗方法进行清除处理。
（5）基材表面如被酸、碱、盐污染，可用高压水或热水冲洗。基材表面可溶性氯化物残留量不得高于 50mg/m^2。

（6）应按照SY/T 0407《涂装前钢材表面预处理规范》规定的方法对基材外表面进行磨料喷射处理。除锈等级应达到GB/T 8923.1《涂覆涂料前钢材表面处理 表面清洁度的目视评定 第1部分：未涂覆过的钢材表面和全面清除原有涂层后的钢材表面的锈蚀等级和处理等级》规定的Sa2.5级或Sa3级，只有在喷射处理无法到达的区域方可采用动力或手工工具进行处理，除锈等级应达到St3级。表面锚纹应符合涂料供方的要求，如果没有规定，采用液体涂料涂装时，锚纹深度应为40～75mm。

（7）喷射处理后，应采用干燥、洁净、无油污的压缩空气将表面吹扫干净，灰尘数量等级和灰尘尺寸等级应达到GB/T 18570.3《涂覆涂料前钢材表面处理 表面清洁度的评定试验 第3部分：涂覆涂料前钢材表面的灰尘评定（压敏粘带法）》规定的3级或3级以下。

6.5.2 防腐施工及质量检查

6.5.2.1 防腐蚀涂层结构要求

（1）外防腐蚀涂层结构。

外防腐蚀涂层结构可按照表6.1、表6.2对照检查，其他涂层结构可参照设计文件或产品说明书。

表6.1 无绝热层的防腐层结构

设计寿命（a）	防腐层结构	大气腐蚀分类	防腐层厚度（μm）			
			底漆	中间漆	面漆	设计总厚度
2～5	氯化橡胶（底+面）	中等以下腐蚀	60	—	80	140
		较强腐蚀	80	—	80	160
		强腐蚀	80	—	120	200
	氯醚（底+面）	中等以下腐蚀	60	—	80	140
		较强腐蚀	80	—	80	160
		强腐蚀	80	—	120	200
	高氯化（底+面）	中等以下腐蚀	60	—	80	140
		较强腐蚀	80	—	80	160
		强腐蚀	80	—	120	200
	环氧+聚氨酯	中等以下腐蚀	80	—	40	120
		较强腐蚀	100	—	60	160
5～15	环氧+聚氨酯	较强以下腐蚀	120	—	80	200
		强腐蚀	170	—	80	250
	环氧锌+环氧+聚氨酯；无机锌+环氧+聚氨酯	较强腐蚀	60	60	80	200
	环氧锌+环氧+氟碳；无机锌+环氧+氟碳	强腐蚀	80	90	80	250
	环氧锌+环氧+硅氧烷；无机锌+环氧+硅氧烷	强腐蚀	80	90	80	250

续表

设计寿命（a）	防腐层结构	大气腐蚀分类	防腐层厚度（μm）			
			底漆	中间漆	面漆	设计总厚度
≥15	环氧+环氧+聚氨酯；无机锌+环氧+聚氨酯	中等以下腐蚀	80	90	80	250
	环氧+环氧+氟碳；环氧锌+环氧+氟碳；无机锌+环氧+氟碳	较强腐蚀	80	140	80	300
		强腐蚀	80	140	100	320
	环氧+环氧+硅氧烷；环氧锌+环氧+硅氧烷；无机锌+环氧+硅氧烷	较强腐蚀	80	140	80	300
		强腐蚀	80	140	100	320

注：氯化橡胶＝水性氯化橡胶涂料；无机锌＝无机富锌涂料；环氧锌＝环氧富锌涂料；硅氧烷＝聚硅氧烷涂料；氯醚＝氯醚橡胶涂料；聚氨酯＝丙烯酸聚氨酯涂料；氟碳＝交联型氟碳涂料；环氧＝液体环氧（或改性环氧）涂料；高氯化＝高氯化聚乙烯涂料。

表6.2 有绝热层的防腐层结构

底漆			面漆			设计总厚度（μm）
类型	道数	涂膜厚度（μm）	类型	道数	涂膜厚度（μm）	
酚醛改性环氧涂料	1~2	120	酚醛改性环氧涂料	1~2	130	250
无溶剂环氧涂料	1	100	无溶剂环氧涂料	1~2	200	300

（2）内防腐蚀涂层结构。

内防腐蚀涂层结构可按照表6.3至表6.5对照检查，其他涂层结构可参照设计文件或产品说明书。

表6.3 油罐内壁不同部位防腐层最小干膜厚度

涂料品种	部位	最小干膜厚度（μm）	
		普通级	加强级
溶剂型环氧树脂涂料 无溶剂环氧树脂涂料 环氧玻璃鳞片涂料 环氧酚醛涂料	罐底、罐顶及罐壁油水线以下（浮顶罐浮顶底板外表面除外）	300	400
	罐壁（油水线以上）	250	350
	附件	300	400
漆酚环氧涂料	罐底、罐顶及罐壁油水线以下（浮顶罐浮顶底板外表面除外）	250	300
	罐壁（油水线以上）	200	250
	附件	250	300
无机富锌涂料	浮仓内表面及浮仓内型钢	75（最大不超过100）	
水性环氧树脂涂料	浮仓内表面及浮仓内型钢	150	

表 6.4　污水罐内壁防腐层最小干膜厚度

涂料品种	部位	最小干膜厚度（μm）	
		普通级	加强级
溶剂型环氧树脂涂料 无溶剂环氧树脂涂料 环氧玻璃鳞片涂料 环氧酚醛涂料	罐底及罐顶	300	400
	罐壁及附件	250	350

表 6.5　清水罐内壁防腐层最小干膜厚度

涂料品种	部位	最小干膜厚度（μm）	
		普通级	加强级
溶剂型环氧树脂涂料 无溶剂环氧树脂涂料 环氧玻璃鳞片涂料	罐内壁及附件	250	300

6.5.2.2　涂层质量检查

（1）外观检验。

涂层应全部目测检查。涂层表面应平整连续、光滑，并且不得有流挂、漏涂、发黏、脱皮、鼓泡、龟裂等缺陷存在，如有则在缺陷处复涂。

（2）厚度检验。

按照 GB/T 13452.2《色漆和清漆　漆膜厚度的测定》的规定，用磁性测厚仪测定干膜厚度。设备每 $10m^2$、管道每 80m 时抽检 5 处；设备不足 $10m^2$、管道不足 80m 时抽检 3 处。防腐干膜厚度检测结果符合第 6.5.2.1 节的规定为合格。

厚度不符合规定厚度时，应复涂；厚度超过总干膜厚度 3 倍以上时，应重涂。

（3）漏点检验。

宜采用低压湿海绵法对所有涂敷表面进行检测，检漏电压不超过 100V，无漏点为合格。

检查出的漏点应进行修补或复涂。防腐层的漏点平均每平方米不超过 1 个时，可进行修补。防腐层平均每平方米有 1 个以上漏点时，应进行全面复涂。

（4）附着力检查。

涂层干膜厚度小于 150μm 时，采用 GB/T 9286《色漆和清漆　划格试验》中规定的划格法进行检测，0 级为合格；涂层干膜厚度大于 150μm 时，宜采用 GB/T 5210《色漆和清漆拉开法附着力试验》进行检测，底漆为无机富锌底漆时，附着力应大于 3MPa；底漆为其他防腐层附着力应大于 5MPa。

附着力检查时，应将设备表面划分成面积相近的三部分，在每个部分至少检测一点，若合格，则该部分附着力合格；若有测点不合格，对不合格部分应加倍检查，若仍有一处不合格，则该部分的涂层附着力判为不合格。

因附着力检验损坏的涂层应进行修补。不合格的涂层不允许修补，应按标准进行重涂。

6.5.3 质量验收表

防腐工程质量验收表见表6.6。

表6.6 防腐工程质量验收表

检修内容		验收标准	备注
表面处理及质量检查	盐分含量	可溶性氯化物残留量不得高于50mg/m^2	
	除锈等级	机械除锈Sa2.5级或Sa3级；手动除锈St3	
	表面粗糙度	锚纹深度为40～75μm	
	灰尘度	3级或3级以下	
防腐施工及质量检查	涂料品种及匹配性	外防腐蚀涂层结构参照表6.1、表6.2对照检查；内防腐蚀涂层结构参照表6.3至表6.5，其他涂层结构可参照设计文件或产品说明书	
	外观检验	涂层应全部目测检查。涂层表面应平整连续、光滑，并且不得有流挂、漏涂、发黏、脱皮、鼓泡、龟裂等缺陷存在，如有则复涂	
	厚度检验	厚度不符合规定厚度时，应复涂；厚度超过总干膜厚度3倍以上时，应重涂	
	漏点检验	漏点平均每平方米不超过1个时，可进行修补；防腐层平均每平方米有1个以上漏点时，应进行全面复涂	
	附着力检查	涂层干膜厚度小于150μm时，采用划格法检测，0级为合格；涂层干膜厚度大于150μm时，采用拉开附着力法进行检测，其中，底漆为无机富锌底漆时，附着力应大于3MPa，底漆为其他防腐层时，附着力应大于5MPa。因附着力检验损坏的涂层应进行修补。不合格的涂层不允许修补，应按标准进行重涂	

7 绝热工程检修规程

7.1 适用范围

本章适用于天然气处理厂设备及管道介质温度范围为 $-196 \sim +850℃$ 的外部绝热工程的检修和验收。

7.2 编写依据

（1）GB/T 8174《设备及管道绝热效果的测试与评价》。
（2）GB/T 8175《设备及管道绝热设计导则》。
（3）GB 50126《工业设备及管道绝热工程施工规范》。
（4）GB 50185《工业设备及管道绝热工程施工质量验收标准》。
（5）GB 50264《工业设备及管道绝热工程设计规范》。
（6）GBZ 2.1《工作场所有害因素职业接触限值 第1部分：化学有害因素》。
（7）GBZ 2.2《工作场所有害因素职业接触限值 第2部分：物理因素》。

7.3 检修前的准备工作

（1）完成检修方案审批。
（2）备齐图纸、技术资料、相关记录表格。
（3）备齐机具、量具、材料和劳动保护用品。
（4）检修前各项检测指标符合有关安全要求。
（5）完成检修前交底工作。
（6）施工人员已完成安全教育和技术培训，且考核合格。
（7）办理作业许可，落实安全措施。
（8）设备及管道绝热施工必须在试压、除垢、除锈、涂漆、固定等工序合格后方可进行。
（9）其他需要准备的工作。

7.4 检修内容

7.4.1 绝热效果评价

（1）设备、管道的保温外表面散热损失是否在允许值范围内。
（2）设备、管道及其附件的保温外表面局部温度是否超过设计或允许值。

7.4.2 绝热层结构完整性

（1）保护层材料的材质、规格和性能应符合设计要求或相关产品标准的规定。对现场抽样的性能检测，应符合设计文件的要求或相关产品标准的规定；保护层形式可靠，接缝形式可根据具体情况，选用搭接、插接、咬接及嵌接形式；保护层无破损或者出现漏雨、渗水、结霜、结露现象；金属保护层的表面防腐涂层或者玻璃布保护层上的漆膜无明显脱落现象。

（2）防潮层材料的材质、规格和性能应符合设计要求或相关产品标准的规定。对现场抽样的性能检测，应符合设计文件的要求或相关产品标准的规定。

（3）绝热层。

①绝热材料的材质、规格和性能应符合设计要求或相关产品标准的规定。

②绝热材料及其制品的化学性能应稳定，对金属不得有腐蚀作用。

③用于填充结构的散装绝热材料，不得混有杂物及尘土。不宜采用直径小于0.3mm的多孔性颗粒类绝热材料。纤维类绝热材料的渣球含量应符合国家现行产品标准及设计文件的规定。

④绝热层厚度均匀，绝热材料制品缝隙处理严密。

7.4.3 绝热系统中的支架、吊架等部件检查

（1）用于绝热结构的固定件和支承件的材质和品种必须与设备及管道的材质相匹配。
（2）钩钉、销钉和螺栓的焊接或粘接应牢固。
（3）振动设备的螺栓连接，应有防止松动的措施。
（4）保温层的支承件不得外露。
（5）保冷层的支承件及其管道支架、吊架部位的垫块（沥青浸渍硬木或硬质塑料）不得漏设。
（6）绝热系统中的支架、吊架等部件无破损或错位。

7.5 验收标准

7.5.1 绝热效果

（1）测试的设备、管道的保温外表面散热损失值应遵循表7.1、表7.2要求，当测试数值超过允许最大散热损失值时视为不合格，应采取保温改造等技术措施。

表7.1 季节运行工况允许最大散热损失值

设备管道及附件外表面温度	K	323	373	423	473	523	573
	℃	50	100	150	200	250	300
允许最大散热损失	W/m²	116	163	203	244	279	308
	kcal/（m²·h）	100	140	175	210	240	265

表7.2 常年运行工况允许最大散热损失值

设备管道及附件外表面温度	K	323	373	423	473	523	573	623	673	723	773	823	873	923
	℃	50	100	150	200	250	300	350	400	450	500	550	600	650
允许最大散热损失	W/m²	58	93	116	140	163	186	209	227	244	262	279	296	314
	kcal/（m²·h）	50	80	100	120	140	160	180	190	210	225	240	255	270

（2）设备、管道及其附件的保温外表面局部温度有明确设计值的情况下，遵循设计要求；无明确设计值的情况下，环境温度低于或等于25℃时，设备及管道保温结构外表面温度不应超过50℃；环境温度高于25℃时，设备及管道保温结构外表面温度不应高于环境温度25℃。

7.5.2 绝热层结构完整性

（1）保护层应采用不燃性或难燃性材料；应抗大气腐蚀，抗老化，使用年限长，强度高，在环境使用温度及振动变化情况下不软化、脆裂或开裂；储存或输送易燃、易爆物料的设备管道，以及与此类管道架设在同一支架或相交叉处的其他管道，保护层必须采用不燃性材料；外观美观、无毒，便于施工，金属保护层表面涂料具有防火性能。

（2）防潮层材料的质量应符合以下规定：

①具有良好的抗蒸汽渗透性、密封性、黏结性、防水性和防潮性，对人体无害。

②耐大气腐蚀及生物侵袭；具有良好的化学稳定性，不得对其他材料产生腐蚀和溶解作用。

③在高温情况下不应软化、流淌或起泡，在低温时不应脆裂或脱落，在气温变化与振动情况下应保持完好的稳定性。

④干燥时间应短，在常温下可施工，保证操作方便。

（3）用于保温层的绝热材料及其制品，平均温度不大于623K时，导热系数值不得大于0.10W/（m·K）；用于保冷层的绝热材料及其制品，平均温度不小于300K时，导热系数值不得大于0.064W/（m·K）；用于保温的绝热材料及其制品，硬质绝热制品密度不得大于220kg/m³，半硬质绝热制品密度不得大于200kg/m³，软质绝热制品密度不得大于150kg/m³；用于保冷的绝热材料及其制品，其密度不得大于180kg/m³；用于保温的硬质无机成型绝热制品，其抗压强度不得小于0.3MPa，有机成型绝热制品的抗压强度不得小于0.2MPa；用于保冷的硬质无机成型绝热制品，其抗压强度不得小于0.3MPa，有机成型绝热制品的抗压强度不得小于0.15MPa。用于保温的绝热材料及其制品，含水率应小于7.5%；用于保冷的绝热材料及制品，含水率应小于1%。

（4）对管道设备保温检修施工工程质量验收的绝热层、防潮层、保护层的检查数量应符合以下要求：

①设备保温面积每50m²，管道保温长度每50m或不足50m，抽查3处；设备每处检查面积应为0.5m²，设备及管道每处检查布点不少于3个。

②可拆卸式绝热层的检查数量为每50个或不足50个均应抽查3个。

③当质量检查中有一处不合格时，应在不合格处附近加倍取点复查，仍有一处不合格时，应认定该处为不合格。

7.5.3 绝热系统中的支架、吊架等部件

（1）钩钉或销钉。

①钩钉或销钉可采用 ϕ3mm 至 ϕ6mm 镀锌铁丝或低碳圆钢制作，可直接焊装在碳钢设备或管道，不允许直接焊接时，设置在设备或管道布置的包箍体上。

②钩钉或销钉的安装间距不应大于350mm，每平方米面积上钩钉或销钉的数量，侧面不宜少于6个，底面不宜少于8个。

③当焊接钩钉或销钉时，应先用粉线在设备或管道壁上错行、对行、米字形或网形画出每个钩钉、销钉的位置。

④当保冷结构采用钩钉或销钉固定时，不得穿透保冷层，其长度应小于保冷层厚度10mm，且最小不得小于20mm。

（2）支承件。

①支承件不得设在有附件的位置，环面应水平设置，各托架筋板之间安装偏差不应大于10mm。

②当不允许直接焊于设备上时，应采用抱箍型支承件。

③支承件的承面宽度应小于绝热层厚度10～20mm。

7.5.4 质量验收表

绝热效果质量验收表见表7.3。

表7.3 绝热效果质量验收表

检修内容		验收标准	备注
绝热效果	设备、管道的保温外表面散热损失是否在允许值范围内	测试的设备、管道的保温外表面散热损失值应遵循GB/T 8174《设备及管道绝热效果的测试与评价》的要求	（1）检修施工应遵循GB 50126《工业设备及管道绝热工程施工规范》，质量验收方法可参考GB/T 8174《设备及管道绝热效果的测试与评价》。 （2）合格判定依据应遵照设计要求，设计无具体明确要求时，应遵循GB/T 8174《设备及管道绝热效果的测试与评价》中的要求
	设备、管道及其附件的保温外表面局部温度是否超过设计或允许值	（1）有明确设计值的情况下，遵循设计要求。 （2）无明确设计值的情况下，遵循GB 50264《工业设备及管道绝热工程设计规范》对保温结构外表面温度的要求： 环境温度低于或等于25℃时，设备及管道保温结构外表面温度不应超过50℃； 环境温度高于25℃时，设备及管道保温结构外表面温度不应高于环境温度25℃	检修施工应遵循GB 50126《工业设备及管道绝热工程施工规范》
绝热层结构完好性	保护层	（1）保护层材料的材质、规格和性能应符合设计要求或相关产品标准的规定。对现场抽样的性能检测，应符合设计文件的要求或相关产品标准的规定。对保护层材料的具体规定参考GB 50126《工业设备及管道绝热工程施工规范》的要求。 （2）保护层形式可靠，接缝形式可根据具体情况，选用搭接、插接、咬接及嵌接形式，并符合GB 50264《工业设备及管道绝热工程设计规范》的规定。 （3）保护层无破损或者出现漏雨、渗水、结霜、结露现象；金属保护层的表面防腐涂层或者玻璃布保护层上的漆膜无明显脱落现象	检修施工应遵循GB 50126《工业设备及管道绝热工程施工规范》
	防潮层	（1）防潮层材料的材质、规格和性能应符合设计要求或相关产品标准的规定。对现场抽样的性能检测，应符合设计文件的要求或相关产品标准的规定。对防潮层材料的具体规定参考GB 50126《工业设备及管道绝热工程施工规范》的要求。 （2）防潮层所有接头及层次应密实、连续、无漏设和机械损伤。 （3）表面平整、无气泡、翘口、脱层、开裂脱落等缺陷	检修施工应遵循GB 50126《工业设备及管道绝热工程施工规范》

续表

检修内容		验收标准	备注
绝热层结构完好性	绝热层	（1）保温、保冷材料的材质、规格和性能应符合设计要求或相关产品标准的规定。对现场抽样的性能检测，应符合设计文件的要求或相关产品标准的规定。对绝热层材料的材质、性能的具体规定参考GB 50126《工业设备及管道绝热工程施工规范》的要求。 （2）当用于保温层的绝热材料及其制品，其平均温度不大于623K时，导热系数值不得大于0.10W/（m·K）；当用于保冷层的绝热材料及其制品，其平均温度不小于300K时，导热系数值不得大于0.064 W/（m·K）。 （3）用于保温的绝热材料及其制品，硬质绝热制品密度不得大于220kg/m³，半硬质绝热制品密度不得大于200 kg/m³，软质绝热制品密度不得大于150 kg/m³；用于保冷的绝热材料及其制品，其密度不得大于180 kg/m³。 （4）用于保温的硬质无机成型绝热制品，其抗压强度不得小于0.3MPa，有机成型绝热制品的抗压强度不得小于0.2MPa；用于保冷的硬质无机成型绝热制品，其抗压强度不得小于0.3MPa，有机成型绝热制品的抗压强度不得小于0.15MPa。 （5）绝热材料及其制品的技术参数及性能，应符合设计文件的规定。 （6）绝热材料及其制品的化学性能应稳定，对金属不得有腐蚀作用。当用于奥氏体不锈钢设备或管道上时，其氯化物、氟化物、硅酸盐、钠离子的含量应符合 GB/T 17393《覆盖奥氏体不锈钢用绝热材料规范》的有关规定。 （7）用于填充结构的散装绝热材料，不得混有杂物及尘土。不宜采用直径小于0.3mm的多孔性颗粒类绝热材料。纤维类绝热材料的渣球含量应符合国家现行产品标准及设计文件的规定。 （8）用于保温的绝热材料及其制品，含水率应小于7.5%；用于保冷的绝热材料及其制品，含水率应小于1%。 （9）黏结剂、耐磨剂、密封剂性的性能应符合设计要求。 （10）绝热层厚度均匀，绝热材料制品缝隙处理严密	（1）检修施工应遵循GB 50126《工业设备及管道绝热工程施工规范》。 （2）对管道设备保温检修施工工程质量验收的绝热层、防潮层、保护层的检查数量应符合以下要求： ①设备保温面积每50m²，管道保温长度每50m或不足50m，抽查3处；设备每处检查面积应为0.5m²，设备及管道每处检查布点不少于3个。 ②可拆卸式绝热层的检查数量为每50个或不足50个均应抽查3个。 ③当质量检查中有一处不合格时，应在不合格处附近加倍取点复查，仍有一处不合格时，应认定该处为不合格
绝热系统中的支架、吊架等部件检查		（1）用于绝热结构的固定件和支承件的材质和品种必须与设备及管道的材质相匹配。 （2）钩钉、销钉和螺栓的焊接或黏接应牢固，符合GB 50126《工业设备及管道绝热工程施工规范》的规定。 （3）振动设备的螺栓连接，应有防止松动的措施。 （4）保温层的支承件不得外露，其安装间距应符合相关要求。 （5）保冷层的支承件及其管道支架、吊架部位的垫块（沥青浸渍硬木或硬质塑料）不得漏设。绝热系统中的支架、吊架等部件无破损或错位	检修施工应遵循GB 50126《工业设备及管道绝热工程施工规范》

333

8 其他装置检修规程

8.1 变压吸附（PSA）制氮装置

8.1.1 适用范围

本节适用于天然气处理厂变压吸附（PSA）制氮装置的检修和验收。

8.1.2 工作原理及结构

变压吸附制氮装置以经过除油、除尘、干燥后的压缩空气为原料，碳分子筛作吸附剂，采用变压吸附流程在常温低压下，利用空气中的氧气和氮气在碳分子筛中扩散速率不同，把氧气和氮气加以分离（图8.1）。变压吸附为无热源的吸附分离过程，碳分子筛对氧分子的吸附容量因其分压升高而增加，因其分压下降而减少，即碳分子筛在升压时吸附，降压时解吸，释放被吸附的氧分子，使碳分子筛再生，形成循环操作（升压、吸附、均压、降压、解吸、反吹、再升压吸附……）。

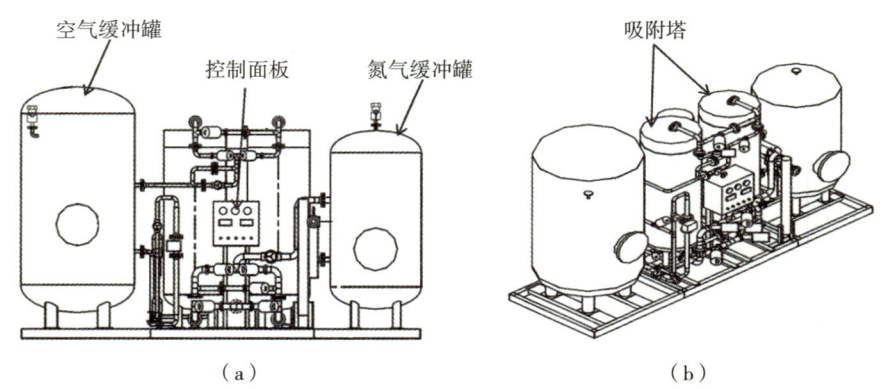

图 8.1 PSA 制氮装置结构

8.1.3 编写依据

（1）GB 150《压力容器》。
（2）JB/T 6427《变压吸附制氧、制氮设备》。

(3) SHS 01001《石油化工设备完好标准》。
(4) SHS 01004《压力容器维护检修规程》。
(5) TSG 21《固定式压力容器安全技术监察规程》。

8.1.4 检修准备

(1) 完成检修方案审批。
(2) 备齐图纸、技术资料、相关记录表格。
(3) 备齐机具、量具、材料和劳动保护用品。
(4) 设备已与系统隔离并上锁挂牌，介质已排放干净。
(5) 检修前各项检测指标符合有关安全要求。
(6) 完成检修前交底工作。
(7) 办理作业票据，落实安全措施。
(8) 其他需要准备的工作。

8.1.5 检修内容

(1) 对进气缓冲罐、吸附塔进行检查。
①清理罐内污物。
②检查进出口阀门、人孔、清扫孔等处是否完好。
③检查容器顶和壁是否变形，有无严重的凹陷、鼓包、折皱及渗漏穿孔。
④目检罐体焊缝，在检查中应特别注意罐壁与罐底间的角焊缝和底层壁板的纵、横焊缝以及进出口接管与罐体的连接焊缝有无渗漏和裂纹。检查罐体内、外部防腐层有无脱落。
⑤检查储罐基础有无下沉。
⑥检查排污系统有无泄漏。
(2) 对管线及仪表进行检查。
①对阀门进行保养，对关闭不严的阀门维修和更换。
②检查管线有无明显损伤。
③检查现场指示仪表。
④对自控仪表、氧含量分析仪、安全阀等仪器仪表进行调校。
(3) 氮气浓度低于 99.5% 时，检查吸附剂。
(4) 必要时对氮气压缩机及电动机进行检修。
(5) 检查过滤器内有无杂质，过滤器两端压差达到警戒区域时，对过滤器滤芯进行清理或更换。

8.1.6 验收标准

(1) 系统中氮气缓冲罐等压力容器及附件的验收参照第 1.6 节分离器的验收标准执行。
(2) 系统中吸附塔的验收参照第 1.8.2 节吸附塔/器的验收标准执行。

（3）阀门开关灵活，无渗漏。

（4）仪表自动化检修应执行产品技术标准，无要求时参照本书中相应类型仪表的检修要求执行。

（5）吸附剂的更换质量应符合设计文件和厂家技术标准的要求。

（6）压缩机检修应优先执行厂家修保手册和技术标准，无要求时可参照本书中相应类型压缩机的检修要求执行。

（7）过滤器两端压差在合理范围内，满足安全使用要求。

（8）系统调试、试压检漏、试运符合厂家技术标准和设计文件要求。

（9）满足 JB/T 6427《变压吸附制氧、制氮设备》技术要求、检验和试验方法。

8.1.7 质量验收表

变压吸附制氮装置质量验收表见表 8.1。

表 8.1 变压吸附制氮装置质量验收表

检修内容		验收标准	备注
进气缓冲罐、吸附塔、氮气储罐检查	清理罐内污物	容器内部无污垢、堵塞	
	检查进出口阀门、人孔、清扫孔等处	进出口阀门、人孔、清扫孔等处完好	
	检查容器顶和壁	容器顶和壁无变形，无严重的凹陷、鼓包、折皱及渗漏穿孔	
	目检罐体焊缝有无渗漏和裂纹	焊缝无渗漏和裂纹。必要时进行专业检测	
	检查罐体内、外部防腐层	容器外部防腐层及内部衬里或防腐层无裂纹、脱落、失效现象	
	检查储罐基础	基础无裂纹、破损、倾斜和下沉，地脚螺栓无松动	
	检查排污系统	排污系统无泄漏，管线完好	
管线及仪表检查	检查阀门开关情况	阀门开关灵活，无渗漏	
	检查管线外观	管线无明显损伤	
	检查现场指示仪表	现场仪表完好、有效	
吸附剂	根据氮气浓度检查吸附剂	吸附剂的更换质量应符合设计文件和厂家技术标准的要求	
氮气压缩机及电动机大修		压缩机检修应优先执行厂家修保手册和技术标准，无要求时可参照本书中相应类型压缩机的检修要求执行	
检查、清理过滤器		过滤器内无杂质	

8.2 消防系统

8.2.1 适用范围

本节适用于天然气处理厂生产装置检修期间消防系统的检修和验收。

本节尚未涉及的消防设施,其检查、测试和维护可参照相关规范、标准的要求进行。

8.2.2 编写依据

(1) GB 4351《手提式灭火器》。
(2) GB 8109《推车式灭火器》。
(3) GB 16668《干粉灭火系统及部件通用技术条件》。
(4) GB 25201《建筑消防设施的维护管理》。
(5) GB 29837《火灾探测报警产品的维修保养与报废》。
(6) GB 50116《火灾自动报警系统设计规范》。
(7) GB 50151《泡沫灭火系统技术标准》。
(8) GB 50183《石油天然气工程设计防火规范》。
(9) GB 50166《火灾自动报警系统施工及验收标准》。
(10) GB 50193《二氧化碳灭火系统设计规范(2010年版)》。
(11) GB 50219《水喷雾灭火系统技术规范》。
(12) GB 50261《自动喷水灭火系统施工及验收规范》。
(13) GB 50351《储罐区防火堤设计规范》。
(14) GB 50498《固定消防炮灭火系统施工与验收规范》。
(15) GB 50974《消防给水及消火栓系统技术规范》。
(16) GB 50263《气体灭火系统施工及验收规范》。
(17) XF 602《干粉灭火装置》。
(18) XF 503《建筑消防设施检测技术规程》。
(19) XF 588《消防产品现场检查判定规则》。
(20) SY/T 5225《石油天然气钻井、开发、储运防火防爆安全生产技术规程》。
(21) SY/T 6344《易燃和可燃液体防火规范》。

8.2.3 检修准备

(1) 备齐必要的图纸、技术资料、检修方案。
(2) 组织检修人员进行安全培训,并进行技术措施、安全措施、组织措施的交底,明确检修内容和要求。
(3) 根据检修内容备齐机具、量具、备品配件等。
(4) 准备记录表格,明确需测量和测试的部件及部位,做好标记,方便后期安装。

（5）电力、水系统隔离，卸除系统压力，排净系统介质，各项检测指标符合有关安全要求后，方可进行检修作业。

8.2.4 检修内容

8.2.4.1 水喷淋系统的检修

8.2.4.1.1 供水连接

（1）检查水压表。
（2）检查管网压力。
（3）过滤网清洁。
（4）单向阀或逆止阀的单向性检查。
（5）逆止闸门加注润滑油。
（6）检查闸阀的启闭性能。
（7）检查工作状态和禁动标志及锁闭装置。

8.2.4.1.2 系统组件

（1）喷淋头/喷嘴的外观检查，喷射区是否有障碍物（如标识牌，电缆管等）。
（2）外观检查喷淋头/喷嘴的状态（如脱落、破损、结垢、孔眼堵塞等）。
（3）检查喷淋头的分布。
（4）手报按钮是否靠近通道，使用灵敏。

8.2.4.1.3 系统管网

（1）供水管网、闸阀无锈蚀、开启正常，阀井无积水无杂物。
（2）供水管网过滤器无杂物堵塞，金属软管无渗漏。
（3）全面冲洗一次，以清除管内锈屑和杂物。
（4）查看管道是否有锈蚀或裂缝，外壁防锈涂层是否完好。

8.2.4.2 消防水泵检修

8.2.4.2.1 电动消防水泵

（1）检修冷却水系统：
①检查冷却水管线无堵塞，冬季加伴热。
②检查冷却水流程畅通。
（2）检修控制柜上仪表接线及按钮：
①零部件应完好、齐全并规格化。
②紧固件不得松动。
③可动件应灵活。
④端子接线应牢靠。
⑤可调件应处于可调节器位置。
⑥仪表线路敷设整齐。
⑦线路标号齐全、清晰、准确。
⑧仪表周围不应有腐蚀性气体。

⑨检查启动控制柜线路及按钮灵敏有效。

（3）检修控制柜所有仪表运行工况。

（4）检修泵的连接管线及泵体：

①检查密封填料及密封填料压盖。

②检查端盖、泵壳及底座螺栓有无松动。

③检查联轴器。

④检查压力表。

⑤清洗检查过滤器。

⑥检查联轴器的外表及同心度。

⑦检查清洗轴承，并加注润滑脂。

⑧检查轴的串动量（即平衡盘间隙）。

⑨检查前后轴承，测量轴承间隙。

⑩检查清洗叶轮、导叶固定螺栓及泵壳。

⑪检查测量叶轮密封环间隙。

⑫检查校正泵轴及联轴器和泵轴的配合。

⑬检查平衡盘与平衡环。

⑭检测电动机绝缘。

8.2.4.2.2 柴油消防水泵

（1）检修冷却水系统：

①检查冷却水管线有无堵塞，冬季加伴热。

②检查冷却区域流程是否畅通。

（2）检查启动控制柜线路及按钮：

①检修控制柜上仪表接线及按钮是否灵敏有效。

②零部件是否完好。

③紧固件是否有松动。

④可动件是否灵活。

⑤端子接线是否连接牢靠。

⑥可调件是否处于可调节器位置。

⑦仪表线路敷设是否整齐。

⑧线路标号是否齐全、清晰、准确。

⑨仪表周围是否存在腐蚀性气体。

（3）检修控制柜所有仪表运行工况：

①运行时，仪表的性能指标。

②正常情况下，能量转换元件温升是否正常。

（4）检修泵的连接管线及泵体：

①检查密封填料及密封填料压盖。

②检查端盖、泵壳及底座螺栓有无松动。

③检查联轴器。
④检查压力表。
⑤清洗检查过滤器。
⑥检查联轴器的外表及同心度。
⑦检查清洗轴承,并加注润滑脂。
⑧检查轴的串动量(即平衡盘间隙)。
⑨检查前后轴承,测量轴承间隙。
⑩检查清洗叶轮、固定螺栓及泵壳。
⑪检查测量叶轮密封环间隙。
⑫检查校正泵轴及联轴器和泵轴的配合。
⑬检查平衡盘与平衡环。
(5)检修油箱及油箱辅助设备:
①检查油箱有无破损、渗漏。
②检查油箱的零部件是否齐全完好有效。
③检查油箱出口开关是否灵活。

8.2.4.3 消防栓检修

(1)栓内配件是否齐备、完好。
(2)开关是否灵活,出水量是否符合设计情况。
(3)按设计压力试压,是否有渗漏。
(4)配套消防箱门开关是否灵活,箱体有无破损。
(5)配套消防箱内物料配备是否齐全,消防水带是否完好。
(6)消火栓外观有无锈蚀,是否存在渗漏,栓井内有无积水和杂物,闷盖、开关是否开启正常。
(7)寒冷地区冬季防冻措施是否到位。

8.2.4.4 消防电动阀检修

(1)检修电动阀线路:
①电动阀电缆有无破损、露线、老化现象。
②连接部位有无老化、脱胶现象。
③所有按钮是否接触良好。
(2)检修电动阀的密封系统:
①密封面磨损情况。
②阀杆和阀杆螺母的梯形螺纹磨损情况。
③填料是否过时失效,如有损坏应进行更换。
④阀门检修装配后,应进行密封性能试验。
(3)检修电动阀的阀体:
①阀体外观有无锈蚀、破裂、破损现象。
②对所有阀门重新刷漆防腐。

（4）检修电动阀的动力主动部分：
①送电断电检测电动阀执行机构是否灵活好用。
②观察驱动器是否能可靠启动或停止。

8.2.4.5 泡沫系统检修

（1）消防泵和备用动力进行启动试验。
（2）启泵按钮、指示灯及仪表应正常，应能按钮启停每台消防水泵。
（3）泡沫液储罐罐体或铭牌、标志牌上应清晰注明泡沫灭火剂的型号、配比浓度、泡沫灭火剂的有效日期和储量。
（4）泡沫液储罐的配件应齐全完好，液位计、呼吸阀、安全阀及压力表状态应正常。
（5）泡沫液储罐的泡沫灭火剂容量符合要求；检测泡沫灭火剂发泡倍数等质量、性能指标符合要求。
（6）比例混合器应符合设计选型；液流方向应正确。
（7）比例混合器阀门启闭应灵活，压力表应正常。
（8）泡沫产生器吸气孔、发泡网及暴露的泡沫喷射口，不得有杂物进入或堵塞；泡沫出口附近不得有阻挡泡沫喷射及泡沫流淌的障碍物。
（9）泡沫栓阀门启闭应灵活；泡沫栓水带箱中的消防水带、水枪应齐全完好，接口垫圈完整无缺。
（10）泡沫混合液主干线、支线控制阀门、放空阀门启闭应灵活。
（11）对泡沫混合液主管网进行全面冲洗，清除锈渣，对储罐泡沫混合液立管清除锈渣。

8.2.4.6 火灾自动报警系统检修

（1）对火灾自动报警系统各组件进行维修，保养。
（2）对火灾自动报警系统进行系统功能测试。

8.2.4.7 气体灭火系统检修

（1）检查瓶组与储罐铅封、压力表和标志牌及称重装置状态是否完好。
（2）检查喷嘴、管网有无堵塞，管网是否固定牢固。
（3）检查气体灭火控制器面板上所有的指示灯、显示器和音响器件的功能自检状态是否正常。
（4）检查主备电切换，主电源，备用直流电源的自动投入和主、备电源的状态显示是否正常。
（5）检查防护区内的声光报警装置，入口处的安全标志、声光报警装置，以及紧急启、停按钮状态是否正常。
（6）先后触发防护区内两个火灾探测器，检查气体灭火控制器的显示状态是否正常。

8.2.4.8 干粉灭火系统检修

（1）驱动气体测试。
（2）干粉系统功能测试。

8.2.4.9 消防水储罐检修

（1）检查消防水罐及管路的外观腐蚀情况，有无变形、裂纹、渗漏现象。

（2）检查消防水罐控制阀的开启状态。

（3）检查过滤器是否堵塞，过水能力是否满足要求。

（4）检查控制阀开关是否灵活，是否存在泄漏。

（5）检查水罐水位是否正常，水位显示或报警装置是否完好。

（6）检查消防水罐水质是否符合要求。

（7）补水设施、补水能力符合要求；寒冷地区防冻措施到位。

8.2.5 验收标准

8.2.5.1 水喷淋系统

水喷淋系统的检修质量符合 GB 50219《水喷雾灭火系统技术规范》、GB 50261《自动喷水灭火系统施工及验收规范》的规定。

全面试运行一次，启泵后消防管网最末端 5min 内出水，供水强度满足设计使用要求。

8.2.5.2 消防水泵

电动消防水泵、柴油消防水泵检修维护按厂家设备手册的要求执行；无要求时参照以下部分执行。

（1）冷却水系统管线无堵塞，冷却区域流程畅通。

（2）控制柜上仪表接线及按钮。

①零部件完好、齐全并规格化。

②紧固件无松动。

③可动件灵活。

④端子接线牢靠。

⑤可调件处于可调节器位置。

⑥仪表线路敷设整齐。

⑦线路标号齐全、清晰、准确。

⑧仪表周围不应有腐蚀性气体。

⑨启动控制柜线路及按钮灵敏有效。

⑩控制柜所有仪表运行工况良好。

⑪控制柜正常运行情况下，性能指标达到规定要求，能量转换元件无过高的温升。

（3）泵的连接管线及泵体。

①密封填料无渗漏，压盖和轴套无磨损现象。

②端盖、泵壳及底座螺栓无松动。

③联轴器螺钉松紧一致，受力均匀，无滑扣现象。

④压力表指针灵活准确，接头无松动及渗漏现象。

⑤过滤器清洁、畅通，无损坏。

⑥联轴器外表面光滑、平整，无碰伤、咬伤现象，同心度符合要求。

⑦轴承内无脏油存在，黄油合格无杂质，油量为油室的 2/3。
⑧轴的串动量（即平衡盘间隙）保持在 2～6mm。
⑨前后轴承间隙符合规定。
⑩叶轮、导叶和导叶固定螺栓及泵壳，无裂纹和缺损，无严重腐蚀现象，出入口平正光滑，螺钉紧固，无松扣现象。
⑪叶轮密封环间隙，密封环与导叶配合不松动。
⑫轴表面无伤痕及明显磨损，弯曲不超过 0.06mm。
⑬平衡盘与平衡环，不得有裂纹和偏磨现象，平衡盘串动量 2～6mm。
⑭电动机线圈绝缘良好。
（4）油箱及油箱辅助设备。
①油箱无破损、渗漏。
②油箱的零部件齐全完好有效。
③油箱出口开关灵活。

8.2.5.3　消防栓

（1）栓内配件齐备、完好。
（2）开关灵活，出水量符合设计要求。
（3）按设计压力试压，无渗漏。
（4）配套消防箱门开关灵活，箱体无破损。
（5）配套消防箱内物料配备齐全，消防水带无破损、发黑、发霉现象，如有，应立即进行清洗或更换。
（6）水带使用后应按规定重新卷起。
（7）消火栓外观无锈蚀，无渗漏，栓井内无积水和杂物，闷盖、开关开启正常。
（8）打开阀门出水压力状态正常，关闭开关泄水阀排水正常。

8.2.5.4　消防电动阀

（1）电动阀线路。
①电动阀电缆完好，无破损、露线、老化现象。
②连接部位完好，无老化、脱胶现象。
③所有按钮接触良好。
（2）电动阀的密封系统。
①密封填料无损，如有损坏应进行更换。
②阀门检修装配后，密封性能试验符合要求。
（3）电动阀的阀体。
阀体外观整洁，无锈蚀、破裂、破损现象。
（4）电动阀的动力主动部分。
①送电断电检测电动阀执行机构灵活好用。
②驱动器能可靠启动或停止。

8.2.5.5 泡沫系统

泡沫灭火系统的检修维护应符合 GB 50151《泡沫灭火系统技术标准》第 8 章的相关规定执行，泡沫灭火系统中的单体设备检修维护按厂家设备技术文件的要求执行。

（1）对消防泵和备用动力以手动或自动控制的方式进行一次启动试验，看其是否运转正常。

（2）对泡沫发生器、泡沫喷头、固定式泡沫炮、泡沫比例混合器（装置）、泡沫液储罐进行外观检查，应完好无损，无锈蚀，一切均应正常，若发现问题应及时处理，以保证系统能正常运行。

（3）固定式泡沫炮的回转机构、仰俯机构或电动操作机构性能达到设计要求。

（4）压力表、管道过滤器、金属软管、管道及附件等不应有损伤，否则应进行更换。

（5）泡沫消火栓和阀门的开启和关闭应自如，不应锈蚀。

（6）遥控功能或自动控制设施及操纵机构性能应符合设计要求。

（7）动力源和电气设备工作状态应良好。

（8）水源和液位指示装置应正常。

（9）对泡沫灭火系统进行全面检查和运行试验，启动消防泵最不利点出泡沫不应超过 5min。

（10）泡沫液数量、性能符合要求。

8.2.5.6 火灾自动报警系统

火灾自动报警系统维修、保养的内容、方法及质量要求应符合 GB 29837《火灾探测报警产品的维修保养与报废》，以及 GB 50166《火灾自动报警系统施工及验收规范》的规定。

8.2.5.6.1 一般要求

（1）产品维修保养后经检验合格，方可再次接入火灾自动报警系统。

（2）产品经维修保养接入系统后，应按本部分规定进行接入复检，检查结果应符合产品标准和设计要求。复检项目检查不合格时，应再次进行维修保养或报废。

（3）接入复检应由承担维修保养的企业和产品使用或管理单位相关人员共同进行。

8.2.5.6.2 火灾探测器测试

采用专用检测仪器或模拟火灾的方法在探测器监视区域内最不利处检查探测器的报警功能，检查探测器是否能正确响应。

8.2.5.6.3 火灾报警控制器

（1）检查前应断开火灾报警控制器的所有外部控制连线，与所有回路的火灾探测器、手动火灾报警按钮、火灾显示盘等均应保持连接。

（2）按 GB 4717《火灾报警控制器》规定对火灾报警控制器进行下列功能检查并记录：

①检查自检功能和操作级别。

②手动报警按钮触发按钮，火灾报警控制器火警信号显示和按钮的报警确认灯状态正常。

③触发自检键，对面板上所有的指示灯、显示器和音响器件进行功能自检正常。

④切断主电源,备用直流电源自动投入和主、备电源的状态显示正常。

⑤模拟探测器、手动报警按钮断路故障,故障显示状态正常。

⑥系统复位,恢复到正常警戒状态。

⑦检查系统中各种控制装置使用的备用电源容量是否与设计容量相符;使各备用电源放电终止,再充电48h后,断开设备主电源,检查备用电源是否能保证设备工作8h,且满足相应的标准及设计要求。

8.2.5.7 气体灭火系统

(1)瓶组与储罐铅封、压力表和标志牌及称重装置状态完好。

(2)喷嘴、管网无堵塞,管网良好,固定牢固无松动。

(3)气体灭火控制器面板上所有的指示灯、显示器和音响器件进行功能自检状态正常。

(4)切断主电源,备用直流电源的自动投入和主、备电源的状态显示正常。

(5)防护区内的声光报警装置,入口处的安全标志、声光报警装置,以及紧急启、停按钮状态正常。

(6)先后触发防护区内两个火灾探测器,气体灭火控制器的显示状态正常。

8.2.5.8 干粉灭火系统

(1)单向阀、选择阀阀体上有永久性介质流动方向标识。

(2)喷头无堵塞,外观无机械损伤,周边无影响喷射效果的障碍物。

(3)干粉储罐无机械损伤及表面涂层完好。

(4)干粉储罐安装牢固,标志牌清晰完好。

(5)管道及管道附件的外观平整,接口无松动,阀驱动装置的电磁驱动电气连接线沿固定灭火剂储存容器的支架、框架或墙面固定牢固。

(6)启动气体储瓶充装量称重检查,符合规定要求,压力正常。

(7)每年开展定期功能性检查和测试,建议委托具有资质的消防技术服务单位实施。

8.2.5.9 消防水罐

(1)消防水罐保温和腐蚀处理质量应满足设计文件的要求,如果出现裂纹、渗漏等缺陷应按原制造技术文件的要求进行处理。

(2)消防水罐控制阀应处于全部开启状态。

(3)清理或更换已经堵塞的过滤器,保证过水能力满足设计文件要求。

(4)所属控制阀门开关灵活,无卡阻、渗漏现象,否则应进行更换。

(5)水位满足系统供水量要求,水位显示装置或报警装置指示正确,灵敏可靠。

(6)消防水罐水质满足GB 50261《自动喷水灭火系统施工及验收规范》的要求,pH值控制在6~9,否则应更换消防水。

8.2.6 质量验收表

消防系统质量验收表见表8.2。

表 8.2 消防系统质量验收表

设施名称	检修项目	检查内容	验收标准	备注
水喷淋系统	供水连接	检查水压表	压力表指示正常	
		检查管网压力	管网压力正常	
		过滤网是否清洁	过滤网清洁	
		单向阀或逆止阀的单向性检查	单向阀或逆止阀方向正确	
		检查闸阀的启闭性能	闸阀开启灵活，启闭性能良好	
		检查工作状态和禁动标志及锁闭装置	工作状态和禁动标志及锁闭装置符合要求	
	系统组件	喷淋头/喷嘴的外观检查,喷射区是否有障碍物（如标识牌，电缆管等）	喷淋头/喷嘴的外观良好，无影响喷射的障碍物	
		外观检查喷淋头/喷嘴的状态（如脱落、破损、结垢、孔眼堵塞等）	喷头状态正常，无脱落	
		检查喷淋头的分布	喷头分布符合要求	
		手报按钮是否靠近通道，使用灵敏	手动火灾报警按钮设置正确，灵敏好用	
	系统管网	供水管网、闸阀	供水管网、闸阀无锈蚀、开启正常，阀井无积水无杂物	
		供水管网过滤器	供水管网过滤器无杂物堵塞，金属软管无渗漏	
		全面冲洗	全面冲洗一次,以清除管内锈屑和杂物	
电动消防水泵	控制柜上仪表接线及按钮	零部件	零部件完好、齐全	
		紧固件	紧固件无松动	
		可动件	可动件灵活	
		端子接线	端子接线牢靠	
		可调件	可调件处于可调节器位置	
		仪表线路	仪表线路敷设整齐	
		线路标号	线路标号齐全、清晰、准确	
		仪表周围	仪表周围不存在腐蚀性气体	
		启动控制柜线路及按钮	启动控制柜线路及按钮灵敏有效	
	泵的连接管线及泵体	密封填料及密封填料压盖	密封填料无渗漏，压盖和轴套无磨损现象	
		端盖、泵壳及底座螺栓	端盖、泵壳及底座螺栓无松动	
		联轴器螺钉	联轴器螺钉松紧一致，受力均匀，无滑扣现象	
		压力表	压力表指针灵活准确，接头无松动及渗漏现象	
		过滤器	过滤器清洁、畅通，无损坏	
		联轴器外表面	联轴器外表面光滑、平整，无碰伤、咬伤现象，同心度符合要求	

续表

设施名称	检修项目	检查内容	验收标准	备注
电动消防水泵	泵的连接管线及泵体	轴承	轴承内无脏油存在，黄油合格无杂质，油量为油室的2/3	
		前后轴承间隙	前后轴承间隙符合规定	
		叶轮、固定螺钉及泵壳	叶轮、固定螺钉及泵壳，无裂纹和缺损，无严重腐蚀现象，出入口平正光滑，螺钉紧固，无松扣现象	
		叶轮密封环间隙	叶轮密封环与导翼配合不松动	
		轴表面	轴表面无伤痕及明显磨损	
		电动机线圈	电动机线圈绝缘良好	
柴油消防水泵	控制柜上仪表接线及按钮	零部件	零部件完好、齐全	
		紧固件	紧固件无松动	
		可动件	可动件灵活	
		端子接线	端子接线牢靠	
		可调件	可调件处于可调节器位置	
		仪表线路	仪表线路敷设整齐	
		线路标号	线路标号齐全、清晰、准确	
		仪表周围	仪表周围不存在腐蚀性气体	
		启动控制柜线路及按钮	启动控制柜线路及按钮灵敏有效	
	泵的连接管线及泵体	密封填料及密封填料压盖	密封填料无渗漏，压盖和轴套无磨损现象	
		端盖、泵壳及底座螺栓	端盖、泵壳及底座螺栓无松动	
		联轴器	联轴器螺钉松紧一致，受力均匀，无滑扣现象	
		压力表	压力表要灵活准确，接头无松动及渗漏现象	
		清洗检查过滤器	过滤器清洁、畅通、无损坏	
		联轴器的外表及同心度	联轴器外表面光滑，平整无碰伤、咬伤现象，同心度符合要求	
		清洗轴承，并加注黄油	轴承内无脏油存在，黄油合格无杂质，油量为油室的2/3	
		前后轴承，测量轴承间隙	前后轴承间隙符合规定	
		清洗叶轮、导叶固定螺钉及泵壳	叶轮、导叶固定螺钉及泵壳无裂纹和缺损，无严重腐蚀现象，出入口平正光滑，螺钉紧固，无松扣现象	
		测量叶轮密封环间隙	叶轮密封环与导叶配合不松动	
		校正泵轴及联轴器和泵轴的配合	轴表面无伤痕及明显磨损	
		电动机绝缘	电动机线圈绝缘良好	
	油箱及油箱辅助设备	油箱有无破损、渗漏	油箱无破损、渗漏	
		油箱的零部件	油箱的零部件齐全完好有效	
		油箱出口开关	油箱出口开关灵活	

续表

设施名称	检修项目	检查内容	验收标准	备注
消防栓	内配件	栓内配件是否齐备、完好	栓内配件齐备、完好	
	开关	开关是否灵活，出水量是否符合设计情况	开关灵活，出水量符合设计要求	
	试压	按设计压力试压，是否有渗漏	按设计压力试压，无渗漏	
	配套消防箱	配套消防箱门开关是否灵活，箱体有无破损	配套消防箱门开关灵活，箱体无破损	
	物料配备	配套消防箱内物料配备是否齐全，消防水带是否完好	配套消防箱内物料配备齐全，消防水带无破损、发黑、发霉现象，如有，应立即进行清洗或更换	
	消火栓外观	消火栓外观有无锈蚀，是否存在渗漏，栓井内有无积水和杂物，闷盖、开关是否开启正常	消火栓外观无锈蚀，无渗漏，栓井内无积水和杂物，闷盖、开关开启正常	
	防冻措施	寒冷地区冬季防冻措施是否到位	防冻措施可靠、有效	
消防电动阀	电动阀线路	电动阀电缆	电动阀电缆无破损、露线、老化现象	
		连接部位	连接部位无老化、脱胶现象	
		所有按钮	所有按钮接触良好	
	电动阀的密封系统	密封面磨损情况	密封面无明显磨损	
		阀杆和阀杆螺母的梯形螺纹磨损情况	阀杆和阀杆螺母的梯形螺纹无明显磨损	
		填料是否过时失效，如有损坏应及时更换	填料无损，如有损坏应及时更换	
		阀门检修装配后，应进行密封性能试验	阀门检修装配后，密封性能试验符合要求	
	电动阀的阀体	阀体外观	阀体外观整洁，无锈蚀、破裂、破损现象	
	电动阀的动力部分	送电断电检测电动阀执行机构是否灵活好用	送电断电检测电动阀执行机构灵活好用	
		观察驱动器是否能可靠启动或停止	驱动器能可靠启动或停止	
泡沫系统	启动试验	进行一次启动试验，运转是否正常	对消防泵和备用动力以手动或自动控制的方式进行一次启动试验，运转正常	
	仪表、按钮	检查仪表、按钮、指示灯是否正常	启泵按钮、指示灯及仪表正常	
	铭牌	检查泡沫液储罐罐体或铭牌、标志牌上泡沫灭火剂的型号、配比浓度、泡沫灭火剂的有效日期和储量	泡沫液储罐罐体或铭牌、标志牌上清晰注明泡沫灭火剂的型号、配比浓度、泡沫灭火剂的有效日期和储量	
	附件	检查泡沫液储罐的配件和液位计、呼吸阀、安全阀及压力表状态	泡沫液储罐的配件齐全完好，液位计、呼吸阀、安全阀及压力表状态正常	
	灭火剂	检查泡沫液储罐泡沫灭火剂容量；泡沫灭火剂发泡倍数等质量、性能指标	泡沫液储罐泡沫灭火剂容量符合要求；泡沫灭火剂发泡倍数等质量、性能指标符合要求	
	比例混合器	检查比例混合器和比例混合器阀门	比例混合器符合设计选型；液流方向正确，比例混合器阀门启闭灵活，压力表正常	

续表

设施名称	检修项目	检查内容	验收标准	备注
泡沫系统	泡沫产生器	检查泡沫产生器吸气孔、发泡网及暴露的泡沫喷射口	泡沫产生器吸气孔、发泡网及暴露的泡沫喷射口，不得有杂物进入或堵塞；泡沫出口附近不得有阻挡泡沫喷射及泡沫流淌的障碍物	
	泡沫消火栓	检查泡沫栓阀门、泡沫栓水带箱消防水带、水枪及接口垫圈	泡沫栓阀门启闭灵活；泡沫栓水带箱消防水带、水枪齐全完好，接口垫圈完整无缺	
	泡沫混合液	检查泡沫混合液主干线、支线控制阀门、放空阀门	泡沫混合液主干线、支线控制阀门、放空阀门启闭应灵活	
	泡沫混合液主管网	对泡沫混合液主管网进行全面冲洗，清除锈渣，对储罐泡沫混合液立管清除锈渣	泡沫混合液主管网无锈渣，立管无锈渣	
火灾自动报警系统	组件	对火灾自动报警系统各组件进行维修，保养	火灾自动报警系统维修、保养的内容、方法及质量要求应符合GB 29837《火灾探测报警产品的维修保养与报废》及GB 50166《火灾自动报警系统施工及验收标准》6.2的规定	
	系统功能测试	对火灾自动报警系统进行系统功能测试		
气体灭火系统	瓶组和储罐	检查瓶组与储罐铅封、压力表和标志牌及称重装置	瓶组与储罐铅封、压力表和标志牌及称重装置状态完好	
	喷嘴、管网	检查喷嘴、管网外观	喷嘴、管网无堵塞，管网良好，固定牢固无松动	
	气体灭火控制器	检查气体灭火控制器面板上所有的指示灯、显示器和音响器件	气体灭火控制器面板上所有的指示灯、显示器和音响器件进行功能自检状态正常	
	主备电切换	主备电切换检查	切断主电源，备用直流电源的自动投入和主、备电源的状态显示正常	
	报警装置、安全标志等	检查报警装置、安全标志等	防护区内的声光报警装置，入口处的安全标志、声光报警装置，以及紧急启、停按钮状态正常	
	气体灭火控制器	检查气体灭火控制器的显示状态	先后触发防护区内两个火灾探测器，气体灭火控制器的显示状态正常	
干粉灭火系统	单向阀、选择阀	检查单向阀、选择阀	单向阀、选择阀阀体上有永久性介质流动方向标识	
	喷头	检查喷头外观	喷头无堵塞，外观无机械损伤，周边无影响喷射效果的障碍物	
	干粉储罐	检查干粉储罐外观、安装、标志牌等	干粉储罐无机械损伤及表面涂层完好 干粉储罐安装牢固，标志牌清晰完好	
	管道及管道附件	检查管道及管道附件外观，连接是否牢固	管道及管道附件的外观平整，接口无松动，阀驱动装置的电磁驱动电气连接线沿固定灭火剂储存容器的支、吊架或墙面固定牢固	
	气瓶充装量	检查气瓶充装量是否符合要求	启动气体储瓶充装量称重检查，符合规定要求，压力正常	
	功能测试	每年开展定期功能性检查和测试，建议委托具有资质的消防技术服务单位实施	功能性检查和测试合格	

续表

设施名称	检修项目	检查内容	验收标准	备注
消防水罐	消防水罐及管路的外观	检查消防水罐及管路的外观腐蚀情况	无变形、裂纹、渗漏现象	
	消防水罐控制阀	检查水罐控制阀开关状态	应全部处于开启状态	
	过滤器	清理或更换已经堵塞的过滤器	过水能力满足设计文件要求	
	控制阀开关	检查所属控制阀门开关	开关灵活,无卡阻、渗漏现象,否则应进行更换	
	水罐水位	检查水罐水位	水位满足系统供水量要求,水位显示装置或报警装置指示正确,灵敏可靠	
	消防水罐水质	检查消防水罐水质	消防水罐水质满足GB 50261《自动喷水灭火系统施工及验收规范》的要求	
	补水设施、补水能力、防冻措施	检查补水设施、补水能力、防冻措施	补水设施、补水能力符合要求;寒冷地区防冻措施到位	

8.3 硫黄造粒机和包装机

8.3.1 适用范围

本节适用于天然气处理厂硫黄成型设备(结片机、造粒机、包装机)的检修和验收。

8.3.2 工作原理及结构

8.3.2.1 滚筒式结片机

滚筒式结片机用水冷却的筒形滚筒下部浸于液硫中,冷却方式可采用夹套水冷或内壁喷水,在滚筒表面形成薄层固体硫后,用刮刀剥离即得到片状硫黄,其形状不规则,非常脆而易粉碎(图8.2)。

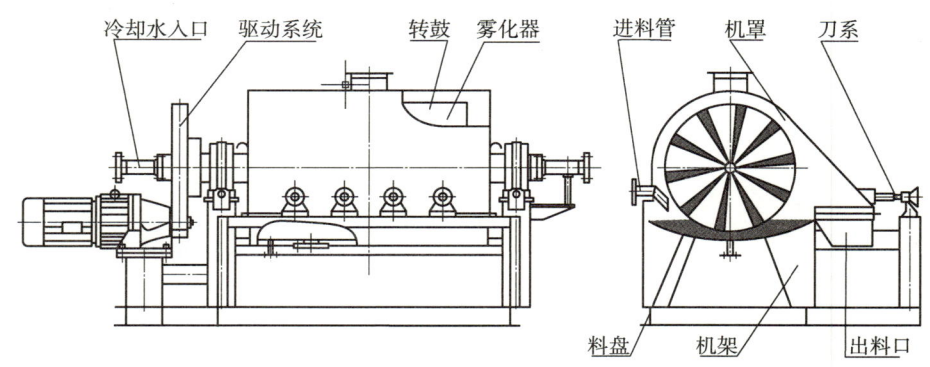

图 8.2 滚筒式结片机示意图

8.3.2.2 钢带造粒机

钢带造粒机是利用物料的低熔点特性，对尚处于可流动的热融态物料，依据其不同的温度下黏度变化范围，通过特殊的布料装置，将熔融料快速、均匀地滴落在其下方匀速移动的钢带上。在钢带下设有向上喷淋冷却水及回水装置，使均匀分布在钢带上面的热融态物料在被输送至卸料端的过程中冷却，从而达到固化及成型的目的（图8.3）。

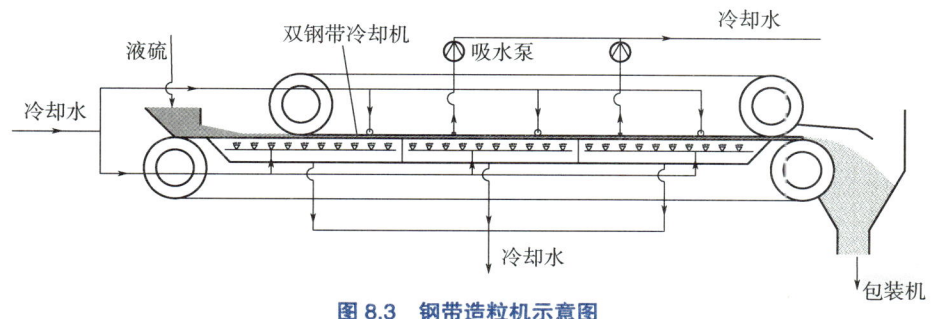

图 8.3　钢带造粒机示意图

8.3.2.3 滚筒造粒机

滚筒造粒机喷入种粒（硫黄微粒）至造粒器内不断运动逐层粘上熔融的液硫并冷却凝固直至达到所要求的尺寸，由于液硫在种粒上一层一层的涂抹与融合而消除了收缩的影响，从而可产出坚硬且无空洞及构造缺陷的硫黄产品（图8.4）。

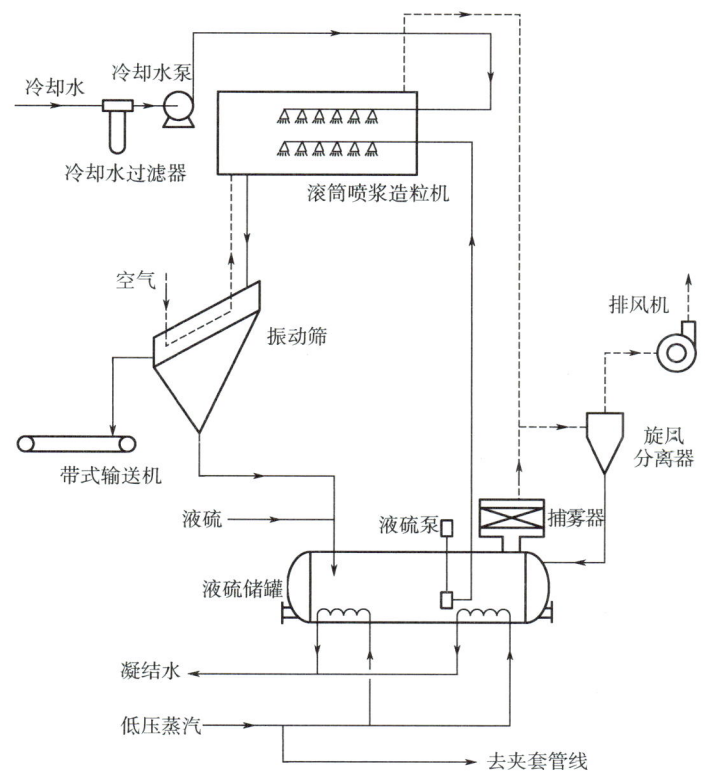

图 8.4　滚筒造粒机简图

8.3.3 编写依据

（1）SHS 01001《石油化工设备完好标准》。
（2）SHS 01028《变速机维护检修规程》。
（3）SHS 02028《硫黄成型机维护检修规程》。
（4）硫黄造粒机、包装机技术说明书与操作手册。

8.3.4 检修准备

（1）备齐图纸、技术资料、相关记录表格。
（2）备齐机具、量具、材料和劳动保护用品。
（3）液硫生产完成。
（4）设备已与系统隔离并上锁挂牌，介质已排放干净，清洗完成，氮气置换、空气吹扫合格。
（5）完成检修前交底工作。
（6）办理作业票据，落实安全措施。
（7）其他需要准备的工作。

8.3.5 检修内容

8.3.5.1 滚筒式结片机检修

（1）检查冷却水喷头，喷洒水是否均匀，有无堵塞。
（2）检查主刀片是否正常，有无裂纹、缺口；刀刃与水平面角度是否正常。
（3）检查侧刀架的进刀螺杆是否光泽，有无锈斑，刮刀进退是否正常，有无卡阻。
（4）检查减速机有无振动或异声，油位是否符合规定。
（5）检查转动轴有无变形、弯曲，表面是否光滑，有无裂纹。
（6）检查滚筒表面是否光滑，有无裂纹、变形及凹陷。
（7）检查循环水泵是否运转正常、机械密封有无泄漏，声音、振动、温度是否正常，具体见离心泵维护检修章节。
（8）检查设备基础是否稳固有无裂纹、下陷，地脚螺栓有无松动，基层保护层是否脱落。

8.3.5.2 钢带造粒机检修

（1）检查机架水平是否变形，各紧固件是否松动、锈蚀。
（2）检查机架两端大轮轴向位移尺寸是否符合要求。
（3）检查冷却水槽有无滴漏，各喷头的出水角度是否准确；水槽上口边缘与钢带轮顶部水平度。
（4）检查减速机构振动、声音是否正常，油位是否符合规定。
（5）检查传动三角皮带有无损坏，受力是否均匀，松紧是否合适，防护罩是否完好。
（6）检查大小齿轮润滑是否正常，接触是否良好，磨损是否严重，有无异声。

（7）检查挡轮、托轮的转动是否正常，托轮位置是否准确。

（8）检查钢带表面是否光滑有无裂纹、变形；钢带单边位移量是否满足设备设计资料，张紧度是否合适。

（9）检查刮刀电动机温度是否正常；减速机油位是否符合要求；限位开关是否正常；刀柄有无松动或损坏；刀头有无松动或磨损；刮刀轴的丝杆与燕尾部位润滑是否正常，有无变形或损坏。

（10）检查布料器是否畅通，过滤器是否干净有无堵塞，布料是否均匀，孔径大小是否一致。

8.3.5.3 滚筒造粒机检修

（1）检查减速机构振动、声音是否正常，油位是否符合规定。

（2）检查齿轮箱油位是否正常，油品有无变质，质量是否符合要求。

（3）检查环形齿轮声音、温度是否正常。

（4）检查筒链链条有无损坏或驱动部件是否存在过度磨损的迹象，张力是否正常，润滑是否良好。

（5）检查链轮是否存在歪斜和摆动，在同一传动组件中两个链轮的端面是否位于同一平面内，链轮中心距的允许偏差是否符合设备设计要求，是否存在摩擦链轮齿侧面现象。

（6）检查托轮表面橡胶有无老化、开裂，托轮有无过热、松动，中心位置是否准确。

（7）检查滚筒密封性是否完好，滚筒有无异响，滚筒的钢胎和加强圈有无凹槽、腐蚀和开裂。

（8）检查喷嘴喷洒水是否均匀，有无堵塞。

（9）检查液硫、冷却水管线及支架有无损坏、裂缝、弯曲、扭曲或凹陷。

（10）检查滚筒保护装置是否有效。

（11）检查滚筒外壳有无裂纹，设备表面腐蚀情况。

8.3.5.4 包装机检修

8.3.5.4.1 包装秤部分

（1）检查零件、部件的磨损情况。

（2）检查刀刃的磨损量。

（3）检查橡胶件是否破损。

（4）检查传感器固定件、料斗吊耳吊杆或钢缆的状况。

（5）检查计量秤入口弧形板配合情况和计量秤放料闸板的密闭情况。

8.3.5.4.2 气动系统

（1）检查气管和气缸的使用情况。

（2）检查过滤器、调节器、加油器的状况。

（3）检查活塞杆密封状况有无泄漏，活塞杆与轴的配合状况。

（4）检查活塞杆表面不应有裂纹、起皮、划痕及碰伤等缺陷。

8.3.5.4.3 机械手

（1）检查机械手中轴与轴套的磨损情况。

（2）检查滑道、滑块的裂纹、沟槽、起皮等缺陷情况。

8.3.5.4.4　链轮与链条

（1）检查链轮、链条的磨损和变形情况。

（2）检查链条的松紧度。

8.3.5.4.5　同步齿形皮带与皮带轮

（1）检查齿形皮带和皮带轮的缺齿情况。

（2）检查皮带轮齿厚磨损和同步齿形皮带齿厚磨损情况。

8.3.5.4.6　缝纫机

（1）检查各部分间隙。

（2）检查零件、部件磨损情况。

8.3.5.4.7　桁架和真空泵

（1）检查桁架有无变形、裂纹，设备运行时，桁架振动和位移是否正常。

（2）检查真空泵声音、振动、温度是否正常。

8.3.5.4.8　摆系统

（1）检查摆输送机有无阻碍，连杆拉伸臂是否均匀平衡。

（2）检查关节轴承有无阻碍。

8.3.5.4.9　袋底、袋口密封器

（1）检查密封器导轨条与导轨之间的配合情况。

（2）检查密封器电热条与固定座之间的安装和绝缘状况。

（3）检查电热条的拉紧情况。

8.3.5.4.10　FFS 薄膜袋排气系统

（1）检查 FFS 薄膜托辊的表面和旋转情况。

（2）检查排气针的情况。

（3）检查排气承重连杆辊的升降和配重情况。

8.3.5.4.11　料仓对接机

（1）检查料仓对接机升降机构的状况。

（2）检查料仓对接机有无变形裂纹等缺陷。

（3）检查料仓对接机升降机的灵活性。

8.3.5.4.12　移动包装机运输系统

（1）检查运输操作系统的灵活性。

（2）检查转向机构的运行情况。

（3）检查传输系统有无阻滞现象。

8.3.5.4.13　编组机

（1）检查编组机平面有无磨损，编组滑道有无损伤。

（2）检查编组机轴套和连杆状况。

8.3.6 验收标准

8.3.6.1 滚筒式结片机

（1）冷却水喷头喷洒水雾稳定、均匀，无堵塞。
（2）主刀刃正常，无裂纹、缺口，刀刃与水平面角度为30°。
（3）侧刀架的进刀螺杆光泽度好，无锈斑，进退刀自如，无卡阻。
（4）减速机振动、声音正常，油位符合设计文件要求；滚动轴承温度不大于70℃，滑动轴承温度不大于65℃；减速机检修符合SHS 01028《变速机维护检修规程》规定。
（5）转动轴无明显弯曲，表面光滑无裂纹。
（6）滚筒表面光滑，无裂纹、变形及凹陷。
（7）循环水泵验收标准见离心泵维护检修章节。
（8）基础稳固无裂纹、下陷，地脚螺栓紧固无松动，涂抹保护层。

8.3.6.2 钢带造粒机

（1）整个机架应水平无变形，各紧固件应无松动、锈蚀；机架两端大轮轴向位移尺寸符合表8.3的要求。

表8.3 轴向位移量

冷却段数量	3	4	5	6	7
轴向位移最大量（mm）	2	3	4	5	6

（2）冷却水槽无滴漏，各喷头的出水角度应为45°~90°；水槽上口边缘与钢带轮顶部应在同一水平面上。
（3）减速机构盘车轻松，无杂声。
（4）传动三角皮带受力均匀，松紧合适，防护罩完好。
（5）大小齿轮润滑、接触良好；无磨损、异响。
（6）挡轮、托轮转动轻松，托轮应顶到钢带。
（7）钢带表面光滑无裂纹、变形；调紧钢带传动平稳，传动中钢带单边位移量满足设计文件要求；张紧度适当，防止钢带产生塑性变形。
（8）上下窜动不磨损前后挡轮，无摩擦及异声，转速均匀，密封圈处无漏料，保温层完好。
（9）刮刀电动机温度正常，减速机油位符合要求，限位开关正常，刀柄无松动或损坏，刀头无松动或磨损，刮刀轴的丝杆与燕尾部位有油润滑，且无变形或损坏。
（10）布料器畅通，过滤器干净无堵塞，布料均匀，孔径大小一致，表面光滑无裂纹。

8.3.6.3 滚筒造粒机

（1）减速机构振动、声音正常，油位符合规定；滚动轴承温度不大于70℃，滑动轴承温度不大于65℃；运转平稳，不得有冲击、振动和异常响声，电流不超过额定值。振动值符合SHS 01003《石油化工旋转机械振动标准》评定振动标准。

（2）齿轮箱油位正常，油品无变质，质量符合设计文件要求。

（3）环形齿轮无异常噪声，温度正常。

（4）筒链链条无损坏或驱动部件无过度磨损的迹象，张力足够，润滑良好。

（5）链轮装在轴上应没有歪斜和摆动，在同一传动组件中两个链轮的端面应位于同一平面内，链轮中心距的允许偏差符合设备设计要求，不允许有摩擦链轮齿侧面现象。

（6）托轮表面橡胶无老化、开裂，托轮无过热、松动，中心找正准确。

（7）滚筒密封性完好，滚筒无异响，滚筒的钢胎和加强圈无凹槽、腐蚀和开裂。

（8）喷嘴无泄漏、堵塞或漏水，喷雾均匀。

（9）液硫、冷却水管线及支架无损坏、裂缝、弯曲、扭曲或凹陷。

（10）滚筒保护装置功能有效。

（11）滚筒外壳无裂纹，设备表面无明显腐蚀，对腐蚀、划伤或褪色的区域重新防腐，具体见本书第 6 章防腐工程。

8.3.6.4 包装机

8.3.6.4.1 包装秤部分

（1）零件、部件的磨损不超差，校核称重精度 ±2/1000，每袋误差范围满足设计要求或者达到 25kg ± 0.025kg。

（2）橡胶件无破损。

（3）刀刃的磨损量不超过 0.20mm。

（4）传感器固定件及料斗吊耳吊杆或钢缆无振松或磨损。

（5）计量秤入口弧形板配合良好，找正准确，如有断裂缺陷，应焊接处理或更换。

（6）计量秤放料闸板应密闭严密。

8.3.6.4.2 气动系统

（1）气动系统接头无老化、龟裂、漏气。

（2）过滤器、调节器、加油器性能良好。

（3）活塞杆密封完好无泄漏，与轴配合有适当的预紧力，装配时注意方向。

（4）活塞杆表面无裂纹、起皮、划痕及碰伤等缺陷。其表面粗糙度 Ra 小于 0.40，圆柱度偏差小于 0.10mm。

（5）气缸内表面光滑无变形，表面粗糙度 Ra 不大于 0.40，圆柱度偏差小于 0.10mm。

（6）"O" 形环尺寸应符合 GB/T 3452.1《液压气动用 O 形橡胶密封圈 第 1 部分：尺寸系列及公差》的规定。

8.3.6.4.3 机械手

（1）轴与轴套的配合符合设计要求或者小于 H8/h7。

（2）滑道与滑块无裂纹、沟槽、起皮等缺陷，滑块与滑块的间隙应在 0.20 ~ 0.40mm 之间。

8.3.6.4.4 链轮与链条

（1）链条一般应每 6 月清洗 1 次，并放在溶化的润滑脂中油浴 5 ~ 10min。

（2）链轮齿厚磨损不超过 10%；链条拉伸变形不超过 2%；链条滚柱外圈磨损不超过 5%。

（3）链轮安装要在同一线上，最大错位量应小于 2mm。
（4）链条的松紧度应为链轮中心距的 2%～3%。
测定方法为：用手压下部链条，张紧后其位移距链轮节圆下部外公切线垂直距离为链轮中心距的 2%～3% 为合适。

8.3.6.4.5　同步齿形皮带与皮带轮
（1）同步齿形皮带和皮带轮无缺齿情况。
（2）皮带轮齿厚磨损量不超过 10%。
（3）同步齿形皮带齿厚磨损量不超过 20%。

8.3.6.4.6　缝纫机
（1）各部分间隙合适，在厂家规定的范围内。
（2）零件、部件磨损不超差。
（3）缝合能力要达到设计能力。

8.3.6.4.7　桁架和真空泵
（1）桁架无变形、裂纹，校直准确。
（2）设备运行时，桁架不得有异常振动和位移。
（3）真空泵内腔无裂纹或砂眼等缺陷。
（4）叶片应光滑，无砂眼、毛刺、裂纹等缺陷。
（5）检修后各项指标应达到设计能力。

8.3.6.4.8　摆系统
（1）摆输送机无阻力输送，连杆拉伸臂应均匀平衡。
（2）关节轴承应配合合理，间距合适，灵活无阻力。
（3）空袋机械手第一闭合位置与袋底密封器处于同一垂直位置。
（4）空袋机械手第二闭合位置与装袋下料口处于同一垂直位置。
（5）满袋机械手第一闭合位置与袋下料口处于同一垂直位置。
（6）满袋机械手第二闭合位置与袋口密封器处于同一垂直位置。
（7）检修后各项指标应符合设计要求。

8.3.6.4.9　袋底、袋口密封器
（1）密封器导条与导轨配合合适，无阻塞现象。
（2）密封器电热条与固定座之间用橡胶垫和云母片进行平整安装，保证绝缘良好，电热条拉紧。
（3）密封器的压紧弹簧完整，并且保持弹性复位完好。

8.3.6.4.10　FFS 薄膜袋排气系统
（1）FFS 薄膜托辊旋转灵活，表面光滑。
（2）排气针位置正确，安装均匀。
（3）排气承重连杆辊升降灵活，配重合理。

8.3.6.4.11　料仓对接机
（1）料仓对接机升降连杆无裂纹等缺陷，轴套间隙配合适当。

(2)料仓对接机无变形,密封不能太紧,保持颗粒不泄漏。

(3)料仓对接机升降灵活,上升后应保持位置不变。

8.3.6.4.12　移动包装机运输系统

(1)保证运输操作系统方向灵活,操作方便。

(2)转向机构无卡涩现象。

(3)传输系统方向轮应灵活,无阻滞现象。

(4)链条、销钉应安装到位。

8.3.6.4.13　编组机

(1)平面无磨损,编组滑道光滑无损伤。

(2)编组机轴套灵活,间距合理。

(3)编组机连杆平直、不变形,相互活动之间无阻塞。

(4)装配后各项指标应达到设计要求。

8.3.6.5　试运与验收

8.3.6.5.1　造粒机试运与验收

(1)润滑良好,润滑油牌号和质量符合规定,轴承温度符合设计要求。

(2)运行平稳,钢带的跑偏度和松紧度符合有关技术规定,托滚好用。

(3)风冷及水冷系统、伴热蒸汽系统应符合设计规定各密封点不漏。

(4)液硫进口过滤网、出料铲板及刮水板运转正常,符合设计规定。

(5)转子径向、轴向跳动量和各部安装配合、磨损极限,应符合规程规定。

(6)滚筒表面无凹凸现象,机架水平无变形。

(7)链条配合紧凑,每节活动自动,无严重磨损痕迹。

(8)主体完整,各附件齐全好用。

(9)基础、支座牢固完整,地脚螺栓及各部螺栓满扣、齐整、紧固。

(10)机体清洁,钢带内外表面、钢带清扫器以及各传动及转动部分表面和进料口过滤器清洁、无杂物,各部保温、油漆完整美观。

8.3.6.5.2　包装机试运与验收

(1)取袋装置供袋动作正确、灵活,做20次取袋、送袋、夹袋动作,要求成功率达到95%。

(2)缝纫机,空缝时无异常声响,用空袋缝时,线脚应整齐,不跳线切口平整。

(3)转动皮带机无跑偏现象。

(4)操纵包装机移动系统,操作方便,运行平稳。

(5)FFS袋供袋装置、排气系统的动作程序正确,FFS袋排气孔均匀穿透。

(6)移动包装机与料仓对接时,应对接过程平稳、准确,升降不冲击,成功准确率100%。

(7)包装能力达到设计能力。

(8)包装称量精度满足设计要求或者达到 ±0.2%。

8.3.7 质量验收表

硫黄造粒机和包装机质量验收表见表 8.4。

表 8.4　硫黄造粒机和包装机质量验收表

	检修内容	验收标准	备注
滚筒式结片机	检查冷却水喷头、主刀片、刀刃与水平面角度	（1）冷却水喷头、主刀刃、刀架的进刀螺杆正常。 （2）刀刃与水平面角度符合设计文件要求	
	检查减速机有无振动、声音、油位	（1）减速机振动、声音正常，油位符合设计文件要求。 （2）滚动轴承和滑动轴承温度正常。 （3）减速机检修符合SHS 01028《变速机维护检修规程》规定	
	检查转动轴、滚筒表面	转动轴、滚筒无明显弯曲，表面光滑无裂纹	
	检查循环水泵、机械密封、声音、振动、温度	循环水泵验收标准见本书离心泵章节	
	检查设备基础	基础稳固无裂纹、下陷，地脚螺栓紧固无松动，涂抹保护层，具体按GB 50461《石油化工静设备安装工程施工质量验收规范》规定执行	
钢带造粒机	检查机架水平、各紧固件、机架两端大轮轴向位移	（1）整个机架应水平无变形，各紧固件应无松动、锈蚀。 （2）机架两端大轮轴向位移尺寸符合SHS 02028《硫黄成型机维护检修规程》规定执行	
	检查冷却水槽、喷头的出水角度、水槽上口边缘与钢带轮顶部水平度	（1）冷却水槽无滴翻，各喷头的出水角度应在45°~90°之间。 （2）水槽上口边缘与钢带轮顶部应在同一水平面上	
	检查减速机构振动、声音、油位	减速机构检修符合SHS 01028《变速机维护检修规程》规定	
	检查传动三角皮带、防护罩	传动三角皮带受力均匀，松紧合适，防护罩完好	
	检查大小齿轮润滑、接触、磨损、声音	大小齿轮润滑、接触良好；无磨损、异响	
	检查挡轮、托轮	挡轮、托轮转动轻松，托轮应顶到钢带	
	检查钢带表面裂纹、变形情况，钢带单边位移量、张紧度	（1）钢带表面光滑无裂纹、变形；调紧钢带传动平稳，传动中钢带单边位移量满足设计文件要求；张紧度适当，防止钢带产生塑性变形。 （2）上下窜动不磨损前后挡轮，无摩擦及异声，转速均匀，密封圈处无漏料，保温层完好	
	检查刮刀电动机，减速机油位、限位开关、刀柄、刀头、刮刀轴	刮刀电动机温度正常，减速机油位符合要求，限位开关正常，刀柄无松动或损坏，刀头无松动或磨损，刮刀轴的丝杆与燕尾部位有油润滑，且无变形或损坏	
	检查布料器、过滤器	布料器畅通，过滤器干净无堵塞，布料均匀，孔径大小一致，表面光滑无裂纹	

续表

检修内容		验收标准	备注
滚筒造粒机	检查减速机构振动、声音、油位	减速机构检修符合SHS 01028《变速机维护检修规程》规定。振动值符合SHS 01003《石油化工旋转机械振动标准》评定振动标准	
	检查齿轮箱油位、油品质量	齿轮箱油位正常，油品无变质，质量符合设计文件要求	
	检查环形齿轮声音、温度	环形齿轮无异常噪声，温度正常	
	检查链条、驱动部件、润滑	筒链链条无损坏或驱动部件无过度磨损的迹象，张力足够，润滑良好	
	检查链轮平整度、中心距	链轮装在轴上应没有歪斜和摆动，在同一传动组件中两个链轮的端面应位于同一平面内，链轮中心距的允许偏差符合设备设计要求，不允许有摩擦链轮齿侧面现象	
	检查托轮	托轮表面橡胶无老化、开裂，托轮无过热、松动，中心找正准确	
	检查滚筒密封性、声音、腐蚀	滚筒密封性完好，滚筒无异响，滚筒的钢胎和加强圈无凹槽、腐蚀和开裂	
	检查喷嘴	喷嘴无泄漏、堵塞或漏水，喷雾均匀	
	检查液硫、冷却水管线及支架	液硫、冷却水管线及支架无损坏、裂缝、弯曲、扭曲或凹陷	
	检查滚筒保护装置	滚筒保护装置功能有效	
	检查滚筒外壳以及设备腐蚀情况	滚筒外壳无裂纹，设备表面无明显腐蚀	
包装机	包装秤	（1）检修记录齐全。 （2）检修质量标准符合SHS 03037《包装机维护检修规程》。 （3）"O"形环尺寸应符合GB/T 3452.1《液压气动用O形橡胶密封圈尺寸 第1部分：尺寸系列及公差》的规定	
	气动系统		
	机械手		
	链轮与链条		
	皮带与皮带轮		
	桁架和真空泵		
	摆系统		
	袋底、袋口密封器		
	FFS薄膜袋排气系统		
	料仓对接机		
	移动包装机运输系统		
	编组机		

8.4 储罐机械清洗

8.4.1 适用范围

本节规定了利用机械清洗进行储罐清洗作业、防腐作业的工艺、技术要求及验收标准。其他容器的机械清洗可参照执行。

本节适用于天然气处理厂油品储罐装置。

8.4.2 编写依据

（1）GB/T 8923.1《涂覆涂料前钢材表面处理 表面清洁度的目视评定 第1部分：未涂覆过的钢材表面和全面清除原有涂层后的钢材表面的锈蚀等级和处理等级》。

（2）GB 50128《立式圆筒形钢制焊接储罐施工规范》。

（3）NB/T 47013《承压设备无损检测》。

（4）GB/T 50493《石油化工可燃气体和有毒气体检测报警设计标准》。

（5）SY/T 0407《涂装前钢材表面处理规范》。

（6）SY/T 4109《石油天然气钢质管道无损检测》。

（7）SY/T 5225《石油天然气钻井、开发、储运防火防爆安全生产技术规程》。

（8）SY/T 5921《立式圆筒形钢制焊接油罐操作维护修理规范》。

（9）SY/T 59840《油（气）田容器、管道和装卸设施接地装置安全规范》。

（10）SY/T 6306《钢质原油储罐运行安全规范》。

（11）SY/T 6340《防静电推荐做法》。

（12）SY/T 6524《石油天然气作业场所劳动防护用品配备规范》。

（13）SY/T 6620《油罐的检验、修理、改建及翻建》。

（14）SY/T 6696《储罐机械清洗作业规范》。

8.4.3 检修准备

（1）勘查现场。

①对清洗罐的技术档案、生产运行情况进行调查，实测清洗罐淤积量和分布。

②机械清罐设备的摆放位置、临时管线的走向以及其他配套设施的摆放位置都应在现场勘察的过程中由属地主管与施工方共同确定，并出具现场设备设施摆放示意图。

③清洗设备应尽量设置在距清洗油罐较近、易检查、易操作的地方。

④清洗设备的设置地点应参考清洗油供给管线、回收油移送管线、油水分离槽、原有设备等因素来确定，原则上清洗设备应放置在距清洗油罐抽吸管口较近的位置。

（2）编制施工计划，并注意以下事项。

①根据临时设置管线图的主要事项及安全事项对施工人员进行充分说明和培训。

②设置管线应选择最短距离。

③各种机器、管线在布局上应留出操作和检查作业用的空间。
④应事先确认与原有管线的连接部位及周围状况。
⑤管线应安装在管架上，避免直接接触地面或罐顶。
⑥与原设管线接触的临时管线，应用毛毯等隔开，以防止损伤管线。
⑦法兰盘密封垫应使用规定的规格、质量。
⑧螺栓、螺母的质量应合格。

（3）编制清洗施工技术方案并完成审批，施工技术方案应由施工方根据现场勘察情况编写，并应提前提交用户审核，其内容包括但不限于以下方面：
①明确机械设备、人员进出施工作业区域路线和方式。
②确定清洗油罐、清洗油供给油罐、移送对象油罐的结构、罐号、容量、运行现状、油品现容量、油质状况。
③确定清洗油罐、清洗油供给油罐、移送对象油罐和清洗设备相连接的连接位置，法兰直径，管线长度。
④确定蒸汽管线、清水管线的连接位置、规格型号、管线长度。
⑤涉及动火作业的须按照本书相关要求执行。
⑥涉及临时用电的须按照本书相关要求执行。
⑦根据储罐类型及容积确定清洗机使用数量及分布位置，确定罐顶需作业的其他事项。
⑧确定施工方与用户间的应急联系方式，用户须向施工方提供当地主要医院、应急机构的联系方法。
⑨确定生产区相关安全要求。
⑩用户对整个施工作业的其他安全要求。

（4）地面安装及要求如下：
①回收设备、供油设备、油水分离设备的设置，与清洗罐连接时应合理布置工艺管线。
②先从回收设备、供油设备、过滤器、油水分离设备等难以移动的设备管口进行安装，再以主管、副管的顺序连接。
③清洗罐及附属管道应安装临时阀门，阀门后应安装金属波纹管。
④连接管线前，应先清除管内异物。
⑤管线应安装在管托上，避免直接接触地面或错位，管托的间距宜为6m。
⑥回收油管线末端应安装止回阀。
⑦设备主管线连接处应标识介质流动方向。

（5）罐顶管线、清洗机安装及要求如下：
①罐上拆装作业时应使用防爆工具。
②设置清洗机的台数应以每台清洗机的有效作业半径14m为基准计算，设置的起点宜从距罐壁5～8m位置上的支柱口开始依次向内确定安装位置，保证各个清洗机的有效清洗范围相互重叠。
③浮顶支柱口、人孔等均可安装清洗机，在安装位置予以标记。
④支柱的拔出数应在支柱总数的20%以下，且均匀分布。

⑤罐顶板显著变形处、浮梯附近的支柱和在清洗罐半径方向上相邻的支柱不能撤除。

⑥拔出的支柱应擦净后用乙烯塑料裹上扎紧，并做上标记。

⑦氮气注入管线分两处由罐顶人孔通入罐内，$1 \times 10^4 m^3$ 及以上油罐可将入口增加到三至四个。

⑧气体取样管线由七根乙烯树脂软管组成，其中一根接气压表，测量罐内气压；其余六根均匀分布在罐顶各个取样口。

⑨回送气体管线低点安装冷凝水排放阀，用于排放冷凝水。

⑩压缩空气管线经过滤器、减压阀、油雾器与清洗机连接。

⑪在罐顶上对可能漏气的部位密封。

（6）泄漏试验。

①设备管线安装完后，应进行泄漏试验。泄漏试验时，应关闭真空表和真空压力信号发生器的总阀、真空泵阀、清洗机进口阀、水槽和真空罐的出入口阀。

②泄漏试验宜采用空气试压，压力为0.7MPa，也可采用氮气试压或水试压。

③泄漏性试验应重点检验阀门填料函、法兰或螺纹连接处、放空阀、排气阀、排水阀等，以发泡剂检验不泄漏为合格。

④检查设备及临时管线是否有效接地，具体要求按 SY 5984《油（气）田容器、管道和装卸设施接地装置安全规范》有关规定执行。

⑤进行设备试运行，确认发电机、空气压缩机、真空泵、供油泵等运转正常。

（7）清洗介质要求。

①清洗油的备用量宜为沉淀淤积物的 8～10 倍。

②清洗油温度应高于其凝点 10℃以上。

③清洗油的黏度应低于清洗罐中油的黏度，且在 50℃时低于 $2 \times 10^{-4} m^2/s$。

④清洗油淤积物含有量应在 10% 以下。

⑤进行热水清洗时，应供给足够的水和蒸汽，蒸汽压不低于 0.3MPa。

8.4.4　检修内容

8.4.4.1　施工注意事项

（1）此项作业应连续 24h 进行施工。

（2）罐顶作业需携带防爆对讲机，能够与地面随时联系，清洗机的转换等全部作业，都应一边与地面联系一边进行作业。

（3）需经常检查罐顶管线是否漏油，在清洗机运行中，需确认管密封部位是否有油喷出。

（4）定期对罐内进行检测，掌握油中搅拌的效果，随时改变清洗机运行计划，有效地推进工作进度。

（5）交班时，对于油中搅拌作业的进行状况、清洗机运行计划的变更等，应明确告诉换班人员。

（6）在浮顶罐侧壁几个位置上标上标示，监视罐顶是否均匀下降。

8.4.4.2 油中搅拌方式

（1）罐内局部淤积物采用小循环清洗工艺，流程为：清洗罐→过滤器→真空罐→回收泵→热交换器→竖管→清洗机→清洗罐。

（2）罐内整体淤积物采用大循环清洗工艺，流程为：清洗罐→过滤器→真空罐→回收泵→供油罐→供油泵→热交换器→竖管→清洗机→清洗罐。

8.4.4.3 油中搅拌

（1）应根据淤积物的分布状况，确定清洗机运行顺序。

（2）清洗机运行前应手动检查喷头，确保其运行正常。

（3）采取底板清洗方式，清洗机运行速度宜控制为 $0.2 \sim 0.3$ r/min，清洗压力控制为 $0.5 \sim 0.6$ MPa。

（4）淤积物高度降至浮顶下支柱高度时，转入下一工序。

8.4.4.4 回收油移送

（1）工艺流程为：清洗罐→过滤器→真空罐→回收泵→回收罐。

（2）开启真空泵吸油。

（3）当真空罐内油面高度到达中位线后，开启回收泵，确认压力上升至规定值。

（4）缓慢打开回收泵的出口阀，向移送管线通油。

（5）当油面与浮顶间出现大约 200mm 的高差时，应暂停移送，注入惰性气体后再开始。

（6）清洗罐内吸不出回收油时，转入下一工序。

8.4.4.5 热水清洗

（1）注水。

①工艺流程为：蓄水槽或真空罐→回收泵→热交换器→浮顶中央清洗机→清洗罐。

②蓄水槽注水并加热。

③注水作业宜使用浮顶中央的两台清洗机，喷嘴应设定为垂直向下的固定位置。

④开启热交换器。

⑤启动供油泵向清洗罐内注入热水。

（2）初期残油回收。

①工艺流程为：清洗罐→过滤器→真空罐→回收泵→油水分离设备→回收罐。

②启动真空泵，使真空罐进入工作状态。

③设定油水分离罐初期油水分离界面数值。

④启动回收泵，回收残油并移送到回收罐。

⑤开启罐顶中央的两台清洗机，喷嘴设定为底板清洗。

⑥反复上述操作，回收至油少水多为止。

（3）循环清洗与残油回收。

①循环清洗工艺流程为：清洗罐→过滤器→真空罐→回收泵→油水分离设备→热交换器→竖管→清洗机→清洗罐。

②残油回收工艺流程为：油水分离设备→回收罐。

③按残油量，调整设在清洗罐人孔抽吸管口的位置。

④清洗机设定为顶板清洗方式。
⑤油水分离设备的加药箱内注入药剂，启动加药装置。
⑥启动真空泵、回收泵，进加热交换器进行循环清洗，使清洗管线压力升至 0.55 ~ 0.7MPa。
⑦开启第一组清洗机，运行速度为 0.5r/min。
⑧启动油水分离设备回收残油。
⑨顶板清洗结束后，进行底板清洗或全面清洗。
⑩注水使罐内水位高于抽吸口 20 ~ 30mm。
（4）热水温度应控制在 70℃以下。
（5）有加热盘管的罐，可利用加热盘管提高罐内的环境温度。
（6）结束温水清洗的条件如下：
①油水分离槽的浮油变少。
②循环温水中基本上已无油分。
③油罐内已无浮油。
④油罐内的可燃气体浓度下降。
（7）结束同种油清洗的条件如下：
①通过检测确认检测部位的淤渣已消失。
②确认回收油与清洗油中的淤渣含量已基本上一致。
③清洗油供给油罐的油面高度。

8.4.4.6　人工清扫

（1）进罐前应进行气体浓度检测，罐内氧气浓度达到 19.5%（体积分数）以上时，人员方可进罐。
（2）罐内的照明设备应符合安全用电要求。
（3）罐内应保持良好通风。
（4）对罐内气体应随时检测，发现罐内气体各项指标超标时应立即停止作业。
（5）应使用木制器具清除死角等部位的油水。
（6）污水和残渣运送至运行单位指定的地点进行处理。
（7）残渣清理结束后，应尽快将浮顶支柱复原。

8.4.4.7　清洗设备、管线的解体、拆除

（1）解体前应利用蒸汽、热水将管线中的油水清除干净。
（2）通常按浮顶清洗管线、供油管线、回收管线、移送管线和竖管的顺序进行拆除作业。
（3）拆下管线、设备应进行内部清扫。
（4）仪器、仪表拆下后应妥善保管，以防损坏。

8.4.5　验收标准

（1）清洗后罐内应无污油、积水及其他杂物。

（2）储罐设施应恢复原样，作业现场整洁。
（3）储罐清洗结束后，按规定办理验收手续，按各单位规定提交检修资料。

8.4.6 质量验收表

储罐机械清洗质量验收表见表8.5。

表8.5 储罐机械清洗质量验收表

检修内容		验收标准	备注
清洗	温水清洗	（1）油水分离槽的浮油变少； （2）循环温水中基本上已无油分； （3）油罐内已无浮油； （4）油罐内的可燃气体浓度下降至合格的指标	
	油清洗	（1）通过检测确认检测部位的淤渣已消失； （2）回收油与清洗油中的淤渣含量已基本上一致； （3）清洗油供给油罐的油面高度	
人工清扫	污水和残渣处理	人工清理剩余的污水和残渣，污水和残渣应按照规定妥善处理	
清洗设备、管线的解体、拆除	清洗设备	利用蒸汽、热水将管线中的油水清除干净	
	拆除作业	按浮顶清洗管线、供油管线、回收管线、移送管线和竖管的顺序进行拆除作业	
	设备内部清扫	拆下管线、设备内部清扫干净备用	
工程验收	罐内	清洗后罐内应无污油、积水及其他杂物	
	作业现场	储罐设施应恢复原样，作业现场整洁	
	验收手续	储罐清洗结束后，按规定办理验收手续，按各单位规定提交检修资料	

参考文献

[1] 傅敬强. 天然气净化检维修管理手册 [M]. 北京：石油工业出版社，2013.

[2] 陈赓良，朱利凯. 天然气处理与加工工艺原理及技术进展 [M]. 北京：石油工业出版社，2010.

[3] 王开岳. 天然气净化工艺：脱硫脱碳、脱水、硫黄回收及尾气处理 [M]. 北京：石油工业出版社，2015.

[4] 王遇冬. 天然气处理原理与工艺 [M]. 北京：中国石化出版社，2011.

[5] 李菁菁等. 硫黄回收技术与工程 [M]. 北京：石油工业出版社，2010.

[6] 孟宪杰等. 天然气处理与加工手册 [M]. 北京：石油工业出版社，2016.

[7] 宋世昌，李光，杜丽民. 天然气地面工程设计 [M]. 北京：中国石化出版社，2014.

[8] SY/T 5922—2012 天然气管道运行规范 [S].

[9] SY/T 6137—2017 硫化氢环境天然气采集与处理安全规范 [S].

[10] 冯朋鑫，赖海涛，王惠，等. 天然气处理厂检修管理及技术探讨 [J]. 石油化工应用，2017，36（7）：55-60.

[11] 张春阳，刘蔷，吴宇，等. 天然气净化厂检修管理与技术浅析 [J]. 设备管理与维修，2018（3）：19-21.

[12] 颜晓琴，孙刚，叶茂昌，等. 关于 MDEA 在天然气净化过程中变质特点的探讨 [J]. 石油与天然气化工，2009，38（4）：308-312.

[13] 宋文中. 重庆天然气净化厂检修管理优化研究 [D]. 青岛：中国石油大学（华东），2009.

[14] 王军，姜云，王鸿宇，等. 浅谈天然气净化装置检修主要危险源的识别及管理 [J]. 石油与天然气化工，2006，35（3）：247-249.

[15] 徐钢，等. 石油化工厂设备检修手册 换热器 [M]. 2 版. 北京：中国石化出版社，2015.